非线性系统加权观测融合估计理论及其应用

郝 钢 著

電子工業出版社
Publishing House of Electronics Industry
北京 • BEIJING

内 容 简 介

本书系统地介绍了由作者提出的非线性系统的信息融合估计新方法、新理论及应用。本书主要介绍了几种非线性系统的估计方法，并从优缺点、适用范围、算法精度、复杂度等方面进行性能分析。为了提高单个传感器的估计精度，提出了非线性系统的多传感器信息融合方法——加权观测融合方法，该方法有效地解决了非线性系统的融合问题。

本书反映了非线性系统融合估计领域的最新研究成果，内容新颖，论述严谨，理论体系完整，并含有大量的仿真例子，可作为高等学校控制科学与工程、电子科学与技术、通信与信息技术、计算机应用技术等相关专业高年级本科生和研究生的教材或参考书，且对信号处理、控制、通信、航天、导航、制导、目标跟踪、GPS 定位、检测与估计、故障诊断、石油勘探等领域从事非线性系统融合估计的科研和工程技术人员有重要参考价值。

图书在版编目（CIP）数据

非线性系统加权观测融合估计理论及其应用 / 郝钢著. —北京：电子工业出版社，2019.8
ISBN 978-7-121-37415-9

Ⅰ. ①非… Ⅱ. ①郝… Ⅲ. ①非线性系统（自动化）－应用－传感器－数据融合－研究 Ⅳ. ①TP271②TP212

中国版本图书馆 CIP 数据核字（2019）第 197448 号

责任编辑：刘小琳　　　文字编辑：崔　彤
印　　刷：北京七彩京通数码快印有限公司
装　　订：北京七彩京通数码快印有限公司
出版发行：电子工业出版社
　　　　　北京市海淀区万寿路 173 信箱　　邮编：100036
开　　本：720×1 000　1/16　印张：20.75　字数：332 千字
版　　次：2019 年 8 月第 1 版
印　　次：2023 年 1 月第 2 次印刷
定　　价：129.00 元

凡所购买电子工业出版社图书有缺损问题，请向购买书店调换。若书店售缺，请与本社发行部联系，联系及邮购电话：（010）88254888，88258888。

质量投诉请发邮件至 zlts@phei.com.cn，盗版侵权举报请发邮件至 dbqq@phei.com.cn。

本书咨询联系方式：liuxl@phei.com.cn，（010）88254538。

主要符号

$\boldsymbol{R}^n$ ——n 维实数向量据全体

$\boldsymbol{R}^{n\times m}$ ——$n\times m$ 维实数矩阵据全体

$\in$ ——属于

$\boldsymbol{I}_n$ ——n 维单位矩阵

$\mathrm{E}\{\bullet\}$ ——数学期望

$\|\boldsymbol{A}\|$ ——矩阵 $\boldsymbol{A}$ 的范数

$\boldsymbol{A}^{\mathrm{T}}$ ——矩阵 $\boldsymbol{A}$ 的转置

$\boldsymbol{A}^{-1}$ ——矩阵 $\boldsymbol{A}$ 的逆

$\boldsymbol{A}^{+}$ ——矩阵 $\boldsymbol{A}$ 的伪逆，$\boldsymbol{A}^{+}=\left(\boldsymbol{A}^{\mathrm{T}}\boldsymbol{A}\right)^{-1}\boldsymbol{A}^{\mathrm{T}}$

$\mathrm{Rank}(\boldsymbol{A})$ ——矩阵 $\boldsymbol{A}$ 的秩

$\det(\boldsymbol{A})$ ——矩阵 $\boldsymbol{A}$ 的行列式

$\mathrm{diag}(a_1, a_2,\cdots, a_n)$ ——以 $a_1, a_2,\cdots, a_n$ 为对角元素的对角矩阵

$(\bullet)$ ——表示与前一个相同

$\hat{\boldsymbol{x}}(k\,|\,k)=\mathrm{E}\left\{\boldsymbol{x}(k)\middle|\boldsymbol{Z}_{0\sim k}\right\}$ ——随机变量 $\boldsymbol{x}$ 基于数据 $\boldsymbol{Z}_{0\sim k}$ 的滤波估计

$\hat{\boldsymbol{x}}(k\,|\,k-\tau)=\mathrm{E}\left\{\boldsymbol{x}(k)\middle|\boldsymbol{Z}_{0\sim k-\tau}\right\}$ ——随机变量 $\boldsymbol{x}$ 基于数据 $\boldsymbol{Z}_{0\sim k-\tau}$ 的 τ 步预报估计

$\boldsymbol{P}_{xz}(k\,|\,k-\tau)=\mathrm{E}\left\{\left(\boldsymbol{x}(k)-\hat{\boldsymbol{x}}(k\,|\,k-\tau)\right)\left(\boldsymbol{z}(k)-\hat{\boldsymbol{z}}(k\,|\,k-\tau)\right)^{\mathrm{T}}\middle|\boldsymbol{Z}_{0\sim k-\tau}\right\}$，$\tau=1,\cdots,k$ ——随机变量 $\boldsymbol{x}$ 与 $\boldsymbol{z}$ 基于数据 $\boldsymbol{Z}_{0\sim k-\tau}$ 的 τ 步预报误差方差阵

$\boldsymbol{P}_{z}(k\,|\,k-\tau)=\mathrm{E}\left\{\tilde{\boldsymbol{z}}(k\,|\,k-\tau)(\bullet)^{\mathrm{T}}\middle|\boldsymbol{Z}_{0\sim k-\tau}\right\}$ ——随机变量 $\boldsymbol{z}$ 基于数据 $\boldsymbol{Z}_{0\sim k-\tau}$ 的 τ 步预报误差方差阵

$\boldsymbol{P}(k|k-\tau)=\mathrm{E}\left\{\left(\boldsymbol{x}(k)-\hat{\boldsymbol{x}}(k|k-\tau)\right)(\bullet)^{\mathrm{T}}\middle|\boldsymbol{Z}_{0\sim k-\tau}\right\}$——随机变量 $\boldsymbol{x}$ 基于数据 $\boldsymbol{Z}_{0\sim k-\tau}$ 的 τ 步预报误差方差阵

$\boldsymbol{P}(k|k)=\mathrm{E}\left\{\left(\boldsymbol{x}(k)-\hat{\boldsymbol{x}}(k|k)\right)(\bullet)^{\mathrm{T}}\middle|\boldsymbol{Z}_{0\sim k}\right\}$——随机变量 $\boldsymbol{x}$ 基于数据 $\boldsymbol{Z}_{0\sim k}$ 的滤波方差阵

前言
Preface

20世纪70年代，一门新兴的学科——多传感器信息融合（Multisensor Information Fusion，MSIF）迅速地发展起来，并在各种武器平台上及民事领域得到广泛应用。近年来，随着计算机技术、通信技术的发展，特别是军事上的迫切要求，多传感器信息融合技术得到了迅速发展，并引起了世界范围内的普遍关注。信息融合技术首先应用于军事领域，包括现代 C^3I（指挥、控制、通信与情报）系统和各种武器平台上；在地质科学领域，信息融合应用于遥感技术，包括卫星图像和航空拍摄图像的研究；在机器人技术和智能航行器研究领域，信息融合主要被应用于机器人对周围环境的识别和自动导航；信息融合技术也被应用于医疗诊断和人体模拟及一些复杂工业过程控制领域。信息融合作为一门跨学科的综合信息处理理论，涉及系统论、信息论、控制论、人工智能和计算机通信等众多领域和学科。

几乎所有真实存在的系统内部都含有非线性环节。非线性系统形式复杂多样，不确定因素较多，不满足均匀性和叠加性，使得经典控制理论、线性控制理论及Kalman滤波等经典控制理论和方法难以应对。早期非线性系统的处理方法多是以Taylor级数为基础的线性化方法。但由于Taylor级数收敛条件等因素的影响，很多基于Taylor级数的算法存在不稳定或者发散的情况。近年发展起来的依概率逼近的滤波方法得到了很多学者的关注，其中较为经典的估计算法包括：粒子滤波、无迹Kalman滤波、容积Kalman

滤波等。线性系统的多传感器融合问题经过了几十年的发展，基本形成了一套较为完整的理论体系结构。但是应用领域更为广泛的非线性系统的融合估计问题一直没有得到很好的发展。本书以非线性多传感器系统的融合估计为主要研究对象，首先总结了非线性系统常用的估计理论及方法，进而介绍了几种适用于非线性多传感器系统的融合估计方法。

本书共 8 章。第 1 章为绪论；第 2 章为一般非线性系统滤波方法及性能分析；第 3 章为线性系统的多传感器自校正加权观测融合 Kalman 滤波器；第 4 章为非线性系统的最优和自校正加权观测融合 UKF 滤波器；第 5 章为基于 Taylor 级数逼近的非线性系统加权观测融合估计理论；第 6 章为基于 Gauss-Hermite 逼近的非线性系统加权观测融合估计算法；第 7 章为噪声相关的非线性系统加权观测融合估计算法；第 8 章为多传感器加权观测融合 Kalman 滤波器的预测控制算法。本书第 1 章～第 4 章由郝钢执笔，第 5 章~第 8 章由李云执笔，参考文献由李云整理，全书由郝钢统一定稿。

本书的出版曾得到国家自然科学基金项目（61503127 和 61573132）和黑龙江省信息融合估计与检测重点实验室资助，笔者深表感谢。同时感谢黑龙江大学博士生导师邓自立教授和孙书利教授多年来对笔者的指导和帮助，感谢哈尔滨工程大学博士生导师叶秀芬教授多年来对笔者的指导和帮助。最后，还要感谢电子工业出版社刘小琳编辑对本书出版所做的大量工作。

由于作者水平有限，书中缺点和疏漏之处在所难免，望读者批评指证。

目录
Contents

第 1 章 绪论

01

1.1 多传感器信息融合理论

1.1.1 多传感器信息融合

当下很多自动化热门研究方向，例如人工智能领域的深度学习、智能检测技术中的视觉检测、控制技术中的模糊控制、专家系统等技术都来源于人类或者其他生物的认知特性或本能。信息融合技术也是来源于人类认知世界方式的一种技术。中国古代医学的“望、闻、问、切”就是多源信息融合的一个代表性例子。自然界中生物感知客观世界，往往是多个感觉器官的综合结果。人类通过视觉、听觉、触觉、嗅觉和味觉获取客观事物信息，再将原始信息交于大脑处理，大脑对这些信息结合进行融合，以求获得最为“准确”的感知信息，最后利用这些“准确”的感知信息和先验知识指导下一步行动。人类的这种信息处理方式一直持续到了 20 世纪中叶。

随着现代工业和战争体系规模的不断扩大，系统的复杂性不断提升，传统的感知设备已经远远不能满足人们对系统全方位感知和综合认知的需求，这便催生出了现代信息融合理论。尤其是在现代战争环境中，由于现代武器系统的高机动性、良好的隐蔽性及较强的电子对抗性，用于感知目标的预警系统必须运用雷达、红外、声呐、视频、音频等多种感知设备，并通过多个监测点的数据融合处理，获取目标系统最为准确、可靠的数据，最终完成目标身份识别、跟踪、指挥打击与控制等行动。现代战场瞬息万变，如果不能迅速做出准确的反应，整个战斗可能陷入被动状态。

在现代科学技术的发展和应用中，信息起到了举足轻重的作用，它广泛存在于通信、控制、信号处理、数据挖掘、人工智能、生物信息、航空航天技术、经济预测与调控等社会诸多领域。随着信息化时代的迅猛发展，进入到系统中的信息越来越趋向于数据量大、来源途径多、相关层次多等特点[1]。因此，将信号单纯的传送和汇总已经不能满足信息化时代的要求，现代信号处理技术对信息的精度、容错性要求越来越高。

传统的依靠单一传感器或测量系统所提供的信息只能获得关于目标某一方面的信息，这势必影响目标状态估计和目标特征提取的有效性和可靠性，难以达到理想的应用效果。信息融合作为多源信息综合处理的一项新技术、新方法，它能够将来自某一目标的多源信息加以智能化合成和处理，产生比单一信息源更精确、更完整的估计和判决[2-3]。

信息融合出现于20世纪70年代初期，源于军事领域中的C^3I(command，control，communi-cation and intelligence）系统的需要，在当时被称为多源相关、多传感器混合数据融合，并于80年代开始建立其技术应用。美国国防部JDL（JointDirectors of Laboratories）从军事应用的角度将信息融合定义为：把来自许多传感器和信息源的数据和信息加以联合（association）、相关（correla-tion）和组合（combination），以获得精确的位置估计（position estimation）和身份估计（identity estimation），以及对战场情况和威胁及其重要程度进行适当的完整评价。随后，Waltz 和 Llinas 等人对上述定义进行了补充和修改，用状态估计代替了位置估计，并加上了检测（detection）功能，给出了比较完整的定义：信息融合是一种多层次、多方面的处理过程，这个过程是对多源数据进行检测、互联、相关、估计和组合以达到精确的状态估计和身份识别，以及完整的态势评估和威胁评估[4]。

实际工程中，无论是提取一个目标信号，还是要控制一个被控对象，都需要对它的测量信息进行推算[5]，而测量不可避免地会引入误差。从被噪声污染了的测量信息中提取所需要的目标信息，是估计理论所要解决的问题。估计问题是信号处理、控制等领域的基本问题，也是目前研究较多的信息融合理论的一个重要基础理论[6-7]。

20 世纪 60 年代，由 Kalman 等人提出了一种实用的递推估计算法——Kalman 滤波器[8]，它是建立在时域状态空间模型基础上的最优递推滤波算法。该算法可以在被噪声污染了的测量信息中提取所需要的目标信息，因此该算法问世以来，在各个领域得到了广泛的应用。

在 Kalman 滤波器出现以后，状态估计理论的发展基本上都是以 Kalman 滤波器为基础的一些改进和推广。其中，与 Kalman 滤波器在形式上具有等价性的有：U-D 分解滤波、平方根滤波、信息滤波、奇异值分解（SVD）滤波[8]等；另外，为了减少计算量或克服滤波器发散等问题而研发了一些次优滤波算法，如自适应滤波、降阶次优滤波、衰减记忆滤波、状态变量分组滤波、常值增益滤波等；对于非线性系统，有通过局部线性化得到的扩展 Kalman 滤波算法（Extend Kalman Filter，EKF）[9-10]，还有 Julier 等提出的以 UT 变换为基础，采用 MMES 估计准则下的 Kalman 线性滤波结构的非线性滤波器——UKF（Unscented Kalman Filte）算法[11]。

20 世纪 80 年代末，邓自立等人提出了基于现代时间序列分析方法的状态估计理论[12-14]。该方法不同于经典 Kalman 滤波算法，是一种新的时域分析方法。它以 ARMA 新息模型为基本工具和手段，借助射影理论，将状态和信号的估计问题归结为白噪声估计问题，可统一处理滤波、预报和平滑等估计问题，还可以处理含未知模型参数和噪声统计系统的估计问题。同经典 Kalman 滤波算法相比，现代时间序列分析方法避免了求解 Riccati 方程，算法简单并且降低了计算负担；同经典 Wiener 滤波算法相比，避免了传递函数的部分分式展开，可处理非平稳多维信号等问题。

鉴于信息融合和 Kalman 滤波的各自优点，信息融合 Kalman 滤波器应运而生。自 20 世纪 70 年代初分散融合滤波的思想被提出以来，经过 40 年的发展，信息融合滤波算法得到了长足的发展，其中包括：著名的 Carlson 等人提出的联邦 Kalman 滤波器，该方法已被美国空军容错导航系统“公共卡尔曼滤波器”计划选定为基本滤波算法[15]；Kim 提出了局部估计误差相关情形下的极大似然最优信息融合准则[16]；邓自立和孙书利教授提出的按矩阵加权、按对角阵加权融合估计和按标量加权融合估计算法[17-19]，以及基于加权最小二乘算法（WLS）的两种加权观测融合算法[20-21]等。

经典 Kalman 滤波器的缺点和局限性是要求已知系统的数学模型和噪声统计特性，在使用不精确或错误的模型和噪声统计设计 Kalman 滤波器时会导致滤波器性能变坏，甚至使滤波发散[22]。在实际应用当中，线性离散随机系统的输入和观测噪声统计 $\boldsymbol{Q}_w$ 和 $\boldsymbol{R}$ 通常是未知的。设计出的这一类系统的 Kalman 估值器，称为自校正 Kalman 估值器[22]，这类方法要求在线辨识未知的噪声统计。该方法在参数收敛一致的前提下，具有渐近最优性的特点，可以处理系统参数缓慢变化的时变系统。

Sage 和 Husa 的自适应 Kalman 滤波算法由互耦的常规 Kalman 滤波算法和噪声统计估值器组成，可在线互耦估计状态和噪声统计。该算法也可以统一处理带未知噪声统计的定常和时变系统的自适应 Kalman 滤波器[22]，但是其缺点是算法稳定性差，使用不当可能导致系统发散[23]。

1.1.2 信息融合国内外发展现状

数据融合（Data Fusion）一词出现在 1973 年美国国防部资助开发的声呐信号处理系统项目中。这时的数据融合技术主要处理的是来自低层传感器的数据，目的是利用多传感器数据融合实现对同一目标的可靠识别、精确定位与跟踪，为作战现场提供预警等单一任务。1985 年，美国三军组织的联合指挥实验室（Joint Directions of Laboratories，JDL）下设的技术委员会成立了信息融合专家组（DFS）为统一数据融合的定义、建立数据融合参考框架做出了大量卓有成效的工作。1988 年，美国开始了 C^3I 系统的研制与开发，并在海湾战争中表现出巨大潜力。之后数据融合技术被列为美国国防部重点研发的二十项关键技术之一[24-27]。

20 世纪 90 年代，随着信息技术的飞速发展，更具广义化概念的“信息融合”（Information Fusion）一词被提出来。1998 年，国际信息融合学会（International Society of Information Fusion，ISIF）宣布成立，总部在美国，每年组织举办一次关于信息融合相关技术的国际学术大会，全面总结该领域的现有研究成果、指出该领域的最新发展动态。与此同时，欧洲五国制定了联合开展多传感器信号与知识综合系统（SKIDS）的研究计划。法国也研发了多平台态势感知演示验证系统（TSMPF）。北约六国（德国、英国、加拿大、意大利、荷兰、丹麦）于 1998 年研制并完成数据融合演示平台（Data Fusion Demonstrator，DFD）。英国 Logica UK Ltd.主导于 1998 年研制并完成欧几里德指挥与控制系统高级工作站（Euclid Advanced Workstation for Command and Control System）。世界各国都意识到信息融合技术的重要地位。

在此期间，数据级融合理论与方法得到世界各国学者的关注与研究，涌现出了众多信息融合领域的学术研究团队，也产生了许多有代表性的研究成果。例如，美国 Connecticut University 的国际著名系统科学家 Bar-Shalom 及其研究团队于 20 世纪 70 年代提出概率数据互联滤波器[28-29]，并分别于 1990 年、1992 年和 2000 年发表的 Multitarget-Multisensor Tracking 系列专著[30-32]。1990 年，Carlson[33]及其研究团队提出了著名的联邦 Kalman 滤波器。同年，Waltz 和 Llinas 的 Multisensor Data Fusion 对数据融合功能体系结构的分类、数据融合的国防应用、传感器、信号源和通信链路、传感器管理、数据融合用于状态估计、用于物体识别的数据融合、军事形势和威胁评估概念、情况和威胁评估的实施办法、数据融合系统架构设计、系统建模和性能评估、人工智能技术等新兴研究领域做了全面系统的阐述和极其前瞻性的预测[34]。信息融合与目标信息处理领域的国际著名专家李晓榕及其研究团队于 1993—2001 年完成的关于目标跟踪研究方面的重要专著[35-37]全面阐述了导航、目标跟踪的状态估计问题，并介绍了估计、跟踪系统理论和数据融合之间的关系、工作原理等，提出了在最小二乘和最小方差意义下的集中式、分布式和混合式融合算法[38-39]。1991 年，Roy 等人对带有相关观测噪声的多传感器系统进行了分布式融合估计[40]。1994 年，Kim 等人提出了考虑局部估计误差相关情形的极大似然最优信息融合准则[41]。1998 年，Saha 等人研究了稳态跟踪融合估计问题[42]。2001 年，Qiang 等人提出了一种加权观测融合估计算法，并且比较了所提出加权观测融合估计算法与集中式融合估计算法的功能等价性，但由于所提出的加权观测融合估计算法要求观测方程具有相同的观测矩阵，因而该方法具有一定的应用局限性[43]。同年，Hall 和 Llinas 的 Handbook of Multisensor Data Fusion 对多传感器数据融合的定义、模型框架、多目标跟踪、图像融合、数据识别等问题做了全面系统的介绍[44]。2003 年，Chen 等人为了减小计算负担，提高系统实时性，在噪声分布为正态假设下，提出了与 Kim 功能等价的融合算法[45]。

20 世纪 80 年代末我国开始出现有关多传感器融合技术的相关报道，涌现出一批知名学者和著作，例如，赵宗贵[46]译著的《多传感器信息融合》、

《数据融合方法概论》、韩崇昭等人[24]的《多源信息融合》、何友等人[25]的《多传感器信息融合及应用》、康耀红等人[27]的《数据融合理论与应用》、敬忠良等人[47]的《图像融合：理论与应用》、潘泉等人[26]的《信息融合理论的基本方法与进展》、邓自立[48]的《信息融合滤波理论及其应用》、刘同明[49]的《数据融合技术及应用》、周宏仁等人[50]的《机动目标跟踪》、彭冬亮等人[51]的《多传感器多源信息融合理论及其应用》等多部著作。这些学者的杰出工作奠定了我国信息融合领域的理论基础，对我国后期信息融合技术的发展起到了至关重要的基础作用。

我国的知名学者对数据级融合理论与方法同样做出了杰出贡献。朱允民等人对多传感器线性观测矩阵压缩和融合问题进行了深入阐述[52-55]；李晓榕等人提出了集中式、分布式和混合融合结构的统一线性融合准则[35-39,55]；邓自立、孙书利等人提出了在线性无偏最小方差（LUMV）意义下的三种分布式状态最优融合方法和两种分布式观测信息融合算法[17,56-59]。这些结果在线性离散系统中得到了很好应用，使线性多传感器系统的状态融合和观测融合问题得到了较为全面、系统的阐述和解决[59]，并成功应用于各类多传感器或传感器网络系统[60-61]。

1.2 系统辨识

系统识别是一种数学模型，它根据系统的输入和输出时间函数描述系统的行为。它是现代控制理论的一个分支。识别建立数学模型的目的是估计表征系统行为的重要参数，建立模拟真实系统行为的模型，用当前可测量的系统的输入和输出预测系统输出的未来演变，以及设计控制器。分析系统的主要问题是根据输入时间函数和系统特性确定输出信号[62]。

1.2.1 系统辨识的目的

在提出并解决识别问题时，明确最终使用模型的目的是至关重要的。它对模型结构、输入信号和等价准则的选择都有很大的影响。通过辨识建立数学模型通常有以下四个目的[62]。

1. 估计具有特定物理意义的参数

有些表征系统行为的重要参数是难以直接测量的，例如在生理、生态、环境、经济等系统中就常有这种情况。这就需要借助能观测到的输入和输出数据，用辨识的方法去辨识参数。

2. 仿真

仿真的核心是要建立一个能模仿真实系统行为系统辨识的模型。用于系统分析的仿真模型需要能够真实反映系统的特性。用于系统设计的仿真，则强调设计参数能正确地符合它本身的物理意义。

3. 预测

预测是辨识的一个重要应用方面，其目的是用系统可测量的输入和输出去预测系统输出的未来演变。例如最常见的天气预报，洪水预报，太阳黑子预报，经济系统中市场价格的预测，河流污染物含量的预测，空气污染中 PM2.5 的预测等。预测模型辨识的等价准则主要是使预测误差平方和最小。只要预测误差小就是好的预测模型。这时辨识的准则和模型应用的目的是一致的，因此可以得到较好的预测模型。

4. 控制

为了设计控制系统就需要知道描述系统动态特性的数学模型，建立这些模型的目的在于设计控制器。建立什么样的模型合适，取决于设计的方法和准备采用的控制策略。

1.2.2　系统辨识的方法

系统辨识的方法包括经典方法和现代方法两种[62]。

1. 经典方法

经典的系统辨识方法包括阶跃响应法、脉冲响应法、频率响应法、相关分析法、谱分析法、最小二乘法和极大似然法等。其中最小二乘法（LS）是一种经典的和最基本的，也是应用最广泛的方法。但是，最小二乘估计是非一致的，是有偏差的，为了克服它的缺陷，出现了一些以最小二乘法为基础的系统辨识方法：广义最小二乘法（GIS）、辅助变量法（IV）和增广最小二乘法（EIS），以及将一般的最小二乘法与其他方法相结合的方法，有最小二乘两步法（COR-IS）和随机逼近算法等。

经典的系统辨识方法还存在一定的不足。

（1）利用最小二乘法的系统辨识法一般要求输入信号已知，并且必须具有较丰富的变化，然而在某些动态系统中，系统的输入常常无法保证。

（2）极大似然法计算耗费大，可能得到的是损失函数的局部极小值。

（3）经典的辨识方法在一些情况下对于某些复杂系统无能为力。

2. 现代方法

随着系统的复杂化和对模型精确度要求的提高，系统辨识方法在不断发展，特别是非线性系统辨识方法。

1）集员系统辨识法

1979 年，集员辨识首先出现在 Fogel 撰写的文献中。1982 年，Fogel 和 Huang 对算法进行了进一步的改进。设置识别基于以下假设：在噪声或噪声功率未知但有界的情况下，利用数据提供的信息给参数或传递函数确定一个总是包含真参数或传递函数的成员集（如椭球体、多面体、平行六边体等）。不同的实际应用程序对象具有不同的集员成员集定义。集员辨识理论已广泛应用于多传感器信息融合处理、软测量技术、通信、信号处理、鲁棒控制和故障检测等。

2）多层递阶系统辨识法

多层递阶方法的主要思想是：基于时变参数模型的识别方法，将一大类非线性模型转化为输入和输出等价意义上的多层线性模型，这是非线性系统的构造。该模型提供了一种非常有效的方法。

3）神经网络系统辨识法

人工神经网络具有良好的非线性映射能力、自学习适应能力和并行信息处理能力，为解决未知不确定非线性系统的辨识问题提供了一条新的思路。

与传统的辨识方法相比较，基于人工神经网络的系统辨识方法具有以下优点。

（1）不要求系统建模；

（2）可以对非线性系统辨识；

（3）辨识的收敛速度仅与神经网络的本身及所采用的学习算法有关；

（4）通过调节神经元之间的连接权调节网络的输出逼近系统的输出；

（5）神经网络可以应用于在线控制。

4）模糊逻辑系统辨识法

模糊逻辑理论用模糊集合理论，从系统输入和输出的观测值来辨识系统的模糊模型，也是系统辨识的一个有效的方法，在非线性系统辨识领域中有十分广泛的应用。模糊逻辑辨识具有独特的优越性：能够有效地辨识复杂和病态结构的系统；能够有效地辨识具有大时延、时变、多输入单输出的非线性复杂系统；可以辨识性能优越的人类控制器；可以得到被控对象的定性与定量相结合的模型。模糊逻辑建模方法的主要内容可分为两个层次：一是模型结构的辨识，二是模型参数的估计。典型的模糊结构辨识方法有：模糊网格法、自适应模糊网格法、模糊聚类法及模糊搜索树法等。

5）小波网络系统辨识法

小波网络是在小波分解的基础上提出的一种前馈神经网络口，使用小波网络进行动态系统辨识，成为神经网络辨识的一种新的方法。小波分析在理论上保证了小波网络在非线性函数逼近中所具有的快速性、准确性和全局收敛性等优点。小波理论在系统辨识中，尤其在非线性系统辨识中的应用潜力大，为不确定的复杂非线性系统辨识提供了一种新的有效途径，具有良好的应用前景。

1.2.3　自校正滤波算法

为了克服经典 Kalman 滤波算法的缺点和局限性（要求精确已知系统的数学模型和噪声统计），许多学者将 Kalman 滤波算法与自适应方法相结合，产生了 Kalman 滤波理论的一个分支——自适应 Kalman 滤波器。它可以处理含未知模型参数和噪声统计系统或者未建模动态系统的滤波问题[63]。该方法通过噪声统计估值器或模型参数估值器结合 Kalman 滤波器实现自适应 Kalman 滤波器。其优点是算法简单易于实现，其缺点是噪声统计或模型参数估值器与状态估值器是相互耦合的[23]，容易出现滤波发散现象，且其收敛性难以证明。通常只能给出次优 Kalman 滤波器[22-23]。目前应用比较普遍的自适应 Kalman 滤波算法包括 Sage 和 Husa 的自适应 Kalman 滤波算法及其变形和改进方法[23,63]。

克服经典 Kalman 滤波算法缺点和局限性的另一个途径是自校正 Kalman 滤波算法。它采用参数辨识器在线辨识系统未知参数，实现了参数辨识和状态估计的解耦，且具有渐近最优性[22]。

1958 年，Kalman 发表一篇文章——自最优控制系统的设计[64]，首先提出了自校正控制思想。1970 年，Peterka 把这一原理推广到参数未知但恒定的线性离散时间单输入-单输出（SISO）系统[65]。“自校正”（self-tuning）的概念最初出现于 1973 年瑞典隆德工学院的 Astrom 和 Wittenmark 提出的最小方差自校正调节器[66]算法中，该算法用于解决含未知模型参数系统的自适应控制问题，并且从理论上证明了它具有渐近最优性，即它收敛于当模型参数和噪声统计已知的最优调节器。1975 年，英国牛津大学的 Clark 和 Gawthrop 提出了广义最小方差自校正控制器[67]，克服了自校正调节器的主要缺点，受到了普遍重视。自校正控制性能指标的另一种形式是在 20 世纪 70 年代中期和后期由 Edmunds（1976）、Wellstead（1979）和 Astrom（1980）等人相继提出的[68]。20 世纪 80 年代初期以来，迅速发展起来的神经网络显示出它在解决高度非线性和严重不确定系统的控制方面的巨大潜力，神经网络能够充分接近任意复杂的非线性关系，能够学习与校正严重不确定性系统的动态特性，具有高度的鲁棒性和容错能力和并行分布处理能力[69]。

自校正概念最早被引入到估计领域的是 Wittenmark 提出的自校正预报器[70]，它可以处理含未知模型参数和噪声方差的 ARMA 信号的预报问题。

之后，Hagander 和 Wittenmark[71]对含有未知模型参数和噪声统计且带白色观测噪声的单变量 ARMA 信号提出了自校正滤波器和平滑器。自校正 Kalman 滤波算法是近 10 年发展起来的一个分支，其基本原理是利用未知模型参数或噪声统计的递推估值器结合最优 Kalman 滤波器构成自校正 Kalman 滤波器，如图 1-1 所示。

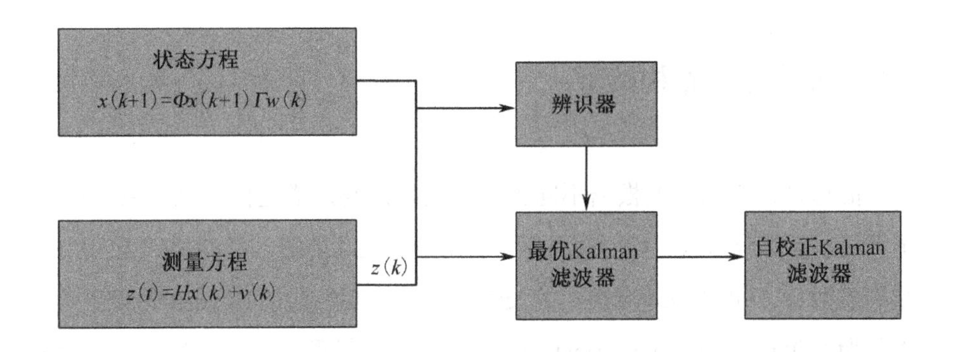

图 1-1　自校正 Kalman 滤波算法

自校正滤波器估值效果的好坏直接取决于系统辨识器。当辨识器具有一致性，自校正滤波器则具有渐近最优性。目前已有的辨识器有基于最小二乘法的各类最小二乘辨识器，包括：递推最小二乘法（RLS）、递推增广最小二乘法（RELS）两段 RLS-RELS 算法等，文献[72-80]提出的基于最小二乘法辨识器的观测融合 Kalman 估值器是在假设观测数据以概率 1 有界的前提下得到的渐近最优观测融合 Kalman 估值器。另一类辨识器是利用相关函数方法，该方法是通过从相关函数方程组中任选出一部分相互独立的方程求解得到的，根据平稳随机序列的遍历性可以得到渐近最优观测融合 Kalman 估值器[18, 80]。

1.3 非线性系统融合估计

1.3.1 信息融合结构模型

信息融合结构模型根据不同应用领域和需要，描述信息融合系统及其子系统的各部分组成、相互间关系、各部分主要功能等。目前被广泛应用的结构模型有：1987 年 Boyd 提出的类似于反馈控制结构的 Boyd 回路模型[81]，也称为 OODA（Observe Orient Decide Act）环模型，如图 1-2 所示；1988 年 Luo 和 Kay 提出的多传感器集成融合模型[82]，如图 1-3 所示；1989 年 Thomopoulos 提出的 Thomopoulos 融合模型[83]，如图 1-4 所示；1993 年 Shulsky 在 Boyd 回路模型基础上提出的情报环模型[84]，如图 1-5 所示；1997 年，Dasarathy 提出的 Dasarathy 模型[85]，如表 1-1 所示；1998 年 Harris 提出的一种瀑布模型[86]，如图 1-6 所示；2000 年，Bedworth 等人提出的混合模型[87]，

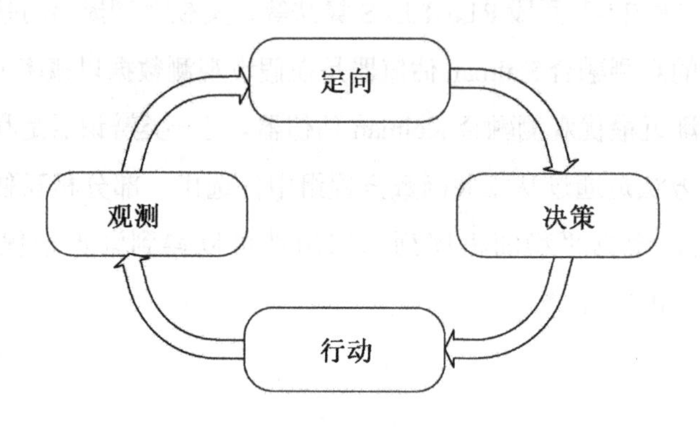

图 1-2　Boyd 回路模型

如图 1-7 所示；2001 年，加拿大洛克西德马丁公司开发出的一种扩展 OODA 模型[88]，如图 1-8 所示；美国国防部联合指挥实验室（Joint Director Laboratory，JDL）于 1984 年提出了 JDL 信息融合模型。

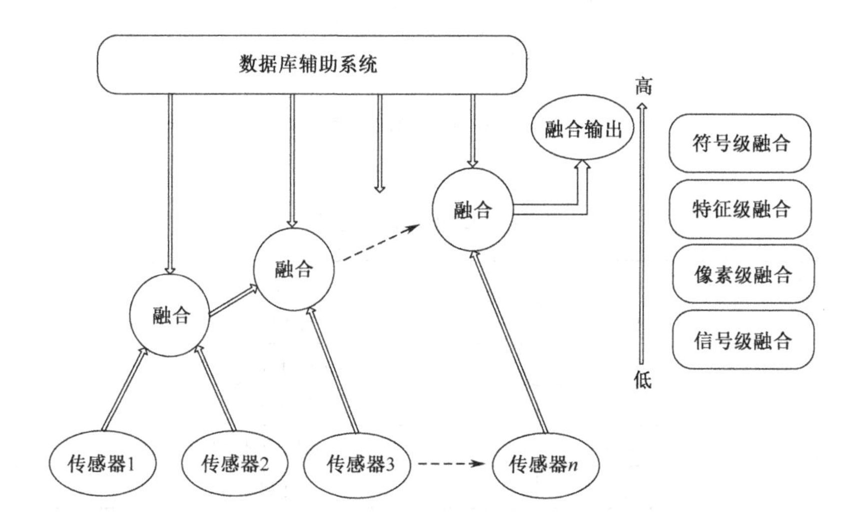

图 1-3　多传感器集成融合模型

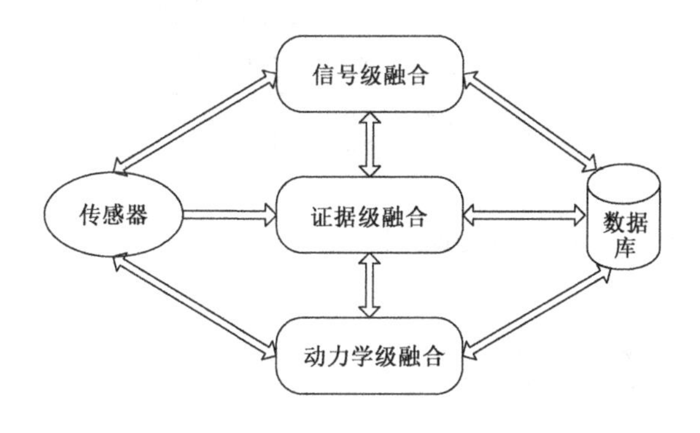

图 1-4　Thomopoulos 融合模型

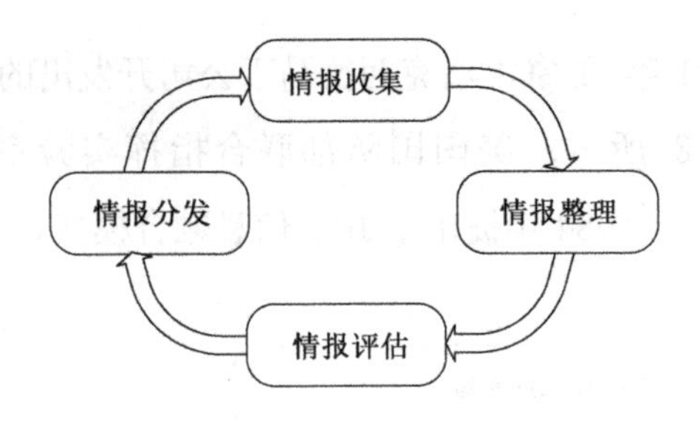

图 1-5　情报环模型

表 1-1　Dasarathy 模型

输入	输出	描述
数据	数据	数据级融合
数据	特征	特征选择和特征提取
特征	特征	特征级融合
特征	决策	模式识别和模式处理
决策	决策	决策级融合

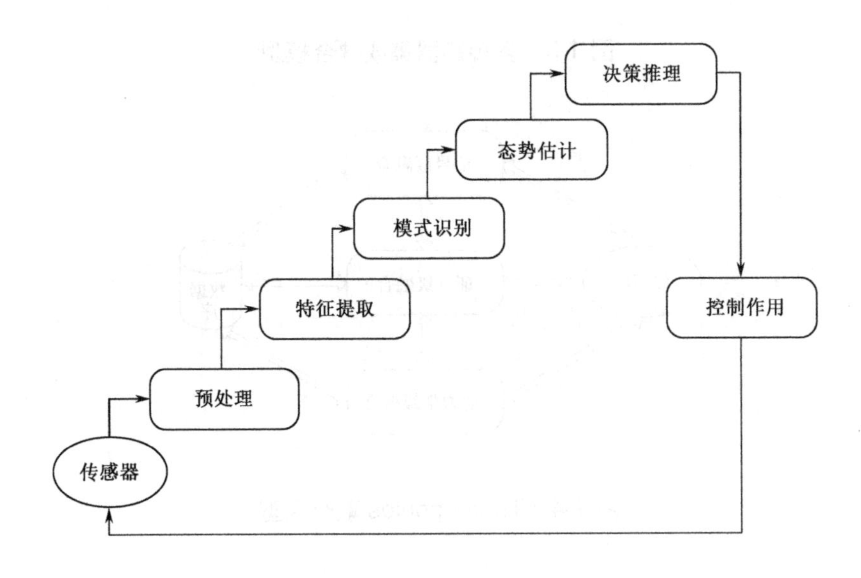

图 1-6　瀑布模型

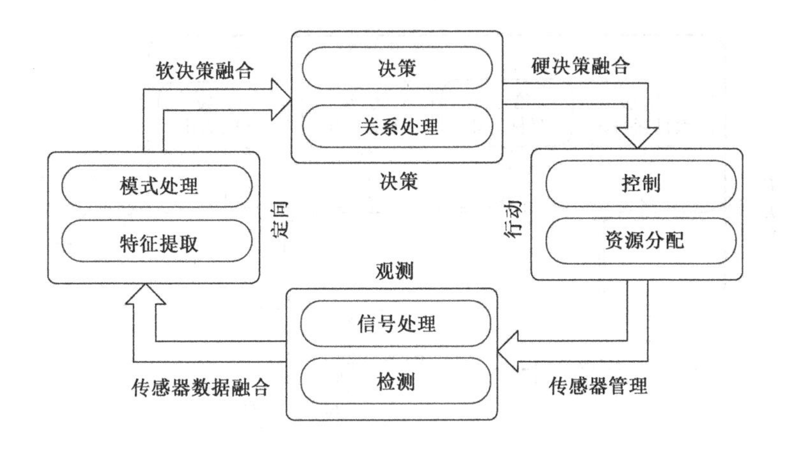

图 1-7　混合模型

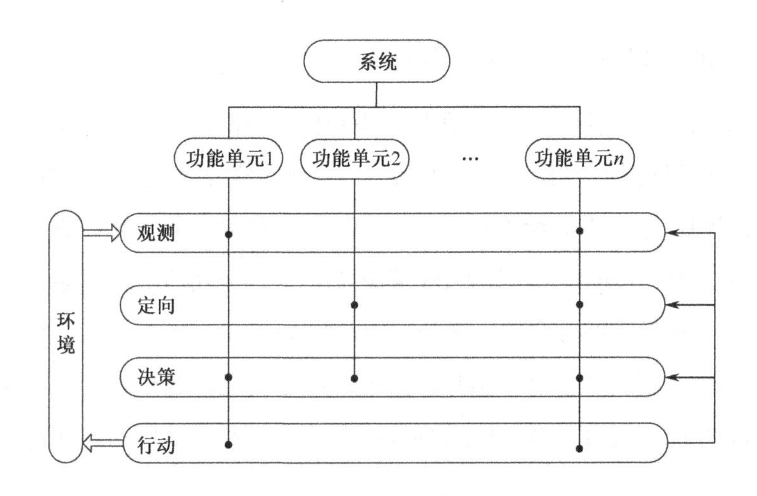

图 1-8　扩展 OODA 模型

经过多年的改进和推广使用，直到 1999 年，Steinberg 提出了现在的 JDL 信息融合模型，如图 1-9 所示。JDL 信息融合模型已经成为美国国防信息融合系统的一种标准模型。该版本的 JDL 信息融合模型已经不再局限于军事领域，在各类信息融合领域被广泛采用。之后又有 Bowman 于 2004 年提出的修正 JDL 信息融合模型，以及后来被很多学者增加的第 5 级——认知优化的 JDL 信息融合模型。

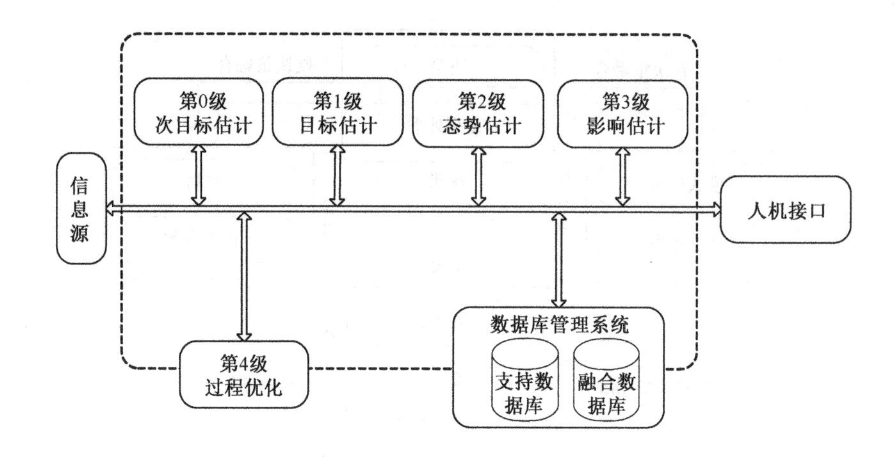

图 1-9 JDL 信息融合模型（1999 年版）

JDL 模型把数据融合分为 5 级。

第 0 级——次目标估计，在像素级和信号级，根据数据关联和特征估计信号的可测状态。该级可以在确保信号源获取信号尽量少损失的情况下，压缩数据源信号，为后续更高级别的信息融合保留尽量多的有效信息。该层次对应的是：Boyd 回路模型中观测环节的一部分功能，集成融合模型中信号级融合和像素级融合的一部分功能，Thomopoulos 模型中信号级融合的一部分功能，情报环模型中情报收集的一部分功能，瀑布模型中预处理环节一部分功能，混合模型和扩展 OODA 模型中观测环节中的部分功能。

第 1 级——目标估计，根据第 0 级的处理结果估计和预测目标的状态和属性。该层次对应的是：Boyd 回路模型中观测环节的一部分功能，集成融合模型中信号级融合和像素级融合的一部分功能，Thomopoulos 模型中信号级融合的一部分功能，情报环模型中情报收集的一部分功能，瀑布模型中预处理环节一部分功能，混合模型和扩展 OODA 模型中定向环节中的一部分功能。

第 2 级——态势估计，根据第 1 级提供的目标状态信息构建状态走势，识别出有价值的或有意义的事件和行动。该层次对应的是：Boyd 回路模型中定向环节的一部分功能，集成融合模型中特征级融合的一部分功能，情报环模型中情报整理的一部分功能，瀑布模型中特征提取环节功能，混合模型和扩展 OODA 模型中定向环节中的一部分功能。

第 3 级——影响估计，根据第 2 级处理结果，对采取的计划、行动等可能带来的结果进行解释和评估，并剖析各种计划、行动的优缺点。该层次对应的是：Boyd 回路模型中定向环节的一部分功能，集成融合模型中特征级融合的一部分功能，情报环模型中情报整理和情报评估的一部分功能，瀑布模型中态势估计和决策推理环节功能，混合模型和扩展 OODA 模型中定向环节和决策环节中的一部分功能。

第 4 级——过程优化，在整个融合过程中负责监控各个环节性能，形成一种更为有效的资源分配方案，相当于整个系统的反馈部分。

从上面的任务层分解可以看出，JDL 信息融合模型任务分配更加明确，适用面更广，因此在信息融合领域被普遍认可和广泛使用。JDL 信息融合模型没有给出类似于 Boyd 回路模型、混合模型和扩展 OODA 模型中的行动环节，只给出各种情况的评价。本书采用 JDL 信息融合模型框架，重点研究第 0 层的数据压缩及第 1 层目标估计中的状态估计等问题。

1.3.2　信息融合的主要技术方法

信息融合是一门包含控制理论、信号处理、概率统计、信息论方法、人工智能、心理学和生物学等的交叉学科。本书将按照 JDL 信息融合模型的层次归纳一些各层次常用的理论、方法或算法。

（1）第 0 级次目标估计，主要负责原始信号源的压缩和传输，因此经常使用到的技术包括加权平均法和数据压缩技术等。

（2）第 1 级目标估计，该层主要负责数据关联、状态估计、识别与分类[89-91]。数据关联主要用到的技术有最近邻域法、全邻域法、智能活生物仿真方法、多假设法、图论法等。而状态估计主要用到的是各种滤波算法，包括：经典 Kalman 滤波算法（Kalman Filter，KF）、扩展 Kalman 滤波算法（Extended Kalman Filter，EKF）、粒子滤波算法（Particle Filter，PF）、无迹 Kalman 滤波算法（Unscented Kalman Filter，UKF）、容积 Kalman 滤波算法（Cubature Kalman Filter，CKF）等。还有特殊情况下采用的，诸如带有相关噪声的滤波器、可处理丢失观测数据的滤波器、广义 Kalman 滤波等。识别与分类常用的方法有：贝叶斯推理、多贝叶斯法、D-S 证据理论、证据推理、产生规则法、聚类算法、选举法、熵方法、模糊集理论、人工神经网络等。

（3）第 2 级态势估计和第 3 级影响估计，主要用到的方法包括：聚类算法、深度学习法、模糊集理论、人工神经网络、决策树等。

（4）第 4 级过程优化主要负责性能评估，因此常用到的理论包括：效应理论[92]、各种系统评价指标和方法等。

1.3.3 非线性系统估计研究现状

1960 年，Rudolf Emil Kalman 提出了 Kalman 滤波算法[93-94]，标志着现代滤波理论的正式建立。Kalman 滤波算法采用时域递推形式，给出了一种无偏的最小方差估计，是贝叶斯估计方法在线性、Gauss 条件下的一种特殊形式。但很快人们发现 Kalman 滤波在很多情况下显得无能为力，例如在非线性系统中。在实际工程中，绝大多数系统含有非线性环节。由于非线性系统复杂性和不确定性等因素，此类系统无法应用最小均方（Least Mean Square，LMS）估计得到经典 Kalman 滤波器。为此，Sunahara 和 Bucy 等人提出了最直接的非线性滤波算法——扩展 Kalman 滤波器 EKF[95-98]。EKF 对系统的非线性环节采用 Taylor 展开式进行 1 阶线性化截断，并用 Jacobian

矩阵代替 KF 滤波方程中的状态转移矩阵，但是 EKF 存在很多局限性和不足[99-103]。例如，对于某些强非线性环节，由 1 阶线性化截断方法产生的系统偏差，会导致后续 Kalman 滤波过程的估计偏差或发散，又或者在 EKF 运行期间，某个预报值的偏差会导致 Jacobian 矩阵偏差，致使整个估计系统呈现估计发散。

Julier 等人[104-114]提出了无迹 Kalman 滤波器。UKF 不同于 EKF 的线性近似，它根据 UT 变换（Unscented Transformation）将固定点采样变换后的点逼近非线性变换的概率密度特性。其滤波精度和计算量都要优于 EKF，适用于非线性 Gauss 系统。

粒子滤波器[115]的思想基于 Monte-Carlo 方法，由于没有采用固定点采样，故其方法更灵活、易于实现，因此近年来该算法在许多领域得到成功应用，而且 PF 算法适用于非线性、非 Gauss 分布的情况。

Ienkaram 等提出的容积 Kalman 滤波器[116-118]，较好地解决了 UKF 高维状态（4 维以上）时，参数不易选择，滤波效果不理想的问题。以上 3 种滤波器中，PF 在采样粒子数足够多的情况下，精度最高，但计算量也最高，UKF 和 CKF 在参数选择恰当的情况下精度和计算量相当。3 种滤波器共同的特点是采用了采样方法近似非线性分布情形。

1.3.4　融合估计研究现状

本书涉及的信息融合问题有 JDL 信息融合模型第 0 层的数据压缩及第 1 层目标估计中的状态估计。涉及这两层的融合结构目前大致分为以下 3 种：集中式融合（见图 1-10）、分布式融合（见图 1-11），以及混合式融合（见图 1-12）。

集中式融合估计将所有传感器信息进行扩维并输出融合状态估计[119-120]，

如图 1-10 所示。该算法由于没有信息丢失，其最大的优点是当所有传感器没有故障时估计精度具有全局最优性，可作为其他融合算法的衡量标准，也是现在多传感器系统经常采用的融合方式之一[121]。然而，由于集中式融合算法计算量大，在传感器数量较多的情况下，集中式融合算法会导致整个系统实时性差。特别是当存在故障传感器时可能导致滤波器发散。

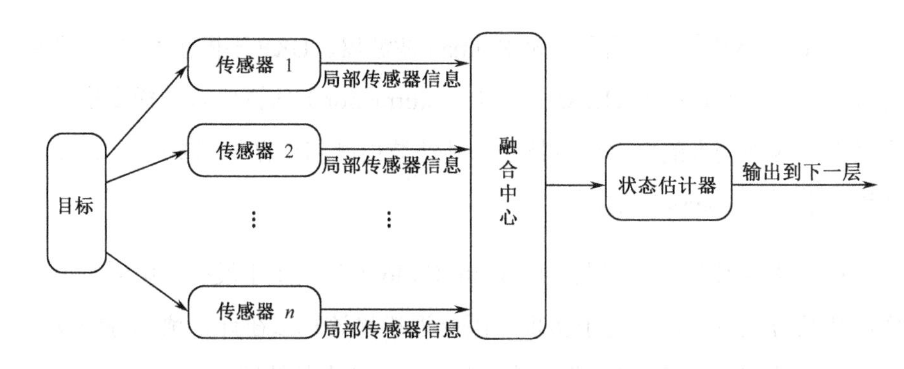

图 1-10　集中式融合模型

分布式融合算法把各个局部状态估计送入融合中心，根据一定的融合准则进行加权得到融合估计[17, 57-58]，如图 1-11 所示。由于分布式融合采用了并行计算的结构，因此其具有良好的鲁棒性和灵活性[61]，估计精度是局部最优、全局次优的。目前很多工作在 JDL 模型第 1 层的分布式融合算法，例如联邦 Kalman 滤波器、按矩阵加权融合、按对角阵加权融合、按标量加权融合[56-59]、CI 融合算法（Covariance Intersection fusion，CI）[56, 122-125]都已经在线性系统中有了很好的应用。这些分布式融合算法将整个融合系统的第 0 层的数据融合及第 1 层负责的状态估计很好地统一在了一起，是现在工作在该层主要算法之一。

鉴于分布式融合和集中式融合各自的优缺点，专家提出了混合式融合估计结构，如图 1-12 所示。混合式融合结构具有分布式融合的鲁棒性与灵活性，又兼具集中式融合的全局最优性，但是这样一种结构会给系统带来额外的计算负担，降低系统的实时性。

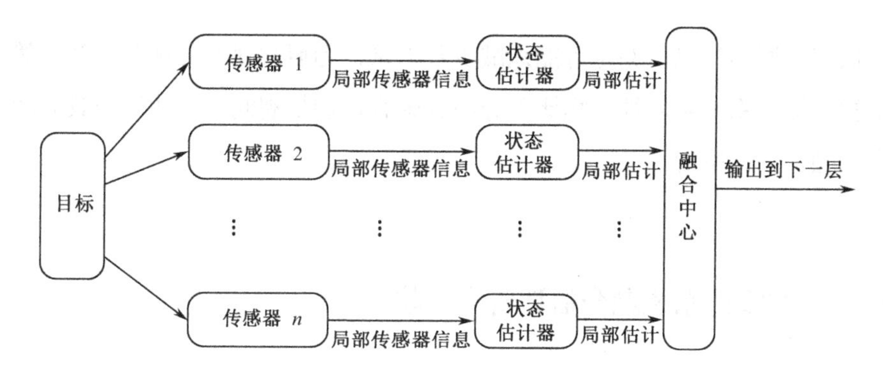

图 1-11　分布式融合模型

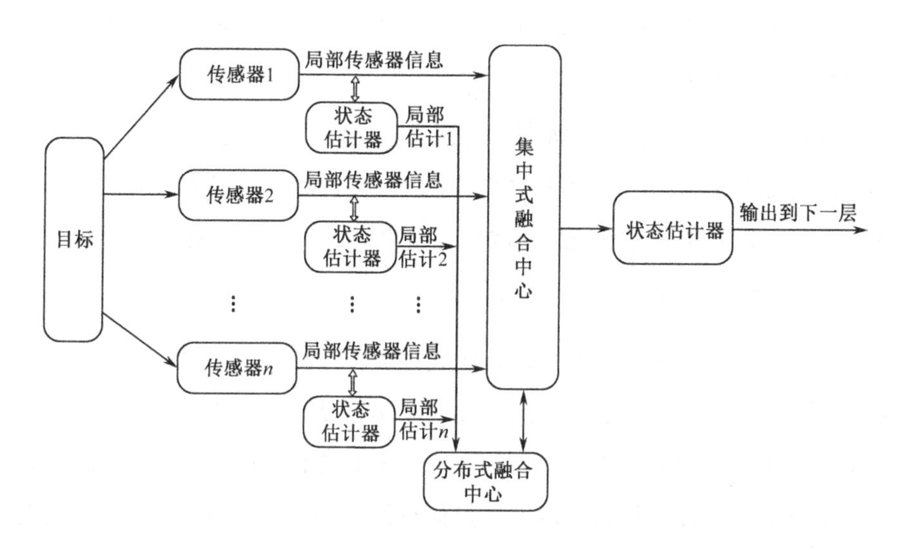

图 1-12　混合式融合模型

加权观测融合属于集中式融合范畴，其结构类似于图 1-10 所示结构。该算法根据加权最小二乘准则，将集中式融合系统增广的高维观测进行压缩处理，得到降维的观测，基于降维观测设计的滤波器可以明显地减小计算负担。由于该算法基于集中式融合框架，其优点是数据损失小，后续滤波精度高。对于线性系统，加权观测融合算法在最小方差意义下和集中式融合算法具有数值等价性，因而具有全局最优性和重要的应用价值[126]。加权观测融合工作在 JDL 模型第 0 层，负责数据压缩，其最大的特点是极大地保留了原始信息，并尽可能地减少数据量，为后续滤波等环节降低计算负担，提高系统实时性。相比于分布式融合，加权观测融合滤波器具有较高的融合估计精度。

1.3.5 非线性系统融合估计研究现状

基于线性模型的融合估计经过40多年的发展已经形成了一套完整的体系算法。然而大量系统并非是理想的线性模型。例如，绝大多数导航、目标跟踪等系统的观测方程（测量传感器）是基于球面坐标系建立的，相对于在笛卡尔坐标系下建立的状态方程而言，这些观测方程是非线性的而且是强非线性的方程[121, 127]。许多学者对非线性多传感器系统融合问题提出了解决方案，其中最早的也是最为常见的是集中式融合[52]，其结构简单、融合精度高、易于实现，但缺点是计算量大。

之后有学者以EKF为基础，仿照线性融合方法提出了一类非线性融合方法[128-134]。这类方法都是以线性函数近似方法实现的，简单有效，可以将非线性问题转换为线性问题进行处理。但类似EKF的近似线性化方法（略去2阶以上Taylor级数展开项）大量信息被略去，导致估计结果产生较大偏差，甚至导致滤波器的发散，使得这一类融合算法一直得不到进一步发展。

1997年，考虑到非线性系统的复杂性和不确定性及估计间协方差不易求得的矛盾，Julier等人提出了一种不需要求解估计间协方差的融合算法——CI融合算法 [104-109, 135]。该方法适用于线性和非线性系统，结构简单，但滤波精度普遍低于矩阵融合。

最近10年发展起来的以贝叶斯估计为框架，以采样（粒子）拟合为基础的非线性滤波算法层出不穷，其中较为知名的无迹Kalman滤波器、粒子滤波器及容积滤波器等可以很好地处理单传感器非线性滤波问题，但鲜有报道涉及 UKF、PF，以及 CKF 的多传感器信息融合问题，其原因是非线性系统模型的复杂性和不确定性[136]。

近些年很多学者利用随机集（Random Set）、人工神经网络、模糊逻辑（Fuzzy Logic）、粗糙集（Rouhgt Set）、证据推理（Dempster-Shafer）等非概率融合方法处理非线性系统融合问题。但这些方法多用于 JDL 模型第 2 级态势估计和第 3 级影响估计[137]。

1.4　主要研究内容

本书首先在第 2 章给出了全文滤波算法的基础，首先给出了射影定理和新息的概念，给出了递推线性最小方差滤波框架，并且给出了 Kalman 滤波器和基于 ARMA 新息模型的稳态 Kalman 滤波器。在此基础上，介绍了 3 种非线性滤波器 UKF、CKF 和 PF 的原理、算法流程及关键技术；继而分析了 UKF 算法中的 UT 变换原理和采样策略，CKF 算法的容积规则和算法流程，以及 PF 算法的序贯重要性采样、重采样、粒子退化和匮乏等问题。给出了 3 种非线性滤波算法的各自优缺点、适用范围、算法精度、复杂度等性能分析。

本书在第 3 章针对线性时不变系统讨论了自校正加权观测融合 Kalman 滤波算法，其中系统辨识方法分为：基于最小二乘法辨识算法、基于相关函数辨识算法，以及基于多传感器协同辨识算法三大类。第 3 章使用的 Kalman 滤波算法为第 2 章中介绍的经典 Kalman 滤波算法和基于现代时间序列分析方法的 Kalman 滤波算法两种。第 3 章最后给出了各种情况下的基于多传感器协同辨识算法的自校正加权观测融合 Kalman 滤波算法的仿真实例。

本书在第 4 章针对非线性系统，提出了最优和自校正加权观测融合 Unscented Kalman 滤波（Unscented Kalman Filte，UKF）算法。该算法将观测融合理论与非线性滤波 UKF 算法相结合，提高了滤波精度。证明了加权观测融合 UKF 滤波算法与集中式观测融合 UKF 滤波算法具有数值上的完全等价性，因而加权观测融合 UKF 滤波算法具有全局最优性。相对于集中式观测融合 UKF 滤波算法，应用加权观测融合 UKF 滤波算法得到的观测系统维数没有增加，因而减少了计算负担，便于实时应用。第 4 章还提出了一种自校正加权观测融合 UKF 滤波算法，证明了其渐近最优性，可以处理带有未知系统噪声和观测噪声方差统计的非线性系统的 UKF 滤波问题。第 4 章最后针对一类常用的非线性跟踪系统，分别给出了最优和自校正加权观测融合 UKF 滤波算法的仿真实例。

本书在第 5 章针对带有独立噪声的非线性多传感器系统，引入中介函数，使各个观测方程可由线性矩阵和中介函数相乘得到，再利用加权最小二乘法（Weighted Least Square，WLS），提出了一种非线性加权观测融合（Weighted Measurement Fusion，WMF）算法。该算法可降低集中式融合系统的观测方程维数，实现集中式融合系统的数据压缩，减少后续估计等环节的计算负担。第 5 章通过 Taylor 级数构造了多项式形式的近似中介函数，使该算法得以实现。在此基础上，基于 Taylor 级数逼近的 WMF 算法和无迹 Kalman 滤波器（Unscented Kalman Filter，UKF），设计了一种适用于非线性 Gauss 系统的加权观测融合 UKF 算法，并证明了该算法的渐近最优性，即随着 Taylor 级数展开项的增加，该算法渐近等价于集中式融合 UKF 算法。进一步，基于 Taylor 级数逼近的 WMF 算法和容积 Kalman 滤波器（Cubature Kalman Filter，CKF），又给出了一种加权观测融合 CKF 算法，该算法可处理 Gauss 噪声情况下非线性多传感器系统的加权观测融合估计问题。最后，基于 Taylor 级数逼近的 WMF 算法和粒子滤波器（Particle Filter，PF），又给出了一种加权观测融合 PF 算法，该算法可处理 Gauss 或非 Gauss 噪声情况下非线性多传感器系统的加权观测融合估计问题。

本书在第 6 章针对带有独立噪声的非线性多传感器系统，基于 Gauss-Hermite 逼近方法，提出了另外一种具有普适性的加权观测融合算法。该算法利用 Gauss 函数和 Hermite 多项式构造中介函数。为了降低计算负担，采用了分段处理方法，将状态区间进行分段逼近，并离线计算每段的加权系数矩阵，形成数据库。与基于 Taylor 级数逼近的方法相比，该算法不需要在线计算加权系数矩阵，可减少在线计算负担。同时，采用加权观测融合算法对增广的高维观测进行压缩降维，有效降低了实时估计算法的计算量。基于 Gauss-Hermite 逼近方法的 WMF 算法和 UKF 算法，设计了加权观测融合 UKF 算法。基于 Gauss-Hermite 逼近方法的 WMF 算法和 CKF 算法，设计了加权观测融合 CKF 算法。基于 Gauss-Hermite 逼近方法的 WMF 算法和 PF 算法，又给出了一种加权观测融合 PF 算法。

本书在第 7 章针对带有相关噪声的非线性多传感器系统（系统噪声和观测噪声在同时刻互相关），首先利用去相关方法进行模型转换，将系统噪声和观测噪声相关的非线性系统转化成噪声不相关的非线性系统。然后，基于 Taylor 级数逼近方法，分别结合 UKF 滤波算法、CKF 滤波算法和 PF 滤波算法，设计了基于 Taylor 级数逼近的噪声相关非线性系统 WMF-UKF 滤波算法、CKF 滤波算法和 PF 算法。最后，基于 Gauss-Hermite 逼近方法，分别结合 UKF 滤波算法、CKF 滤波算法和 PF 滤波算法，提出了基于 Taylor 级数逼近的噪声相关非线性系统 WMF-UKF 滤波算法、CKF 滤波算法和 PF 算法。

本书在第 8 章针对线性被控系统，提出了基于多传感器加权观测融合 Kalman 滤波器的预测控制算法。该算法首次将加权观测融合 Kalman 算法应用于预测控制算法中，提高了控制精度和被控系统稳定性。并且针对被控系统含有未知噪声统计的情况，提出了基于自校正加权观测融合 Kalman 滤波器的预测控制算法。第 8 章最后针对一类跟踪系统，分别给出了基于最优和自校正加权观测融合 Kalman 算法的预测控制仿真实例。

第2章

02

一般非线性系统滤波方法及性能分析

Kalman 滤波器是线性最小方差估值器，也叫最优滤波器。滤波问题是指如何从被噪声污染的观测信号中过滤噪声，尽可能消除或减小噪声影响，求未知真实信号或系统状态的最优估计。在某些应用问题中甚至真实信号被噪声污染，滤波的目的就是过滤噪声，还原信号本来面目。这类问题广泛出现在信号处理、通信、目标跟踪和控制等领域[14]。

对于非线性系统的近似估计问题，主要有两种方法[138-139]。

1. 将系统非线性环节近似线性化，保留低阶项，忽略高阶项

其中最为广泛使用的是扩展 Kalman 滤波器（EKF）。EKF 对系统非线性环节采用 Taylor 展开式进行 1 阶线性化截断，并用 Jacobian 矩阵代替 KF 滤波方程中的状态转移矩阵。但是 EKF 存在很多局限性和不足[99-104]。

（1）EKF 算法必须求解非线性函数的 Jacobian 矩阵，当系统模型复杂时，计算量大、复杂而且容易出错。

（2）EKF 算法引入线性化误差，当系统的非线性强度高时，会导致滤波效果下降。

2. 通过采样方法近似非线性分布

该方法理论依据是：对于数量固定的采样点，使其近似某个 Gauss 分布要比近似非线性函数更容易[104]。目前基于该方法的滤波器有：粒子滤波器（PF）[115]，无迹 Kalman 滤波器（UKF）[104]及容积 Kalman 滤波器（CKF）[116-118]。PF 解决了 EKF 存在的许多问题，并且 PF 算法适用于非线性系统滤波问题中随机变量非 Gauss 分布的情况，并在一定程度上解决了粒子数样本匮乏问题。PF 方法灵活、易于实现，因此近年来该算法在许多领域得到成功应用。但要得到高精度的估计，需要较多数目的粒子，产生较大的计算量，很难满足实时性的需要[140-144]。UKF 是根据 Unscented 变化（无味变换）和 Kalman 滤波框架相结合得到的一种非线性滤波算法，UKF 和 CKF 在参数选择恰当的情况下精度和计算量相当。UKF 与 EKF 相比，具有较高的滤波精度，以及较少的计算成本。

本章将主要介绍递推线性最小方差估计框架，在此基础上给出一种具体的滤波估计框架。并且介绍了经典 Kalman 滤波器和基于 ARMA 新息模型稳态 Kalman 滤波算法。在此基础上，介绍了 UKF、CKF 和 PF 这 3 种在非线性系统中较为常用的滤波算法。

2.1　递推线性最小方差估计框架

考虑如下非线性系统

$$\boldsymbol{x}(k+1)=\boldsymbol{f}(\boldsymbol{x}(k),k)+\boldsymbol{w}(k) \tag{2-1}$$

$$z(k)=h(x(k),k)+v(k) \tag{2-2}$$

式中，$f(\cdot,\cdot)\in R^n$ 为已知的状态函数，$x(k)\in R^n$ 为 k 时刻系统状态，$h(\cdot,\cdot)\in R^m$ 为已知的传感器观测函数，$z(k)\in R^m$ 为传感器观测数据，$w(k)\sim p_{\omega_k}(\cdot)$ 为系统噪声，$v(k)\sim p_{v_k}(\cdot)$ 为传感器观测噪声。假设 $w(k)$ 和 $v(k)$ 是零均值、方差阵分别为 Q_w 和 R 且相互独立噪声，即

$$\mathrm{E}\left\{\begin{bmatrix} w(t) \\ v(t) \end{bmatrix} \begin{bmatrix} w^{\mathrm{T}}(k) & v^{\mathrm{T}}(k) \end{bmatrix}\right\}=\begin{bmatrix} Q_w & 0 \\ 0 & R \end{bmatrix}\delta_{tk} \tag{2-3}$$

式中，E 为均值号，T 为转置号，$\delta_{tk}=0(t\neq k)$，$\delta(\cdot)$ 是狄拉克函数（Dirac Delta function）。

问题是根据已知观测数据 $Z_{0\sim k}=\{z(0)\sim z(k)\}$，求解状态 $x(k)$ 的估计 $\hat{x}(k|k)$。

2.1.1 射影定理

定义 2.1[14] 基于 $m\times 1$ 维随机变量 $z\in R^m$ 的对 $n\times 1$ 维随机变量 $x\in R^n$ 的线性估计记为

$$\hat{x}=b+Az,\quad b\in R^n,\quad A\in R^{n\times m} \tag{2-4}$$

若估计 $\hat{x}$ 极小化性能指标为

$$J=\mathrm{E}\left\{(x-\hat{x})^{\mathrm{T}}(x-\hat{x})\right\} \tag{2-5}$$

则称 $\hat{x}$ 为随机变量 x 的线性最小方差估计，式中 E 为均值号，T 为转置号。

定理 2.1[14] 基于 $z\in R^m$ 对随机变量 $x\in R^n$ 的线性最小方差估计公式为

$$\hat{x}=\mathrm{E}x+P_{xz}P_{zz}^{-1}\left(z-\mathrm{E}z\right) \tag{2-6}$$

其中假设$\mathrm{E}\boldsymbol{x}$、$\mathrm{E}\boldsymbol{z}$、$\boldsymbol{P}_{xz}$、$\boldsymbol{P}_{zz}$均存在。

证明：将式（2-4）代入式（2-5）有

$$\boldsymbol{J}=\mathrm{E}\left\{(\boldsymbol{x}-\boldsymbol{b}-\boldsymbol{A}\boldsymbol{z})^{\mathrm{T}}(\boldsymbol{x}-\boldsymbol{b}-\boldsymbol{A}\boldsymbol{z})\right\} \tag{2-7}$$

令$\dfrac{\partial \boldsymbol{J}}{\partial \boldsymbol{b}}=0$有

$$\frac{\partial \boldsymbol{J}}{\partial \boldsymbol{b}}=-2\mathrm{E}(\boldsymbol{x}-\boldsymbol{b}-\boldsymbol{A}\boldsymbol{z})=0 \tag{2-8}$$

所以有

$$\boldsymbol{b}=\mathrm{E}\boldsymbol{x}-\boldsymbol{A}\mathrm{E}\boldsymbol{z} \tag{2-9}$$

将式（2-9）代入式（2-7）并定义

$$\boldsymbol{P}_{xx}=\mathrm{E}\left\{\left(\boldsymbol{x}-\mathrm{E}\boldsymbol{x}\right)\left(\boldsymbol{x}-\mathrm{E}\boldsymbol{x}\right)^{\mathrm{T}}\right\} \tag{2-10}$$

$$\boldsymbol{P}_{xz}=\mathrm{E}\left\{\left(\boldsymbol{x}-\mathrm{E}\boldsymbol{x}\right)\left(\boldsymbol{z}-\mathrm{E}\boldsymbol{z}\right)^{\mathrm{T}}\right\} \tag{2-11}$$

可有关系

$$\boldsymbol{P}_{xz}=\boldsymbol{P}_{xz}^{\mathrm{T}} \tag{2-12}$$

$$\begin{aligned}
\boldsymbol{J}&=\mathrm{E}\left\{\left[\left(\boldsymbol{x}-\mathrm{E}\boldsymbol{x}\right)-\boldsymbol{A}\left(\boldsymbol{z}-\mathrm{E}\boldsymbol{z}\right)\right]^{\mathrm{T}}\left[\left(\boldsymbol{x}-\mathrm{E}\boldsymbol{x}\right)-\boldsymbol{A}\left(\boldsymbol{z}-\mathrm{E}\boldsymbol{z}\right)\right]\right\}\\
&=\operatorname{tr}\mathrm{E}\left\{\left[\left(\boldsymbol{x}-\mathrm{E}\boldsymbol{x}\right)-\boldsymbol{A}\left(\boldsymbol{z}-\mathrm{E}\boldsymbol{z}\right)\right]\left[\left(\boldsymbol{x}-\mathrm{E}\boldsymbol{x}\right)-\boldsymbol{A}\left(\boldsymbol{z}-\mathrm{E}\boldsymbol{z}\right)\right]^{\mathrm{T}}\right\}\\
&=\operatorname{tr}\left(\boldsymbol{P}_{xx}-\boldsymbol{A}\boldsymbol{P}_{zx}-\boldsymbol{P}_{xz}\boldsymbol{A}^{\mathrm{T}}+\boldsymbol{A}\boldsymbol{P}_{zz}\boldsymbol{A}^{\mathrm{T}}\right)\\
&=\operatorname{tr}\boldsymbol{P}_{xx}-\operatorname{tr}\boldsymbol{A}\boldsymbol{P}_{zx}-\operatorname{tr}\boldsymbol{P}_{xz}\boldsymbol{A}^{\mathrm{T}}+\operatorname{tr}\boldsymbol{A}\boldsymbol{P}_{zz}\boldsymbol{A}^{\mathrm{T}}
\end{aligned} \tag{2-13}$$

令$\dfrac{\partial \boldsymbol{J}}{\partial \boldsymbol{A}}=0$，应用矩阵迹求导公式[152]，并整理有

$$\boldsymbol{A}=\boldsymbol{P}_{xz}\boldsymbol{P}_{zz}^{-1} \tag{2-14}$$

证毕。

推论 2.1[14] （无偏性）$\mathrm{E}\hat{\boldsymbol{x}}=\mathrm{E}\boldsymbol{x}$。（2-15）

证明：由式（2-6）有

$$\begin{aligned}\mathrm{E}\hat{\boldsymbol{x}}&=\mathrm{E}\left\{\mathrm{E}\boldsymbol{x}+\boldsymbol{P}_{xz}\boldsymbol{P}_{zz}^{-1}\left(\boldsymbol{z}-\mathrm{E}\boldsymbol{z}\right)\right\}\\&=\mathrm{E}\boldsymbol{x}+\boldsymbol{P}_{xz}\boldsymbol{P}_{zz}^{-1}\left(\mathrm{E}\boldsymbol{z}-\mathrm{E}\boldsymbol{z}\right)\\&=\mathrm{E}\boldsymbol{x}\end{aligned}$$

证毕。

推论 2.2[14] （正交性）$\mathrm{E}\left\{(\boldsymbol{x}-\hat{\boldsymbol{x}})\boldsymbol{z}^{\mathrm{T}}\right\}=0$。（2-16）

证明：将式（2-6）代入式（2-16）左边，有

$$\begin{aligned}&\mathrm{E}\left\{\left[\boldsymbol{x}-\mathrm{E}\boldsymbol{x}-\boldsymbol{P}_{xz}\boldsymbol{P}_{zz}^{-1}\left(\boldsymbol{z}-\mathrm{E}\boldsymbol{z}\right)\right]\boldsymbol{z}^{\mathrm{T}}\right\}=\mathrm{E}\left\{\left[\boldsymbol{x}-\mathrm{E}\boldsymbol{x}-\boldsymbol{P}_{xz}\boldsymbol{P}_{zz}^{-1}\left(\boldsymbol{z}-\mathrm{E}\boldsymbol{z}\right)\right]\left(\boldsymbol{z}-\mathrm{E}\boldsymbol{z}\right)^{\mathrm{T}}\right\}\\&=\boldsymbol{P}_{xz}-\boldsymbol{P}_{xz}\boldsymbol{P}_{zz}^{-1}\boldsymbol{P}_{zz}\\&=0\end{aligned}$$

证毕。

推论 2.3[14] $\tilde{\boldsymbol{x}}=\boldsymbol{x}-\hat{\boldsymbol{x}}$ 与 $\boldsymbol{z}$ 不相关。

证明：
$$\begin{aligned}&\mathrm{E}\left\{\left(\boldsymbol{x}-\hat{\boldsymbol{x}}\right)\left(\boldsymbol{z}-\mathrm{E}\boldsymbol{z}\right)^{\mathrm{T}}\right\}\\&=\mathrm{E}\left\{\left(\boldsymbol{x}-\hat{\boldsymbol{x}}\right)\boldsymbol{z}^{\mathrm{T}}\right\}-\mathrm{E}\left\{\left(\boldsymbol{x}-\hat{\boldsymbol{x}}\right)\left(\mathrm{E}\boldsymbol{z}\right)^{\mathrm{T}}\right\}\\&=0\end{aligned}\tag{2-17}$$

证毕。

定义 2.2[14] $(\boldsymbol{x}-\hat{\boldsymbol{x}})$ 与 $\boldsymbol{z}$ 不相关称为 $(\boldsymbol{x}-\hat{\boldsymbol{x}})$ 与 $\boldsymbol{z}$ 正交（垂直），记为 $(\boldsymbol{x}-\hat{\boldsymbol{x}})\perp\boldsymbol{z}$，并称 $\hat{\boldsymbol{x}}$ 为 $\boldsymbol{x}$ 在 $\boldsymbol{z}$ 上的射影，记为 $\hat{\boldsymbol{x}}=\mathrm{proj}(\boldsymbol{x}\,|\,\boldsymbol{z})$。

定义 2.3[14] 由随机变量 $\boldsymbol{z}\in\boldsymbol{R}^m$ 张成的线性流形（线性空间）定义为如下形式的随机变量 $\boldsymbol{z}\in\boldsymbol{R}^n$ 的集合

$$L(\boldsymbol{z})=\left\{\boldsymbol{y}\mid\boldsymbol{y}=\boldsymbol{b}+\boldsymbol{A}\boldsymbol{z}\right\},\quad \boldsymbol{b}\in\boldsymbol{R}^n,\quad \boldsymbol{A}\in\boldsymbol{R}^{n\times m} \tag{2-18}$$

推论 2.4[14] $(\boldsymbol{x}-\hat{\boldsymbol{x}})\perp\boldsymbol{y}$，$\forall\boldsymbol{y}\in L(\boldsymbol{z})$，记为 $(\boldsymbol{x}-\hat{\boldsymbol{x}})\perp L(\boldsymbol{z})$。（2-19）

证明：$\mathrm{E}\left\{(\boldsymbol{x}-\hat{\boldsymbol{x}})\boldsymbol{y}^{\mathrm{T}}\right\}$

$$=\mathrm{E}\left\{(\boldsymbol{x}-\hat{\boldsymbol{x}})(\boldsymbol{b}+\boldsymbol{A}\boldsymbol{z})^{\mathrm{T}}\right\}$$

$$=\mathrm{E}\left\{(\boldsymbol{x}-\hat{\boldsymbol{x}})\boldsymbol{b}^{\mathrm{T}}\right\}+\mathrm{E}\left\{(\boldsymbol{x}-\hat{\boldsymbol{x}})(\boldsymbol{A}\boldsymbol{z})^{\mathrm{T}}\right\}$$

$$=0$$

证毕。

定义 2.4[14] 设随机变量 $\boldsymbol{x}\in\boldsymbol{R}^n$，随机变量 $\boldsymbol{z}(1),\cdots,\boldsymbol{z}(k)\in\boldsymbol{R}^m$，引入合成随机变量 $\boldsymbol{\varpi}$ 为

$$\boldsymbol{\varpi}=(\boldsymbol{z}^{\mathrm{T}}(1),\cdots,\boldsymbol{z}^{\mathrm{T}}(k))^{\mathrm{T}}\in\boldsymbol{R}^{km} \tag{2-20}$$

由 $\boldsymbol{z}(1),\cdots,\boldsymbol{z}(k)\in\boldsymbol{R}^m$ 张成的线性流形 $L(\boldsymbol{z}(1),\cdots,\boldsymbol{z}(k))$ 定义为

$$L(\boldsymbol{z}(1),\cdots,\boldsymbol{z}(k))\triangleq L(\boldsymbol{\varpi}) \tag{2-21}$$

引入分块矩阵

$$\boldsymbol{A}=[\boldsymbol{A}_1,\cdots,\boldsymbol{A}_k],\quad \boldsymbol{A}_i\in\boldsymbol{R}^{n\times m},\quad i=1,\cdots,k \tag{2-22}$$

则有

$$L(\boldsymbol{\varpi})=\left\{\boldsymbol{z}\mid\boldsymbol{z}=\sum_{i=1}^{k}\boldsymbol{A}_i\,\boldsymbol{z}(i)+\boldsymbol{b}\right\}=L(\boldsymbol{z}(1),\cdots,\boldsymbol{z}(k)) \tag{2-23}$$

定义 2.5[14] 基于随机变量 $\boldsymbol{z}(1),\cdots,\boldsymbol{z}(k)\in\boldsymbol{R}^m$ 对随机变量 $\boldsymbol{x}\in\boldsymbol{R}^n$ 的线性最小方差估计 $\hat{\boldsymbol{x}}$ 定义为

$$\hat{\boldsymbol{x}}=\mathrm{proj}(\boldsymbol{x}\mid\boldsymbol{\varpi})\triangleq\mathrm{proj}(\boldsymbol{x}\mid\boldsymbol{z}(1),\cdots,\boldsymbol{z}(k)) \tag{2-24}$$

也称 $\hat{\boldsymbol{x}}$ 为 $\boldsymbol{x}$ 在线性流形 $L(\boldsymbol{\varpi})$ 或者 $L(\boldsymbol{z}(1),\cdots,\boldsymbol{z}(k))$ 上的射影。

推论 2.5[14] 设 $\boldsymbol{x}\in\boldsymbol{R}^n$ 为零均值随机变量，$\boldsymbol{z}(1),\cdots,\boldsymbol{z}(k)\in\boldsymbol{R}^m$ 为零均值、互不相关（正交）的随机变量，则有

$$\operatorname{proj}(\boldsymbol{x}\mid\boldsymbol{z}(1),\cdots,\boldsymbol{z}(k))=\sum_{i=1}^{k}\operatorname{proj}(\boldsymbol{x}\mid\boldsymbol{z}(i)) \tag{2-25}$$

证明：$\operatorname{proj}(\boldsymbol{x}\mid\boldsymbol{z}(1),\cdots,\boldsymbol{z}(k))$

$$=\operatorname{proj}(\boldsymbol{x}\mid\boldsymbol{\varpi})$$

$$=\boldsymbol{P}_{x\varpi}\boldsymbol{P}_{\varpi\varpi}^{-1}\boldsymbol{\varpi}$$

$$=\mathrm{E}\left\{\boldsymbol{x}\left[\boldsymbol{z}^{\mathrm{T}}(1),\cdots,\boldsymbol{z}^{\mathrm{T}}(k)\right]\right\}\begin{bmatrix}\boldsymbol{P}_{z(1)z(1)}^{-1} & & 0\\ & \ddots & \\ 0 & & \boldsymbol{P}_{z(k)z(k)}^{-1}\end{bmatrix}\begin{bmatrix}\boldsymbol{z}(1)\\ \vdots\\ \boldsymbol{z}(k)\end{bmatrix}$$

$$=\sum_{i=1}^{k}\boldsymbol{P}_{xz(i)}\boldsymbol{P}_{z(i)z(i)}^{-1}\boldsymbol{z}(i)$$

$$=\sum_{i=1}^{k}\operatorname{proj}(\boldsymbol{x}\mid\boldsymbol{z}(i)) \tag{2-26}$$

推论 2.6[14] 设随机变量 $\boldsymbol{x}\in\boldsymbol{R}^p$， $\boldsymbol{y}\in\boldsymbol{R}^q$，随机变量 $(\boldsymbol{Ax}+\boldsymbol{By})\in\boldsymbol{R}^n$，$\boldsymbol{A}\in\boldsymbol{R}^{n\times p}$， $\boldsymbol{B}\in\boldsymbol{R}^{n\times q}$，随机变量 $\boldsymbol{z}\in\boldsymbol{R}^m$，则有

$$\operatorname{proj}(\boldsymbol{Ax}+\boldsymbol{By}\mid\boldsymbol{z})=\boldsymbol{A}\operatorname{proj}(\boldsymbol{x}\mid\boldsymbol{z})+\boldsymbol{B}\operatorname{proj}(\boldsymbol{y}\mid\boldsymbol{z}) \tag{2-27}$$

推论 2.7[14] 设随机变量 $\boldsymbol{x}\in\boldsymbol{R}^n$，随机变量 $\boldsymbol{z}\in\boldsymbol{R}^m$，则有关系

$$\operatorname{proj}(\boldsymbol{x}\mid\boldsymbol{z})=\begin{bmatrix}\operatorname{proj}(\boldsymbol{x}_1\mid\boldsymbol{z})\\ \vdots\\ \operatorname{proj}(\boldsymbol{x}_n\mid\boldsymbol{z})\end{bmatrix} \tag{2-28}$$

其中 $\boldsymbol{x}$ 的分量形式为

$$\boldsymbol{x}=\begin{bmatrix}\boldsymbol{x}_1\\ \vdots\\ \boldsymbol{x}_n\end{bmatrix} \tag{2-29}$$

证明：

$$\begin{aligned}
\text{proj}(\boldsymbol{x}\mid \boldsymbol{z}) &= \text{E}\boldsymbol{x}+\boldsymbol{P}_{xz}\boldsymbol{P}_{zz}^{-1}\left(\boldsymbol{z}-\text{E}\boldsymbol{z}\right)\\
&=\text{E}\begin{bmatrix}\boldsymbol{x}_1\\ \vdots\\ \boldsymbol{x}_n\end{bmatrix}+\text{E}\begin{bmatrix}\boldsymbol{x}_1-\text{E}\boldsymbol{x}_1\\ \vdots\\ \boldsymbol{x}_n-\text{E}\boldsymbol{x}_n\end{bmatrix}(\boldsymbol{z}-\text{E}\boldsymbol{z})^{\text{T}}\boldsymbol{P}_{zz}^{-1}\left(\boldsymbol{z}-\text{E}\boldsymbol{z}\right)\\
&=\begin{bmatrix}\text{E}\boldsymbol{x}_1\\ \vdots\\ \text{E}\boldsymbol{x}_n\end{bmatrix}+\begin{bmatrix}\boldsymbol{P}_{x_1z}\\ \vdots\\ \boldsymbol{P}_{x_nz}\end{bmatrix}\boldsymbol{P}_{zz}^{-1}\left(\boldsymbol{z}-\text{E}\boldsymbol{z}\right)\\
&=\begin{bmatrix}\text{E}\boldsymbol{x}_1+\boldsymbol{P}_{x_1z}\boldsymbol{P}_{zz}^{-1}\left(\boldsymbol{z}-\text{E}\boldsymbol{z}\right)\\ \vdots\\ \text{E}\boldsymbol{x}_n+\boldsymbol{P}_{x_nz}\boldsymbol{P}_{zz}^{-1}\left(\boldsymbol{z}-\text{E}\boldsymbol{z}\right)\end{bmatrix}
\end{aligned} \tag{2-30}$$

即得到式（2-28）。证毕。

2.1.2　新息序列

定义 2.6[14] 设 $\boldsymbol{z}(1),\cdots,\boldsymbol{z}(k),\cdots\in\boldsymbol{R}^m$ 是存在 2 阶矩的随机序列，它的新息序列定义为

$$\boldsymbol{\varepsilon}(k)=\boldsymbol{z}(k)-\text{proj}(\boldsymbol{z}(k)\mid \boldsymbol{z}(1),\cdots,\boldsymbol{z}(k-1))\,,\quad k=1,2,\cdots \tag{2-31}$$

其中 $\boldsymbol{z}(k)$ 的一步最优预报估值为

$$\hat{\boldsymbol{z}}(k\mid k-1)=\text{proj}(\boldsymbol{z}(k)\mid \boldsymbol{z}(1),\cdots,\boldsymbol{z}(k-1)) \tag{2-32}$$

因而新息序列定义为

$$\boldsymbol{\varepsilon}(k)=\boldsymbol{z}(k)-\hat{\boldsymbol{z}}(k\mid k-1) \tag{2-33}$$

其中规定 $\hat{\boldsymbol{z}}(1\mid 0)=\mathrm{E}\{\boldsymbol{z}(1)\}$，这样可以保证 $\mathrm{E}\{\boldsymbol{\varepsilon}(1)\}=0$。

定理 2.2[14] 新息序列 $\boldsymbol{\varepsilon}(k)$ 是零均值白噪声。

证明：由新息序列定义式（2-33），有

$$\mathrm{E}\{\boldsymbol{\varepsilon}(k)\}=\mathrm{E}\{\boldsymbol{z}(k)-\hat{\boldsymbol{z}}(k\mid k-1)\} \tag{2-34}$$

由推论 2.1，可得

$$\mathrm{E}\{\boldsymbol{\varepsilon}(k)\}=\mathrm{E}\{\boldsymbol{z}(k)\}-\mathrm{E}\{\boldsymbol{z}(k)\}=0，\quad k\geqslant 1 \tag{2-35}$$

设 $i\neq j$，可以设 $i>j$，又由于 $\boldsymbol{\varepsilon}(i)\perp L(\boldsymbol{z}(1),\cdots,\boldsymbol{z}(i-1))$，且有 $L(\boldsymbol{z}(1),\cdots,\boldsymbol{z}(j))\subset L(\boldsymbol{z}(1),\cdots,\boldsymbol{z}(i-1))$，因此 $\boldsymbol{\varepsilon}(i)\perp L(\boldsymbol{z}(1),\cdots,\boldsymbol{z}(j))$。

又因为 $\boldsymbol{\varepsilon}(j)=\boldsymbol{z}(j)-\hat{\boldsymbol{z}}(j\mid j-1)\in L(\boldsymbol{z}(1),\cdots,\boldsymbol{z}(j))$，因而 $\boldsymbol{\varepsilon}(i)\perp\boldsymbol{\varepsilon}(j)$，即

$$\mathrm{E}\{\boldsymbol{\varepsilon}(i)\boldsymbol{\varepsilon}^{\mathrm{T}}(j)\}=0 \tag{2-36}$$

故 $\boldsymbol{\varepsilon}(i)$ 是白噪声。证毕。

定理 2.3[14] 新息序列 $\boldsymbol{\varepsilon}(k)$ 与原序列 $\boldsymbol{z}(k)$ 含有相同的统计信息，即 $(\boldsymbol{z}(1),\cdots,\boldsymbol{z}(k))$ 与 $(\boldsymbol{\varepsilon}(1),\cdots,\boldsymbol{\varepsilon}(k))$ 张成相同的线性流形，即

$$L(\boldsymbol{\varepsilon}(1),\cdots,\boldsymbol{\varepsilon}(k))=L(\boldsymbol{z}(1),\cdots,\boldsymbol{z}(k))，\quad k=1,2,\cdots \tag{2-37}$$

证明：由式（2-6）和式（2-32），每个 $\boldsymbol{\varepsilon}(k)$ 是 $\boldsymbol{z}(1),\cdots,\boldsymbol{z}(k)$ 的线性组合，这里引出

$$\boldsymbol{\varepsilon}(k)\in L(\boldsymbol{z}(1),\cdots,\boldsymbol{z}(k)) \tag{2-38}$$

从而有

$$L(\boldsymbol{\varepsilon}(1),\cdots,\boldsymbol{\varepsilon}(k))\subset L(\boldsymbol{z}(1),\cdots,\boldsymbol{z}(k)) \tag{2-39}$$

下面用数学归纳法证明 $\boldsymbol{z}(k) \in L(\boldsymbol{\varepsilon}(1),\cdots,\boldsymbol{\varepsilon}(k))$。

由式（2-32），有

$$\boldsymbol{z}(1) = \boldsymbol{\varepsilon}(1) + \mathrm{E}\left\{\boldsymbol{z}(1)\right\} \in L(\boldsymbol{\varepsilon}(1))$$

$$\boldsymbol{z}(2) = \boldsymbol{\varepsilon}(2) + \mathrm{proj}(\boldsymbol{z}(2) \mid \boldsymbol{z}(1)) \in L(\boldsymbol{\varepsilon}(1),\boldsymbol{\varepsilon}(2))$$

$$\vdots$$

$$\boldsymbol{z}(k) = \boldsymbol{\varepsilon}(k) + \mathrm{proj}(\boldsymbol{z}(k) \mid \boldsymbol{z}(1),\cdots,\boldsymbol{z}(k-1)) \in L(\boldsymbol{\varepsilon}(1),\boldsymbol{\varepsilon}(2),\cdots,\boldsymbol{\varepsilon}(k)) \tag{2-40}$$

故有

$$L(\boldsymbol{z}(1),\cdots,\boldsymbol{z}(k)) \subset L(\boldsymbol{\varepsilon}(1),\cdots,\boldsymbol{\varepsilon}(k)) \tag{2-41}$$

从而有式（2-37）成立。证毕。

推论 2.8[14] 设随机变量 $\boldsymbol{x} \in \boldsymbol{R}^n$，则有

$$\mathrm{proj}(\boldsymbol{x} \mid \boldsymbol{z}(1),\cdots,\boldsymbol{z}(k))=\mathrm{proj}(\boldsymbol{x} \mid \boldsymbol{\varepsilon}(1),\cdots,\boldsymbol{\varepsilon}(k)) \tag{2-42}$$

定理 2.4[14]（递推射影公式）设随机变量 $\boldsymbol{x} \in \boldsymbol{R}^n$，随机序列 $\boldsymbol{z}(1),\cdots,\boldsymbol{z}(k),\cdots \in \boldsymbol{R}^m$，且它们存在 2 阶矩，则有递推射影公式

$$\mathrm{proj}(\boldsymbol{x} \mid \boldsymbol{z}(1),\cdots,\boldsymbol{z}(k))=\mathrm{proj}(\boldsymbol{x} \mid \boldsymbol{z}(1),\cdots,\boldsymbol{z}(k-1))+\mathrm{E}\left\{\boldsymbol{x}\boldsymbol{\varepsilon}^{\mathrm{T}}(k)\right\}[\mathrm{E}\left\{\boldsymbol{\varepsilon}(k)\boldsymbol{\varepsilon}^{\mathrm{T}}(k)\right\}]^{-1}\boldsymbol{\varepsilon}(k) \tag{2-43}$$

证明：引入合成向量

$$\boldsymbol{\varepsilon} = \begin{bmatrix} \boldsymbol{\varepsilon}(1) \\ \vdots \\ \boldsymbol{\varepsilon}(k) \end{bmatrix} \tag{2-44}$$

有 $\mathrm{E}\left\{\boldsymbol{\varepsilon}(i)\right\} = 0$。

由式（2-42）和式（2-6），有

$$
\begin{aligned}
&\operatorname{proj}(\boldsymbol{x} \mid \boldsymbol{z}(1),\cdots,\boldsymbol{z}(k))\\
&=\operatorname{proj}(\boldsymbol{x} \mid \boldsymbol{\varepsilon}(1),\cdots,\boldsymbol{\varepsilon}(k))\\
&=\operatorname{proj}(\boldsymbol{x} \mid \boldsymbol{\varepsilon})\\
&=\mathrm{E}\boldsymbol{x}+\boldsymbol{P}_{x\varepsilon}\boldsymbol{P}_{\varepsilon\varepsilon}^{-1}\boldsymbol{\varepsilon}\\
&=\mathrm{E}\boldsymbol{x}+\mathrm{E}\left\{\left(\boldsymbol{x}-\mathrm{E}\boldsymbol{x}\right)\left(\boldsymbol{\varepsilon}^{\mathrm{T}}(1),\cdots,\boldsymbol{\varepsilon}^{\mathrm{T}}(k)\right)\right\}\begin{bmatrix}\mathrm{E}\left\{\boldsymbol{\varepsilon}(1)\boldsymbol{\varepsilon}^{\mathrm{T}}(1)\right\} & & 0\\ & \ddots & \\ 0 & & \mathrm{E}\left\{\boldsymbol{\varepsilon}(k)\boldsymbol{\varepsilon}^{\mathrm{T}}(k)\right\}\end{bmatrix}^{-1}\begin{bmatrix}\boldsymbol{\varepsilon}(1)\\ \vdots \\ \boldsymbol{\varepsilon}(k)\end{bmatrix}\\
&=\mathrm{E}\boldsymbol{x}+\sum_{i=1}^{k}\mathrm{E}\left\{\boldsymbol{x}\boldsymbol{\varepsilon}^{\mathrm{T}}(i)\right\}[\mathrm{E}\left\{\boldsymbol{\varepsilon}(i)\boldsymbol{\varepsilon}^{\mathrm{T}}(i)\right\}]^{-1}\boldsymbol{\varepsilon}(i)\\
&=\mathrm{E}\boldsymbol{x}+\sum_{i=1}^{k-1}\mathrm{E}\left\{\boldsymbol{x}\boldsymbol{\varepsilon}^{\mathrm{T}}(i)\right\}[\mathrm{E}\left\{\boldsymbol{\varepsilon}(i)\boldsymbol{\varepsilon}^{\mathrm{T}}(i)\right\}]^{-1}\boldsymbol{\varepsilon}(i)+\mathrm{E}\left\{\boldsymbol{x}\boldsymbol{\varepsilon}^{\mathrm{T}}(k)\right\}[\mathrm{E}\left\{\boldsymbol{\varepsilon}(k)\boldsymbol{\varepsilon}^{\mathrm{T}}(k)\right\}]^{-1}\boldsymbol{\varepsilon}(k)\\
&=\operatorname{proj}(\boldsymbol{x} \mid \boldsymbol{\varepsilon}(1),\cdots,\boldsymbol{\varepsilon}(k-1))+\mathrm{E}\left\{\boldsymbol{x}\boldsymbol{\varepsilon}^{\mathrm{T}}(k)\right\}[\mathrm{E}\left\{\boldsymbol{\varepsilon}(k)\boldsymbol{\varepsilon}^{\mathrm{T}}(k)\right\}]^{-1}\boldsymbol{\varepsilon}(k)\\
&=\operatorname{proj}(\boldsymbol{x} \mid \boldsymbol{z}(1),\cdots,\boldsymbol{z}(k-1))+\mathrm{E}\left\{\boldsymbol{x}\boldsymbol{\varepsilon}^{\mathrm{T}}(k)\right\}[\mathrm{E}\left\{\boldsymbol{\varepsilon}(k)\boldsymbol{\varepsilon}^{\mathrm{T}}(k)\right\}]^{-1}\boldsymbol{\varepsilon}(k)
\end{aligned}
$$

证毕。

2.1.3 递推线性最小方差滤波框架

2.1.2 节，在最小方差意义下，递推射影定理被给出。本节我们将给出一种具体的滤波估计框架。

定理 2.5[116] 对系统式（2-1）和式（2-2），局部滤波器 $\hat{\boldsymbol{x}}(k+1|k+1)$ 有如下递推滤波框架

$$\hat{\boldsymbol{x}}(k+1|k+1)=\hat{\boldsymbol{x}}(k+1|k)+\boldsymbol{K}(k+1)\tilde{\boldsymbol{z}}(k+1|k) \tag{2-45}$$

其中滤波增益为

$$\boldsymbol{K}(k+1)=\boldsymbol{P}_{xz}(k+1|k)[\boldsymbol{P}_z(k+1|k)]^{-1} \tag{2-46}$$

滤波误差方差阵为

$$\boldsymbol{P}(k+1|k+1)=\boldsymbol{P}(k+1|k)-\boldsymbol{K}(k+1)\boldsymbol{P}_z(k+1|k)\left[\boldsymbol{K}(k+1)\right]^{\mathrm{T}} \tag{2-47}$$

其中

$$\hat{\boldsymbol{x}}(k+1|k)=\int \boldsymbol{f}(\boldsymbol{x}(k),k)N\left[\boldsymbol{x}(k);\hat{\boldsymbol{x}}(k|k),\boldsymbol{P}(k|k)\right]\mathrm{d}\boldsymbol{x}(k) \tag{2-48}$$

$$\begin{aligned}\hat{\boldsymbol{z}}(k+1|k)=&\int \boldsymbol{h}(\boldsymbol{x}(k+1),k+1)N\left[\boldsymbol{x}(k+1);\hat{\boldsymbol{x}}(k+1|k),\boldsymbol{P}(k+1|k)\right]\\&\mathrm{d}\boldsymbol{x}(k+1)\end{aligned} \tag{2-49}$$

$$\begin{aligned}\boldsymbol{P}_{xz}(k+1|k)=&\int \boldsymbol{x}(k+1)\left[\boldsymbol{h}(\boldsymbol{x}(k+1),k+1)\right]^{\mathrm{T}}N\left[\boldsymbol{x}(k+1);\hat{\boldsymbol{x}}(k+1|k),\right.\\&\left.\boldsymbol{P}(k+1|k)\right]\mathrm{d}\boldsymbol{x}(k+1)-\hat{\boldsymbol{x}}(k+1|k)\left[\hat{\boldsymbol{z}}(k+1|k)\right]^{\mathrm{T}}\end{aligned} \tag{2-50}$$

$$\begin{aligned}\boldsymbol{P}_z(k+1|k)=&\int \boldsymbol{h}\left[\boldsymbol{x}(k+1),k+1\right]\left[\boldsymbol{h}(\boldsymbol{x}(k+1),k+1)\right]^{\mathrm{T}}N\left[\boldsymbol{x}(k+1);\hat{\boldsymbol{x}}(k+1|k),\right.\\&\left.\boldsymbol{P}(k+1|k)\right]\mathrm{d}\boldsymbol{x}(k+1)-\left[\hat{\boldsymbol{z}}(k+1|k)\right]\left[\hat{\boldsymbol{z}}(k+1|k)\right]^{\mathrm{T}}+\boldsymbol{R}\end{aligned} \tag{2-51}$$

预报误差方差阵 $\boldsymbol{P}(k+1|k)$ 为

$$\begin{aligned}\boldsymbol{P}(k+1|k)=&\int \boldsymbol{h}\left[\boldsymbol{x}(k),k\right]\left[\boldsymbol{h}(\boldsymbol{x}(k),k)\right]^{\mathrm{T}}N\left[\boldsymbol{x}(k+1);\hat{\boldsymbol{x}}(k+1|k),\right.\\&\left.\boldsymbol{P}(k+1|k)\right]\mathrm{d}\boldsymbol{x}(k+1)+\boldsymbol{Q}_w-\hat{\boldsymbol{x}}(k+1|k)\left[\hat{\boldsymbol{x}}(k+1|k)\right]^{\mathrm{T}}\end{aligned} \tag{2-52}$$

证明：根据最小方差估计理论，一步预测是状态的条件数学期望，即有

$$\begin{aligned}\hat{\boldsymbol{x}}(k+1|k)&=\mathrm{E}\left\{\left[\boldsymbol{f}(\boldsymbol{x}(k),k)+\boldsymbol{w}(k)\right]\middle|\boldsymbol{Z}_{0\sim k}\right\}\\&=\mathrm{E}\left\{\boldsymbol{f}(\boldsymbol{x}(k),k)\middle|\boldsymbol{Z}_{0\sim k}\right\}+\mathrm{E}\left\{\boldsymbol{w}_{k-1}\middle|\boldsymbol{Z}_{0\sim k}\right\}\end{aligned} \tag{2-53}$$

可以得到式（2-48）。

即有

$$\hat{\boldsymbol{z}}(k+1|k)=\mathrm{E}\left\{\boldsymbol{h}\left[\boldsymbol{x}(k+1),k+1\right]\middle|\boldsymbol{Z}_{0\sim k}\right\}+\mathrm{E}\left\{\boldsymbol{v}(k+1)\middle|\boldsymbol{Z}_{0\sim k}\right\} \tag{2-54}$$

然后可以得到式（2-49）。

由预报误差协方差阵 $\boldsymbol{P}_{xz}(k+1|k)$ 定义有

$$\begin{aligned}\boldsymbol{P}_{xz}(k+1|k)=&\mathrm{E}\left\{\boldsymbol{x}(k+1)\left[\boldsymbol{z}(k+1)\right]^{\mathrm{T}}\middle|\boldsymbol{Z}_{0\sim k}\right\}-\mathrm{E}\left\{\boldsymbol{x}(k+1)\left[\hat{\boldsymbol{z}}(k+1|k)\right]^{\mathrm{T}}\middle|\boldsymbol{Z}_{0\sim k}\right\}-\\&\mathrm{E}\left\{\hat{\boldsymbol{x}}(k+1|k)\left[\boldsymbol{z}(k+1)\right]^{\mathrm{T}}\middle|\boldsymbol{Z}_{0\sim k}\right\}+\hat{\boldsymbol{x}}(k+1|k)\left[\hat{\boldsymbol{z}}(k+1|k)\right]^{\mathrm{T}}\\=&\mathrm{E}\left\{\boldsymbol{x}(k+1)\left[\boldsymbol{h}(\boldsymbol{x}(k+1),k+1)\right]^{\mathrm{T}}\middle|\boldsymbol{Z}_{0\sim k-1}\right\}-\hat{\boldsymbol{x}}(k+1|k)\left[\hat{\boldsymbol{z}}(k+1|k)\right]^{\mathrm{T}}\end{aligned}\tag{2-55}$$

因为假设 $\boldsymbol{v}(k)$ 是具有零均值且独立的 Gauss 噪声，所以得到式（2-50）。

由观测误差协方差矩阵 $\boldsymbol{P}_{z}(k+1|k)$ 定义有

$$\begin{aligned}\boldsymbol{P}_{z}(k+1|k)&=\mathrm{E}\left\{\left[\boldsymbol{z}(k+1)-\hat{\boldsymbol{z}}(k+1|k)\right]\left[\boldsymbol{z}(k+1)-\hat{\boldsymbol{z}}(k+1|k)\right]^{\mathrm{T}}\middle|\boldsymbol{Z}_{0\sim k}\right\}\\&=\mathrm{E}\left\{\left[\boldsymbol{h}(\boldsymbol{x}(k+1),k+1)+\boldsymbol{v}(k+1)-\hat{\boldsymbol{z}}(k+1|k)\right](\cdot)^{\mathrm{T}}\middle|\boldsymbol{Z}_{0\sim k}\right\}\end{aligned}\tag{2-56}$$

类似于 $\boldsymbol{P}_{xz}(k+1|k)$，式（2-56）可以写为式（2-51）。

由预报误差方差阵 $\boldsymbol{P}(k+1|k)$ 定义有

$$\begin{aligned}\boldsymbol{P}(k+1|k)&=\mathrm{E}\left\{\boldsymbol{x}(k+1)\left[\boldsymbol{x}(k+1)\right]^{\mathrm{T}}\middle|\boldsymbol{Z}_{0\sim k}\right\}-\mathrm{E}\left\{\hat{\boldsymbol{x}}(k+1|k)\left[\hat{\boldsymbol{x}}(k+1|k)\right]^{\mathrm{T}}\middle|\boldsymbol{Z}_{0\sim k}\right\}\\&=\mathrm{E}\left\{\left[\boldsymbol{f}(\boldsymbol{x}(k),k)+\boldsymbol{w}(k)\right](\cdot)^{\mathrm{T}}\middle|\boldsymbol{Z}_{0\sim k}\right\}-\hat{\boldsymbol{x}}(k+1|k)\left[\hat{\boldsymbol{x}}(k+1|k)\right]^{\mathrm{T}}\end{aligned}\tag{2-57}$$

可得式（2-52）。

将式（2-45）代入滤波误差协方差矩阵定义式，整理得

$$\begin{aligned}\boldsymbol{P}(k+1|k+1)=&\boldsymbol{P}(k+1|k)-\boldsymbol{P}_{xz}(k+1|k)\boldsymbol{K}(k+1)-\\&\boldsymbol{K}^{\mathrm{T}}(k+1)[\boldsymbol{P}_{xz}(k+1|k)]^{\mathrm{T}}+\boldsymbol{K}(k+1)\boldsymbol{P}_{z}(k+1|k)\boldsymbol{K}^{\mathrm{T}}(k+1)\end{aligned}\tag{2-58}$$

基于最小方差估计准则，$\dfrac{\partial \boldsymbol{P}(k+1|k+1)}{\partial \boldsymbol{K}(k+1)}=0$，可以得到式（2-46）。证毕。

2.1.4 Kalman 滤波器

滤波是去除噪声还原真实数据的一种数据处理技术。Kalman 滤波在观测方差已知的情况下能够从一系列存在观测噪声的数据中，估计动态系统的状态。由于它便于计算机编程实现，并能够对现场采集的数据进行实时更新和处理，因此 Kalman 滤波是目前应用最为广泛的滤波算法，在通信、导航、制导与控制等领域得到了较好的应用。

考虑如下多传感器定常线性随机系统[14]

$$\boldsymbol{x}(k+1)=\boldsymbol{\Phi}\boldsymbol{x}(k)+\boldsymbol{\Gamma}\boldsymbol{w}(k) \tag{2-59}$$

$$z(k)=\boldsymbol{H}\boldsymbol{x}(k)+\boldsymbol{v}(k) \tag{2-60}$$

其中 $\boldsymbol{x}(k)\in\boldsymbol{R}^{n}$ 为状态，$z(k)\in\boldsymbol{R}^{m}$ 为第 j 个传感器的观测，$\boldsymbol{v}(k)\in\boldsymbol{R}^{m_j}$ 为观测白噪声，$\boldsymbol{w}(k)\in\boldsymbol{R}^{r}$ 为输入白噪声，$\boldsymbol{\Phi}$、$\boldsymbol{\Gamma}$、$\boldsymbol{H}$ 为已知的适当维常阵。

假设 1　$\boldsymbol{w}(k)\in\boldsymbol{R}^{r}$ 为相互独立的，方差阵各为 $\boldsymbol{Q}_w$ 和 $\boldsymbol{R}$ 的互不相关的白噪声，且噪声均值和方差统计为

$$\mathrm{E}\{\boldsymbol{w}(k)\}=\boldsymbol{q}，\ \mathrm{E}\{\boldsymbol{v}(k)\}=\boldsymbol{r} \tag{2-61}$$

$$\mathrm{E}\left\{\begin{bmatrix}\boldsymbol{w}(t)-\boldsymbol{q}\\ \boldsymbol{v}(t)-\boldsymbol{r}\end{bmatrix}\begin{bmatrix}(\boldsymbol{w}(t)-\boldsymbol{q})^{\mathrm{T}} & (\boldsymbol{v}(t)-\boldsymbol{r})^{\mathrm{T}}\end{bmatrix}\right\}=\begin{bmatrix}\boldsymbol{Q}_w & 0\\ 0 & \boldsymbol{R}\end{bmatrix}\delta_{tk} \tag{2-62}$$

假设 2　$\boldsymbol{x}(0)$ 不相关于 $\boldsymbol{w}(k)$ 和 $\boldsymbol{v}(k)$

$$\mathrm{E}\{\boldsymbol{x}(0)\}=\boldsymbol{\mu}_0，\ \mathrm{E}\left\{\left[\boldsymbol{x}(0)-\boldsymbol{\mu}_0\right]\left[\boldsymbol{x}(0)-\boldsymbol{\mu}_0\right]^{\mathrm{T}}\right\}=\boldsymbol{P}_0 \tag{2-63}$$

Kalman 滤波问题是：基于观测 $\boldsymbol{Z}_{0\sim k}=\{z(0)\sim z(k)\}$，求解状态 $\boldsymbol{x}(j)$ 的

线性最小方差估计 $\hat{\boldsymbol{x}}(j|k)$，它极小化性能指标为

$$J=\mathrm{E}\left\{\left(\boldsymbol{x}(j)-\hat{\boldsymbol{x}}(j|k)\right)^{\mathrm{T}}\left(\boldsymbol{x}(j)-\hat{\boldsymbol{x}}(j|k)\right)\right\} \tag{2-64}$$

对于 $j=k$，$j>k$，$j<k$，分别称 $\hat{\boldsymbol{x}}(j|k)$ 为 Kalman 滤波器、预报器和平滑器。下面应用射影定理推导 Kalman 滤波器。

定理 2.6[14] 系统式（2-59）和式（2-60）在假设 1 和假设 2 下，经典 Kalman 滤波方程组如下：

$$\hat{\boldsymbol{x}}(k+1|k+1)=\hat{\boldsymbol{x}}(k+1|k)+\boldsymbol{K}(k+1)\boldsymbol{\varepsilon}(k+1) \tag{2-65}$$

$$\boldsymbol{\varepsilon}(k+1)=\boldsymbol{z}(k+1)-\boldsymbol{H}\hat{\boldsymbol{x}}(k+1|k)-\boldsymbol{r} \tag{2-66}$$

$$\hat{\boldsymbol{x}}(k+1|k)=\boldsymbol{\Phi}\hat{\boldsymbol{x}}(k|k)+\boldsymbol{\Gamma}\boldsymbol{q} \tag{2-67}$$

$$\boldsymbol{K}(k+1)=\boldsymbol{P}(k+1|k)\boldsymbol{H}^{\mathrm{T}}[\boldsymbol{H}\boldsymbol{P}(k+1|k)\boldsymbol{H}^{\mathrm{T}}+\boldsymbol{R}]^{-1} \tag{2-68}$$

$$\boldsymbol{P}(k+1|k)=\boldsymbol{\Phi}\boldsymbol{P}(k|k)\boldsymbol{\Phi}^{\mathrm{T}}+\boldsymbol{\Gamma}\boldsymbol{Q}_w\boldsymbol{\Gamma}^{\mathrm{T}} \tag{2-69}$$

$$\boldsymbol{P}(k+1|k+1)=[\boldsymbol{I}_n-\boldsymbol{K}(k+1)\boldsymbol{H}]\boldsymbol{P}(k+1|k) \tag{2-70}$$

$$\hat{\boldsymbol{x}}(0|0)=\mathrm{E}[\boldsymbol{x}(0)]，\ \boldsymbol{P}(0|0)=\mathrm{cov}[\boldsymbol{x}(0)] \tag{2-71}$$

证明：由递推射影公式（2-43）有

$$\hat{\boldsymbol{x}}(k+1|k+1)=\hat{\boldsymbol{x}}(k+1|k)+\mathrm{E}\left\{\boldsymbol{x}(k+1)\boldsymbol{\varepsilon}^{\mathrm{T}}(k+1)\right\}\left\{\mathrm{E}[\boldsymbol{\varepsilon}(k+1)\boldsymbol{\varepsilon}^{\mathrm{T}}(k+1)]\right\}^{-1}\boldsymbol{\varepsilon}(k+1) \tag{2-72}$$

令

$$\boldsymbol{K}(k+1)=\mathrm{E}\left\{\boldsymbol{x}(k+1)\boldsymbol{\varepsilon}^{\mathrm{T}}(k+1)\right\}\left\{\mathrm{E}[\boldsymbol{\varepsilon}(k+1)\boldsymbol{\varepsilon}^{\mathrm{T}}(k+1)]\right\}^{-1} \tag{2-73}$$

则有式（2-65）成立。称 $\boldsymbol{K}(k+1)$ 为 Kalman 滤波增益。对式（2-59）两边取射影有

$$\hat{\boldsymbol{x}}(k+1|k)=\boldsymbol{\Phi}\hat{\boldsymbol{x}}(k|k)+\mathrm{proj}(\boldsymbol{\Gamma}\boldsymbol{w}(k)|\boldsymbol{z}(1),\cdots,\boldsymbol{z}(k)) \tag{2-74}$$

由式（2-59）迭代有

$$\boldsymbol{x}(k) \in L\left[\boldsymbol{x}(0), \boldsymbol{w}(0), \cdots, \boldsymbol{w}(k-1)\right] \tag{2-75}$$

将式（2-75）代入式（2-60）有

$$\boldsymbol{z}(k) \in L\left[\boldsymbol{x}(0), \boldsymbol{w}(0), \cdots \boldsymbol{w}(k-1), \boldsymbol{v}(k)\right] \tag{2-76}$$

引出如下关系

$$L(\boldsymbol{z}(1), \cdots, \boldsymbol{z}(k)) \subset L(\boldsymbol{x}(0), \boldsymbol{w}(0), \cdots \boldsymbol{w}(k-1), \boldsymbol{v}(1), \cdots, \boldsymbol{v}(k)) \tag{2-77}$$

由假设 1、假设 2 和式（2-77）有

$$\boldsymbol{w}(k) \perp L(\boldsymbol{z}(1), \cdots, \boldsymbol{z}(k)) \tag{2-78}$$

应用式（2-6）和 $\mathrm{E}\{\boldsymbol{w}(k)\} = \boldsymbol{q}$ 可得

$$\operatorname{proj}(\boldsymbol{w}(k) \mid \boldsymbol{z}(1), \cdots, \boldsymbol{z}(k)) = \boldsymbol{q} \tag{2-79}$$

于是得到式（2-67）成立。

对式（2-60）取射影有

$$\hat{\boldsymbol{z}}(k+1 \mid k) = \boldsymbol{H}\hat{\boldsymbol{x}}(k+1 \mid k) + \operatorname{proj}(\boldsymbol{v}(k+1) \mid \boldsymbol{z}(1), \cdots, \boldsymbol{z}(k)) \tag{2-80}$$

由假设 1、假设 2 和式（2-77）有

$$\boldsymbol{v}(k+1) \perp L(\boldsymbol{z}(1), \cdots, \boldsymbol{z}(k)) \tag{2-81}$$

应用式（2-6）和 $\mathrm{E}\{\boldsymbol{v}(k)\} = \boldsymbol{r}$ 可得

$$\operatorname{proj}(\boldsymbol{v}(k+1) \mid \boldsymbol{z}(1), \cdots, \boldsymbol{z}(k)) = \boldsymbol{r} \tag{2-82}$$

于是有

$$\hat{\boldsymbol{z}}(k+1 \mid k) = \boldsymbol{H}\hat{\boldsymbol{x}}(k+1 \mid k) + \boldsymbol{r} \tag{2-83}$$

将式（2-83）代入式（2-33），得到新息表达式（2-66）成立。

记滤波和预报估值误差及方差阵为

$$\tilde{\boldsymbol{x}}(k|k)=\boldsymbol{x}(k)-\hat{\boldsymbol{x}}(k|k) \tag{2-84}$$

$$\tilde{\boldsymbol{x}}(k+1|k)=\boldsymbol{x}(k+1)-\hat{\boldsymbol{x}}(k+1|k) \tag{2-85}$$

$$\boldsymbol{P}(k|k)=\mathrm{E}\left\{\tilde{\boldsymbol{x}}(k|k)\tilde{\boldsymbol{x}}^{\mathrm{T}}(k|k)\right\} \tag{2-86}$$

$$\boldsymbol{P}(k+1|k)=\mathrm{E}\left\{\tilde{\boldsymbol{x}}(k+1|k)\tilde{\boldsymbol{x}}^{\mathrm{T}}(k+1|k)\right\} \tag{2-87}$$

则由式（2-60）和式（2-84）有新息表达式

$$\boldsymbol{\varepsilon}(k+1)=\boldsymbol{H}\tilde{\boldsymbol{x}}(k+1|k)+(\boldsymbol{v}(k+1)-\boldsymbol{r}) \tag{2-88}$$

且由式（2-59）和式（2-67）有

$$\tilde{\boldsymbol{x}}(k+1|k)=\boldsymbol{\Phi}\tilde{\boldsymbol{x}}(k|k)+\boldsymbol{\Gamma}(\boldsymbol{w}(k)-\boldsymbol{q}) \tag{2-89}$$

由式（2-65）有

$$\tilde{\boldsymbol{x}}(k+1|k+1)=\tilde{\boldsymbol{x}}(k+1|k)-\boldsymbol{K}(k+1)\boldsymbol{\varepsilon}(k+1) \tag{2-90}$$

将式（2-88）代入式（2-90）有

$$\tilde{\boldsymbol{x}}(k+1|k+1)=[\boldsymbol{I}_n-\boldsymbol{K}(k+1)\boldsymbol{H}]\tilde{\boldsymbol{x}}(k+1|k)-\boldsymbol{K}(k+1)(\boldsymbol{v}(k+1)-\boldsymbol{r}) \tag{2-91}$$

其中$\boldsymbol{I}_n$为$n\times n$单位阵。因为

$$\tilde{\boldsymbol{x}}(k|k)\in L(\boldsymbol{x}(0),\boldsymbol{w}(0),\cdots\boldsymbol{w}(k-1),\boldsymbol{v}(1),\cdots,\boldsymbol{v}(k)) \tag{2-92}$$

故有

$$\boldsymbol{w}(k)\perp\tilde{\boldsymbol{x}}(k|k) \tag{2-93}$$

这里引出

$$\mathrm{E}\left\{\boldsymbol{w}(k)\tilde{\boldsymbol{x}}^{\mathrm{T}}(k|k)\right\}=0 \tag{2-94}$$

于是由式（2-89）得到式（2-69）成立。

又因为

$$\tilde{\boldsymbol{x}}(k+1|k) \in L\left[\boldsymbol{x}(0), \boldsymbol{w}(0), \cdots \boldsymbol{w}(k), \boldsymbol{v}(1), \cdots, \boldsymbol{v}(k)\right] \tag{2-95}$$

故有

$$\boldsymbol{v}(k+1) \perp \tilde{\boldsymbol{x}}(k+1|k) \tag{2-96}$$

这引出

$$\mathrm{E}\left\{\boldsymbol{v}(k+1)\tilde{\boldsymbol{x}}^{\mathrm{T}}(k+1|k)\right\} = 0 \tag{2-97}$$

于是由式（2-88）有

$$\mathrm{E}\left\{\boldsymbol{\varepsilon}(k+1)\boldsymbol{\varepsilon}^{\mathrm{T}}(k+1)\right\} = \boldsymbol{H}\boldsymbol{P}(k+1|k)\boldsymbol{H}^{\mathrm{T}} + \boldsymbol{R} \tag{2-98}$$

且由式（2-91）可得

$$\begin{aligned} \boldsymbol{P}(k+1|k+1) = &[\boldsymbol{I}_n - \boldsymbol{K}(k+1)\boldsymbol{H}]\boldsymbol{P}(k+1|k)[\boldsymbol{I}_n - \boldsymbol{K}(k+1)\boldsymbol{H}]^{\mathrm{T}} + \\ &\boldsymbol{K}(k+1)\boldsymbol{R}\boldsymbol{K}^{\mathrm{T}}(k+1) \end{aligned} \tag{2-99}$$

由式（2-88）有

$$\mathrm{E}\left\{\boldsymbol{x}(k+1)\boldsymbol{\varepsilon}^{\mathrm{T}}(k+1)\right\} = \mathrm{E}\left\{\left[\hat{\boldsymbol{x}}(k+1|k) + \tilde{\boldsymbol{x}}(k+1|k)\right]\left[\boldsymbol{H}\tilde{\boldsymbol{x}}(k+1|k) + \boldsymbol{v}(k+1)\right]^{\mathrm{T}}\right\} \tag{2-100}$$

由射影正交性有

$$\hat{\boldsymbol{x}}(k+1|k) \perp \tilde{\boldsymbol{x}}(k+1|k) \tag{2-101}$$

且存在关系 $\boldsymbol{v}(k+1) \perp \hat{\boldsymbol{x}}(k+1|k)$，$\boldsymbol{v}(k+1) \perp \tilde{\boldsymbol{x}}(k+1|k)$，于是由式（2-100）有

$$\mathrm{E}\left\{\boldsymbol{x}(k+1)\boldsymbol{\varepsilon}^{\mathrm{T}}(k+1)\right\} = \boldsymbol{P}(k+1|k)\boldsymbol{H}^{\mathrm{T}} \tag{2-102}$$

将式（2-102）和式（2-98）代入式（2-73），则式（2-68）成立。

将式（2-68）代入式（2-99）并化简整理得式（2-70）成立。证毕。

Kalman 滤波递推算法框图如图 2-1 所示。

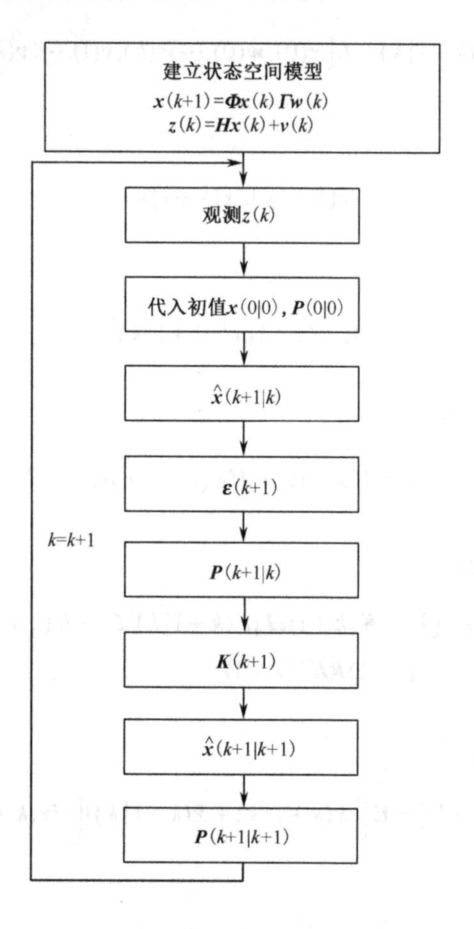

图 2-1　Kalman 滤波递推算法框图

2.1.5　ARMA 新息模型

由式（2-59）和式（2-60）有

$$z(k)=\boldsymbol{H}(\boldsymbol{I}_n-q^{-1}\boldsymbol{\Phi})^{-1}\boldsymbol{\Gamma}\boldsymbol{w}(k-1)+\boldsymbol{v}(k) \tag{2-103}$$

其中 $\boldsymbol{I}_n$ 为 $n\times n$ 单位阵，q^{-1} 为单位滞后算子，$q^{-1}\boldsymbol{x}(k)=\boldsymbol{x}(k-1)$。引入左素

分解

$$\boldsymbol{H}(\boldsymbol{I}_n - q^{-1}\boldsymbol{\Phi})^{-1}\boldsymbol{\Gamma}q^{-1} = \boldsymbol{A}^{-1}(q^{-1})\boldsymbol{B}(q^{-1}) \tag{2-104}$$

其中多项式矩阵 $\boldsymbol{A}(q^{-1})$ 和 $\boldsymbol{B}(q^{-1})$ 有形式

$$\boldsymbol{X}(q^{-1}) = \boldsymbol{X}_0 + \boldsymbol{X}_1 q^{-1} + \cdots + \boldsymbol{X}_{n_x} q^{-n_x} \tag{2-105}$$

将式（2-104）代入式（2-103）引出自回归滑动平均（Autoregressive Moving Aerage，ARMA）新息模型

$$\boldsymbol{A}(q^{-1})\boldsymbol{z}(k) = \boldsymbol{D}(q^{-1})\boldsymbol{\varepsilon}(k) \tag{2-106}$$

$$\boldsymbol{D}(q^{-1})\boldsymbol{\varepsilon}(k) = \boldsymbol{B}(q^{-1})\boldsymbol{w}(k) + \boldsymbol{A}(q^{-1})\boldsymbol{v}(k) \tag{2-107}$$

其中 $\boldsymbol{D}(q^{-1})$ 是稳定的，新息 $\boldsymbol{\varepsilon}(k) \in \boldsymbol{R}^m$ 是零均值、方差阵为 $\boldsymbol{Q}_\varepsilon$ 的白噪声，$\boldsymbol{D}(q^{-1})$ 和 $\boldsymbol{Q}_\varepsilon$ 可用 G-W（Gevers-Wouters）算法[14]求得。

2.1.6 基于 ARMA 新息模型的稳态 Kalman 滤波器

定理 2.7[14] 系统式（2-59）和式（2-60）在假设 1 和假设 2 下，基于现代时间序列的稳态 Kalman 滤波算法如下：

$$\hat{\boldsymbol{x}}(k+1|k+1) = \boldsymbol{\Psi}_f \hat{\boldsymbol{x}}(k|k) + \boldsymbol{K}_f \boldsymbol{z}(k+1) \tag{2-108}$$

$$\boldsymbol{\Psi}_f = [\boldsymbol{I}_n - \boldsymbol{K}_f \boldsymbol{H}]\boldsymbol{\Phi} \tag{2-109}$$

$$\boldsymbol{K}_f = \begin{bmatrix} \boldsymbol{H} \\ \boldsymbol{H\Phi} \\ \vdots \\ \boldsymbol{H\Phi}^{\beta-1} \end{bmatrix}^{+} \begin{bmatrix} \boldsymbol{I}_m - \boldsymbol{R}\boldsymbol{Q}_\varepsilon^{-1} \\ \boldsymbol{M}_1 \\ \vdots \\ \boldsymbol{M}_{\beta-1} \end{bmatrix} \tag{2-110}$$

其中 $\boldsymbol{M}_i$ 可递推计算为

$$M_i = -A_1 M_{i-1} - \cdots - A_{n_a} M_{i-n_a} + D_i，\quad i = 1, \cdots, \beta - 1 \qquad (2\text{-}111)$$

其中规定$M_0 = I_m$，$M_t = 0(t < 0)$，$D_t = 0(t > n_d)$。

证明：见文献[14]。

2.2 无迹 Kalman 滤波算法

Julier 等人提出的针对非线性系统的无迹 Kalman 滤波算法（Unscented Kalman Filter，UKF）[104]，是以 UT 变换为基础，在 LMS 估计准则下的 Kalman 线性滤波结构的非线性滤波器。相对于 EKF 和 PF，UKF 算法优点如下：

（1）UKF 算法不必计算 Jacobian 矩阵，也不用对非线性系统状态函数$f(x(k), k)$逼近，所以可以处理不可导的非线性函数；

（2）预测阶段只是线性代数运算；

（3）UKF 估计的均值和方差可达到 Taylor 级数的 4 阶精度，故滤波精度高于 EKF，对于n维系统，计算量为$O(n^3)$；

（4）系统函数$f(x(k), k)$可以不连续。

系统模型的非线性越复杂，UKF 比 EKF 就越具有优越性。UKF 算法基于上述优点，在许多领域得到了广泛应用[113-114]。

2.2.1 UKF 滤波算法原理

因为考虑的是非线性系统的滤波问题，状态预报$\hat{x}(k+1|k)$和观测预报$\hat{z}(k+1|k)$不容易获得，但是这两项对非线性滤波系统的性能起着至关重要

的作用。UKF 算法的核心和基础是 UT 变换，UT 变换是用固定数量的参数值近似一个Gauss分布，其实现原理为：在原先分布中按某一规则取一些点，使这些点的均值和协方差分布与原状态分布的均值和协方差相等；将这些点代入非线性函数中，相应得到非线性函数值点集，通过这些点集可求取变换的均值和协方差。UT 变换示意图如图 2-2 所示。

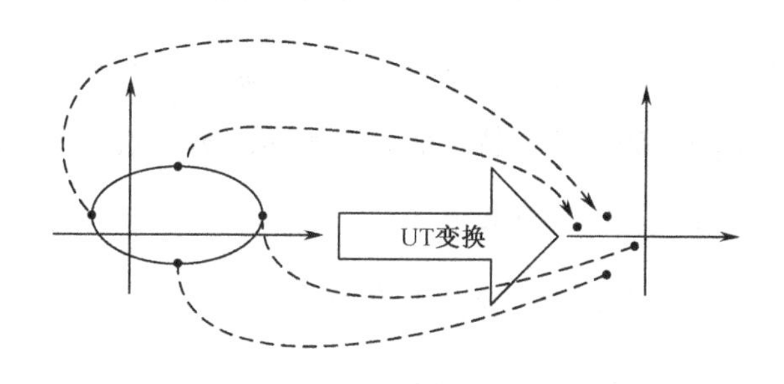

图 2-2　UT 变换示意图

因此可以选择一组 Sigma 点集$\{\boldsymbol{\chi}_i\}$，该点集满足均值为$\bar{\boldsymbol{x}}$，方差为$\boldsymbol{P}_{xx}$。将上述 Sigma 的点集进行 UT 变换，得到变换后的点集$\{\boldsymbol{z}_i\}$，其统计信息为：均值为$\bar{\boldsymbol{z}}$，方差为$\boldsymbol{P}_{zz}$。选取变换$\boldsymbol{z}=f(\boldsymbol{x})$，由统计量$\bar{\boldsymbol{z}}$和$\boldsymbol{P}_{zz}$，得到$\boldsymbol{P}(k+1|k)$、$\boldsymbol{P}_{zz}(k+1|k)$、$\boldsymbol{P}_{xz}(k+1|k)$等信息。具体步骤如下：

（1）根据系统状态 $\boldsymbol{x}$ 的统计量$\bar{\boldsymbol{x}}$和$\boldsymbol{P}_{xx}$选取一组 Sigma 点集$\{\boldsymbol{\chi}_i\}$，$i=1,2,\cdots$，点集内每个 Sigma 点的权值为W_i^m和W_i^c，其中W_i^m用来计算变换均值，W_i^c用来计算变换协方差。

（2）对选取的 Sigma 点集$\{\boldsymbol{\chi}_i\}, i=1,2,\cdots$，进行非线性 UT 变换得到$\boldsymbol{z}_i=f(\boldsymbol{\chi}_i)$，则点集$\{\boldsymbol{z}_i\}$的统计量$\bar{\boldsymbol{z}}$和$\boldsymbol{P}_{zz}$可由下式计算

$$\bar{\boldsymbol{z}}=\sum_{i=0}W_i^m\boldsymbol{z}_i \tag{2-112}$$

$$\boldsymbol{P}_{zz}=\sum_{i=0}W_i^c(\boldsymbol{z}_i-\bar{\boldsymbol{z}})(\boldsymbol{z}_i-\bar{\boldsymbol{z}})^{\mathrm{T}} \tag{2-113}$$

文献[11]和文献[145]等证明了当噪声为Gauss分布时，利用UT变换方法得到的非线性函数的统计量精度达到Taylor级数展开式的4阶。

UT变换的特点如下：

（1）UT变换是对非线性函数的概率密度分布进行近似，而不是对非线性函数进行近似，所以如果系统的模型复杂，算法实现的难度不会增加。

（2）非线性函数统计量的精度至少达到2阶，如果采用Taylor展开，精度可以达到3阶，如果采用特殊的采样策略，例如Gauss分布4阶采样和偏度采样等可达到更高阶精度。

（3）计算量与EKF同阶。对于n维系统，计算量为$O(n^3)$。

（4）UT变换不需要计算Jacobian矩阵，所以可以处理不可导的非线性函数。

2.2.2 Sigma点采样策略

经过以上叙述，实现UKF滤波器最重要的就是确定Sigma点采样策略。目前已有的Sigma点采样策略有对称采样[94]、单形采样[108]等基本采样策略。为了保证输出变量y的协方差矩阵的半正定性，提出了对上述两种基本采样策略进行比例修正[146]。

1. 对称采样

在状态$\boldsymbol{x}$的均值$\bar{\boldsymbol{x}}$和方差$\boldsymbol{P}_{xx}$一致的情况下，由$2n+1$个对称Sigma采样点近似$\bar{\boldsymbol{x}}$和$\boldsymbol{P}_{xx}$，得到条件函数$g[\{\boldsymbol{\chi}_i\},p_x(\boldsymbol{x})]$，其中$p_x(\boldsymbol{x})$为$\boldsymbol{x}$的密度函数，令其等于零，得到

$$g\left[\{\chi_i\}, p_x(\boldsymbol{x})\right]=\begin{bmatrix} \sum_{i=0}^{2n} W_i -1 \\ \sum_{i=0}^{2n} W_i \chi_i - \bar{\boldsymbol{x}} \\ \sum_{i=0}^{2n} W_i (\chi_i - \bar{\boldsymbol{x}})(\chi_i - \bar{\boldsymbol{x}})^{\mathrm{T}} - \boldsymbol{P}_{xx} \end{bmatrix}=0 \tag{2-114}$$

可得 Sigma 点为

$$\{\chi_i\}=\{\bar{\boldsymbol{x}},\quad \bar{\boldsymbol{x}}+\sqrt{(n+\kappa)\boldsymbol{P}_{xx}},\quad \bar{\boldsymbol{x}}-\sqrt{(n+\kappa)\boldsymbol{P}_{xx}}\} \tag{2-115}$$

对应权值计算为

$$W_i^m = W_i^c = W_i = \begin{cases} \kappa/(n+\kappa), & i=0 \\ 1/[2(n+\kappa)], & i \neq 0 \end{cases} \tag{2-116}$$

式中，$\sqrt{(n+\kappa)\boldsymbol{P}_{xx}}$ 为 $(n+\kappa)\boldsymbol{P}_{xx}$ 的平方根矩阵的第 i 行或列，可使用 Cholesky 分解进行计算。在对称采样中，从 Sigma 点的分布可以看到，Sigma 点是空间中心对称和轴对称的，而且除中心点外，其他 Sigma 点的权值相同。对称采样确保任意分布的统计量近似精度达到 Taylor 展开式 2 阶截断。对于 Gauss 分布，可达到 Taylor 展开式 3 阶截断。κ 为比例参数，可用于调节 Sigma 点和 $\bar{\boldsymbol{x}}$ 的距离，一般来说，当服从 Gauss 分布时，一般选取 $n+\kappa=3$[11, 145]。

2. 单形采样

在对称采样中，Sigma 点的个数为 $2n+1$，如果系统的维数较高，对称采样会带来巨大的计算负担，所以应进一步减少 Sigma 点的数量。根据文献[107]的分析，对于一个 n 维分布的状态空间，最少需要 $n+1$ 个点才能确定。为了减轻计算负担，在单形采样策略中，选取 Sigma 点的个数为 $n+2$。在单形采样策略中，Sigma 点的分布不是中心对称的。单形采样策略分为两种：最小偏度单形采样[107]和超球体单形采样[147]。

最小偏度单形采样是在保证匹配前两阶矩的前提下，3 阶矩最小。根据这一要求，代入前面所给出的 Sigma 点，采样策略依据式（2-114），求得 Sigma 点集和权值如下所示。

（1）选择$0 \leqslant W_0 < 1$。

（2）Sigma 点权值

$$W_i = \begin{cases} \dfrac{1-W_0}{2^n}, & i=1,2 \\ 2^{i-1}-W_1, & i=3,\cdots,n+1 \end{cases} \tag{2-117}$$

（3）当系统状态维数为 1 时，初始向量由下式迭代

$$\boldsymbol{\chi}_0^1=[0],\quad \boldsymbol{\chi}_1^1=[-\frac{1}{\sqrt{2W_1}}],\quad \boldsymbol{\chi}_2^1=[\frac{1}{\sqrt{2W_1}}] \tag{2-118}$$

（4）当系统状态维数为$j=2,\cdots,n$时，迭代式为

$$\boldsymbol{\chi}_i^{j+1}=\begin{cases} \begin{bmatrix} \boldsymbol{\chi}_0^j \\ 0 \end{bmatrix}, & i=0 \\ \begin{bmatrix} \boldsymbol{\chi}_i^j \\ -\dfrac{1}{\sqrt{2W_{j+1}}} \end{bmatrix}, & i=1,\cdots,j \\ \begin{bmatrix} 0 \\ \dfrac{1}{\sqrt{2W_{j+1}}} \end{bmatrix}, & i=j+1 \end{cases} \tag{2-119}$$

（5）在 Sigma 点中加入状态$\boldsymbol{x}$的统计信息均值和协方差，得到

$$\boldsymbol{\chi}_i=\bar{\boldsymbol{x}}+(\sqrt{\boldsymbol{P}_{xx}})\boldsymbol{\chi}_i^j \tag{2-120}$$

在最小偏度单形采样策略中，所选择的 Sigma 点的权值和到中心点的距离$\bar{\boldsymbol{x}}$都是不同的，即每个 Sigma 点的重要性是不同的，第n维是第$n-1$维的$\sqrt{2}$倍。高维直接形成的 Sigma 点的权值比低维扩维形成的 Sigma 点的权

值小，而距离中心点更远。当系统维数较大时，有些 Sigma 点的权值会变得很小，到中心点的距离很远，因而会造成部分信息丢失，降低粒子拟合精度。为使单形采样适应高维系统的要求，提出超球体单形采样[147]。

超球体单形采样策略要求与系统 Taylor 级数展开式前 2 阶矩匹配，但要求 Sigma 点权值相同（中心点除外），并且到中心点距离都相同。将该条件代入 Sigma 点采样策略依据式（2-114），可确定 Sigma 点集和权值如下所示。

（1）选择 $0 \leqslant W_0 < 1$。

（2）Sigma 点权值

$$W_i = (1 - W_0)/(n+1) \tag{2-121}$$

（3）当系统状态维数为 1 时，初始向量由下式迭代

$$\boldsymbol{\chi}_0^1 = [0], \quad \boldsymbol{\chi}_1^1 = [-\frac{1}{\sqrt{2W_1}}], \quad \boldsymbol{\chi}_2^1 = [\frac{1}{\sqrt{2W_1}}] \tag{2-122}$$

（4）当系统状态维数为 $j = 2,\cdots,n$ 时，迭代式为

$$\boldsymbol{\chi}_i^j = \begin{cases} \begin{bmatrix} \boldsymbol{\chi}_0^{j-1} \\ 0 \end{bmatrix}, & i = 0 \\ \begin{bmatrix} \boldsymbol{\chi}_i^{j-1} \\ -\dfrac{1}{\sqrt{j(j+1)W_1}} \end{bmatrix}, & i = 1,\cdots,j \\ \begin{bmatrix} 0 \\ \dfrac{1}{\sqrt{j(j+1)W_1}} \end{bmatrix}, & i = j+1 \end{cases} \tag{2-123}$$

（5）在 Sigma 点中加入状态 $\boldsymbol{x}$ 的统计信息均值和协方差，得到

$$\boldsymbol{\chi}_i = \overline{\boldsymbol{x}} + (\sqrt{\boldsymbol{P}_{xx}})\boldsymbol{\chi}_i^j \tag{2-124}$$

在超球体单形采样中，除中心点之外的所有 Sigma 点的权值都是相同

的，并且这些 Sigma 点到中心点 $\bar{\boldsymbol{x}}$ 的距离是相同的，说明这些 Sigma 点的重要性是相同的。采用超球体单形采样，由于 Sigma 点集和权值在推导过程中是以系统 Taylor 级数展开前两阶进行的，因此所得到的 Sigma 点的均值和方差都可以达到 Taylor 级数展开式的两阶精度，而且它的计算量要比所有其他的采样方式要小。

由式（2-118）和式（2-122）可以看出，当系统状态维数为 1 时，最小偏度采样和超球体采样的 Sigma 点分布是相同的。

3. 比例修正

上面各类采样中，当系统维数增加时，除中心点外的各个 Sigma 点到中心点 $\bar{\boldsymbol{x}}$ 的距离会越来越远，产生采样的非局部效应。虽然可以通过式（2-116）中的 κ 进行调解，但是在约束条件 $n+\kappa=3$ 下，当系统维数 $n>3$ 时，有 $\kappa<0$，从而引起 $W_0<0$ 和用其计算出的修正方差产生半正定的情形。为了解决此类问题，Julier 等人在文献[146]中提出了比例修正方案。该方案可与各类基本采样策略（对称采样、单形采样）相结合，可有效地解决采样非局部效应问题。比例采样修正算法如下：

$$\boldsymbol{\chi}_i' = \boldsymbol{\chi}_0 + \alpha(\boldsymbol{\chi}_i - \boldsymbol{\chi}_0) \tag{2-125}$$

$$W_i^m = \begin{cases} \dfrac{W_0}{\alpha} + \left(-\dfrac{1}{\alpha^2} + 1\right), & i = 0 \\ \dfrac{W_i}{\alpha^2}, & i \neq 0 \end{cases} \tag{2-126}$$

$$W_i^c = \begin{cases} W_0^m + (1 + \beta - \alpha^2), & i = 0 \\ W_i^m, & i \neq 0 \end{cases} \tag{2-127}$$

式中，α 为比例缩放因子，要求 $\alpha>0$，可用于调整每个 Sigma 点（中心点除外）到中心点 $\bar{\boldsymbol{x}}$ 的距离。$\beta \geqslant 0$ 为非线性函数 $f(\cdot)$ 的先验分布信息参数，

当 $f(\cdot)$ 中随机项为 Gauss 分布时，一般取 $\beta=2$ [148]。

将比例修正算法和对称采样相结合，得到比例对称采样，即计算 Sigma 点为

$$\{\chi_i\}=[\bar{x}, \bar{x}+\sqrt{(n+\kappa)\boldsymbol{P}_{xx}}, \bar{x}-\sqrt{(n+\kappa)\boldsymbol{P}_{xx}}],\quad i=0,\cdots,2n \tag{2-128}$$

$$W_i^m=\begin{cases}\lambda/(n+\kappa), & i=0\\ 1/[2(n+\kappa)], & i\neq 0\end{cases} \tag{2-129}$$

$$W_i^c=\begin{cases}\lambda/(n+\lambda)+(1-\alpha^2+\beta^2), & i=0\\ 1/[2(n+\lambda)], & i\neq 0\end{cases} \tag{2-130}$$

式中，$\lambda=\alpha^2(n+\kappa)-n$，$\kappa$ 是比例参数，一般取值为 0 或 $3-n$，$\beta=2$。

对式（2-1）和式（2-2）所确定的系统，由于系统噪声和观测噪声为加性噪声，故采用简化的 UKF 算法[94]。基于传感器观测 $\boldsymbol{z}(0)\sim\boldsymbol{z}(k)$ 的 Sigma 采样点计算为

$$\begin{aligned}\{\chi_i(k\mid k)\}=[&\hat{\boldsymbol{x}}(k\mid k), \hat{\boldsymbol{x}}(k\mid k)+\sqrt{(n+\kappa)\boldsymbol{P}_{xx}(k\mid k)},\\ &\hat{\boldsymbol{x}}(k\mid k)-\sqrt{(n+\kappa)\boldsymbol{P}_{xx}(k\mid k)}],\quad i=0,\cdots,2n\end{aligned} \tag{2-131}$$

其中，初值条件为

$$\hat{\boldsymbol{x}}(0\mid 0)=\mathrm{E}[\boldsymbol{x}(0)] \tag{2-132}$$

$$\boldsymbol{P}_{xx}(0\mid 0)=E\{[\boldsymbol{x}(0)-\hat{\boldsymbol{x}}(0\mid 0)][\boldsymbol{x}(0)-\hat{\boldsymbol{x}}(0\mid 0)]^{\mathrm{T}}\} \tag{2-133}$$

2.2.3 UKF 滤波算法

对式（2-1）和式（2-2）所确定的系统，在选择采样策略之后，UKF 滤波器可分为两部分完成。

1. 预测方程

$$\boldsymbol{\chi}_i(k+1|k)=\boldsymbol{f}\left(\boldsymbol{\chi}_i(k|k),k\right),\quad i=0,\cdots,2n \tag{2-134}$$

$$\hat{\boldsymbol{x}}(k+1|k)=\sum_{i=0}^{2n}W_i^m\boldsymbol{\chi}_i(k+1|k) \tag{2-135}$$

$$\begin{aligned}\boldsymbol{P}(k+1|k)=\sum_{i=0}^{2n}W_i^c[\boldsymbol{\chi}_i(k+1|k)-\hat{\boldsymbol{x}}(k+1|k)]\\ [\boldsymbol{\chi}_i(k+1|k)-\hat{\boldsymbol{x}}(k+1|k)]^{\mathrm{T}}+\boldsymbol{Q}_w\end{aligned} \tag{2-136}$$

$$\boldsymbol{z}_i(k+1|k)=\boldsymbol{h}\left(\boldsymbol{\chi}_i(k+1|k),k+1\right) \tag{2-137}$$

$$\hat{\boldsymbol{z}}(k+1|k)=\sum_{i=0}^{2n}W_i^m\boldsymbol{z}_i(k+1|k) \tag{2-138}$$

$$\begin{aligned}\boldsymbol{P}_{zz}(k+1|k)=\sum_{i=0}^{2n}W_i^c[\boldsymbol{z}_i(k+1|k)-\hat{\boldsymbol{z}}(k+1|k)][\boldsymbol{z}_i(k+1|k)-\\ \hat{\boldsymbol{z}}(k+1|k)]^{\mathrm{T}}\end{aligned} \tag{2-139}$$

$$\begin{aligned}\boldsymbol{P}_{xz}(k+1|k)=\sum_{i=0}^{2n}W_i^c[\boldsymbol{\chi}_i(k+1|k)-\hat{\boldsymbol{x}}(k+1|k)][\boldsymbol{z}_i(k+1|k)-\\ \hat{\boldsymbol{z}}(k+1|k)]^{\mathrm{T}}\end{aligned} \tag{2-140}$$

$$\boldsymbol{P}_{vv}(k+1|k)=\boldsymbol{P}_{zz}(k+1|k)+\boldsymbol{R} \tag{2-141}$$

2. 更新方程

$$\boldsymbol{W}(k+1)=\boldsymbol{P}_{xz}(k+1|k)\boldsymbol{P}_{vv}^{-1}(k+1|k) \tag{2-142}$$

$$\hat{\boldsymbol{x}}(k+1|k+1)=\hat{\boldsymbol{x}}(k+1|k)+\boldsymbol{W}(k+1)[\boldsymbol{z}(k+1)-\hat{\boldsymbol{z}}(k+1|k)] \tag{2-143}$$

$$\boldsymbol{P}(k+1|k+1)=\boldsymbol{P}(k+1|k)-\boldsymbol{W}(k+1)\boldsymbol{P}_{vv}(k+1|k)\boldsymbol{W}^{\mathrm{T}}(k+1) \tag{2-144}$$

2.3 容积 Kalman 滤波算法

非线性 Gauss 滤波的主要问题是计算非线性函数与 Gauss 密度函数

乘积的积分。Arasaratnam[116]等使用 3 阶球面-相径容积规则，利用 m 个容积点加权求和来替代积分问题，从而在贝叶斯估计框架下提出了 CKF 算法。

2.3.1　容积规则

对于定理 2.5 中的 5 个 Gauss 积分式，可以看出，它们都可以转化成如下形式

$$I = C\int \boldsymbol{f}(\boldsymbol{x})\exp(\boldsymbol{x}^{\mathrm{T}}\boldsymbol{x})\mathrm{d}\boldsymbol{x} \tag{2-145}$$

其中，C 为标量常值，$\boldsymbol{f}(\boldsymbol{x})$ 是向量函数或者矩阵函数。而对于这类积分形式，CKF 的提出者巧妙地将其转化成球面-相径积分，再通过容积规则进行近似。

对于式（2-145）中的积分，如果不考虑常值，令 $\boldsymbol{x}=\boldsymbol{rz}$，由积分变换有

$$\boldsymbol{I} = \int \boldsymbol{f}(\boldsymbol{x})\exp(\boldsymbol{x}^{\mathrm{T}}\boldsymbol{x})\mathrm{d}\boldsymbol{x} = \int_0^{\infty}\int_{U_n} \boldsymbol{f}(\boldsymbol{rz})\boldsymbol{r}^{n-1}\mathrm{e}^{-\boldsymbol{r}^2}\,\mathrm{d}\sigma(\boldsymbol{z})\mathrm{d}\boldsymbol{r} \tag{2-146}$$

式中，U_n 为 n 维单位球面，$\sigma(\cdot)$ 为 U_n 上的元素，则式（2-146）中的积分就转化成一个球面积分和一个相径积分

$$\boldsymbol{S}(\boldsymbol{r}) = \int_{U_n} \boldsymbol{f}(\boldsymbol{rz})\mathrm{d}\sigma(\boldsymbol{z}) \tag{2-147}$$

$$\boldsymbol{R} = \int_0^{\infty} \boldsymbol{S}(\boldsymbol{r})\boldsymbol{r}^{n-1}\mathrm{e}^{-\boldsymbol{r}^2}\mathrm{d}\boldsymbol{r} \tag{2-148}$$

对于式(2-147)，可以用球面容积规则近似。由于容积规则的全对称性，$\boldsymbol{f}(\boldsymbol{rz})$ 中的每一项单项式为 $\left\{z_1^{d_1} z_2^{d_2} \cdots z_n^{d_n}\right\}$。其中，$d_i$ 表示变量的阶次，当 $\sum_{i=1}^{n} d_i$ 为奇数时，该项在球面上的积分为 0，所以采用 3 阶球面容积规则近似该积分，只需考虑 $\sum_{i=1}^{n} d_i = 0$ 和 $\sum_{i=1}^{n} d_i = 2$ 两种情况，上两式在全对称容积

规则近似下的球面积分为

$$\sum_{i=1}^{n} d_i = 0: \quad 2n\boldsymbol{w} = \boldsymbol{w}\sum_{i=1}^{2n} 1 = \int_{U_n} \mathrm{d}\sigma(\boldsymbol{z}) = \boldsymbol{A}_n \tag{2-149}$$

$$\sum_{i=1}^{n} d_i = 2: \quad 2n\boldsymbol{u}_1^2 = \boldsymbol{w}\sum_{i=1}^{2n} \boldsymbol{f}([\boldsymbol{u}]_i) = \int_{U_n} \boldsymbol{z}_1^2 \mathrm{d}\sigma(\boldsymbol{z}) = \frac{\boldsymbol{A}_n}{n} \tag{2-150}$$

其中 $\boldsymbol{A}_n = \dfrac{2\sqrt{\pi^n}}{\boldsymbol{\Gamma}(\frac{n}{2})}$ 表示 n 维单位球的表面积，$\boldsymbol{\Gamma}(n) = \int_0^\infty \boldsymbol{x}^{n-1}\exp(-\boldsymbol{x})\mathrm{d}\boldsymbol{x}$。

求解上两式，得到 $\boldsymbol{w} = \dfrac{\boldsymbol{A}_n}{2n}$，$u_1 = 1$，$u_2 = u_3 = \cdots = u_{n-1} = 0$，故容积点可选为单位球面与各坐标轴的交点，即点集[1]，则有

$$\boldsymbol{S}(\boldsymbol{r}) \approx \sum_{i=1}^{2n} \boldsymbol{w}\boldsymbol{f}(\boldsymbol{r}[1]_i) \tag{2-151}$$

而对于相径积分式（2-150），令 $\sqrt{\boldsymbol{x}} = \boldsymbol{r}$，由积分变换有

$$\boldsymbol{R} = \frac{1}{2}\int_0^\infty \boldsymbol{S}(\sqrt{\boldsymbol{x}})\boldsymbol{x}^{\frac{n}{2}-1}\mathrm{e}^{-\boldsymbol{x}}\mathrm{d}\boldsymbol{x} \tag{2-152}$$

式（2-152）为著名的 Gauss-Laguerre 积分，根据 1 阶 Gauss-Laguerre 积分规则可知，当 $\boldsymbol{S}(\sqrt{\boldsymbol{x}}) = 1$ 或者 $\boldsymbol{S}(\sqrt{\boldsymbol{x}}) = \boldsymbol{x}$ 时，可求得积分。

同时，由球面容积规则形成的球面-相径容积规则对所有的奇数阶项的积分都为 0，故只需考虑 1 阶 Gauss-Laguerre 积分即可，此时，选取的积分点和权值分别为

$$\boldsymbol{w}_1 = \frac{\boldsymbol{\Gamma}(\frac{n}{2})}{2} \tag{2-153}$$

$$\boldsymbol{r}_1 = \sqrt{\frac{n}{2}} \tag{2-154}$$

$$\boldsymbol{R}=\sum_{j=1}^{1} \boldsymbol{w}_j \boldsymbol{S}(r_j) \tag{2-155}$$

将式（2-151）和式（2-155）代入式（2-146），可得到

$$\boldsymbol{I}=\sum_{j=1}^{1}\sum_{i=1}^{2n} \boldsymbol{w}\boldsymbol{\omega}_j \boldsymbol{f}(\boldsymbol{r}_j[1]_i)=\sum_{i=1}^{2n} \boldsymbol{w}\boldsymbol{\omega}_1 \boldsymbol{f}(\boldsymbol{r}_1[1]_i)=\sum_{i=1}^{2n} \boldsymbol{\omega}\boldsymbol{f}(\boldsymbol{r}_1[1]_i) \tag{2-156}$$

式中，$\boldsymbol{\omega}=\dfrac{\sqrt{\pi^n}}{2n}$，$\boldsymbol{r}_n=\sqrt{\dfrac{n}{2}}$。式（2-156）即为 3 阶球面相径容积规则的近似策略。

对于一般意义下的 Gauss 积分

$$\begin{aligned}\boldsymbol{I}&=\int \boldsymbol{f}(\boldsymbol{x})N(\boldsymbol{x};\hat{\boldsymbol{x}},\boldsymbol{P})\mathrm{d}\boldsymbol{x}\\&=\frac{1}{(2\pi)^{\frac{n}{2}}|\boldsymbol{P}|^{\frac{1}{2}}}\int \boldsymbol{f}(\boldsymbol{x})\exp\left(-\frac{1}{2}(\boldsymbol{x}-\hat{\boldsymbol{x}})^{\mathrm{T}}\boldsymbol{P}^{-1}(\boldsymbol{x}-\hat{\boldsymbol{x}})\right)\mathrm{d}\boldsymbol{x}\end{aligned} \tag{2-157}$$

令 $\boldsymbol{\xi}=(\sqrt{\boldsymbol{P}})^{-1}(\boldsymbol{x}-\hat{\boldsymbol{x}})$，则

$$\begin{aligned}\boldsymbol{I}&=\frac{1}{(2\pi)^{\frac{n}{2}}}\int \boldsymbol{f}(\sqrt{\boldsymbol{P}}\xi+\hat{\boldsymbol{x}})\exp\left(-\frac{1}{2}\xi^{\mathrm{T}}\xi\right)\mathrm{d}\xi\\&=\frac{1}{(2\pi)^{\frac{n}{2}}}\sum_{i=1}^{2n}\boldsymbol{f}(\sqrt{\boldsymbol{P}}\xi+\hat{\boldsymbol{x}})\end{aligned} \tag{2-158}$$

其中 $\boldsymbol{\xi}_i=\sqrt{\dfrac{2n}{2}}[1]_i$，令 $m=2n$，则有

$$\boldsymbol{\xi}_i=\sqrt{\frac{m}{2}}[1]_i \tag{2-159}$$

所以，得到非线性 Gauss 滤波需要近似求解的积分为

$$\boldsymbol{I}=\frac{1}{m}\sum_{i=1}^{2n}\boldsymbol{f}(\sqrt{\boldsymbol{P}}\boldsymbol{\xi}_i+\hat{\boldsymbol{x}}) \tag{2-160}$$

2.3.2 容积 Kalman 滤波算法

从定理 2.3 中可知，对于非线性 Gauss 滤波递推公式，若要转化成具体的可实现的滤波公式，则需要各种近似策略，而基于 3 阶球面-相径容积规则的 CKF 算法的实现步骤如下。

第 1 步：初始化

$\hat{\boldsymbol{x}}(0|-1)=\mathrm{E}\{\boldsymbol{x}(0)\}$， $\hat{\boldsymbol{z}}(-1|-2)=0$， $\boldsymbol{P}(-1|-1)=\boldsymbol{I}$， $\boldsymbol{P}_{zz}(-1|-2)=\boldsymbol{I}$

第 2 步：计算基本容积点和其对应的权值[116]

$$\boldsymbol{\xi}^{(i)}=\sqrt{\frac{m}{2}}[1]_i,\quad i=1,2,\cdots,m \tag{2-161}$$

其中 $\boldsymbol{\xi}_i$ 是第 i 个基本容积点， m 是容积点的总数，根据 3 阶容积积分法则，容积点的总数是系统状态维数的两倍，即 $m=2n$ ， n 是系统状态的维数。$[1]\in\boldsymbol{R}^n$ 是完全对称点集。

假设 $k+1$ 时刻的后验密度函数已知，初始状态误差方差矩阵 $\boldsymbol{P}(k-1|k-1)$ 正定，则对其进行因式分解有

$$\boldsymbol{P}(k-1|k-1)=\boldsymbol{S}(k-1|k-1)\left(\boldsymbol{S}(k-1|k-1)\right)^{\mathrm{T}} \tag{2-162}$$

估算容积点

$$\boldsymbol{\chi}_{\mu}(k-1|k-1)=\boldsymbol{S}(k-1|k-1)\boldsymbol{\xi}_{\mu}+\hat{\boldsymbol{x}}(k-1|k-1),\quad \mu=1,\cdots,2n \tag{2-163}$$

估算传播容积点

$$X_{\mu}(k|k-1)=\boldsymbol{f}[\boldsymbol{\chi}_{\mu}(k-1|k-1),k],\quad i=1,2,\cdots,m \tag{2-164}$$

第 3 步：计算状态预测值和误差协方差矩阵

$$\hat{\boldsymbol{x}}(k|k-1)\approx\frac{1}{2n}\sum_{\mu=1}^{2n}\boldsymbol{X}_{\mu}(k-1|k-1) \tag{2-165}$$

$$\boldsymbol{P}(k|k-1) \approx \frac{1}{2n}\sum_{\mu=1}^{2n}\boldsymbol{X}_{\mu}(k-1|k-1)[\boldsymbol{X}_{\mu}(k-1|k-1)]^{\mathrm{T}} - \hat{\boldsymbol{x}}(k|k-1)\left[\hat{\boldsymbol{x}}(k|k-1)\right]^{\mathrm{T}} + \boldsymbol{Q}_w \tag{2-166}$$

第 4 步：估算预测容积点

因式分解

$$\boldsymbol{P}(k|k-1) = \boldsymbol{S}(k|k-1)\left[\boldsymbol{S}(k|k-1)\right]^{\mathrm{T}} \tag{2-167}$$

估算容积点

$$\boldsymbol{\chi}_{\mu}(k|k-1) = \boldsymbol{S}(k|k-1)\boldsymbol{\xi}_{\mu} + \hat{\boldsymbol{x}}(k|k-1), \quad \mu = 1,\cdots,2n \tag{2-168}$$

$$\boldsymbol{Z}_{\mu}(k|k-1) = \boldsymbol{h}\left[(\boldsymbol{x}(k),k\right]\Big|_{\boldsymbol{x}(k)=\boldsymbol{\chi}_{\mu}(k|k-1)} \tag{2-169}$$

第 5 步：计算观测预报值和误差协方差矩阵

$$\hat{\boldsymbol{z}}(k|k-1) \approx \frac{1}{2n}\sum_{\mu=1}^{2n}\boldsymbol{Z}_{\mu}(k|k-1) \tag{2-170}$$

$$\boldsymbol{P}_{zz}(k|k-1) \approx \frac{1}{2n}\sum_{\mu=1}^{2n}\boldsymbol{Z}_{\mu}(k|k-1)[\boldsymbol{Z}_{\mu}(k|k-1)]^{\mathrm{T}} - \hat{\boldsymbol{z}}(k|k-1)\left[\hat{\boldsymbol{z}}(k|k-1)\right]^{\mathrm{T}} + \boldsymbol{R} \tag{2-171}$$

$$\boldsymbol{P}_{xz}(k|k-1) \approx \frac{1}{2n}\sum_{\mu=1}^{2n}\boldsymbol{\chi}_{\mu}(k|k-1)[\boldsymbol{Z}_{\mu}(k|k-1)]^{\mathrm{T}} - \hat{\boldsymbol{x}}(k|k-1)[\hat{\boldsymbol{z}}(k|k-1)]^{\mathrm{T}} \tag{2-172}$$

$$\boldsymbol{K}(k) = \boldsymbol{P}_{xz}(k|k-1)[\boldsymbol{P}_{zz}(k|k-1)]^{-1} \tag{2-173}$$

第 6 步：计算局部状态滤波和误差协方差矩阵

$$\hat{\boldsymbol{x}}(k|k) = \hat{\boldsymbol{x}}(k|k) + \boldsymbol{K}(k)\left[z(k) - \hat{z}(k|k-1)\right] \tag{2-174}$$

$$\boldsymbol{P}(k|k) = \boldsymbol{P}(k|k-1) - \boldsymbol{K}(k)\,\boldsymbol{P}_{zz}(k|k-1)\left[\boldsymbol{K}(k)\right]^{\mathrm{T}} \tag{2-175}$$

综上所述，图 2-3 给出了容积 Kalman 滤波器的算法流程。

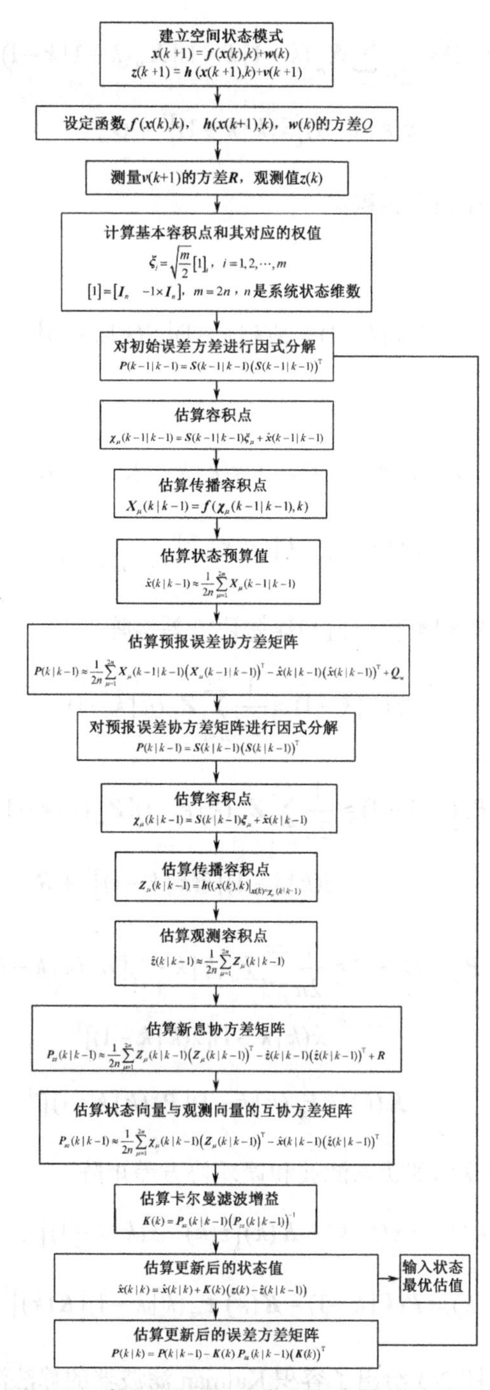

图 2-3　容积 Kalman 滤波器的算法流程

2.4　粒子滤波算法

粒子滤波技术可以处理非线性、非Gauss系统状态估计问题，它不具有Kalman 滤波框架，具有很好的适应性和非常广泛的应用范围。粒子滤波广泛应用于经济学预测、雷达跟踪、定位和故障诊断等领域[134, 149-151]。

2.4.1　最优贝叶斯递推滤波和重要性采样

记 $\boldsymbol{X}(k)=\{\boldsymbol{x}(0),\boldsymbol{x}(1),\cdots,\boldsymbol{x}(k)\}$，$\boldsymbol{Z}(k)=\{\boldsymbol{z}(0),\boldsymbol{z}(1),\cdots,\boldsymbol{z}(k)\}$，则状态 $\boldsymbol{X}(k)$ 的最优估计为

$$\hat{\boldsymbol{X}}(k\,|\,k)=\int \boldsymbol{X}(k)p(\boldsymbol{X}(k)\,|\,\boldsymbol{Z}(k))\,\mathrm{d}\boldsymbol{X}(k) \tag{2-176}$$

通常 $p(\boldsymbol{X}(k)\,|\,\boldsymbol{Z}(k))$ 非常复杂，不易直接产生符合密度函数 $p(\boldsymbol{X}(k)\,|\,\boldsymbol{Z}(k))$ 的粒子。设 $q(\boldsymbol{X}(k)\,|\,\boldsymbol{Z}(k))$ 是较 $p(\boldsymbol{X}(k)\,|\,\boldsymbol{Z}(k))$ 更容易实现采样的概率分布函数，有

$$\hat{\boldsymbol{X}}(k\,|\,k)=\int \boldsymbol{X}(k)\frac{p(\boldsymbol{X}(k)\,|\,\boldsymbol{Z}(k))}{q(\boldsymbol{X}(k)\,|\,\boldsymbol{Z}(k))}q(\boldsymbol{X}(k)\,|\,\boldsymbol{Z}(k))\,\mathrm{d}\boldsymbol{X}(k) \tag{2-177}$$

由于

$$\begin{aligned}p(\boldsymbol{X}(k)\,|\,\boldsymbol{Z}(k))&=\frac{p(\boldsymbol{X}(k),\boldsymbol{Z}(k))}{p(\boldsymbol{X}(k))}=\frac{p(\boldsymbol{X}(k),\boldsymbol{Z}(k))}{\int p(\boldsymbol{X}(k),\boldsymbol{Z}(k))\,\mathrm{d}\boldsymbol{X}(k)}\\&=\frac{p(\boldsymbol{X}(k),\boldsymbol{Z}(k))}{\int\frac{p(\boldsymbol{X}(k),\boldsymbol{Z}(k))}{q(\boldsymbol{X}(k)\,|\,\boldsymbol{Z}(k))}q(\boldsymbol{X}(k)\,|\,\boldsymbol{Z}(k))\,\mathrm{d}\boldsymbol{X}(k)}\end{aligned} \tag{2-178}$$

定义$\omega_k = \dfrac{p(\boldsymbol{X}(k), \boldsymbol{Z}(k))}{q(\boldsymbol{X}(k) \mid \boldsymbol{Z}(k))}$，有

$$\hat{\boldsymbol{X}}(k \mid k) = \frac{\int \boldsymbol{X}(k)\omega_k q(\boldsymbol{X}(k) \mid \boldsymbol{Z}(k))\,\mathrm{d}\boldsymbol{X}(k)}{\int \omega_k q(\boldsymbol{X}(k) \mid \boldsymbol{Z}(k))\,\mathrm{d}\boldsymbol{X}(k)} \tag{2-179}$$

应用 Monte-Carlo（MC）方法进行近似，以若干独立同分布离散粒子$\{\boldsymbol{X}^{(i)}(k), i = 1,2,\cdots, N_s\} \sim q(\boldsymbol{X}(k) \mid \boldsymbol{Z}(k))$对期望的概率密度进行近似，即

$$q(\boldsymbol{X}(k) \mid \boldsymbol{Z}(k)) \approx \frac{1}{N}\sum_{i=1}^{N} \delta(\boldsymbol{X}(k) - \boldsymbol{X}^{(i)}(k)) \tag{2-180}$$

由式（2-179）和式（2-180）有

$$\hat{\boldsymbol{X}}(k \mid k) = \frac{\int \boldsymbol{X}(k)\omega_k q(\boldsymbol{X}(k) \mid \boldsymbol{Z}(k))\,\mathrm{d}\boldsymbol{X}(k)}{\int \omega_k q(\boldsymbol{X}(k) \mid \boldsymbol{Z}(k))\,\mathrm{d}\boldsymbol{X}(k)} = \frac{\frac{1}{N}\sum_{i=1}^{N} \omega_k^{(i)} \boldsymbol{X}^{(i)}(k)}{\frac{1}{N}\sum_{i=1}^{N} \omega_k^{(i)}} = \sum_{i=1}^{N} \bar{\omega}_k^{(i)} \boldsymbol{X}^{(i)}(k) \tag{2-181}$$

其中$\omega_k^{(i)} = \dfrac{p(\boldsymbol{X}^{(i)}(k), \boldsymbol{Z}(k))}{q(\boldsymbol{X}^{(i)}(k) \mid \boldsymbol{Z}(k))}$称为重要性权重，$\bar{\omega}_k^{(i)} = \dfrac{\omega_k^{(i)}}{\sum_{i=1}^{N} \omega_k^{(i)}}$称为归一化重要性权重。

同理，有k时刻的状态估计

$$\hat{\boldsymbol{x}}(k \mid k) = \sum_{i=1}^{N} \bar{\omega}_k^{(i)} \boldsymbol{x}^{(i)}(k) \tag{2-182}$$

其中，独立同分布粒子$\{\boldsymbol{x}^{(i)}(k), i = 1,2,\cdots, N_s\} \sim q(\boldsymbol{x}(k) \mid \boldsymbol{X}^{(i)}(k-1),\ \boldsymbol{Z}(k))$，$\bar{\omega}_k^{(i)} = \dfrac{\omega_k^{(i)}}{\sum_{i=1}^{N} \omega_k^{(i)}}$，$\omega_k^{(i)} = \dfrac{p(\boldsymbol{x}^{(i)}(k), \boldsymbol{X}^{(i)}(k-1), \boldsymbol{Z}(k))}{q(\boldsymbol{x}^{(i)}(k) \mid \boldsymbol{X}^{(i)}(k-1), \boldsymbol{Z}(k))}$。

可以看出，重要性权重$\omega_k^{(i)}$不是递推形式的，无法进行在线（实时）估计。为此，引出序贯（递推）重要性采样方法。

2.4.2　序贯重要性采样

序贯重要性采样（Sequential Importance Sampling，SIS）是重要性采样的扩展。由于

$$\begin{aligned}q(\boldsymbol{X}(k)\,|\,\boldsymbol{Z}(k)) &= q(\boldsymbol{X}(k)\,|\,\boldsymbol{X}(k-1),\boldsymbol{Z}(k))q(\boldsymbol{X}(k-1)\,|\,\boldsymbol{Z}(k))\\ &= q(\boldsymbol{x}(k)\,|\,\boldsymbol{X}(k-1),\boldsymbol{Z}(k))q(\boldsymbol{X}(k-1)\,|\,\boldsymbol{Z}(k-1))\end{aligned} \tag{2-183}$$

同时

$$\begin{aligned}p(\boldsymbol{X}(k),\boldsymbol{Z}(k)) &= p(\boldsymbol{x}(k),\boldsymbol{z}(k),\boldsymbol{X}(k-1),\boldsymbol{Z}(k-1))\\ &= p(\boldsymbol{y}(k)\,|\,\boldsymbol{x}(k),\boldsymbol{X}(k-1),\boldsymbol{Z}(k-1))p(\boldsymbol{x}(k)\,|\,\boldsymbol{X}(k-1),\\ &\quad \boldsymbol{Z}(k-1))p(\boldsymbol{X}(k-1),\boldsymbol{Z}(k-1))\\ &= p(\boldsymbol{z}(k)\,|\,\boldsymbol{x}(k))p(\boldsymbol{x}(k)\,|\,\boldsymbol{x}(k-1))p(\boldsymbol{X}(k-1),\boldsymbol{Z}(k-1))\end{aligned} \tag{2-184}$$

因此

$$\begin{aligned}\omega_k &= \frac{p(\boldsymbol{X}(k),\boldsymbol{Z}(k))}{q(\boldsymbol{X}(k)\,|\,\boldsymbol{Z}(k))} = \frac{p(\boldsymbol{z}(k)\,|\,\boldsymbol{x}(k))p(\boldsymbol{x}(k)\,|\,\boldsymbol{x}(k-1))}{q(\boldsymbol{x}(k)\,|\,\boldsymbol{X}(k-1),\boldsymbol{Z}(k))}\frac{p(\boldsymbol{X}(k-1),\boldsymbol{Z}(k-1))}{q(\boldsymbol{X}(k-1)\,|\,\boldsymbol{Z}(k-1))}\\ &= \frac{p(\boldsymbol{z}(k)\,|\,\boldsymbol{x}(k))p(\boldsymbol{x}(k)\,|\,\boldsymbol{x}(k-1))}{q(\boldsymbol{x}(k)\,|\,\boldsymbol{X}(k-1),\boldsymbol{Z}(k))}\omega_{k-1}\end{aligned} \tag{2-185}$$

即

$$\omega_k^{(i)} = \frac{p(\boldsymbol{z}(k)\,|\,\boldsymbol{x}^{(i)}(k))p(\boldsymbol{x}^{(i)}(k)\,|\,\boldsymbol{x}^{(i)}(k-1))}{q(\boldsymbol{x}^{(i)}(k)\,|\,\boldsymbol{X}^{(i)}(k-1),\boldsymbol{Z}(k))}\omega_{k-1}^{(i)} \tag{2-186}$$

此外，适用于式（2-182）的 $\omega_k^{(i)}$ 也有如上递推形式，证明从略。

SIS 更新粒子方法如下：

$$\boldsymbol{X}^{(i)}(k) = \{\boldsymbol{x}^{(i)}(k),\boldsymbol{X}^{(i)}(k-1)\},\ \boldsymbol{x}^{(i)}(k) \sim q(\boldsymbol{x}(k)\,|\,\boldsymbol{X}^{(i)}(k-1),\boldsymbol{Z}(k)) \tag{2-187}$$

SIS 算法理论上给出状态估计的递推算法，但存在所谓的粒子退化问题。即递推若干步后，大部分粒子的重要性权重将趋于 0，从而导致滤波发

散。克服粒子退化的一个办法是重采样。

本章采用的重采样方法是系统采样法（Systematic Sampling），具体如下：

根据如下规则生成 N 个随机数

$$u_i = \frac{(i-1)+r}{N}, r \sim U[0,1], i=1,\cdots,N_s \tag{2-188}$$

如果 $\sum_{j=1}^{m-1}\bar{\omega}^{(j)} < u_i \leqslant \sum_{j=1}^{m}\bar{\omega}^{(j)}$，则直接复制 m 个粒子为重采样粒子。

2.4.3 PF 滤波算法

选取重要性函数

$$q(\boldsymbol{x}(k) \mid \boldsymbol{X}(k-1), \boldsymbol{Z}(k)) = p(\boldsymbol{x}(k) \mid \boldsymbol{x}(k-1)) \tag{2-189}$$

则粒子滤波算法具体如下。

第 1 步：初始化

$\hat{\boldsymbol{x}}^{(i)}(0|0) \sim p_{x_0}(\boldsymbol{x}_0),\ i=1,\cdots,N_s$。

第 2 步：产生预测粒子

$\hat{\boldsymbol{x}}^{(i)}(k|k-1) \sim p(\boldsymbol{x}(k) \mid \boldsymbol{x}^{(i)}(k-1|k-1)), i=1,\cdots,N_s$，即

$$\hat{\boldsymbol{x}}^{(i)}(k|k-1) = \boldsymbol{f}(\hat{\boldsymbol{x}}^{(i)}(k-1|k-1), k-1) + \boldsymbol{\xi}^{(i)}(k-1) \tag{2-190}$$

式中，$\boldsymbol{\xi}^{(i)}(k-1)$ 为随机向量，且与 $\boldsymbol{w}(k-1)$ 同分布。

第 3 步：滤波。

1）计算重要性权重

若每次进行重采样，即 $\omega_{k-1}^{(i)} = 1/N_s$，则根据式（2-186），有

$$\omega_k^{(i)} = \frac{1}{N_s} p(z(k) \mid \boldsymbol{x}^{(i)}(k)) \tag{2-191}$$

$$\bar{\omega}_k^{(i)} = \frac{\omega_k^{(i)}}{\sum_{i=1}^{N} \omega_k^{(i)}} \tag{2-192}$$

2）输出

$$\hat{\boldsymbol{x}}(k \mid k) = \sum_{i=1}^{N_s} \bar{\omega}_k^{(i)} \hat{\boldsymbol{x}}^{(i)}(k \mid k-1) \tag{2-193}$$

$$p(k \mid k) \approx \sum_{i=1}^{N_s} \bar{\omega}_k^{(i)} (\hat{\boldsymbol{x}}^{(i)}(k \mid k-1) - \hat{\boldsymbol{x}}^{(i)}(k \mid k))(\hat{\boldsymbol{x}}^{(i)}(k \mid k-1) - \hat{\boldsymbol{x}}^{(i)}(k \mid k))^{\mathrm{T}} \tag{2-194}$$

3）根据重采样规则采样 N_s 个粒子

转第 2 步循环迭代，其中第 2 步和第 3 步可交换。

2.5　3 种非线性滤波算法的比较分析

UKF 和 CKF 算法受到线性 Kalman 滤波算法的条件制约，即系统状态应满足 Gauss 分布。对于非 Gauss 分布的状态模型，如果简单地采用均值和方差表征状态概率分布，将导致滤波性能变差甚至滤波器发散。而粒子滤波在解决非 Gauss 分布系统时具有明显的优势。粒子滤波算法不需要对状态变量的概率密度进行过多的约束，它是非 Gauss 非线性系统状态估计的“最优”滤波器。但是粒子滤波作为采样贝叶斯估计算法，当采样粒子数不断增多时，逐渐趋近状态的后验概率密度。粒子滤波算法与其他非线性滤波算法一样，也是一种次优的滤波算法。在高维系统中，CKF 算法的估计精度高于 UKF 算法。表 2-1 给出了各种非线性滤波算法的适用范围。

表 2-1 呦稷非线性潆净篡法畲遇叠荥垩

系统模型及噪声统计	线性 Gauss	线性非 Gauss	非线性 Gauss	非线性非 Gauss
滤波算法	KF	PF	UKF、PF、CKF	PF

2.6 本章小结

本章是全书滤波算法的基础，首先给出了射影定理和新息的概念，给出了递推线性最小方差滤波框架，并且给出了 Kalman 滤波器和基于 ARMA 新息模型的稳态 Kalman 滤波器。在此基础上，介绍了 3 种非线性滤波器 UKF、CKF 和 PF 的原理、算法流程及关健技术；继而分析了 UKF 算法中的 UT 变换原理和采样策略，CKF 算法的容积规则和算法流程，以及 PF 算法的序贯重要性采样、重采样、粒子退化和匮乏等问题。给出了 3 种非线性滤波算法的各自优缺点、适用范围、算法精度、复杂度等性能分析。

第3章

03

线性系统的多传感器自校正加权观测融合 Kalman 滤波器

20 世纪 60 年代初，R. E. Kalman 突破了经典 Wiener 滤波算法的局限性，提出了时域上的 Kalman 滤波算法。它以状态空间分析方法和射影理论为基础，实现了适用于计算机上快速运行的最优递推滤波算法，称为 Kalman 滤波算法。Kalman 滤波算法可以处理多变量、时变和非平稳随机过程，在近 50 年间取得了广泛应用。

自校正信息融合滤波是多传感器信息融合滤波的一个新的研究方向和领域。它可以处理含有未知模型参数和噪声统计的多传感器系统的状态估计融合问题[18]，在航空、图像处理、故障诊断等领域具有广泛的应用。自校正滤波的关键技术是系统模型参数和噪声统计辨识问题。未知参数辨识的准确与否直接影响着后期的信息融合和滤波效果。到目前为止，已有的应用在自校正滤波算法中的辨识方法大致分成两大类[72-80]：最小二乘辨识方法及相关函数辨识方法。

观测融合 Kalman 估值器基于最小二乘法，该算法在假设观测数据以概率 1 有界的前提下可以得到渐近最优观测融合 Kalman 估值器[72-76]。该算法的优点是算法简单，可以处理定常系统或参数变化缓慢的时变系统（利用带遗忘因子的最小二乘辨识器）。其缺点是辨识算法中需要求解矩阵的逆，计算量大，不宜实时应用，而且参数收敛的假设条件——观测数据以概率 1 有界，在许多工况条件下不满足。

另一类自校正加权观测 Kalman 估值器是利用相关函数方法进行系统参数辨识的，该方法是通过从相关函数方程组中任选出一部分相互独立的方程求解得到的，根据平稳随机序列的遍历性可以得到渐近最优观测融合 Kalman 估值器[18,73]。其优点是辨识算法简单，收敛性可以得到保证。缺点是需要对系统应用左素分解得到 ARMA 新息模型，且用到了人工从相关函数方程组中选出一部分相互独立的方程。

自校正加权观测融合 Kalman 滤波器基于协同辨识，该算法应用多传感器进行观测，将各个观测结果协同作用，可以产生多组新的白噪声序列，利用各组白噪声的相关函数阵解矩阵方程组，可解得各传感器观测噪声方差统计 $\hat{\boldsymbol{R}}_i$，进而得到 $\boldsymbol{\Gamma Q}_w\boldsymbol{\Gamma}^{\mathrm{T}}$ 的估计 $\boldsymbol{\Gamma}\hat{\boldsymbol{Q}}_w\boldsymbol{\Gamma}^{\mathrm{T}}$ 。将估值带入经典 Kalman 滤波器中，便可得到自校正加权观测融合 Kalman 滤波器。该方法提出了一种基于相关函数方法的新的辨识方法，优点在于不需要应用左素分解得到 ARMA 新息模型，也不用人工从相关函数方程组中选出一部分相互独立的方程，且收敛性可以得到保证。缺点在于该方法需要观测矩阵具有列满秩，应用具有局限性。

本章首先针对多传感器线性离散随机系统简要介绍了模型参数和噪声统计均已知情况下，系统的最优加权观测融合 Kalman 滤波器。继而针对一类含有未知噪声方差统计的多传感器系统，应用加权观测融合方法和噪声方差辨识理论，提出 3 类自校正加权观测融合 Kalman 滤波器——基于最小二乘法的自校正加权观测融合 Kalman 滤波器、基于相关函数辨识的自校正加权观测融合 Kalman 滤波器、基于协同辨识的自校正加权观测融合 Kalman 滤波器。

3.1　最优加权观测融合 Kalman 滤波器

对于多传感器观测数据融合，有两种观测融合方法[20]。其一是集中式观测融合，它利用扩维方式，合并所有传感器的观测方程为一个扩维的观测方程，称为集中式融合观测方程（Central Fusion Measurement Function，CFMF）[18]。其优点是：利用 CFMF 和状态方程可得到全局最优 Kalman 估值器；其缺点是：观测维数的增加引起计算负担增大，不便于实时应用。其二是加权观测融合方法或分布式观测融合方法[20]。它采用加权方式，将各个观测方程融合成一个维数不高的观测方程，称为加权融合观测方程（Weighted Fusion Measurement Function，WFMF）。其优点是：它与集中式观测融合 Kalman 估值器相比，具有数值上的完全功能等价性，即它们具有数值上恒等的 Kalman 估值器（滤波器、预报器和平滑器），因而具有全局最优性[21]，并且明显地降低了计算负担。目前，基于加权最小二乘算法（WLS）有两类加权观测融合算法[18]。本节将简要介绍加权观测融合算法。

3.1.1　线性系统的加权观测融合算法

考虑多传感器定常线性随机系统[18]

$$\boldsymbol{x}(k+1)=\boldsymbol{\Phi}\boldsymbol{x}(k)+\boldsymbol{\Gamma}\boldsymbol{w}(k) \tag{3-1}$$

$$\boldsymbol{z}^{(j)}(k)=\boldsymbol{H}^{(j)}\boldsymbol{x}(k)+\boldsymbol{v}^{(j)}(k),\ j=1,\cdots,L \tag{3-2}$$

式中，$\boldsymbol{x}(k)\in\boldsymbol{R}^{n}$ 为状态，$\boldsymbol{z}^{(j)}(k)\in\boldsymbol{R}^{m_j}$ 为第 j 传感器的观测，$\boldsymbol{v}^{(j)}(k)\in\boldsymbol{R}^{m_j}$ 为观测白噪声，$\boldsymbol{w}(k)\in\boldsymbol{R}^{r}$ 为输入白噪声，$\boldsymbol{\Phi}$、$\boldsymbol{\Gamma}$、$\boldsymbol{H}^{(j)}$ 为已知的适当维常阵。

假设 1 $w(k)\in R^r$ 和 $v^{(j)}(k)\in R^{m_j}$ 是零均值、方差阵各为 Q_w 和 $R^{(j)}$ 的互不相关的白噪声，$v^{(j)}(k)$ 与 $v^{(l)}(k), j\neq l$ 为相关观测噪声

$$\mathrm{E}\left\{\begin{bmatrix} w(t) \\ v^{(j)}(t) \end{bmatrix} \begin{bmatrix} w^{\mathrm{T}}(k) & v^{(l)\mathrm{T}}(k) \end{bmatrix}\right\}=\begin{bmatrix} Q_w & 0 \\ 0 & R^{(jl)} \end{bmatrix}\delta_{tk} \tag{3-3}$$

式中，$R^{(jl)}$ 为 $v^{(j)}(k)$ 与 $v^{(l)}(k), j\neq l$ 的协方差矩阵，$R^{(j)}$ 为 $v^{(j)}(k)$ 的方差阵。

引理 3.1 多传感器定常离散随机系统［式（3-1）和式（3-2）］，在假设 1 下，有集中式观测融合方程（CMF）[18-20]

$$z^{(0)}(k)=H^{(0)}(k)x(k)+v^{(0)}(k) \tag{3-4}$$

其中

$$z^{(0)}(k)=[z^{(1)\mathrm{T}}(k),z^{(2)\mathrm{T}}(k),\cdots,z^{(L)\mathrm{T}}(k)]^{\mathrm{T}} \tag{3-5}$$

$$H^{(0)}=[H^{(1)\mathrm{T}},H^{(2)\mathrm{T}},\cdots,H^{(L)\mathrm{T}}]^{\mathrm{T}} \tag{3-6}$$

$$v^{(0)}(k)=[v^{(1)\mathrm{T}}(k),v^{(2)\mathrm{T}}(k),\cdots,v^{(L)\mathrm{T}}(k)]^{\mathrm{T}} \tag{3-7}$$

$z^{(0)}(k)$ 称为融合观测，$H^{(0)}$ 称为增广观测矩阵。白噪声 $v^{(0)}(k)$ 的方差阵 $R^{(0)}$ 为

$$R^{(0)}=\begin{bmatrix} R^{(11)} & R^{(12)} & \cdots & R^{(1L)} \\ R^{(21)} & R^{(22)} & \cdots & R^{(2L)} \\ \vdots & \vdots & & \vdots \\ R^{(L1)} & R^{(L2)} & \cdots & R^{(LL)} \end{bmatrix} \tag{3-8}$$

引理 3.2 多传感器定常离散随机系统［式（3-1）和式（3-2）］，在假设 1 下，有加权融合观测方程（WMF）[18-20]

$$z^{(\mathrm{I})}(k)=H^{(\mathrm{I})}(k)x(k)+v^{(\mathrm{I})}(k) \tag{3-9}$$

其中

$$\boldsymbol{z}^{(\mathrm{I})}(k)=[\boldsymbol{M}^{\mathrm{T}}(k)\boldsymbol{R}^{(0)-1}\boldsymbol{M}(k)]^{-1}\boldsymbol{M}^{\mathrm{T}}(k)\boldsymbol{R}^{(0)-1}\boldsymbol{z}^{(0)}(k) \tag{3-10}$$

$$\boldsymbol{v}^{(\mathrm{I})}(k)=[\boldsymbol{M}^{\mathrm{T}}(k)\boldsymbol{R}^{(0)-1}\boldsymbol{M}(k)]^{-1}\boldsymbol{M}^{\mathrm{T}}(k)\boldsymbol{R}^{(0)-1}\boldsymbol{v}^{(0)}(k) \tag{3-11}$$

$\boldsymbol{v}^{(\mathrm{I})}(k)$ 的方差阵为

$$\boldsymbol{R}^{(\mathrm{I})}(k)=[\boldsymbol{M}^{\mathrm{T}}(k)\boldsymbol{R}^{(0)-1}\boldsymbol{M}(k)]^{-1} \tag{3-12}$$

$\boldsymbol{H}^{(0)}$ 可由 Hermite 标准型满秩分解为 $\boldsymbol{M}(k)$ 和 $\boldsymbol{H}^{(\mathrm{I})}(k)$，其中 $\boldsymbol{M}(k)$ 是列满秩矩阵，$\boldsymbol{H}^{(\mathrm{I})}(k)$ 是行满秩矩阵。

3.1.2　最优加权观测融合 Kalman 滤波器

由加权观测融合系统［式（3-1）和式（3-9）］，应用第 2 章给出的经典 Kalman 滤波方程组［式（2-65）～式（2-71）］和基于 ARMA 新息模型的稳态 Kalman 滤波方程组［式（2-108）～式（2-111）］，得到的最优加权观测融合 Kalman 滤波器流程图如图 3-1 所示。

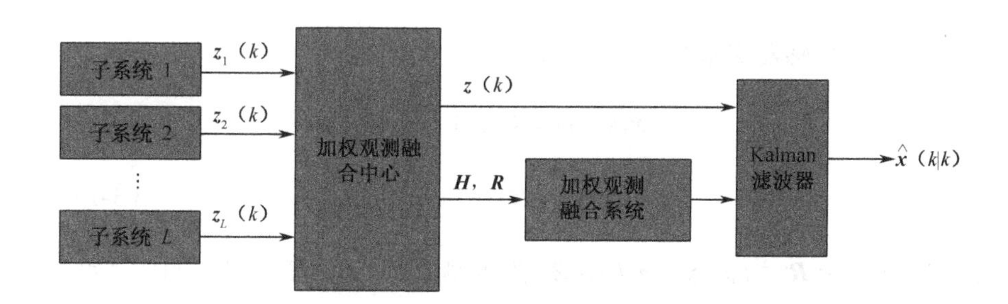

图 3-1　最优加权观测融合 Kalman 滤波器流程图

3.2 基于最小二乘法的自校正加权观测融合 Kalman 滤波器

3.2.1 自校正 Kalman 滤波器

由 2.1.4 节可以看到，Kalman 滤波算法的缺点和局限性是要求精确已知系统的数学模型和噪声统计的先验知识。但在许多实际应用问题中，数学模型或噪声统是完全或部分未知的。应用不当的数学模型参数或噪声统计将直接影响到 Kalman 滤波器的性能甚至导致滤波发散。为了克服经典 Kalman 滤波的缺点和局限性，自适应 Kalman 滤波算法应运而生。其中应用最为广泛的是 Sage 和 Husa 提出的自适应 Kalman 滤波算法，其算法简单归纳如下[22,63]。

考虑单传感器定常线性随机系统

$$\boldsymbol{x}(k+1)=\boldsymbol{\Phi x}(k)+\boldsymbol{\Gamma w}(k) \tag{3-13}$$

$$\boldsymbol{z}(k)=\boldsymbol{H x}(k)+\boldsymbol{v}(k) \tag{3-14}$$

式中，$\boldsymbol{x}(k)\in \boldsymbol{R}^n$ 为状态，$\boldsymbol{z}(k)\in \boldsymbol{R}^m$ 为观测，$\boldsymbol{\Phi}$、$\boldsymbol{\Gamma}$、$\boldsymbol{H}$ 为已知的适当维常阵，$\boldsymbol{v}(k)\in \boldsymbol{R}^m$，$\boldsymbol{w}(k)\in \boldsymbol{R}^r$ 为相互独立的，方差阵各为 $\boldsymbol{Q}_w$ 和 $\boldsymbol{R}$ 的互不相关的白噪声，且噪声均值和方差统计为

$$\mathrm{E}[\boldsymbol{w}(k)]=\boldsymbol{q}\ ,\quad \mathrm{E}[\boldsymbol{v}(k)]=\boldsymbol{r} \tag{3-15}$$

$$\mathrm{E}\left\{\begin{bmatrix}\boldsymbol{w}(t)\\ \boldsymbol{v}(t)\end{bmatrix}\begin{bmatrix}\boldsymbol{w}^{\mathrm{T}}(k) & \boldsymbol{v}^{\mathrm{T}}(k)\end{bmatrix}\right\}=\begin{bmatrix}\boldsymbol{Q}_w & 0\\ 0 & \boldsymbol{R}\end{bmatrix}\delta_{tk} \tag{3-16}$$

Sage 和 Husa 的极大后验（MAP）噪声统计估值器为[63]

$$\hat{\boldsymbol{q}}(k)=\frac{1}{k}\sum_{l=1}^{k}[\hat{\boldsymbol{x}}(l|k)-\boldsymbol{\Phi}\hat{\boldsymbol{x}}(l-1|k)] \tag{3-17}$$

$$\hat{\boldsymbol{Q}}_w(k)=\frac{1}{k}\sum_{l=1}^{k}[\hat{\boldsymbol{x}}(l|k)-\boldsymbol{\Phi}\hat{\boldsymbol{x}}(l-1|k)-\hat{\boldsymbol{q}}(k)][\hat{\boldsymbol{x}}(l|k)-\boldsymbol{\Phi}\hat{\boldsymbol{x}}(l-1|k)-\hat{\boldsymbol{q}}(k)]^{\mathrm{T}} \tag{3-18}$$

$$\hat{\boldsymbol{r}}(k)=\frac{1}{k}\sum_{l=1}^{k}[\boldsymbol{z}(l)-\boldsymbol{H}\hat{\boldsymbol{x}}(l|k)] \tag{3-19}$$

$$\hat{\boldsymbol{R}}(k)=\frac{1}{k}\sum_{l=1}^{k}[\boldsymbol{z}(l)-\boldsymbol{H}\hat{\boldsymbol{x}}(l|k)-\hat{\boldsymbol{r}}(k)][\boldsymbol{z}(l)-\boldsymbol{H}\hat{\boldsymbol{x}}(l|k)-\hat{\boldsymbol{r}}(k)]^{\mathrm{T}} \tag{3-20}$$

式（3-17）～式（3-20）中的平滑估值 $\hat{\boldsymbol{x}}(l|k), l<k$，用滤波估值 $\hat{\boldsymbol{x}}(l|l)$ 或预报估值 $\hat{\boldsymbol{x}}(l|l-1)$ 近似代替得到次优的 MAP 估值器为

$$\hat{\boldsymbol{q}}(k)=\frac{1}{k}\sum_{l=1}^{k}[\hat{\boldsymbol{x}}(l|l)-\boldsymbol{\Phi}\hat{\boldsymbol{x}}(l-1|l-1)] \tag{3-21}$$

$$\hat{\boldsymbol{Q}}_w(k)=\frac{1}{k}\sum_{l=1}^{k}[\hat{\boldsymbol{x}}(l|l)-\boldsymbol{\Phi}\hat{\boldsymbol{x}}(l-1|l-1)-\hat{\boldsymbol{q}}(k)][\hat{\boldsymbol{x}}(l|l)-\boldsymbol{\Phi}\hat{\boldsymbol{x}}(l-1|l-1)-\hat{\boldsymbol{q}}(k)]^{\mathrm{T}} \tag{3-22}$$

$$\hat{\boldsymbol{r}}(k)=\frac{1}{k}\sum_{l=1}^{k}[\boldsymbol{y}(l)-\boldsymbol{H}\hat{\boldsymbol{x}}(l|l-1)] \tag{3-23}$$

$$\hat{\boldsymbol{R}}(k)=\frac{1}{k}\sum_{l=1}^{k}[\boldsymbol{y}(l)-\boldsymbol{H}\hat{\boldsymbol{x}}(l|l-1)-\hat{\boldsymbol{r}}(k)][\boldsymbol{y}(l)-\boldsymbol{H}\hat{\boldsymbol{x}}(l|l-1)-\hat{\boldsymbol{r}}(k)]^{\mathrm{T}} \tag{3-24}$$

考虑到 MAP 估值器的无偏性及 $\boldsymbol{\varepsilon}(k)$ 是零均值的白噪声，有

$$\mathrm{E}[\hat{\boldsymbol{q}}(k)]=\frac{1}{k}\sum_{l=1}^{k}\mathrm{E}[\boldsymbol{K}\boldsymbol{\varepsilon}(l)+\boldsymbol{q}]=\boldsymbol{q} \tag{3-25}$$

$$\mathrm{E}[\hat{\boldsymbol{r}}(k)]=\frac{1}{k}\sum_{l=1}^{k}\mathrm{E}[\boldsymbol{K}\boldsymbol{\varepsilon}(l)+\boldsymbol{r}]=\boldsymbol{r} \tag{3-26}$$

因而均值估值器是无偏的，由式（3-24）有

$$\begin{aligned}\mathrm{E}[\hat{\boldsymbol{R}}(k)] &= \frac{1}{k}\sum_{l=1}^{k}\mathrm{E}[\boldsymbol{\varepsilon}(l)\boldsymbol{\varepsilon}^{\mathrm{T}}(l)] + \boldsymbol{R} \\ &= \frac{1}{k}\sum_{l=1}^{k}[\boldsymbol{HP}(l\,|\,l-1)\boldsymbol{H}^{\mathrm{T}}] + \boldsymbol{R}\end{aligned} \tag{3-27}$$

因而 $\hat{\boldsymbol{R}}(k)$ 是有偏的，进而引出 $\boldsymbol{R}$ 的次优无偏 MAP 估值器为

$$\hat{\boldsymbol{R}}(k) = \frac{1}{k}\sum_{l=1}^{k}[\boldsymbol{\varepsilon}(l)\boldsymbol{\varepsilon}^{\mathrm{T}}(l) - \boldsymbol{HP}(l\,|\,l-1)\boldsymbol{H}^{\mathrm{T}}] \tag{3-28}$$

同理有 $\boldsymbol{Q}_w$ 的次优无偏 MAP 估值器为

$$\hat{\boldsymbol{Q}}_w(k) = \frac{1}{k}\sum_{l=1}^{k}[\boldsymbol{K}\boldsymbol{\varepsilon}(l)\boldsymbol{\varepsilon}^{\mathrm{T}}(l)\boldsymbol{K}^{\mathrm{T}} + \boldsymbol{P}(l\,|\,l) - \boldsymbol{\Phi}\boldsymbol{P}(l-1\,|\,l-1)\boldsymbol{\Phi}^{\mathrm{T}}] \tag{3-29}$$

将式（2-65）～式（2-71）定义的 Kalman 估值器中的 $\boldsymbol{q}$、$\boldsymbol{r}$、$\boldsymbol{R}$ 和 $\boldsymbol{Q}_w$ 用式（3-21）、式（3-23）、式（3-28）和式（3-29）定义的 $\hat{\boldsymbol{q}}(k)$、$\hat{\boldsymbol{r}}(k)$、$\hat{\boldsymbol{R}}(k)$ 和 $\hat{\boldsymbol{Q}}_w(k)$ 代替，得到自适应 Kalman 估值器。

通过上述分析，发现该算法可以在线互耦地估计状态和噪声统计，方法简单易于实现。但是 Sage 和 Husa 的 MAP 估值器只有当 $\boldsymbol{r}$、$\boldsymbol{R}$（或者 $\boldsymbol{q}$、$\boldsymbol{Q}_w$）已知情况下才能保证 $\boldsymbol{q}$、$\boldsymbol{Q}_w$（或者 $\boldsymbol{r}$、$\boldsymbol{R}$）收敛到真实值。Sage 和 Husa 算法除了上述的局限性之外，还容易出现系统滤波不准或发散的现象，并伴随着 $\boldsymbol{R}$ 和 $\boldsymbol{Q}_w$ 的估计 $\hat{\boldsymbol{R}}$ 和 $\hat{\boldsymbol{Q}}_w$ 失去半正定性和正定性[23]。因此一类可以处理含有未知模型参数和噪声统计的状态估值器——自校正 Kalman 滤波器应运而生。自校正 Kalman 滤波算法是将参数辨识方法和 Kalman 滤波算法相结合，当模型未知参数的估计具有一致性，即参数估值收敛于相应的真实值，则自校正 Kalman 滤波器渐近于相应的最优 Kalman 滤波器。

3.2.2 基于最小二乘法的自校正加权观测融合 Kalman 滤波器

基于最小二乘法的自校正加权观测融合 Kalman 估值器的主要思想是构造状态空间模型的 MA（Moving Average）新息模型。利用递推增广最小二乘法（Recursive Extened Least Squares，RELS）或两段递推最小二乘法（RLS-RELS）[72-73]等，在线辨识 MA 新息模型参数，进而求得未知噪声统计 $\boldsymbol{Q}_w$ 和 $\boldsymbol{R}$ 的估值 $\hat{\boldsymbol{Q}}_w$ 和 $\hat{\boldsymbol{R}}$。将 $\hat{\boldsymbol{Q}}_w$ 和 $\hat{\boldsymbol{R}}$ 代入式（2-65）～式（2-71）得到各类自校正加权观测融合 Kalman 滤波器。为方便讨论，这里假设 $\boldsymbol{v}^{(j)}(k)$ 与 $\boldsymbol{v}^{(l)}(k), j\neq l$ 为不相关观测噪声，即 $\boldsymbol{R}^{(jl)}=0, \boldsymbol{R}^{(j)}=\boldsymbol{R}^{(jj)}$，并有假设 2。

假设 2 $\boldsymbol{z}^{(j)}(k)$ 是有界的，即

$$\left\|\boldsymbol{z}^{(j)}(k)\right\|<c\,,\quad j=1,\cdots,L \tag{3-30}$$

其中 $\|\cdot\|$ 为向量的范数。

系统参数辨识的具体步骤如下：

由式（3-1）和式（3-2）有第 j 传感器子系统的 ARMA 新息模型为

$$\boldsymbol{A}^{(j)}(q^{-1})\boldsymbol{z}^{(j)}(k)=\boldsymbol{D}^{(j)}(q^{-1})\boldsymbol{\varepsilon}^{(j)}(k),\ j=1,\cdots,L \tag{3-31}$$

引入观测过程 $\boldsymbol{y}^{(j)}(k)=\boldsymbol{A}^{(j)}(q^{-1})\boldsymbol{z}^{(j)}(k)$，得到 MA 新息模型

$$\boldsymbol{y}^{(j)}(k)=\boldsymbol{D}^{(j)}(q^{-1})\boldsymbol{\varepsilon}^{(j)}(k) \tag{3-32}$$

用递推辨识器（例如：RELS，或 RLS-RELS 等）可得在时刻 k 处 $\boldsymbol{D}_l^{(j)}$ 和 $\boldsymbol{Q}_\varepsilon^{(j)}$ 的估值 $\hat{\boldsymbol{D}}_l^{(j)}$ 和 $\hat{\boldsymbol{Q}}_\varepsilon^{(j)}$。这里省略估值的时标。

引理 3.3 第 j 子系统的系统噪声方差 $\boldsymbol{Q}_w$ 和观测噪声方差 $\boldsymbol{R}^{(j)}$ 可通过解如下矩阵方程组求得

$$\sum_{l=t}^{n_{dj}}\boldsymbol{D}_l^{(j)}\boldsymbol{Q}_\varepsilon^{(j)}\boldsymbol{D}_{l-t}^{(j)\mathrm{T}}=\sum_{l=t}^{n_{bj}}\boldsymbol{B}_l^{(j)}\boldsymbol{Q}_w\boldsymbol{B}_{l-t}^{(j)\mathrm{T}}+\sum_{l=t}^{n_{aj}}\boldsymbol{A}_l^{(j)}\boldsymbol{R}^{(j)}\boldsymbol{A}_{l-t}^{(j)\mathrm{T}}\,,\ t=0,\cdots,n_{dj} \tag{3-33}$$

其中规定 $\boldsymbol{B}_l^{(j)}=0(l>n_{bj}), \boldsymbol{A}_l^{(j)}=0(l>n_{aj})$，并规定 $t>n_{bj}$ 或 $t>n_{aj}$ 时，上式相应求和项为零。

证明：见文献[77]。

自校正加权观测融合 Kalman 估值器可分如下三步实现：

第 1 步：由式（3-31）～式（3-32）及引理 3.3 可得系统噪声方差 $\boldsymbol{Q}_w$ 和观测噪声方差 $\boldsymbol{R}^{(j)}$ 的估值 $\hat{\boldsymbol{Q}}_w$ 和 $\hat{\boldsymbol{R}}^{(j)}$。

第 2 步：将估值 $\hat{\boldsymbol{R}}^{(j)}$ 取代 $\boldsymbol{R}^{(j)}$ 代入引理 3.2，由式（3-10），可得在时刻 k 处融合系统观测估计 $\hat{\boldsymbol{z}}(k)$，融合系统观测噪声方差 $\boldsymbol{R}^{(\mathrm{I})}(k)$ 的估计 $\hat{\boldsymbol{R}}^{(\mathrm{I})}(k)$ 如式（3-12）定义。

第 3 步：对于式（3-1）与式（3-9）组成的自校正加权融合系统，应用式(2-65)～式(2-71)得到基于经典滤波算法的自校正加权观测融合 Kalman 滤波器。

上述三步在每时刻 k 重复进行。

基于经典滤波算法的自校正加权观测融合 Kalman 滤波器流程图如图 3-2 所示。

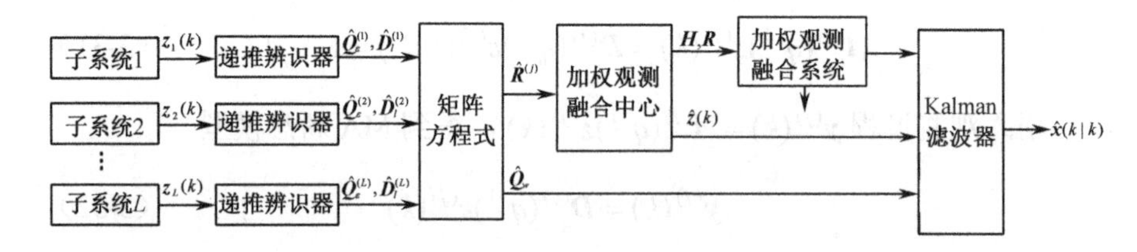

图 3-2　基于经典滤波算法的自校正加权观测融合 Kalman 滤波器流程图

若想得到基于现代时间序列滤波算法的自校正加权观测融合 Kalman 滤波器，需要将上述第 2 步增加如下算法：

定义 $\boldsymbol{y}(k)=\boldsymbol{A}(q^{-1})\boldsymbol{z}(k)$，可得观测融合 MA 新息模型

$$\boldsymbol{y}(k)=\boldsymbol{D}(q^{-1})\boldsymbol{\varepsilon}(k) \tag{3-34}$$

定义 $\boldsymbol{y}(k)$ 的估值 $\hat{\boldsymbol{y}}(k)=\boldsymbol{A}(q^{-1})\hat{\boldsymbol{z}}(k)$，对其利用递推辨识器[72-73]（例如：RELS，或 RLS-RELS 等）可得在时刻 k 处的估值 $\hat{\boldsymbol{D}}_l, l=0\cdots n_d$ 和 $\hat{\boldsymbol{Q}}_\varepsilon$。其中新息 $\boldsymbol{\varepsilon}(k)$ 的估值由式（3-34）递推为

$$\hat{\boldsymbol{\varepsilon}}(k)=\boldsymbol{A}(q^{-1})\hat{\boldsymbol{z}}(k)-\hat{\boldsymbol{D}}_1\hat{\boldsymbol{\varepsilon}}(k-1)-\cdots-\boldsymbol{D}_{n_d}\hat{\boldsymbol{\varepsilon}}(k-n_d) \tag{3-35}$$

$\boldsymbol{Q}_\varepsilon$ 的估值计算为

$$\hat{\boldsymbol{Q}}_\varepsilon(k)=\frac{1}{k}\sum_{l=1}^{k}\hat{\boldsymbol{\varepsilon}}(l)\hat{\boldsymbol{\varepsilon}}^{\mathrm{T}}(l) \tag{3-36}$$

如果利用带死区的 G-W（Gevers-Wouters）[74-77]算法得到时刻 k 处的估值 $\hat{\boldsymbol{D}}_l$ 和 $\hat{\boldsymbol{Q}}_\varepsilon$，则其中用到的相关函数 $\boldsymbol{R}_y^\tau$ 的估计 $\hat{\boldsymbol{R}}_y^\tau$ 在时刻 k 处可计算为

$$\hat{\boldsymbol{R}}_y^\tau(k)=\frac{1}{k}\sum_{l=1}^{k}\hat{\boldsymbol{y}}(l)\cdot\hat{\boldsymbol{y}}^{\mathrm{T}}(l-\tau) \tag{3-37}$$

且可以递推计算为

$$\hat{\boldsymbol{R}}_y^\tau(k)=\hat{\boldsymbol{R}}_y^\tau(k-1)+\frac{1}{k}[\hat{\boldsymbol{y}}(k)\hat{\boldsymbol{y}}^{\mathrm{T}}(k-\tau)-\hat{\boldsymbol{R}}_y^\tau(k-1)] \tag{3-38}$$

进而应用式（2-108）～式（2-111）得到基于现代时间序列滤波算法的自校正加权观测融合 Kalman 滤波器。

基于现代时间序列滤波算法的自校正加权观测融合 Kalman 滤波器流程图如图 3-3 所示。

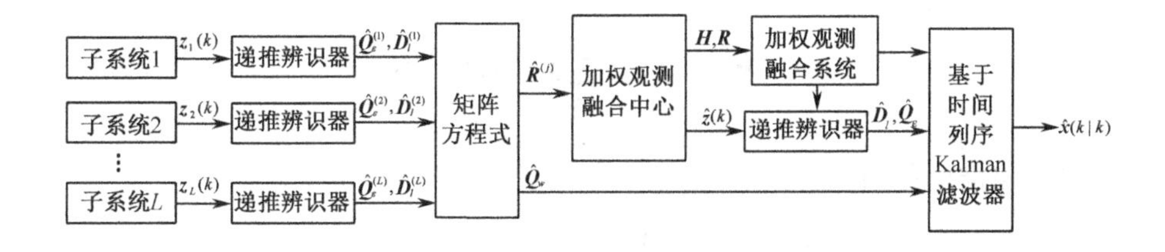

图 3-3　基于现代时间序列滤波算法的自校正加权观测融合 Kalman 滤波器流程图

3.2.3 基于相关函数辨识器的自校正加权观测融合 Kalman 滤波器

式（3-32）定义的第 j 子系统 MA 新息模型中 $\boldsymbol{y}^{(j)}(k)$ 可以写作

$$\boldsymbol{y}^{(j)}(k)=\sum_{l=t}^{n_{bj}}\boldsymbol{B}_l^{(j)}\boldsymbol{Q}_w\boldsymbol{B}_{l-t}^{(j)\mathrm{T}}+\sum_{l=t}^{n_{aj}}\boldsymbol{A}_l^{(j)}\boldsymbol{R}^{(j)}\boldsymbol{A}_{l-t}^{(j)\mathrm{T}} \tag{3-39}$$

易知 $\boldsymbol{y}^{(j)}(k)$ 为平稳随机序列，设 $\boldsymbol{y}^{(j)}(k)$ 的相关函数为 $\boldsymbol{R}_m^{(j)}, m=0,1,\cdots,n_y$，则

$$\begin{aligned}\boldsymbol{R}_m^{(j)}&=\mathrm{E}[\boldsymbol{y}^{(j)}(k)\cdot\boldsymbol{y}^{(j)\mathrm{T}}(k-m)]\\&=\sum_{l=m}^{n_m}\boldsymbol{B}_l\boldsymbol{Q}_w\boldsymbol{B}_{l-m}^{\mathrm{T}}+\sum_{l=m}^{n_m}\boldsymbol{A}_l\boldsymbol{R}^{(j)}\boldsymbol{A}_{l-m}^{\mathrm{T}},\quad n_m=\max(n_a,n_b)\end{aligned} \tag{3-40}$$

对于每一个由式（3-40）得到的 $\boldsymbol{R}_m^{(j)}, m=0,1,\cdots,n_y$，按矩阵元素展开，将 $\boldsymbol{R}^{(j)}$ 和 $\boldsymbol{Q}_w$ 中未知参数组成向量 $\boldsymbol{\theta}^{(j)}\in\boldsymbol{R}^{n_\theta\times1}$，则有关于 $\boldsymbol{\theta}^{(j)}$ 的线性方程组为

$$\boldsymbol{\varLambda}\boldsymbol{\theta}^{(j)}=\boldsymbol{\delta}^{(j)} \tag{3-41}$$

其中系数矩阵 $\boldsymbol{\varLambda}$ 与 $\boldsymbol{\delta}$ 已知。取 $\boldsymbol{\varLambda}$ 列满秩，则 $\boldsymbol{\theta}^{(j)}$ 的最小二乘估计为

$$\boldsymbol{\theta}^{(j)}=\boldsymbol{\varLambda}^{+}\boldsymbol{\delta}^{(j)} \tag{3-42}$$

这里，相关函数矩阵 $\boldsymbol{R}_m^{(j)}$ 的估计 $\hat{\boldsymbol{R}}_m^{(j)}$ 在时刻 k 可以计算为

$$\hat{\boldsymbol{R}}_m^{(j)}(k)=\frac{1}{k}\sum_{l=1}^{k}\boldsymbol{y}^{(j)}(l)\boldsymbol{y}^{(j)\mathrm{T}}(l-m) \tag{3-43}$$

且可以递推计算为

$$\hat{\boldsymbol{R}}_m^{(j)}(k)=\hat{\boldsymbol{R}}_m^{(j)}(k-1)+\frac{1}{k}[\boldsymbol{y}^{(j)}(k)\boldsymbol{y}^{(j)\mathrm{T}}(k-m)-\hat{\boldsymbol{R}}_m^{(j)}(k-1)] \tag{3-44}$$

则 $\boldsymbol{\theta}^{(j)}$ 在时刻 k 可以计算为

$$\hat{\boldsymbol{\theta}}^{(j)}(k)=\boldsymbol{\Lambda}^{+}\hat{\boldsymbol{\delta}}^{(j)}(k) \tag{3-45}$$

其中 $\hat{\boldsymbol{\delta}}^{(j)}(k)$ 由 $\hat{\boldsymbol{R}}_m^{(j)}(k)$ 线性表出。

由平稳随机序列的遍历性，应用上述方法得到的子系统参数以概率 1 收敛到真实值[18]。

基于相关函数辨识器的自校正加权观测融合 Kalman 估值器可分以下三步实现。

第 1 步：对于式（3-1）和式（3-2）定义的第 j 子系统，由式（3-39）～式（3-45）可得第 j 子系统观测噪声方差 $\boldsymbol{R}^{(j)}$ 和系统噪声方差 $\boldsymbol{Q}_w$ 的估值 $\hat{\boldsymbol{R}}^{(j)}$ 和 $\hat{\boldsymbol{Q}}_w$。

第 2 步：将估值 $\hat{\boldsymbol{R}}^{(j)}$ 取代 $\boldsymbol{R}^{(j)}$ 代入引理 3.2，由式（3-10）可得在时刻 k 处融合系统观测估计 $\hat{z}(k)$，融合系统观测噪声方差 $\boldsymbol{R}^{(\mathrm{I})}(k)$ 的估计 $\hat{\boldsymbol{R}}^{(\mathrm{I})}(k)$ 如式（3-12）定义。

第 3 步：将式（3-1）与式（3-9）组成的加权融合系统，应用式（2-65）～式（2-71）得到经典滤波算法的基于相关函数的自校正加权观测融合 Kalman 滤波器。

上述三步在每时刻 k 重复进行。

基于相关函数辨识器的自校正加权观测融合 Kalman 滤波器流程图如图 3-4 所示。

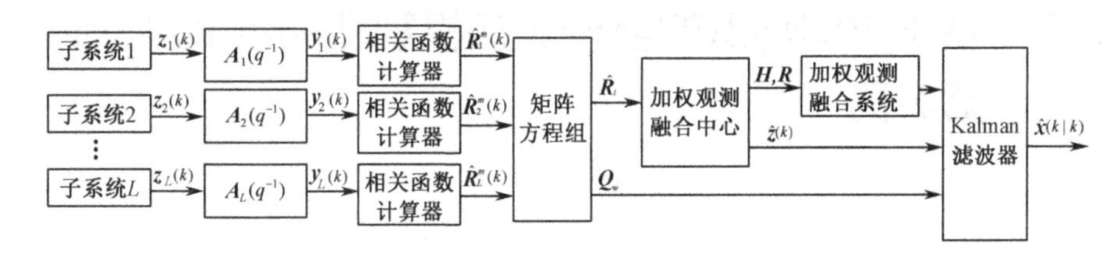

图 3-4　基于相关函数辨识器的自校正加权观测融合 Kalman 滤波器流程图

若想得到基于现代时间序列分析方法和相关函数辨识器的自校正加权观测融合 Kalman 滤波器，需要将上述第 2 步增加以下算法[18]。

对于式（3-35），定义 $\hat{\boldsymbol{y}}(k)=\boldsymbol{A}(q^{-1})\hat{\boldsymbol{z}}(k)$，可得观测融合 MA 新息模型，对其利用递推辨识器[72-73]或者带死区的 G-W 算法[74-77]如式（3-34）～式（3-38），可得在时刻 k 处的估值 $\hat{\boldsymbol{D}}_l, l=0\cdots n_d$ 和 $\hat{\boldsymbol{Q}}_\varepsilon$。进而应用式（2-108）～式（2-111）得到基于现代时间序列滤波算法的自校正加权观测融合 Kalman 滤波器。

基于现代时间序列分析方法和相关函数辨识器的自校正加权观测融合 Kalman 滤波器流程图如图 3-5 所示。

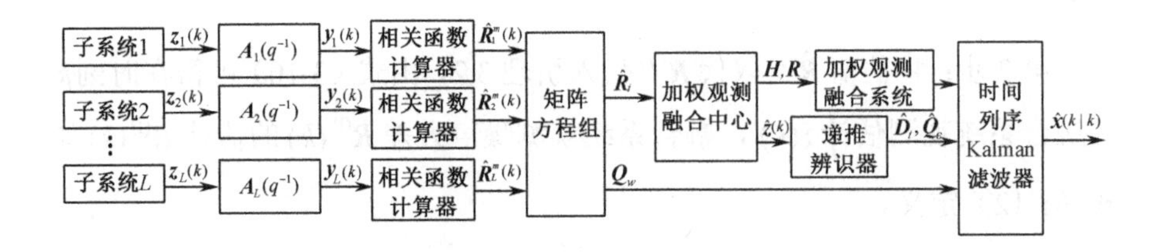

图 3-5　基于现代时间序列分析方法和相关函数辨识器的自校正加权观测融合 Kamlan 滤波器流程图

文献[18]证明了该算法按实现收敛于最优加权观测融合 Kalman 估值器。

3.3　基于协同辨识的自校正加权观测融合 Kalman 滤波器

通过 3.1 节和 3.2 节的描述可知，进行系统噪声统计辨识的第一步就是要将原有的状态空间模型转换为 ARMA 新息模型。在这样的转换当中，需要进行左素分解[18]。这种左素分解需要人工手算完成，只适用于稳态 Kalman 滤波应用情形，因此不适用于工业过程参数时变的系统。另外，基于最小二乘法的自校正加权观测融合 Kalman 估值器，在完成第一步递推最小二乘法辨识后，需要求解矩阵方程组，要求该矩阵方程组非奇异，为此需要人工挑选带未知噪声统计参数的方程，在时变系统中这也是不允许的。基于相关函数辨识器的自校正加权观测融合 Kalman 滤波器，同样需要人工挑选带未知噪声统计参数的方程，因此这给滤波算法带来了局限性。

本节提出基于协同辨识的自校正加权观测融合 Kalman 滤波器，该算法应用多个传感器进行观测，将各个观测结果应用最小二乘法加以处理，将处理后的观测结果做信号的差值运算，可以产生多组新的白噪声序列。利用各组白噪声的相关函数阵解矩阵方程组，可解得各传感器观测噪声方差统计 $\hat{\boldsymbol{R}}^{(j)}$，进而得到 $\boldsymbol{\Gamma Q}_w\boldsymbol{\Gamma}^{\mathrm{T}}$ 的估计 $\boldsymbol{\Gamma}\hat{\boldsymbol{Q}}_w\boldsymbol{\Gamma}^{\mathrm{T}}$。将估值带入经典 Kalman 滤波器中，便可得到自校正加权观测融合 Kalman 滤波器。该方法优点在于不需要应用左素分解得到 ARMA 新息模型，也不用人工从相关函数方程组中挑选带未知噪声统计参数的非奇异方程组，且该算法收敛性可以得到保证。

3.3.1　具有相同观测矩阵和不相关观测噪声的情形

考虑多传感器定常离散线性随机系统

$$\boldsymbol{x}(k+1)=\boldsymbol{\Phi x}(k)+\boldsymbol{\Gamma w}(k) \tag{3-46}$$

$$\boldsymbol{z}^{(j)}(k)=\boldsymbol{Hx}(k)+\boldsymbol{v}^{(j)}(k),\ j=1,\cdots,L \tag{3-47}$$

式中，k、$\boldsymbol{x}(t)$、$\boldsymbol{z}^{(j)}(k)$、$\boldsymbol{v}^{(j)}(k)$、$\boldsymbol{w}(k)$、$\boldsymbol{\Phi}$、$\boldsymbol{\Gamma}$、$\boldsymbol{H}$ 如 3.1.1 节定义，$\boldsymbol{v}^{(l)}(k)$ 与 $\boldsymbol{v}^{(j)}(k), j\neq l$ 为不相关观测噪声，即 $\boldsymbol{R}^{(jl)}=0, \boldsymbol{R}^{(j)}=\boldsymbol{R}^{(jj)}$。并有假设 1。

1. 求解$\boldsymbol{R}^{(j)}$的估值$\hat{\boldsymbol{R}}^{(j)}$的算法

由观测方程式（3-47）有

$$\boldsymbol{z}^{(j)}(k)-\boldsymbol{z}^{(l)}(k)=\boldsymbol{v}^{(j)}(k)-\boldsymbol{v}^{(l)}(k),\ j,l=1,\cdots,L \tag{3-48}$$

式中，$\boldsymbol{z}^{(j)}(k)$和$\boldsymbol{z}^{(l)}(k)$分别代表来自第j个和第l个传感器的观测数据，令

$$\boldsymbol{e}^{(jl)}=\boldsymbol{v}^{(j)}(k)-\boldsymbol{v}^{(l)}(k) \tag{3-49}$$

由式（3-49）定义的新白噪声$\boldsymbol{e}^{(jl)}$，当$\tau=0$时的相关函数为

$$\boldsymbol{R}_e^{(jl)}=\mathrm{E}[\boldsymbol{e}^{(jl)}(k)\boldsymbol{e}^{(jl)\mathrm{T}}(k)] \tag{3-50}$$

由$\boldsymbol{v}^{(j)}(k)$与$\boldsymbol{v}^{(l)}(k)(j\neq l)$的独立性有

$$\begin{aligned}\boldsymbol{R}_e^{(jl)}&=\mathrm{E}[\boldsymbol{e}^{(jl)}(k)\boldsymbol{e}^{(jl)\mathrm{T}}(k)]\\&=\mathrm{E}\left\{[\boldsymbol{v}^{(j)}(k)-\boldsymbol{v}^{(l)}(k)]\cdot[\boldsymbol{v}^{(j)}(k)-\boldsymbol{v}^{(l)}(k)]^{\mathrm{T}}\right\}\\&=\mathrm{E}\left\{\boldsymbol{v}^{(j)}(k)\boldsymbol{v}^{(j)\mathrm{T}}(k)-\boldsymbol{v}^{(j)}(k)\boldsymbol{v}^{(l)\mathrm{T}}(k)-\boldsymbol{v}^{(l)}(k)\boldsymbol{v}^{(j)\mathrm{T}}(k)+\boldsymbol{v}^{(l)}(k)\boldsymbol{v}^{(l)\mathrm{T}}(k)\right\}\\&=\mathrm{E}\left\{\boldsymbol{v}^{(j)}(k)\boldsymbol{v}^{(j)\mathrm{T}}(k)\right\}+\mathrm{E}\left\{\boldsymbol{v}^{(l)}(k)\boldsymbol{v}^{(l)\mathrm{T}}(k)\right\}\\&=\boldsymbol{R}^{(j)}+\boldsymbol{R}^{(l)}\end{aligned} \tag{3-51}$$

其中k时刻$\boldsymbol{R}_e^{(jl)}$的估值$\hat{\boldsymbol{R}}_e^{(jl)}(k)$可计算为

$$\hat{\boldsymbol{R}}_e^{(jl)}(k)=\frac{1}{k}\sum_{n=1}^{k}\boldsymbol{e}^{(jl)}(n)\boldsymbol{e}^{(jl)\mathrm{T}}(n) \tag{3-52}$$

进而可递推计算为

$$\hat{\boldsymbol{R}}_e^{(jl)}(k)=\hat{\boldsymbol{R}}_e^{(jl)}(k-1)+\frac{1}{k}[\boldsymbol{e}^{(jl)}(k)\boldsymbol{e}^{(jl)\mathrm{T}}(k)-\hat{\boldsymbol{R}}_e^{(jl)}(k-1)] \tag{3-53}$$

由式（3-51）有

$$\hat{\boldsymbol{R}}_e^{(jl)}(k)=\hat{\boldsymbol{R}}^{(j)}(k)+\hat{\boldsymbol{R}}^{(l)}(k) \tag{3-54}$$

式中，$\hat{\boldsymbol{R}}^{(j)}(k)$ 和 $\hat{\boldsymbol{R}}^{(l)}(k)$ 为 $\boldsymbol{R}^{(j)}(k)$ 和 $\boldsymbol{R}^{(l)}(k)$ 在时刻 k 的估值，设有 n 个传感器，则总共可有等式（3-51）共 C_n^2 个，由于

$$C_n^2 = \frac{n \cdot (n-1)}{2} \tag{3-55}$$

当 $n \geqslant 3$ 时，$C_n^2 \geqslant n$，说明有足够多的线性方程可解得 n 个 $\boldsymbol{R}^{(j)}$。对于有 n 个传感器的系统，可以采用以下 n 个线性方程组求解 $\boldsymbol{R}^{(j)}$。

$$\begin{bmatrix} 1 & 1 & 0 & \cdots & 0 \\ 1 & 0 & 1 & \cdots & 0 \\ \vdots & \vdots & \vdots & \vdots & \vdots \\ 1 & 0 & \cdots & 0 & 1 \\ 0 & 1 & 1 & 0 & 0 \end{bmatrix} \cdot \begin{bmatrix} \hat{\boldsymbol{R}}^{(1)}(k) \\ \hat{\boldsymbol{R}}^{(2)}(k) \\ \vdots \\ \vdots \\ \hat{\boldsymbol{R}}^{(n)}(k) \end{bmatrix} = \begin{bmatrix} \hat{\boldsymbol{R}}_e^{(12)}(k) \\ \hat{\boldsymbol{R}}_e^{(13)}(k) \\ \vdots \\ \hat{\boldsymbol{R}}_e^{(1n)}(k) \\ \hat{\boldsymbol{R}}_e^{(23)}(k) \end{bmatrix} \tag{3-56}$$

2. 求解 $\boldsymbol{Q}_w$ 的估值 $\hat{\boldsymbol{Q}}_w$ 的方法

选择两个不同传感器的观测 $\boldsymbol{z}^{(j)}(k)$和 $\boldsymbol{z}^{(l)}(k)$，由式（3-32）得到 $\boldsymbol{y}^{(j)}(k)$、$\boldsymbol{y}^{(l)}(k)$，计算 $\boldsymbol{y}^{(j)}(k)$ 和 $\boldsymbol{y}^{(l)}(k)$ 的相关函数，由假设 1 得到

$$\boldsymbol{R}_y^{(jl)\tau} = \sum_{l=0}^{n_b-\tau} \boldsymbol{B}^{(l+\tau)} \boldsymbol{Q}_w \boldsymbol{B}^{(l)\mathrm{T}} \tag{3-57}$$

相关函数 $\boldsymbol{R}_y^{(jl)\tau}$ 在 k 时刻的估值 $\hat{\boldsymbol{R}}_y^{(jl)\tau}(k)$ 可计算为

$$\hat{\boldsymbol{R}}_y^{(jl)\tau}(k) = \frac{1}{k} \sum_{n=1}^{k} \boldsymbol{z}^{(j)}(n) \boldsymbol{z}^{(l)\mathrm{T}}(n) \tag{3-58}$$

进而 $\hat{\boldsymbol{R}}_y^{(jl)\tau}(k)$ 可递推计算为

$$\hat{\boldsymbol{R}}_y^{(jl)\tau}(k) = \hat{\boldsymbol{R}}_y^{(jl)\tau}(k-1) + \frac{1}{k}[\boldsymbol{z}^{(j)}(k)\boldsymbol{z}^{(l)\mathrm{T}}(k-\tau) - \hat{\boldsymbol{R}}_y^{(jl)\tau}(k-1)] \tag{3-59}$$

进而由式（3-57）可解得 k 时刻 $\boldsymbol{Q}_w$ 的估值 $\hat{\boldsymbol{Q}}_w(k)$。

由于对于每一个 $\tau = 0,1,2,\cdots,n_b$，都可以建立 C_n^2（n 为传感器个数）个线性方程，它们是相容的，因而有足够多的线性方程可以解得 $\boldsymbol{Q}_w$ 中的参数。

当 $n = 2$ 时，可用下列方法求得 $\hat{\boldsymbol{R}}^{(j)}(k)$。

首先由式（3-54）可求得

$$\hat{\boldsymbol{R}}_e^{(12)}(k)=\hat{\boldsymbol{R}}^{(1)}(k)+\hat{\boldsymbol{R}}^{(2)}(k) \tag{3-60}$$

由式（3-57）有

$$\hat{\boldsymbol{R}}_y^{(1)}(k)=\sum_{t=0}^{n_b}\boldsymbol{B}_t\hat{\boldsymbol{Q}}_w(k)\boldsymbol{B}_t^{\mathrm{T}}+\sum_{t=0}^{n_a}\boldsymbol{A}_t\hat{\boldsymbol{R}}^{(1)}(k)\boldsymbol{A}_t^{\mathrm{T}} \tag{3-61}$$

$$\hat{\boldsymbol{R}}_y^{(2)}(k)=\sum_{t=0}^{n_b}\boldsymbol{B}_t\hat{\boldsymbol{Q}}_w(k)\boldsymbol{B}_t^{\mathrm{T}}+\sum_{t=0}^{n_a}\boldsymbol{A}_t\hat{\boldsymbol{R}}^{(2)}(k)\boldsymbol{A}_t^{\mathrm{T}} \tag{3-62}$$

联立方程式（3-60）～式（3-62）可解得$\hat{\boldsymbol{Q}}_w(k)$、$\hat{\boldsymbol{R}}^{(1)}(k)$、$\hat{\boldsymbol{R}}^{(2)}(k)$。

定理 3.1 多传感器系统式（3-46）和式（3-47）在假设条件下，由式（3-56）和式（3-57）计算得到的$\boldsymbol{R}^{(j)}$和$\boldsymbol{Q}_w$的估值$\hat{\boldsymbol{R}}^{(j)}$和$\hat{\boldsymbol{Q}}_w(k)$以概率 1 收敛于真实值，即

$$\hat{\boldsymbol{R}}^{(j)}(k)\to\boldsymbol{R}^{(j)},\quad \hat{\boldsymbol{Q}}_w(k)\to\boldsymbol{Q}_w,\quad t\to\infty,\quad \text{W.P.1} \tag{3-63}$$

证明：由平稳随机过程相关函数的遍历性可知，式（3-53）和式（3-59）递推计算的$\hat{\boldsymbol{R}}_e^{(jl)}(k)$和$\hat{\boldsymbol{R}}_y^{(jl)}(k)$分别以概率 1 收敛于$\boldsymbol{R}_e^{(jl)}$和$\boldsymbol{R}_y^{(jl)}$，进而由式（3-56）和式（3-57）可知式（3-63）成立。证毕。

协同辨识自校正加权观测融合 Kalman 估值器可分以下 3 步实现。

第 1 步：由式（3-56）～式（3-62）可得系统噪声方差$\boldsymbol{Q}_w$和观测噪声方差$\boldsymbol{R}^{(j)}$的估值$\hat{\boldsymbol{Q}}_w$和$\hat{\boldsymbol{R}}^{(j)}$。

第 2 步：将估值$\hat{\boldsymbol{R}}^{(j)}$取代$\boldsymbol{R}^{(j)}$代入引理 3.2，由式（3-10），可得在时刻$k$处融合系统观测估计$\hat{\boldsymbol{z}}(k)$，融合系统观测噪声方差$\boldsymbol{R}^{(\mathrm{I})}(k)$的估计$\hat{\boldsymbol{R}}^{(\mathrm{I})}(k)$如式（3-12）定义。

第 3 步：将式（3-1）与式（3-9）组成的加权融合系统，应用式（2-65）～式（2-71）得到经典滤波算法的协同辨识自校正加权观测融合 Kalman 滤波器。

上述三步在每时刻 k 重复进行。

经典滤波算法的协同辨识自校正加权观测融合 Kalman 滤波器流程图如图 3-6 所示。

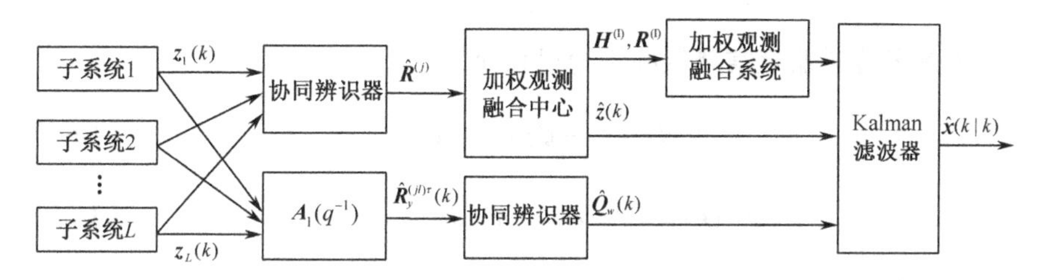

图 3-6　经典滤波算法的协同辨识自校正加权观测融合 Kalman 滤波器流程图

若想得到现代时间序列滤波算法的基于相关函数的自校正加权观测融合 Kalman 滤波器，需要将上述第 2 步增加以下算法。

对于式（3-35），定义 $\hat{\boldsymbol{y}}(t)=\boldsymbol{A}(q^{-1})\hat{\boldsymbol{z}}(t)$，可得观测融合 MA 新息模型，对其利用递推辨识器[72-73]或者带死区的 G-W 算法[74-77]如式（3-34）～式（3-38），可得在时刻 k 处的估值 $\hat{\boldsymbol{D}}_l, l=0\cdots n_d$ 和 $\hat{\boldsymbol{Q}}_\varepsilon$。进而应用式（2-108）～式（2-111）得到基于现代时间序列滤波算法的协同辨识自校正加权观测融合 Kalman 滤波器。

基于现代时间序列滤波算法的协同辨识自校正加权观测融合 Kalman 滤波器流程图如图 3-7 所示。

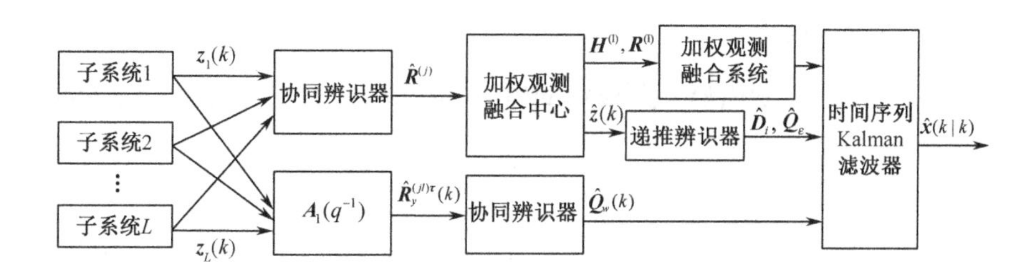

图 3-7　基于现代时间序列滤波算法的协同辨识自校正加权观测融合 Kalman 滤波器流程图

3.3.2 具有不同观测矩阵和不相关观测噪声情形

考虑多传感器定常离散线性随机系统

$$\boldsymbol{x}(k+1)=\boldsymbol{\Phi x}(k)+\boldsymbol{\Gamma w}(k) \tag{3-64}$$

$$\boldsymbol{z}^{(j)}(k)=\boldsymbol{H}^{(j)}\boldsymbol{x}(k)+\boldsymbol{v}^{(j)}(k),\ j=1,\cdots,L \tag{3-65}$$

式中，k、$\boldsymbol{x}(k)$、$z_i(k)$、$\boldsymbol{v}^{(j)}(k)$、$\boldsymbol{w}(k)$、$\boldsymbol{\Phi}$、$\boldsymbol{\Gamma}$ 如 3.1.1 节定义，$\boldsymbol{H}^{(j)}$ 为列满秩。$\boldsymbol{v}^{(j)}(k)$ 与 $\boldsymbol{v}^{(l)}(k), j\neq l$ 为不相关观测噪声，即 $\boldsymbol{R}^{(jl)}=0, \boldsymbol{R}^{(j)}=\boldsymbol{R}^{(jj)}$，并有假设 1 和假设 2。

首先利用最小二乘法构造新的观测方程

$$\boldsymbol{y}^{(j)}(k)=\boldsymbol{H}^{(j)+}\boldsymbol{z}^{(j)}(k)=\boldsymbol{x}(k)+\boldsymbol{H}^{(j)+}\boldsymbol{v}^{(j)}(k)=\boldsymbol{x}(k)+\boldsymbol{v}_y^{(j)}(k) \tag{3-66}$$

$\boldsymbol{v}_y^{(j)}(k)$ 为白噪声序列，且方差 $\boldsymbol{R}_y^{(j)}$ 为

$$\boldsymbol{R}_y^{(j)}=\mathrm{E}\left\{\boldsymbol{H}^{(j)+}\boldsymbol{v}^{(j)}(k)\boldsymbol{v}^{(j)\mathrm{T}}(k)\boldsymbol{H}^{(j)+\mathrm{T}}\right\}=\boldsymbol{H}^{(j)+}\boldsymbol{R}^{(j)}(k)\boldsymbol{H}^{(j)+\mathrm{T}} \tag{3-67}$$

式中，$\boldsymbol{H}^{(j)+}$ 为 $\boldsymbol{H}^{(j)}$ 的伪逆 $\boldsymbol{H}^{(j)+}=(\boldsymbol{H}^{(j)\mathrm{T}}\boldsymbol{H}^{(j)})^{-1}\boldsymbol{H}^{(j)\mathrm{T}}$，$\boldsymbol{H}^{(j)+\mathrm{T}}=\left(\boldsymbol{H}^{(j)+}\right)^{\mathrm{T}}$。

1. 求解 $\boldsymbol{R}^{(j)}$ 的估值 $\hat{\boldsymbol{R}}^{(j)}$ 的算法

由（3-66）有

$$\boldsymbol{z}^{(j)}(k)-\boldsymbol{z}^{(l)}(k)=\boldsymbol{v}_y^{(j)}(k)-\boldsymbol{v}_y^{(l)}(k),\ j,l=1,\cdots,L \tag{3-68}$$

令

$$\boldsymbol{e}_y^{(jl)}=\boldsymbol{v}_y^{(j)}(k)-\boldsymbol{v}_y^{(l)}(k) \tag{3-69}$$

由 $\boldsymbol{v}^{(j)}(k)$ 与 $\boldsymbol{v}^{(l)}(k), j \neq l$ 的独立性，知 $\boldsymbol{v}_y^{(j)}(k)$ 与 $\boldsymbol{v}_y^{(l)}(k)$，$j \neq l$ 独立，因此 $\boldsymbol{e}_y^{(jl)}$ 为平稳随机序列，且有方差

$$
\begin{aligned}
\boldsymbol{\sigma}_y^{(jl)2} &= \mathrm{E}\left\{\boldsymbol{e}_y^{(jl)}\boldsymbol{e}_y^{(jl)\mathrm{T}}\right\} = \mathrm{E}\left\{[\boldsymbol{v}_y^{(j)}(k) - \boldsymbol{v}_y^{(l)}(k)]\cdot[\boldsymbol{v}_y^{(j)}(k) - \boldsymbol{v}_y^{(l)}(k)]^{\mathrm{T}}\right\} \\
&= \mathrm{E}\left\{\boldsymbol{v}_y^{(j)}(k)\boldsymbol{v}_y^{(j)\mathrm{T}}(k) - \boldsymbol{v}_y^{(j)}(k)\boldsymbol{v}_y^{(l)\mathrm{T}}(k) - \boldsymbol{v}_y^{(l)}(k)\boldsymbol{v}_y^{(j)\mathrm{T}}(k) + \boldsymbol{v}_y^{(l)}(k)\boldsymbol{v}_y^{(l)\mathrm{T}}(k)\right\} \\
&= \mathrm{E}\left\{\boldsymbol{v}_y^{(j)}(k)\boldsymbol{v}_y^{(j)\mathrm{T}}(k)\right\} + \mathrm{E}\left\{\boldsymbol{v}_y^{(l)}(k)\boldsymbol{v}_y^{(l)\mathrm{T}}(k)\right\} \\
&= \boldsymbol{R}_y^{(j)} + \boldsymbol{R}_y^{(l)}
\end{aligned}
\tag{3-70}
$$

由式（3-69）定义的白噪声序列 $\boldsymbol{e}_y^{(jl)}$，当 $\tau = 0$ 时的相关函数为

$$
\boldsymbol{R}_{ey}^{(jl)} = \mathrm{E}[\boldsymbol{e}_y^{(jl)}(k)\boldsymbol{e}_y^{(jl)\mathrm{T}}(k)] \tag{3-71}
$$

对比式（3-70）有

$$
\boldsymbol{R}_{ey}^{(jl)} = \boldsymbol{R}_y^{(j)} + \boldsymbol{R}_y^{(l)} \tag{3-72}
$$

其中 k 时刻 $\boldsymbol{R}_{ey}^{(jl)}$ 的估值 $\hat{\boldsymbol{R}}_{ey}^{(jl)}(k)$ 可计算为

$$
\hat{\boldsymbol{R}}_{ey}^{(jl)}(k) = \frac{1}{k}\sum_{n=1}^{k}\boldsymbol{e}_y^{(jl)}(n)\boldsymbol{e}_y^{(jl)\mathrm{T}}(n) \tag{3-73}
$$

进而可递推计算为

$$
\hat{\boldsymbol{R}}_{ey}^{(jl)}(k) = \hat{\boldsymbol{R}}_{ey}^{(jl)}(k-1) + \frac{1}{k}[\boldsymbol{e}_y^{(jl)}(k)\boldsymbol{e}_y^{(jl)\mathrm{T}}(k) - \hat{\boldsymbol{R}}_{ey}^{(jl)}(k-1)] \tag{3-74}
$$

因此 $\boldsymbol{R}_y^{(j)}$ 和 $\boldsymbol{R}_y^{(l)}$ 在时刻 k 的估值 $\hat{\boldsymbol{R}}_y^{(j)}(k)$ 和 $\hat{\boldsymbol{R}}_y^{(l)}(k)$ 可表示为

$$
\hat{\boldsymbol{R}}_{ey}^{(jl)}(k) = \hat{\boldsymbol{R}}_y^{(j)}(k) + \hat{\boldsymbol{R}}_y^{(l)}(k) \tag{3-75}
$$

设有 n 个传感器，则总共可有等式（3-75）共 $C_n^2 = \dfrac{n(n-1)}{2}$ 个，当 $n \geqslant 3$ 时，$C_n^2 \geqslant n$，说明有足够多的线性方程可解得 n 个 $\boldsymbol{R}_y^{(j)}$，可以采用下列线性方程组求解 $\boldsymbol{R}_y^{(j)}$。

$$\begin{bmatrix} \boldsymbol{I}_m & \boldsymbol{I}_m & 0 & \cdots & 0 \\ \boldsymbol{I}_m & 0 & \boldsymbol{I}_m & \cdots & 0 \\ & & \vdots & & \\ \boldsymbol{I}_m & 0 & 0 & \cdots & \boldsymbol{I}_m \\ 0 & \boldsymbol{I}_m & \boldsymbol{I}_m & \cdots & 0 \\ & & \vdots & & \\ 0 & 0 & \cdots & \boldsymbol{I}_m & \boldsymbol{I}_m \end{bmatrix} \cdot \begin{bmatrix} \hat{\boldsymbol{R}}_y^{(1)}(k) \\ \hat{\boldsymbol{R}}_y^{(2)}(k) \\ \vdots \\ \vdots \\ \hat{\boldsymbol{R}}_y^{(n)}(k) \end{bmatrix} = \begin{bmatrix} \hat{\boldsymbol{R}}_{ey}^{(12)}(k) \\ \hat{\boldsymbol{R}}_{ey}^{(13)}(k) \\ \vdots \\ \hat{\boldsymbol{R}}_{ey}^{(1n)}(k) \\ \hat{\boldsymbol{R}}_{ey}^{(23)}(k) \\ \vdots \\ \hat{\boldsymbol{R}}_{ey}^{((n-1)n)}(k) \end{bmatrix} \tag{3-76}$$

将式（3-76）表示成

$$\boldsymbol{\Omega}\hat{\boldsymbol{R}}_y(k) = \hat{\boldsymbol{R}}_{ey}(k) \tag{3-77}$$

式（3-76）表明线性方程组个数多于未知参数个数。一般说来，这种方程组是不成立的，因为 k 时刻 $\boldsymbol{R}_{ey}^{(jl)}$ 的估值 $\hat{\boldsymbol{R}}_{ey}^{(jl)}(k)$ 的误差将使任何 $\left[\hat{\boldsymbol{R}}_y^{(1)}(k) \quad \hat{\boldsymbol{R}}_y^{(2)}(k) \quad \cdots \quad \hat{\boldsymbol{R}}_y^{(n)}(k)\right]$ 都不是方程组的精确解。此时可使用最小二乘方法来获得该方程组的近似解为

$$\hat{\boldsymbol{R}}_y(k) = (\boldsymbol{\Omega}^{\mathrm{T}}\boldsymbol{\Omega})^{-1}\boldsymbol{\Omega}^{\mathrm{T}}\hat{\boldsymbol{R}}_{ey}(k) \tag{3-78}$$

2. 求解 $\boldsymbol{\Gamma Q}_w\boldsymbol{\Gamma}^{\mathrm{T}}$ 的估值 $\boldsymbol{\Gamma}\hat{\boldsymbol{Q}}_w\boldsymbol{\Gamma}^{\mathrm{T}}$ 的算法

由式（3-64），有

$$\boldsymbol{\Gamma w}(k) = \boldsymbol{x}(k+1) - \boldsymbol{\Phi x}(k) \tag{3-79}$$

由假设 1，可知 $\boldsymbol{x}(k+1) - \boldsymbol{\Phi x}(k)$ 为平稳随机序列。对上式两边取相关性函数，有

$$\boldsymbol{\Gamma Q}_w\boldsymbol{\Gamma}^{\mathrm{T}} = \mathrm{E}\left\{[\boldsymbol{x}(k+1) - \boldsymbol{\Phi x}(k)][\boldsymbol{x}(k+1) - \boldsymbol{\Phi x}(k)]^{\mathrm{T}}\right\} \tag{3-80}$$

将式（3-66）代入式（3-80）有

$$\begin{aligned} \boldsymbol{\Gamma Q}_w\boldsymbol{\Gamma}^{\mathrm{T}} = \mathrm{E}\Big\{&[\boldsymbol{y}^{(j)}(k+1) - \boldsymbol{v}_y^{(j)}(k+1)] - \boldsymbol{\Phi}[\boldsymbol{y}^{(j)}(k) - \boldsymbol{v}_y^{(j)}(k)]\Big\} \\ &\Big\{[\boldsymbol{y}^{(j)}(k+1) - \boldsymbol{v}_y^{(j)}(k+1)] - \boldsymbol{\Phi}[\boldsymbol{y}^{(j)}(k) - \boldsymbol{v}_y^{(j)}(k)]\Big\}^{\mathrm{T}} \end{aligned} \tag{3-81}$$

进而由式（3-81）有

$$\boldsymbol{\Gamma Q}_w\boldsymbol{\Gamma}^{\mathrm{T}}=\mathrm{E}\left\{[\boldsymbol{y}^{(j)}(k+1)-\boldsymbol{\Phi y}^{(j)}(k)]+[\boldsymbol{\Phi v}_y^{(j)}(k)-\boldsymbol{v}_y^{(j)}(k+1)]\right\}$$

$$\left\{[\boldsymbol{y}^{(j)}(k+1)-\boldsymbol{\Phi y}^{(j)}(k)]+[\boldsymbol{\Phi v}_y^{(j)}(k)-\boldsymbol{v}_y^{(j)}(k+1)]\right\}^{\mathrm{T}} \tag{3-82}$$

引入 $\boldsymbol{y}^{(j)*}(k+1)=\boldsymbol{y}^{(j)}(k+1)-\boldsymbol{\Phi y}^{(j)}(k)$ 到式（3-82）便有

$$\begin{aligned}\boldsymbol{\Gamma Q}_w\boldsymbol{\Gamma}^{\mathrm{T}}=&\mathrm{E}\left\{\boldsymbol{y}^{(j)*}(k+1)+[\boldsymbol{\Phi v}_y^{(j)}(k)-\boldsymbol{v}_y^{(j)}(k+1)]\right\}\cdot\left\{\boldsymbol{y}^{(j)*\mathrm{T}}(k+1)+\right.\\&\left.[\boldsymbol{v}_y^{(j)\mathrm{T}}(k)\boldsymbol{\Phi}^{\mathrm{T}}-\boldsymbol{v}_y^{(j)\mathrm{T}}(k+1)]\right\}=\mathrm{E}\left\{\boldsymbol{y}^{(j)*}(k+1)\boldsymbol{y}^{(j)*\mathrm{T}}(k+1)\right\}+\\&\mathrm{E}\left\{\boldsymbol{y}^{(j)*}(k+1)[\boldsymbol{v}_y^{(j)\mathrm{T}}(k)\boldsymbol{\Phi}^{\mathrm{T}}-\boldsymbol{v}_y^{(j)\mathrm{T}}(k+1)]\right\}+\\&\mathrm{E}\left\{[\boldsymbol{\Phi v}_y^{(j)}(k)-\boldsymbol{v}_y^{(j)}(k+1)]\boldsymbol{y}^{(j)*\mathrm{T}}(k+1)\right\}+\\&\mathrm{E}\left\{[\boldsymbol{\Phi v}_y^{(j)}(k)-\boldsymbol{v}_y^{(j)}(k+1)][\boldsymbol{v}_y^{(j)\mathrm{T}}(k)\boldsymbol{\Phi}^{\mathrm{T}}-\boldsymbol{v}_y^{(j)\mathrm{T}}(k+1)]\right\}\end{aligned} \tag{3-83}$$

式（3-83）中的第 2 项可计算为

$$\begin{aligned}&\mathrm{E}\left\{\boldsymbol{y}^{(j)*}(k+1)[\boldsymbol{v}_y^{(j)\mathrm{T}}(k)\boldsymbol{\Phi}^{\mathrm{T}}-\boldsymbol{v}_y^{(j)\mathrm{T}}(k+1)]\right\}=\\&\mathrm{E}\left\{[\boldsymbol{y}^{(j)}(k+1)-\boldsymbol{\Phi y}^{(j)}(k)][\boldsymbol{v}_y^{(j)\mathrm{T}}(k)\boldsymbol{\Phi}^{\mathrm{T}}-\boldsymbol{v}_y^{(j)\mathrm{T}}(k+1)]\right\}\end{aligned} \tag{3-84}$$

将式（3-67）代入式（3-84），有

$$\begin{aligned}&\mathrm{E}\left\{\boldsymbol{y}^{(j)*}(k+1)[\boldsymbol{v}_y^{(j)\mathrm{T}}(k)\boldsymbol{\Phi}^{\mathrm{T}}-\boldsymbol{v}_y^{(j)\mathrm{T}}(k+1)]\right\}=\\&\mathrm{E}\left\{[\boldsymbol{x}(k+1)+\boldsymbol{v}_y^{(j)}(k+1)-\boldsymbol{\Phi x}(k)-\boldsymbol{\Phi v}_y^{(j)}(k)]\right.\\&\left.[\boldsymbol{v}_y^{(j)\mathrm{T}}(k)\boldsymbol{\Phi}^{\mathrm{T}}-\boldsymbol{v}_y^{(j)\mathrm{T}}(k+1)]\right\}\end{aligned} \tag{3-85}$$

由于 $\boldsymbol{x}(k)\in L(\boldsymbol{x}(0),\boldsymbol{w}(0),\cdots,\boldsymbol{w}(k-1))$ 张成的线性流形，$\boldsymbol{x}(k+1)\in L(\boldsymbol{x}(0),\boldsymbol{w}(0),\cdots,\boldsymbol{w}(k))$ 张成的线性流形，因此由假设 1 有 $\boldsymbol{v}^{(j)}(k)$、$\boldsymbol{v}^{(j)}(k+1)$ 与 $\boldsymbol{x}(k)$、$\boldsymbol{x}(k+1)$ 相互垂直，又由式（3-66），$\boldsymbol{v}_y^{(j)}(k)$、$\boldsymbol{v}_y^{(j)}(k+1)$ 与 $\boldsymbol{x}(k)$、$\boldsymbol{x}(k+1)$ 相互垂直。式（3-84）可写为

$$\mathrm{E}\left\{\boldsymbol{y}^{(j)*}(k+1)[\boldsymbol{v}_y^{(j)\mathrm{T}}(k)\boldsymbol{\Phi}^{\mathrm{T}}-\boldsymbol{v}_y^{(j)\mathrm{T}}(k+1)]\right\}=-\boldsymbol{R}_y^{(j)}-\boldsymbol{\Phi R}_y^{(j)}\boldsymbol{\Phi}^{\mathrm{T}} \tag{3-86}$$

同理式（3-83）中的第 3 项可计算为

$$\mathrm{E}\left\{[\boldsymbol{\Phi}\boldsymbol{v}_y^{(j)}(k)-\boldsymbol{v}_y^{(j)}(k+1)]\boldsymbol{y}^{(j)*\mathrm{T}}(k+1)\right\}=-\boldsymbol{R}_y^{(j)}-\boldsymbol{\Phi}\boldsymbol{R}_y^{(j)}\boldsymbol{\Phi}^{\mathrm{T}} \tag{3-87}$$

由假设 1，式（3-83）中的第 4 项可计算为

$$\mathrm{E}\left\{[\boldsymbol{\Phi}\boldsymbol{v}_y^{(j)}(k)-\boldsymbol{v}_y^{(j)}(k+1)][\boldsymbol{v}_y^{(j)\mathrm{T}}(k)\boldsymbol{\Phi}^{\mathrm{T}}-\boldsymbol{v}_y^{(j)\mathrm{T}}(k+1)]\right\}=\boldsymbol{\Phi}\boldsymbol{R}_y^{(j)}\boldsymbol{\Phi}^{\mathrm{T}}+\boldsymbol{R}_y^{(j)} \tag{3-88}$$

将式（3-86）、式（3-87）、式（3-88）代入式（3-83），有

$$\boldsymbol{\Gamma}\boldsymbol{Q}_w\boldsymbol{\Gamma}^{\mathrm{T}}=\mathrm{E}\{\boldsymbol{y}^{(j)*}(k+1)\boldsymbol{y}^{(j)*\mathrm{T}}(k+1)\}-\boldsymbol{\Phi}\boldsymbol{R}_y^{(j)}\boldsymbol{\Phi}^{\mathrm{T}}-\boldsymbol{R}_y^{(j)} \tag{3-89}$$

由于

$$\begin{aligned}\boldsymbol{y}^{(j)*}(k+1)&=\boldsymbol{y}^{(j)}(k+1)-\boldsymbol{\Phi}\boldsymbol{y}^{(j)}(k)\\&=\boldsymbol{x}(k+1)+\boldsymbol{v}_y^{(j)}(k+1)-\boldsymbol{\Phi}[\boldsymbol{x}(k)+\boldsymbol{v}_y^{(j)}(k)]\\&=\boldsymbol{\Phi}\boldsymbol{x}(k)+\boldsymbol{\Gamma}\boldsymbol{w}(k)+\boldsymbol{v}_y^{(j)}(k+1)-\boldsymbol{\Phi}\boldsymbol{x}(k)-\boldsymbol{\Phi}\boldsymbol{v}_y^{(j)}(k)\\&=\boldsymbol{\Gamma}\boldsymbol{w}(k)+\boldsymbol{v}_y^{(j)}(k+1)-\boldsymbol{\Phi}\boldsymbol{v}_y^{(j)}(k)\end{aligned} \tag{3-90}$$

因此 $\boldsymbol{y}^{(j)*}(k)$ 为平稳随机序列。设 $\boldsymbol{y}^{(j)*}(k)$ 的自相关函数为 $\boldsymbol{R}_{ey^{(j)*}}$，则 k 时刻 $\boldsymbol{R}_{ey^{(j)*}}$ 的估值 $\hat{\boldsymbol{R}}_{ey^{(j)*}}(k)$ 可计算为

$$\hat{\boldsymbol{R}}_{ey^{(j)*}}(k)=\mathrm{E}\left\{\boldsymbol{y}^{(j)*}(k)\boldsymbol{y}^{(j)*\mathrm{T}}(k)\right\}=\frac{1}{k}\sum_{n=1}^{k}\boldsymbol{y}^{(j)*}(k)\boldsymbol{y}^{(j)*\mathrm{T}}(k) \tag{3-91}$$

进而可递推计算为

$$\hat{\boldsymbol{R}}_{ey^{(j)*}}(k)=\hat{\boldsymbol{R}}_{ey^{(j)*}}(k-1)+\frac{1}{k}[\boldsymbol{y}^{(j)*}(k)\boldsymbol{y}^{(j)*\mathrm{T}}(k)-\hat{\boldsymbol{R}}_{ey^{(j)*}}(k-1)] \tag{3-92}$$

因此 k 时刻 $\boldsymbol{\Gamma}\boldsymbol{Q}_w\boldsymbol{\Gamma}^{\mathrm{T}}$ 的估值 $\boldsymbol{\Gamma}\hat{\boldsymbol{Q}}_w^k\boldsymbol{\Gamma}^{\mathrm{T}}$ 可计算为

$$\boldsymbol{\Gamma}\hat{\boldsymbol{Q}}_w^k\boldsymbol{\Gamma}^{\mathrm{T}}=\hat{\boldsymbol{R}}_{ey^{(j)*}}(k)-\boldsymbol{\Phi}\hat{\boldsymbol{R}}_y^{(j)}(k)\boldsymbol{\Phi}^{\mathrm{T}}-\hat{\boldsymbol{R}}_y^{(j)}(k) \tag{3-93}$$

定理 3.2 对于带未知定常噪声统计的系统［式（3-64）～式（3-65）］，由式（3-78）和式（3-93）得到的 $\boldsymbol{R}_y^{(j)}$ 和 $\boldsymbol{\Gamma}\boldsymbol{Q}_w\boldsymbol{\Gamma}^{\mathrm{T}}$ 的估值 $\hat{\boldsymbol{R}}_y^{(j)}$ 和 $\boldsymbol{\Gamma}\hat{\boldsymbol{Q}}_w\boldsymbol{\Gamma}^{\mathrm{T}}$ 以概率 1 收敛，即

$$\hat{\boldsymbol{R}}_y^{(j)}(k) \to \boldsymbol{R}_y^{(j)}, \quad k \to \infty, \quad \text{w.p.1} \tag{3-94}$$

$$\boldsymbol{\Gamma}\hat{\boldsymbol{Q}}_w^k\boldsymbol{\Gamma}^{\mathrm{T}} \to \boldsymbol{\Gamma}\boldsymbol{Q}_w\boldsymbol{\Gamma}^{\mathrm{T}}, \quad k \to \infty, \quad \text{w.p.1} \tag{3-95}$$

证明：根据平稳随机序列相关函数的遍历性，由式（3-74）、式（3-92）引出

$$\hat{\boldsymbol{R}}_{ey}^{(jl)}(k) \to \boldsymbol{R}_{ey}^{(jl)}, \quad k \to \infty, \quad \text{w.p.1} \tag{3-96}$$

$$\hat{\boldsymbol{R}}_{ey^{(j)*}}^k \to \boldsymbol{R}_{ey^{(j)*}}, \quad k \to \infty, \quad \text{w.p.1} \tag{3-97}$$

进而由式（3-77）、式（3-93）得式（3-94）和式（3-95）成立。

自校正加权观测融合 Kalman 估值器可分以下三步实现。

第 1 步：将系统观测方程式（3-65）进行变换得到由式（3-64）和式（3-66）组成的新系统。

第 2 步：由式（3-77）得到时刻 k 处估值 $\hat{\boldsymbol{R}}_y^{(j)}(k)$，代入式（3-10），可得在时刻 k 处加权融合观测 $\boldsymbol{z}(k)$ 的估值 $\hat{\boldsymbol{z}}(k)$，再将估值 $\hat{\boldsymbol{R}}_y^{(j)}(k)$ 代入式（3-12）得到时刻 k 处加权观测融合系统的观测误差方差阵 $\boldsymbol{R}^{(\mathrm{I})}(k)$ 的估值 $\hat{\boldsymbol{R}}^{(\mathrm{I})}(k)$。

第 3 步：由式（3-93）得到时刻 k 处估值 $\boldsymbol{\Gamma}\hat{\boldsymbol{Q}}_w^k\boldsymbol{\Gamma}^{\mathrm{T}}$，将时刻 k 处估值 $\hat{\boldsymbol{z}}(k)$、$\hat{\boldsymbol{R}}^k$、$\boldsymbol{\Gamma}\hat{\boldsymbol{Q}}_w^k\boldsymbol{\Gamma}^{\mathrm{T}}$ 代入式（2-65）～式（2-71）得到经典滤波算法的协同辨识自校正加权观测融合 Kalman 滤波器

$$\hat{\boldsymbol{x}}^s(k+1|k+1) = \hat{\boldsymbol{\varPsi}}_f(k+1)\hat{\boldsymbol{x}}^s(k|k) + \hat{\boldsymbol{K}}(k+1)\hat{\boldsymbol{z}}(k+1) \tag{3-98}$$

以上 3 步重复进行。

引理 3.4　考虑时变动态系统

$$\boldsymbol{\delta}(k) = \boldsymbol{\varPsi}(k)\boldsymbol{\delta}(k-1) + \boldsymbol{u}(k) \tag{3-99}$$

式中，$\boldsymbol{\delta}(k) \in \boldsymbol{R}^p, \boldsymbol{u}(k) \in \boldsymbol{R}^p$，若 $\boldsymbol{\varPsi}(k) \to \boldsymbol{\varPsi}$，$\boldsymbol{\varPsi}$ 是一个稳定矩阵（$\boldsymbol{\varPsi}$ 的所有特征值位于单位圆内），且 $\boldsymbol{u}(k)$ 有界，则 $\boldsymbol{\delta}(k)$ 有界。

考虑定常动态系统

$$\boldsymbol{\delta}(k)=\boldsymbol{\Psi}\boldsymbol{\delta}(k-1)+\boldsymbol{u}(k) \tag{3-100}$$

若$\boldsymbol{\Psi}$是稳定的矩阵，且$\boldsymbol{u}(k)\to 0$，则$\boldsymbol{\delta}(k)\to 0$。

定理 3.3 多传感器系统［式（3-64）～式（3-65）］在假设 1 和假设 2 下，当噪声统计$\boldsymbol{Q}_w$和$\boldsymbol{R}^{(j)}$未知时，若式（3-94）、式（3-95）成立，则自校正加权观测融合 Kalman 估计器式以概率 1 收敛于当$\boldsymbol{Q}_w$和$\boldsymbol{R}^{(j)}$已知时的稳态全局最优 Kalman 估计器。即当$k\to\infty$有

$$\left(\hat{\boldsymbol{x}}^s(k\,|\,k)-\hat{\boldsymbol{x}}(k\,|\,k)\right)\to 0,\quad \text{w.p.1} \tag{3-101}$$

证明：由假设 2 和式（3-66），引出$\boldsymbol{z}^{(j)}$有界。若式（3-94）成立，则由式（3-10）和$\boldsymbol{z}^{(j)}$有界引出

$$\left(\hat{\boldsymbol{z}}(k)-\boldsymbol{z}(k)\right)\to 0,\quad \text{w.p.1} \tag{3-102}$$

由式（3-94）和式（3-95）、式（2-65）～式（2-71）及式（2-108）～式（2-111）引出

$$\hat{\boldsymbol{K}}(k+1)\to\boldsymbol{K}(k+1),\quad k\to\infty,\quad \text{w.p.1} \tag{3-103}$$

$$\hat{\boldsymbol{\Psi}}_f(k+1)\to\boldsymbol{\Psi}_f(k+1),\quad k\to\infty,\quad \text{w.p.1} \tag{3-104}$$

$$\hat{\boldsymbol{P}}(k+1\,|\,k)\to\boldsymbol{P}(k+1\,|\,k),\quad k\to\infty,\quad \text{w.p.1} \tag{3-105}$$

$$\hat{\boldsymbol{P}}(k+1\,|\,k+1)\to\boldsymbol{P}(k+1\,|\,k+1),\quad k\to\infty,\quad \text{w.p.1} \tag{3-106}$$

设

$$\hat{\boldsymbol{\Psi}}_f(k+1)=\boldsymbol{\Psi}_f(k+1)+\Delta\hat{\boldsymbol{\Psi}}_f(k+1) \tag{3-107}$$

$$\hat{\boldsymbol{K}}(k+1)=\boldsymbol{K}(k+1)+\Delta\hat{\boldsymbol{K}}(k+1) \tag{3-108}$$

则由式（3-103）、式（3-104）引出当$k\to\infty$有

$$\Delta\hat{\boldsymbol{\Psi}}_f(k+1)\to 0,\quad \Delta\hat{\boldsymbol{K}}(k+1)\to 0,\quad \text{w.p.1} \tag{3-109}$$

由于 $\hat{z}(k)=\hat{z}(k)-z(k)+z(k)$，于是有范数不等式

$$\|\hat{z}(k)\|\leqslant\|\hat{z}(k)-z(k)\|+\|z(k)\|,\quad \text{w.p.1} \tag{3-110}$$

由式（3-102）引出 $\|\hat{z}(k)-z(k)\|$ 有界，由 $z(k)$ 有界引出 $\|z(k)\|$ 有界，从而 $\|\hat{z}(k)\|$ 以概率 1 有界。

置 $\boldsymbol{e}(k+1)=\hat{\boldsymbol{x}}^s(k+1|k+1)-\hat{\boldsymbol{x}}(k+1|k+1)$，由式（2-65）减式（3-98）引出

$$\boldsymbol{e}(k+1)=\boldsymbol{\Psi}_f(k+1)\boldsymbol{e}(k)+\boldsymbol{u}(k+1) \tag{3-111}$$

$$\begin{aligned}\boldsymbol{u}(k+1)=\Delta\hat{\boldsymbol{\Psi}}_f(k+1)\hat{\boldsymbol{x}}^s(k|k)+\boldsymbol{K}(k+1)[\hat{z}(k+1)-z(k+1)]+\\ \Delta\hat{\boldsymbol{K}}(k+1)\hat{z}(k+1)\end{aligned} \tag{3-112}$$

由 $\hat{z}(k+1)$ 的有界性和 $\boldsymbol{\Psi}_f(k+1)$ 的稳定性，以及引理 3.4 引出 $\hat{\boldsymbol{x}}^s(k|k)$ 以概率 1 有界。于是由式（3-102）和式（3-109）引出以概率 1 有 $\boldsymbol{u}(k+1)\to 0(k\to\infty)$。由于 $\boldsymbol{\Psi}_f(k+1)$ 具有收敛性，从而由引理 3.4 引出以概率 1 有 $\boldsymbol{e}(k+1)\to 0(k\to\infty)$，即式（3-101）成立。因 $\hat{\boldsymbol{x}}(k|k)$ 是全局最优的，故 $\hat{\boldsymbol{x}}^s(k|k)$ 具有渐近全局最优性。证毕。

3.3.3　系统具有不同观测矩阵和相关观测噪声

Roy 和 Iltis 指出在许多应用问题中出现带相关观测噪声的多传感器信息融合问题，例如各传感器有公共的附加干扰噪声或干扰源[78-80]。

对于由式（3-64）和式（3-65）定义的系统，$\boldsymbol{H}_i$ 列满秩。

首先仿照 3.3.2 节，利用最小二乘法构造新的观测方程

$$\boldsymbol{y}^{(j)}(k)=\boldsymbol{H}^{(j)+}\boldsymbol{z}^{(j)}(k)=\boldsymbol{x}(k)+\boldsymbol{H}^{(j)+}\boldsymbol{v}^{(j)}(k)=\boldsymbol{x}(k)+\boldsymbol{v}_y^{(j)}(k) \tag{3-113}$$

式中，$\boldsymbol{v}_y^{(j)}(k)$ 为白噪声序列，且方差阵 $\boldsymbol{R}_y^{(jl)}$ 为

$$\boldsymbol{R}_y^{(jl)}=\mathrm{E}\left\{\boldsymbol{H}^{(j)+}\boldsymbol{v}^{(j)}(k)\boldsymbol{v}^{(l)\mathrm{T}}(k)\boldsymbol{H}^{(l)+\mathrm{T}}\right\}=\boldsymbol{H}^{(j)+}\boldsymbol{R}^{(jl)}(k)\boldsymbol{H}^{(l)+\mathrm{T}} \quad (3\text{-}114)$$

对式（3-64）和式（3-113）组成的新系统，估计观测误差方差阵 $\boldsymbol{R}_y^{(jl)}$ 及 $\boldsymbol{\Gamma}\boldsymbol{Q}_w\boldsymbol{\Gamma}^{\mathrm{T}}$ 的估值，进而求得自校正加权观测融合 Kalman 估值器。

1. 求解 $\boldsymbol{R}_y^{(j)}$ 的估值 $\hat{\boldsymbol{R}}_y^{(j)}$ 的算法

将式（3-64）代入式（3-113）有

$$\boldsymbol{y}^{(j)}(k)=(\boldsymbol{I}_n-q^{-1}\boldsymbol{\Phi})^{-1}\boldsymbol{\Gamma}\boldsymbol{w}(k-1)+\boldsymbol{v}_y^{(j)}(k),\ j=1,\cdots,L \quad (3\text{-}115)$$

进而有

$$(\boldsymbol{I}_n-q^{-1}\boldsymbol{\Phi})\boldsymbol{y}^{(j)}(k)=\boldsymbol{\Gamma}\boldsymbol{w}(k-1)+(\boldsymbol{I}_n-q^{-1}\boldsymbol{\Phi})\boldsymbol{v}_y^{(j)}(k),\ j=1,\cdots,L \quad (3\text{-}116)$$

令上式右端 $(\boldsymbol{I}_n-q^{-1}\boldsymbol{\Phi})\boldsymbol{y}^{(j)}(k)=\boldsymbol{y}^{(j)\Delta}(k)$，有

$$\boldsymbol{y}^{(j)\Delta}(k)=\boldsymbol{\Gamma}\boldsymbol{w}(k-1)+(\boldsymbol{I}_n-q^{-1}\boldsymbol{\Phi})\boldsymbol{v}_y^{(j)}(k),\ j=1,\cdots,L \quad (3\text{-}117)$$

易知 $\boldsymbol{y}^{(j)\Delta}(k)$ 为平稳随机序列，设 $\boldsymbol{y}^{(j)\Delta}(k)$ 和 $\boldsymbol{y}^{(l)\Delta}(k-1)$ 的相关函数为 $\boldsymbol{R}_y^{(jl)1}$，则

$$\begin{aligned}\boldsymbol{R}_y^{(jl)1}&=\mathrm{E}\left\{\boldsymbol{z}^{(j)\Delta}(k)\cdot\boldsymbol{z}^{(l)\Delta\mathrm{T}}(k-1)\right\}\\&=\mathrm{E}\left\{\begin{matrix}[\boldsymbol{\Gamma}\boldsymbol{w}(k-1)+(\boldsymbol{I}_n-q^{-1}\boldsymbol{\Phi})\boldsymbol{v}_y^{(j)}(k)]\\ [\boldsymbol{\Gamma}\boldsymbol{w}(k-2)+(\boldsymbol{I}_n-q^{-1}\boldsymbol{\Phi})\boldsymbol{v}_y^{(j)}(k-1)]^{\mathrm{T}}\end{matrix}\right\}=-\boldsymbol{\Phi}\boldsymbol{R}_y^{(jl)}\end{aligned} \quad (3\text{-}118)$$

其中定义 $\boldsymbol{z}^{(l)\Delta\mathrm{T}}(k-1)=\left(\boldsymbol{z}^{(l)\Delta}(k-1)\right)^{\mathrm{T}}$，则 k 时刻 $\boldsymbol{R}_y^{(jl)1}$ 的估值 $\hat{\boldsymbol{R}}_y^{(jl)1}(k)$ 可计算为

$$\hat{\boldsymbol{R}}_y^{(jl)1}(k)=\mathrm{E}\left\{\boldsymbol{y}^{(j)\Delta}(k)\boldsymbol{y}^{(l)\Delta\mathrm{T}}(k-1)\right\}=\frac{1}{k}\sum_{n=1}^{k}\boldsymbol{y}^{(j)\Delta}(k)\boldsymbol{y}^{(l)\Delta\mathrm{T}}(k-1) \quad (3\text{-}119)$$

进而可递推计算为

$$\hat{\boldsymbol{R}}_y^{(jl)1}(k)=\hat{\boldsymbol{R}}_y^{(jl)1}(k-1)+\frac{1}{k}[\boldsymbol{z}^{(j)\Delta}(k)\boldsymbol{z}^{(l)\Delta\mathrm{T}}(k-1)-\hat{\boldsymbol{R}}_y^{(jl)1}(k-1)] \quad (3\text{-}120)$$

于是由式（3-118）和式（3-120）可计算 k 时刻 $\boldsymbol{R}_y^{(jl)}$ 的估值 $\hat{\boldsymbol{R}}_y^{(jl)}(k)$ 为

$$\hat{\boldsymbol{R}}_y^{(jl)}(k) = -\boldsymbol{\Phi}^{-1}\hat{\boldsymbol{R}}_y^{(jl)1}(k) \tag{3-121}$$

2. 求解 $\boldsymbol{\Gamma Q}_w\boldsymbol{\Gamma}^{\mathrm{T}}$ 的估值 $\boldsymbol{\Gamma}\hat{\boldsymbol{Q}}_w\boldsymbol{\Gamma}^{\mathrm{T}}$ 的算法

设 $\boldsymbol{z}^{(j)\Delta}(k)$ 的自相关函数为 $\boldsymbol{R}_y^{(jj)0}$，则

$$\begin{aligned}\boldsymbol{R}_y^{(jj)0} &= \mathrm{E}\left\{\boldsymbol{z}^{(j)\Delta}(k)\boldsymbol{z}^{(j)\Delta\mathrm{T}}(k)\right\} \\ &= \mathrm{E}\left\{[\boldsymbol{\Gamma w}(k-1)+(\boldsymbol{I}_n - q^{-1}\boldsymbol{\Phi})\boldsymbol{v}_y^{(j)}(k)]\cdot\right. \\ &\qquad \left.[\boldsymbol{\Gamma w}(k-1)+(\boldsymbol{I}_n - q^{-1}\boldsymbol{\Phi})\boldsymbol{v}_y^{(j)}(k)]^{\mathrm{T}}\right\} \\ &= \boldsymbol{\Gamma Q}_w\boldsymbol{\Gamma}^{\mathrm{T}} + \boldsymbol{R}_y^{(jj)} + \boldsymbol{\Phi R}_y^{(jj)}\boldsymbol{\Phi}^{\mathrm{T}}\end{aligned} \tag{3-122}$$

而 k 时刻 $\boldsymbol{R}^{(jj)0}$ 的估值 $\hat{\boldsymbol{R}}^{(jj)0}(k)$ 可计算为

$$\hat{\boldsymbol{R}}^{(jj)0}(k) = \mathrm{E}\{\boldsymbol{z}^{(j)\Delta}(k)\boldsymbol{z}^{(j)\Delta\mathrm{T}}(k)\} = \frac{1}{k}\sum_{n=1}^{k}\boldsymbol{z}^{(j)\Delta}(k)\boldsymbol{z}^{(j)\Delta\mathrm{T}}(k) \tag{3-123}$$

进而可推算

$$\hat{\boldsymbol{R}}^{(jj)0}(k) = \hat{\boldsymbol{R}}^{(jj)0}(k-1) + \frac{1}{k}[\boldsymbol{z}^{(j)\Delta}(k)\boldsymbol{z}^{(j)\Delta\mathrm{T}}(k) - \hat{\boldsymbol{R}}^{(jj)0}(k-1)] \tag{3-124}$$

于是由式（3-122）、式（3-124）和式（3-121）可计算 k 时刻 $\boldsymbol{\Gamma Q}_w\boldsymbol{\Gamma}^{\mathrm{T}}$ 的估值 $\boldsymbol{\Gamma}\hat{\boldsymbol{Q}}_w^k\boldsymbol{\Gamma}^{\mathrm{T}}$ 为

$$\boldsymbol{\Gamma}\hat{\boldsymbol{Q}}_w^k\boldsymbol{\Gamma}^{\mathrm{T}} = \hat{\boldsymbol{R}}^{(jj)0}(k) - \hat{\boldsymbol{R}}_y^{(jj)}(k) - \boldsymbol{\Phi}\hat{\boldsymbol{R}}_y^{(jj)}(k)\boldsymbol{\Phi}^{\mathrm{T}} \tag{3-125}$$

定理 3.4　带未知定常噪声统计的系统［式（3-64）和式（3-113)]，由式（3-121）和式（3-125）得到的 $\boldsymbol{R}_y^{(jl)}$ 和 $\boldsymbol{\Gamma Q}_w\boldsymbol{\Gamma}^{\mathrm{T}}$ 的估值 $\hat{\boldsymbol{R}}_y^{(jl)}(k)$ 和 $\boldsymbol{\Gamma}\hat{\boldsymbol{Q}}_w^k\boldsymbol{\Gamma}^{\mathrm{T}}$ 以概率 1 收敛，即

$$\hat{\boldsymbol{R}}_y^{(jl)}(k) \to \boldsymbol{R}_y^{(jl)},\quad k\to\infty,\quad \text{w.p.1} \tag{3-126}$$

$$\boldsymbol{\Gamma}\hat{\boldsymbol{Q}}_w^k\boldsymbol{\Gamma}^{\mathrm{T}} \to \boldsymbol{\Gamma Q}_w\boldsymbol{\Gamma}^{\mathrm{T}},\quad k\to\infty,\quad \text{w.p.1} \tag{3-127}$$

证明：根据平稳随机序列相关函数的遍历性，由式（3-119）、式（3-124）引出

$$\hat{\boldsymbol{R}}_y^{(jl)1}(k) \to \boldsymbol{R}_y^{(jl)1}, \quad k \to \infty, \quad \text{w.p.1} \tag{3-128}$$

$$\hat{\boldsymbol{R}}_y^{(jl)0}(k) \to \boldsymbol{R}_y^{(jl)0}, \quad k \to \infty, \quad \text{w.p.1} \tag{3-129}$$

进而由式（3-121）和式（3-125）得式（3-126）和式（3-127）成立。

观测噪声相关情况下，自校正加权观测融合 Kalman 估值器可分以下三步实现。

第 1 步：将系统观测方程式（3-65）进行变换得到由式（3-64）和式（3-66）组成的新系统。

第 2 步：将由式（3-121）得到的时刻 k 处估值 $\hat{\boldsymbol{R}}_y^{(jl)}(k)$，以及用式（3-9）～式（3-12）定义的 $\boldsymbol{R}^{(\text{I})}$ 代入式（3-10），可得在时刻 k 处加权融合观测 $\boldsymbol{z}(t)$ 的估值 $\hat{\boldsymbol{z}}(k)$，再将估值 $\hat{\boldsymbol{R}}_y^{(jl)}(k)$ 和 $\boldsymbol{R}^{(0)}$ 代入式（3-12），得到时刻 k 处加权观测融合系统的观测误差方差阵 $\boldsymbol{R}^{(\text{I})}(k)$ 的估值 $\hat{\boldsymbol{R}}^{(\text{I})}(k)$。

第 3 步：由式（3-125）得到时刻 k 处估值 $\boldsymbol{\Gamma}\hat{\boldsymbol{Q}}_w^k\boldsymbol{\Gamma}^{\text{T}}$，将时刻 k 处估值 $\hat{\boldsymbol{z}}(k)$、$\hat{\boldsymbol{R}}^k$、$\boldsymbol{\Gamma}\hat{\boldsymbol{Q}}_w^k\boldsymbol{\Gamma}^{\text{T}}$ 代入式（2-65）～式（2-71）得到经典滤波算法的协同辨识自校正加权观测融合 Kalman 滤波器。

以上 3 步重复进行。

同理可以证明 3.3.3 节引出的协同辨识自校正加权观测融合 Kalman 滤波器以概率 1 收敛于 $\boldsymbol{Q}_w$ 和 $\boldsymbol{R}^{(j)}$ 已知时的稳态全局最优 Kalman 估计器。

3.4 仿真

1. 带相同观测矩阵和不相关观测噪声的系统仿真

例 3.1 考虑如下带相同观测矩阵和不相关观测噪声的 3 传感器雷达跟

踪系统

$$x(k+1)=\boldsymbol{\Phi}x(k)+\boldsymbol{\Gamma}w(k) \tag{3-130}$$

$$z^{(j)}(k)=H^{(j)}x(k)+v^{(j)}(k),\quad j=1,2,3 \tag{3-131}$$

式中，$x(k)=\begin{bmatrix}x_1(k)\\x_2(k)\end{bmatrix}=\begin{bmatrix}位置\\速度\end{bmatrix}$，$z^{(j)}(k)$ 为系统观测信号，$\boldsymbol{\Phi}=\begin{bmatrix}1 & T_0\\0 & 1\end{bmatrix}$，$\boldsymbol{\Gamma}=\begin{bmatrix}0.5T_0^2\\T_0^2\end{bmatrix}$，$T_0$ 为采样周期，$H^{(j)}=[1\quad 0]$，$j=1,2,3$。假设 $w(k)$ 和 $v^{(j)}(k)$ 是零均值、方差分别为 Q_w 和 $R^{(j)}$ 的相互独立的白噪声，且 Q_w，$R^{(1)}$，$R^{(2)}$，$R^{(3)}$ 是未知的。问题是求解协同辨识自校正加权观测融合 Kalman 滤波器 $\hat{x}_s(k|k)$。

仿真中取 $T_0=1$，$\sigma_w^2=1$，$\sigma_{v1}^2=0.81$，$\sigma_{v2}^2=0.64$，$\sigma_{v3}^2=0.49$。仿真结果如图 3-8～图 3-15 所示。其中图 3-8～图 3-11 为噪声统计估计曲线，实线为噪声方差真实值，虚线为估值。图 3-12、图 3-13 为自校正 Kalman 滤波器跟踪效果图，实线为目标状态真实曲线，虚线为自校正 Kalman 滤波器的目标状态估计曲线。图 3-14、图 3-15 为自校正观测融合 Kalman 滤波器与最优观测融合 Kalman 滤波器的误差曲线。从图中可以看到噪声统计估计曲线收敛速度快，收敛到真实值后波动小，精度高。随着噪声统计的收敛，滤波器跟踪输出效果明显，速度和位置参数收敛到真实值，且跟踪效果稳定。自校正观测融合 Kalman 滤波器与最优观测融合 Kalman 滤波器的误差曲线表明，自校正 Kalman 滤波器将渐近收敛于系统噪声统计已知时的最优观测融合 Kalman 滤波器。

2. 带不同观测矩阵和不相关观测噪声的情形

例 3.2 考虑如下带不同观测矩阵和不相关观测噪声的 3 传感器雷达跟踪系统

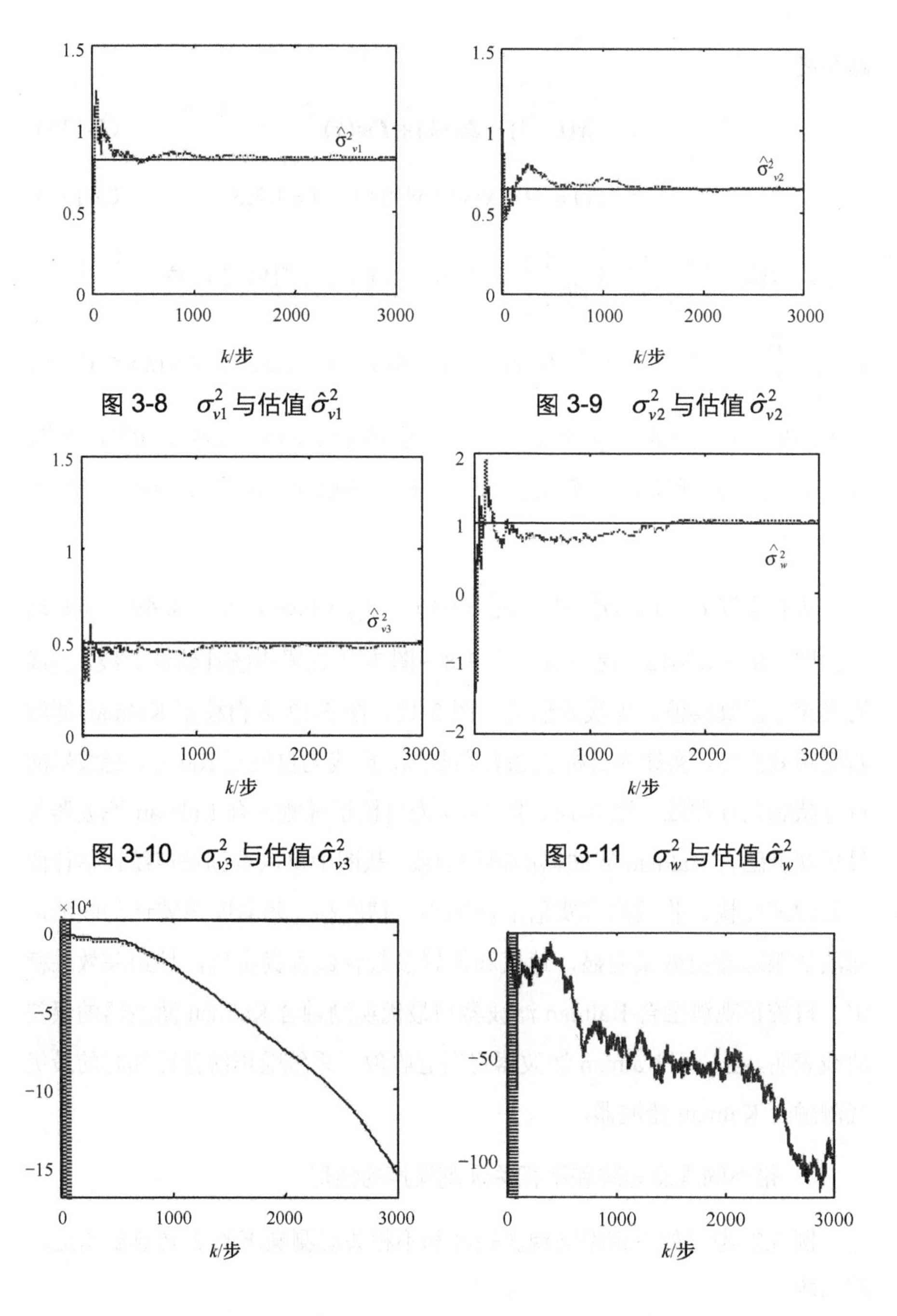

图 3-8　σ^2_{v1} 与估值 $\hat{\sigma}^2_{v1}$

图 3-9　σ^2_{v2} 与估值 $\hat{\sigma}^2_{v2}$

图 3-10　σ^2_{v3} 与估值 $\hat{\sigma}^2_{v3}$

图 3-11　σ^2_{w} 与估值 $\hat{\sigma}^2_{w}$

图 3-12　位置 $x_1(k)$ 和自校正 Kalman 滤波器 $\hat{x}^s_1(k|k)$

图 3-13　速度 $x_2(k)$ 和自校正 Kalman 滤波器 $\hat{x}^s_2(k|k)$

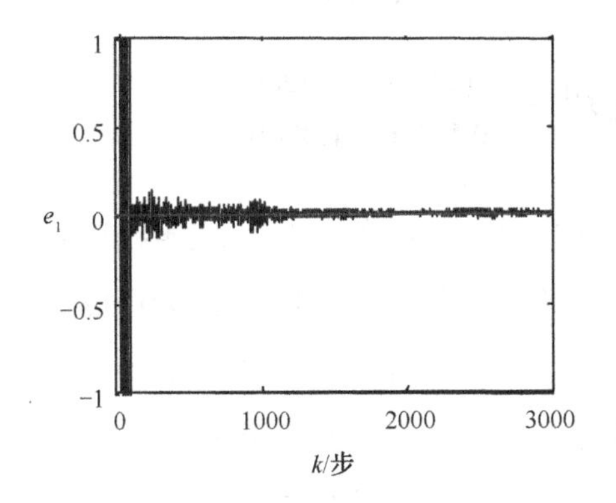

图 3-14　自校正与最优观测融合位置 Kalman 滤波器的误差由线 $e_1(k)=\hat{x}_1^s(k|k)-\hat{x}_1(k|k)$

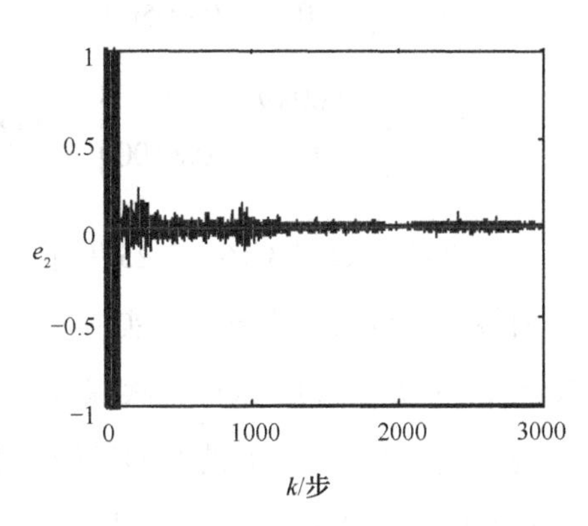

图 3-15　自校正与最优观测融合速度 Kalman 滤波器的误差由线 $e_2(k)=\hat{x}_2^s(k|k)-\hat{x}_2(k|k)$

$$\boldsymbol{x}(k+1)=\boldsymbol{\Phi}\boldsymbol{x}(k)+\boldsymbol{\Gamma}w(k) \tag{3-132}$$

$$z^{(j)}(k)=\boldsymbol{H}^{(j)}\boldsymbol{x}(k)+\boldsymbol{v}^{(j)}(k),\quad j=1,2,3 \tag{3-133}$$

式中，$\boldsymbol{x}(k)$、$z^{(j)}(k)$、$\boldsymbol{\Phi}$、$\boldsymbol{\Gamma}$、T_0 同例 3.1，$\boldsymbol{H}^{(1)}=\begin{bmatrix}-0.8 & 0\\ 0 & 1.1\end{bmatrix}$，$\boldsymbol{H}^{(2)}=\begin{bmatrix}-1.2 & 0\\ 0 & 1\end{bmatrix}$，$\boldsymbol{H}^{(3)}=\begin{bmatrix}0.9 & 0\\ 0 & -1\end{bmatrix}$。$\boldsymbol{w}(k)$ 和 $\boldsymbol{v}^{(j)}(k)$ 是零均值、方差分别为 $\boldsymbol{Q}_w$ 和 $\boldsymbol{R}^{(j)}$ 的相互独立的白噪声，且 $\boldsymbol{Q}_w$，$\boldsymbol{R}^{(j)}$，$j=1,2,3$，是未知的。问题是求解自校正加权观测融合 Kalman 滤波器 $\hat{\boldsymbol{x}}_s(k|k)$。

仿真中取 $\boldsymbol{Q}_w^2=1$，$\boldsymbol{R}^{(1)}=\begin{bmatrix}0.9^2 & 0\\ 0 & 0.7^2\end{bmatrix}$，$\boldsymbol{R}^{(2)}=\begin{bmatrix}0.8^2 & 0\\ 0 & 0.5^2\end{bmatrix}$，$\boldsymbol{R}^{(3)}=\begin{bmatrix}0.7^2 & 0\\ 0 & 0.9^2\end{bmatrix}$。由式（3-113）形成新的观测方程

$$\boldsymbol{y}^{(j)}(k)=\boldsymbol{x}(k)+\boldsymbol{v}_y^{(j)}(k),\quad j=1,2,3 \tag{3-134}$$

式中，$\boldsymbol{R}_y^{(1)}=\begin{bmatrix}1.2656 & 0\\ 0 & 0.4050\end{bmatrix}$，$\boldsymbol{R}_y^{(2)}=\begin{bmatrix}0.4444 & 0\\ 0 & 0.2500\end{bmatrix}$，

$$\boldsymbol{R}_y^{(3)}=\begin{bmatrix}0.6049 & 0\\ 0 & 0.8100\end{bmatrix}，\boldsymbol{\Gamma Q}_w\boldsymbol{\Gamma}^{\mathrm{T}}=\begin{bmatrix}0.2500 & 0.5000\\ 0.5000 & 1.0000\end{bmatrix}。$$

仿真结果如图 3-16～3-25 所示。其中，图 3-16～图 3-19 为噪声统计估计曲线，实线为噪声方差真实值，虚线为估值。图 3-20、图 3-21 为自校正 Kalman 滤波器最后 200 步跟踪效果图，实线为目标状态真实曲线，“×”线为自校正 Kalman 滤波器的目标状态估计曲线。图 3-22、图 3-23 为自校正观测融合 Kalman 滤波器与最优观测融合 Kalman 滤波器的误差曲线。从图中可以看到噪声统计的估计收敛速度快，随着噪声统计的收敛，自校正 Kalman 滤波器将渐近收敛于最优观测融合 Kalman 滤波器。

图 3-24、图 3-25 中，以第一传感器最后 200 步估计为例，应用文献[72]中所述方法估计得到的 $\hat{R}^{(j)}(k), j=1,2$ 的累计误差平方曲线如实线所示，以及应用本章协同方法估计得到的累计误差平方曲线，如虚线所示。从图中可以看到文献[72]所用方法的累计误差平方和明显大于协同方法估计得到的累计误差平方和。

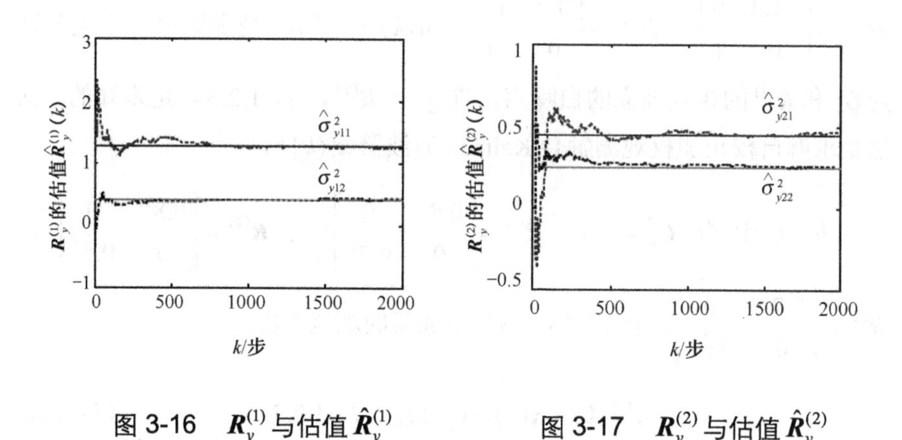

图 3-16　$\boldsymbol{R}_y^{(1)}$ 与估值 $\hat{\boldsymbol{R}}_y^{(1)}$　　图 3-17　$\boldsymbol{R}_y^{(2)}$ 与估值 $\hat{\boldsymbol{R}}_y^{(2)}$

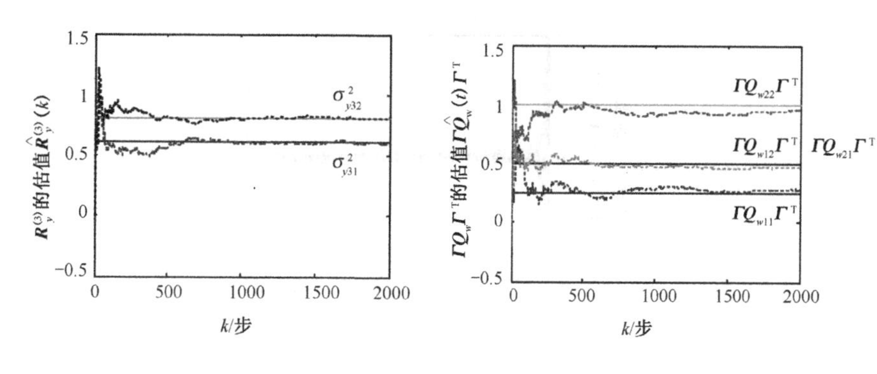

图 3-18　$R_y^{(3)}$ 与估值 $\hat{R}_y^{(3)}$　　　图 3-19　$\Gamma Q_w \Gamma^{\mathrm{T}}$ 与估值 $\Gamma \hat{Q}_w \Gamma^{\mathrm{T}}$

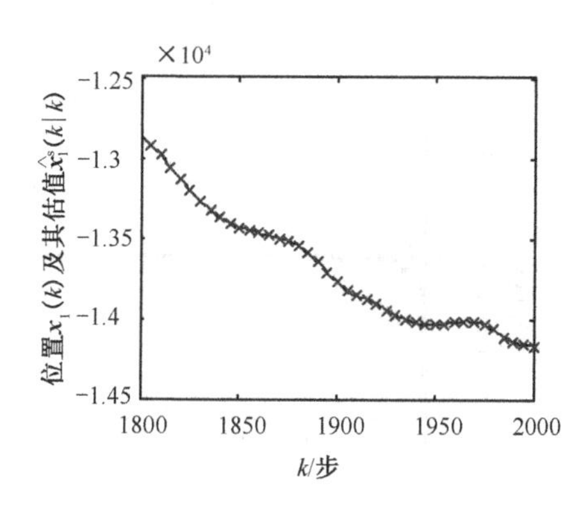

图 3-20　位置 $x_1(k)$ 和自校正 Kalman 滤波器 $\hat{x}_1^s(k|k)$

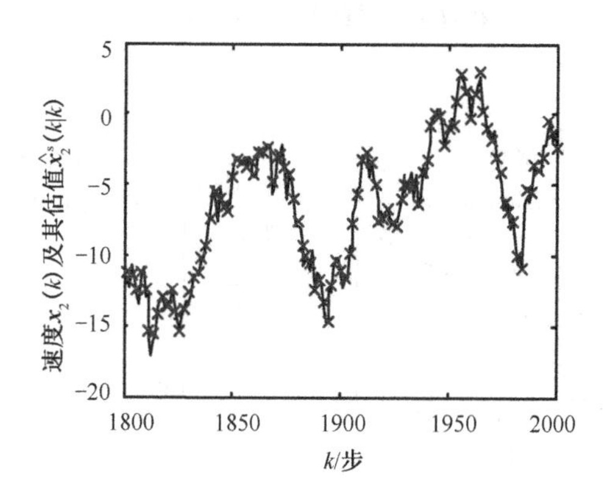

图 3-21　速度 $x_2(t)$ 和自校正 Kalman 滤波器 $\hat{x}_2^s(k|k)$

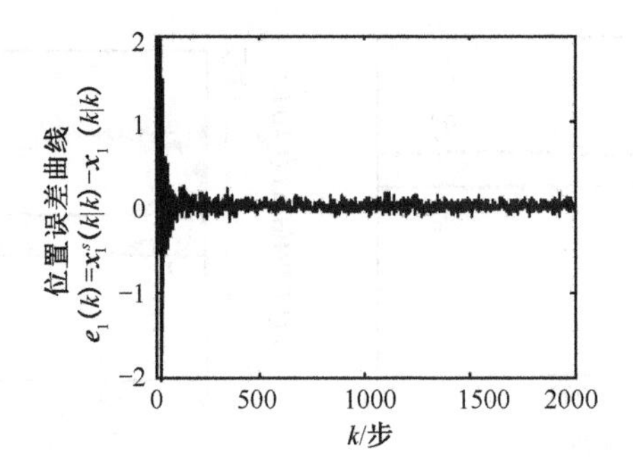

图 3-22 自校正与最优观测融合位置 Kalman 滤波器的误差曲线

$$e_1(k)=\hat{x}_1^s(k|k)-\hat{x}_1(k|k)$$

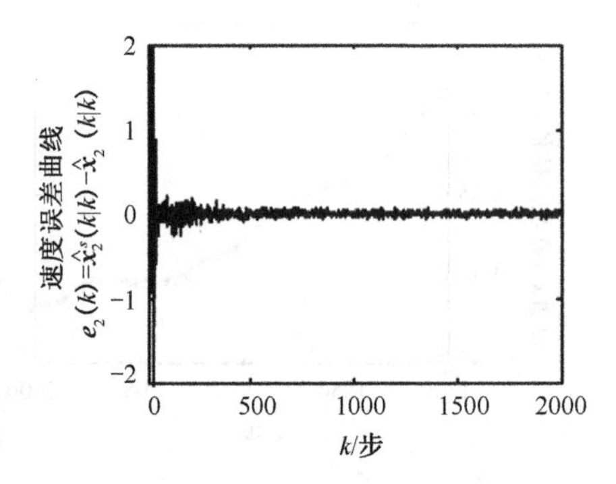

图 3-23 自校正与最优观测融合速度 Kalman 滤波器的误差曲线

$$e_2(k)=\hat{x}_2^s(k|k)-\hat{x}_2(k|k)$$

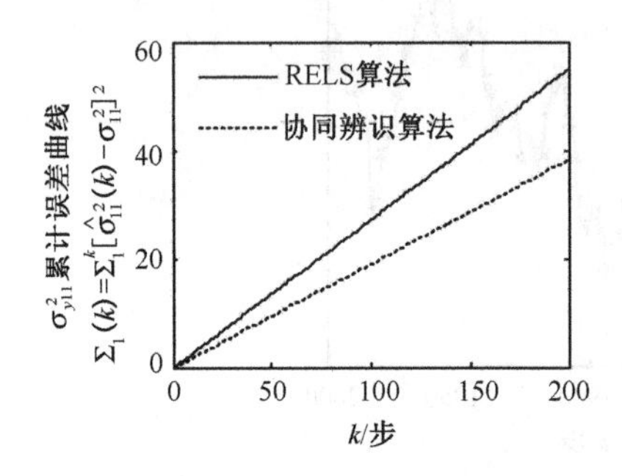

图 3-24 $\hat{\sigma}_{y11}^2$ 累计误差平方曲线

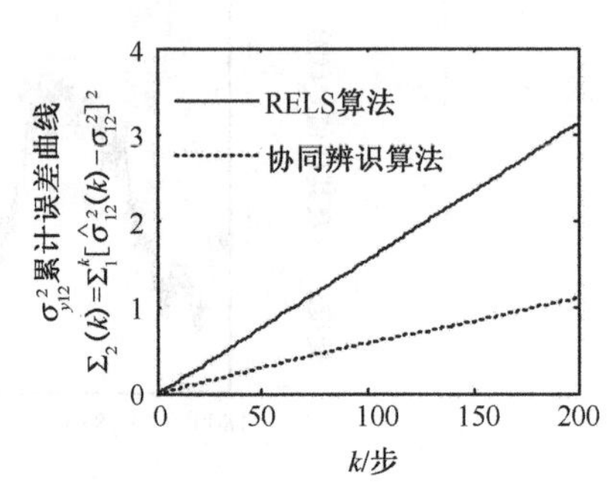

图 3-25 $\hat{\sigma}_{y12}^2$ 累计误差平方曲线

3. 带不同观测矩阵和相关观测噪声的情形

例 3.3 考虑如下带不同观测矩阵和相关观测噪声的 3 传感器系统

$$\boldsymbol{x}(t+1)=\boldsymbol{\Phi}\boldsymbol{x}(t)+\boldsymbol{\Gamma}w(t) \tag{3-135}$$

$$\boldsymbol{z}^{(j)}(k)=\boldsymbol{H}^{(j)}\boldsymbol{x}(k)+\boldsymbol{v}^{(j)}(k),\quad j=1,2,3 \tag{3-136}$$

其中，$\boldsymbol{x}(t)$、$\boldsymbol{z}^{(j)}(k)$、$\boldsymbol{\Phi}$、$\boldsymbol{\Gamma}$、T_0 同例 3.1，$\boldsymbol{H}^{(1)}=\begin{bmatrix}1 & 0\\ 0 & 1\end{bmatrix}$，$\boldsymbol{H}^{(2)}=\begin{bmatrix}1.2 & 0\\ 0 & 0.8\end{bmatrix}$，$\boldsymbol{H}^{(3)}=\begin{bmatrix}0.8 & 0\\ 0 & 1.1\end{bmatrix}$。$w(t)$ 和 $\boldsymbol{v}^{(j)}(k)$ 是零均值、方差分别为 $\boldsymbol{Q}_w$ 和 $\boldsymbol{R}^{(j)}$ 的相互独立的白噪声，且

$$\boldsymbol{v}^{(j)}(k)=\begin{bmatrix}\boldsymbol{\xi}(t)+\boldsymbol{e}^{(j1)}(t)\\ \boldsymbol{\xi}(t)+\boldsymbol{e}^{(j2)}(t)\end{bmatrix},\ j=1,2,3 \tag{3-137}$$

式中，$\boldsymbol{\xi}(k),\boldsymbol{e}^{(jl)}(k),\quad l=1,2$ 是零均值、方差阵各为 σ_ξ^2、σ_{ejl}^2 的不相关白噪声，可见 $\boldsymbol{v}^{(j)}(t),\boldsymbol{v}^{(l)}(t),j\neq l$ 是相关噪声，且

$$\boldsymbol{R}^{(jj)}=\begin{bmatrix}\sigma_\xi^2+\sigma_{ej1}^2 & \sigma_\xi^2\\ \sigma_\xi^2 & \sigma_\xi^2+\sigma_{ej2}^2\end{bmatrix},\ j=1,2,3 \tag{3-138}$$

$$\boldsymbol{R}^{(jl)}=\begin{bmatrix}\sigma_\xi^2 & \sigma_\xi^2\\ \sigma_\xi^2 & \sigma_\xi^2\end{bmatrix},\ j\neq l \tag{3-139}$$

问题是，当 $\boldsymbol{Q}_w$、$\boldsymbol{R}^{(jj)}$ 和 $\boldsymbol{R}^{(jl)}$ 未知时，求解自校正加权观测融合 Kalman 滤波器 $\hat{\boldsymbol{x}}_s(t\,|\,t)$。

仿真中取 $\boldsymbol{Q}_w=1$，$\sigma_\xi^2=0.4^2$，$\boldsymbol{R}^{(11)}=\begin{bmatrix}0.6^2+\sigma_\xi^2 & \sigma_\xi^2\\ \sigma_\xi^2 & 0.5^2+\sigma_\xi^2\end{bmatrix}$，$\boldsymbol{R}^{(22)}=\begin{bmatrix}0.8^2+\sigma_\xi^2 & \sigma_\xi^2\\ \sigma_\xi^2 & 0.4^2+\sigma_\xi^2\end{bmatrix}$，$\boldsymbol{R}^{(33)}=\begin{bmatrix}0.4^2+\sigma_\xi^2 & \sigma_\xi^2\\ \sigma_\xi^2 & 0.8^2+\sigma_\xi^2\end{bmatrix}$，则 $\boldsymbol{R}^{(jl)}=\begin{bmatrix}\sigma_\xi^2 & \sigma_\xi^2\\ \sigma_\xi^2 & \sigma_\xi^2\end{bmatrix},\ j\neq l$。

由式（3-113）形成新的观测方程

$$y^{(j)}(t)=x(t)+v_y^{(j)}(t),\quad j=1,2,3 \tag{3-140}$$

其中

$$R_y^{(11)}=\begin{bmatrix}0.52 & 0.16\\ 0.16 & 0.41\end{bmatrix},\quad R_y^{(22)}=\begin{bmatrix}0.55556 & 0.16667\\ 0.16667 & 0.5\end{bmatrix}$$

$$R_y^{(33)}=\begin{bmatrix}0.5 & 0.18182\\ 0.18182 & 0.66116\end{bmatrix},\quad R_y^{(12)}=\begin{bmatrix}0.13333 & 0.2\\ 0.13333 & 0.2\end{bmatrix}$$

$$R_y^{(13)}=\begin{bmatrix}0.2 & 0.14545\\ 0.2 & 0.14545\end{bmatrix},\quad R_y^{(23)}=\begin{bmatrix}0.16667 & 0.12121\\ 0.25 & 0.18182\end{bmatrix}$$

$$\Gamma Q_w\Gamma^{\mathrm{T}}=\begin{bmatrix}0.25 & 0.5\\ 0.5 & 1\end{bmatrix} \tag{3-141}$$

仿真结果如图 3-26～图 3-36 所示。其中图 3-26～图 3-32 为噪声统计估计，实线为噪声方差真实值，虚线为估值。图 3-33、图 3-34 为自校正 Kalman 滤波器跟踪效果图，实线为真实状态，虚线为自校正 Kalman 滤波器的估值。图 3-35、图 3-36 为自校正与最优观测融合 Kalman 滤波器的误差曲线。从噪声统计估计曲线可以看到，应用该方法得到的估计收敛速度快，精确度高。从自校正 Kalman 滤波器估计曲线中可以看，位置和速度跟踪效果良好。从误差曲线可以看到，伴随着噪声统计的收敛，自校正 Kalman 滤波器将渐近收敛于最优观测融合 Kalman 滤波器。

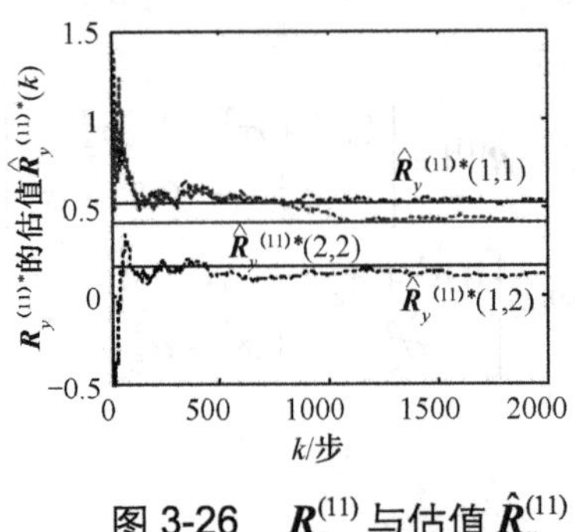

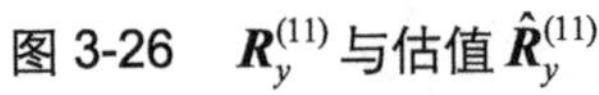
图 3-26　$R_y^{(11)}$ 与估值 $\hat{R}_y^{(11)}$

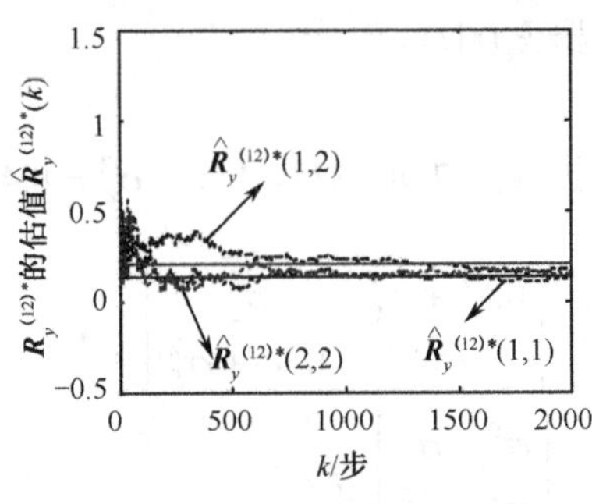

图 3-27　$R_y^{(12)}$ 与估值 $\hat{R}_y^{(12)}$

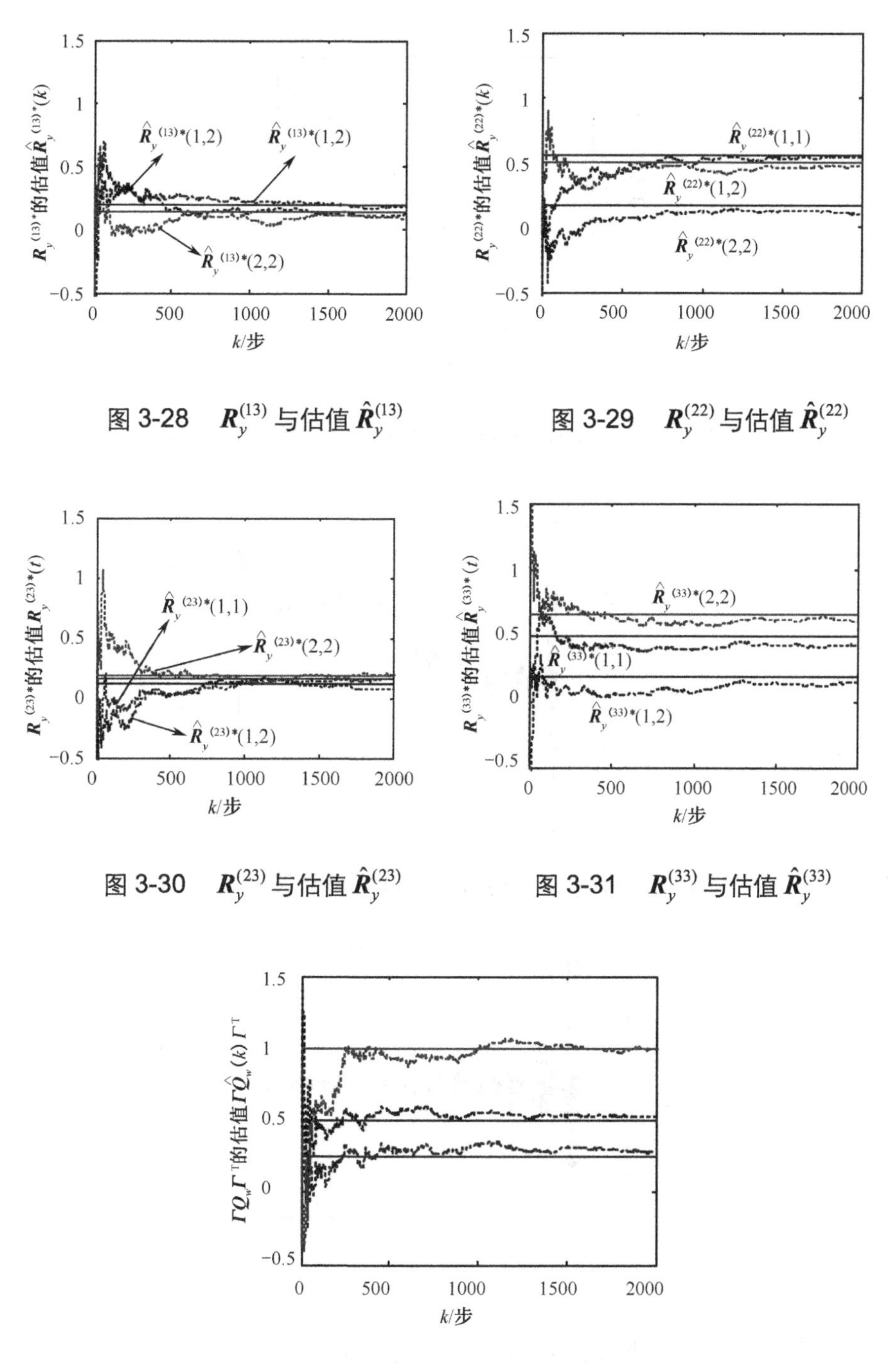

图 3-28　$\boldsymbol{R}_y^{(13)}$ 与估值 $\hat{\boldsymbol{R}}_y^{(13)}$

图 3-29　$\boldsymbol{R}_y^{(22)}$ 与估值 $\hat{\boldsymbol{R}}_y^{(22)}$

图 3-30　$\boldsymbol{R}_y^{(23)}$ 与估值 $\hat{\boldsymbol{R}}_y^{(23)}$

图 3-31　$\boldsymbol{R}_y^{(33)}$ 与估值 $\hat{\boldsymbol{R}}_y^{(33)}$

图 3-32　$\boldsymbol{\Gamma Q}_w\boldsymbol{\Gamma}^{\mathrm{T}}$ 与估值 $\boldsymbol{\Gamma}\hat{\boldsymbol{Q}}_w\boldsymbol{\Gamma}^{\mathrm{T}}$

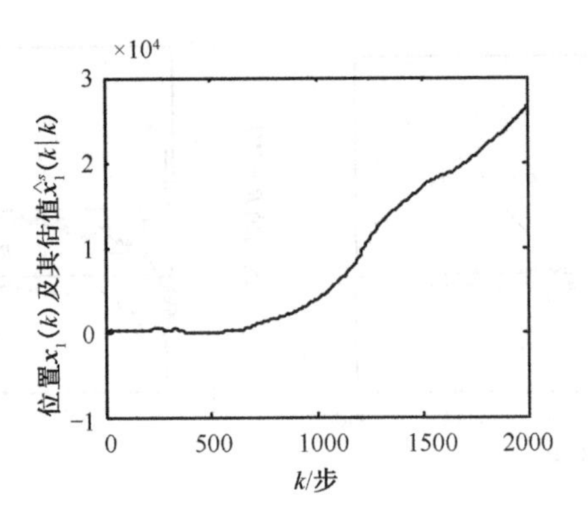

图 3-33　位置 $\boldsymbol{x}_1(k)$ 和自校正 Kalman 滤波器 $\hat{\boldsymbol{x}}_1^s(k|k)$

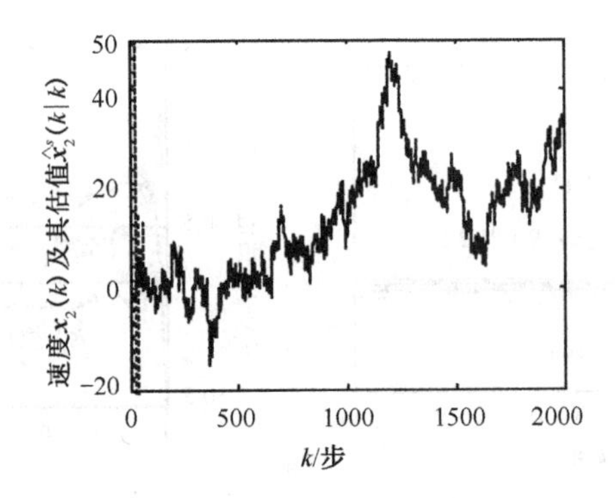

图 3-34　速度 $\boldsymbol{x}_2(k)$ 和自校正 Kalman 滤波器 $\hat{\boldsymbol{x}}_2^s(k|k)$

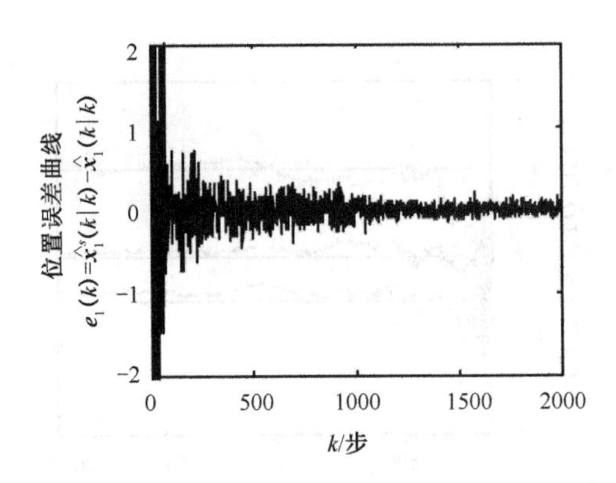

图 3-35　自校正与最优观测融合位置 Kalman 滤波器的误差曲线

$$\boldsymbol{e}_1(k)=\hat{\boldsymbol{x}}_1^s(k|k)-\hat{\boldsymbol{x}}_1(k|k)$$

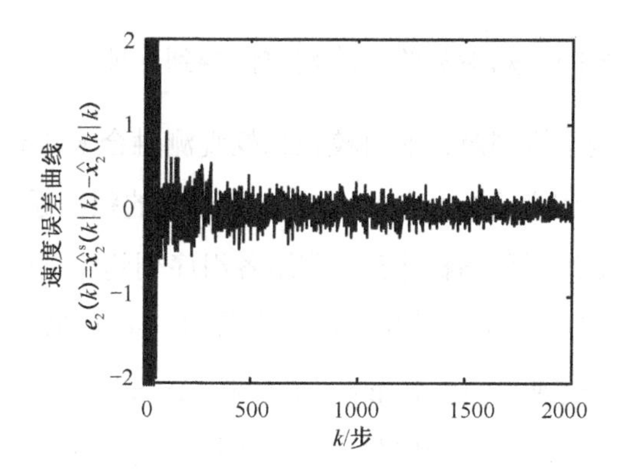

图 3-36　自校正与最优观测融合速度 Kalman 滤波器的误差曲线

$$e_2(k)=\hat{x}_2^s(k|k)-\hat{x}_2(k|k)$$

3.5　本章小结

本章针对线性时不变系统讨论了自校正加权观测融合 Kalman 滤波算法，其中系统辨识方法分为基于最小二乘法及相关函数法两大类；Kalman 滤波算法分为经典算法和现代时间序列方法两种。

本章首先介绍的基于最小二乘法的自校正加权观测融合 Kalman 滤波器，需要将系统变换为 ARMA 新息模型，进而对新息模型应用各种最小二乘法进行辨识。该方法的优点在于它可以处理各种完全可观的多传感器线性时不变系统。缺点在于该方法分别对子系统和融合系统两次运用了最小二乘法，计算量大，收敛性依赖白噪声因而难以保证，且只能处理时不变系统。

然后介绍的基于相关函数的自校正加权观测融合 Kalman 滤波器，同样需要将系统变换为 ARMA 新息模型，但由于平稳随机序列的遍历性，采用相关函数得到系统的未知参数的方法收敛性得到保证。

最后介绍的基于协同辨识的自校正加权观测融合 Kalman 滤波器，该方法利用最小二乘法将观测方程统一处理，形成新的跟踪系统，处理后的观测结果可以产生多组平稳随机序列，利用各组序列的相关函数矩阵方程组，可解得各传感器的方差阵 $\boldsymbol{R}^{(jj)}$ 和互协方差阵 $\boldsymbol{R}^{(jl)}$，进而可求得 $\boldsymbol{\Gamma Q}_w\boldsymbol{\Gamma}^{\mathrm{T}}$ 估计，得到自校正加权观测融合 Kalman 滤波器。该方法较 3.2 节介绍的方法，可以不用导出系统的 ARMA 新息模型，且同样由于平稳随机序列的遍历性收敛性得到保证。该方法的缺点在于要求子系统的观测矩阵 $\boldsymbol{H}^{(j)}$ 相同或列满秩。

第4章 非线性系统的最优和自校正加权观测融合 UKF 滤波器

04

非线性滤波算法的大量涌现表明了学者们对非线性问题的关注，涉及非线性系统的融合方法也层出不穷。许多学者对非线性多传感器系统融合问题提出了解决方案，其中最早的也是最为常见的是集中式融合[52]。其结构简单、融合精度高、易于实现，但缺点是计算量大。有学者以 EKF 为基础，仿照线性融合方法提出了一类非线性融合方法[128-134]。这类方法都是以线性函数近似方法实现的，可以将非线性问题转换为线性问题进行处理，算法简单。但舍弃高阶项会使大量信息被略去，导致估计结果产生较大偏差，甚至导致滤波器的发散，因此这一类融合算法一直得不到进一步发展。1997 年，考虑到非线性系统的复杂性和不确定性及估计间协方差不易求得的矛盾，Julier 等人提出了一种不需要求解估计间协方差的融合算法——CI 融合算法 [104-109, 135]。该方法适用于线性和非线性系统，结构简单，但精度普遍低于矩阵融合。此外还有彭志专等提出的基于 IMM-PF 的分布式融合[111]及李丹等的联邦滤波器信息融合算法[112]等。上述两种融合算法均以联邦滤波器信息融合算法为主要融合算法。近年来，有学者通过随机集、人工神经网络、模糊逻辑、粗糙集、D-S 证据理论等非概率方法提出了非线性融合方法。这些方法可实现非线性系统的信息融合及决策级融合，但这些方法普遍存在信息丢失等情况，所以这些算法不具有最优性或渐近最优性。基于以上原因，本章所提出的非线性系统的加权观测融合算法具有理论和实际应用意义。

本章提出一种不同于上述分布式融合算法的加权观测融合方法，该方法已经在经典 Kalman 滤波器信息融合中得到了成功应用[74]，但是由于非线性系统的状态方程和观测方程有可能存在非线性环节，使得加权观测融合方法一直没有在非线性多传感器信息融合方面得到应用。本章将加权观测融合方法应用于非线性多传感器系统，基于 UKF 滤波器提出了加权观测融合非线性 UKF 滤波器，并且证明了该算法与集中式观测融合算法具有完全功能等价性。

4.1 多传感器加权观测融合 UKF 滤波器

考虑如下非线性多传感器系统

$$\boldsymbol{x}(k+1)=\boldsymbol{f}(\boldsymbol{x}(k),k)+\boldsymbol{w}(k) \tag{4-1}$$

$$\boldsymbol{z}^{(j)}(k)=\boldsymbol{h}(\boldsymbol{x}(k),k)+\boldsymbol{v}^{(j)}(k),\ j=1,2,\cdots,L \tag{4-2}$$

式中，$\boldsymbol{f}(\cdot,\cdot)\in\boldsymbol{R}^n$ 为已知的状态函数，$\boldsymbol{x}(k)\in\boldsymbol{R}^n$ 为 k 时刻系统状态，$\boldsymbol{h}(\cdot,\cdot)\in\boldsymbol{R}^{m_j}$ 为已知的第 j 个传感器的观测函数，$\boldsymbol{z}^{(j)}(k)\in\boldsymbol{R}^{m_j}$ 为第 j 个传感器的观测，$\boldsymbol{w}(k)\sim p_{\omega_k}(\cdot)$ 为系统噪声，$\boldsymbol{v}^{(j)}(k)\sim p_{v_k^{(j)}}(\cdot)$ 为第 j 个传感器的观测噪声。假设 $\boldsymbol{w}(k)$ 和 $\boldsymbol{v}^{(j)}(k)$ 是零均值、方差阵分别为 $\boldsymbol{Q}_w$ 和 $\boldsymbol{R}^{(j)}$ 且相互独立的噪声

$$\mathrm{E}\left\{\begin{bmatrix} \boldsymbol{w}(t) \\ \boldsymbol{v}^{(j)}(t) \end{bmatrix} \begin{bmatrix} \boldsymbol{w}^{\mathrm{T}}(k) & \left(\boldsymbol{v}^{(l)}(k)\right)^{\mathrm{T}} \end{bmatrix}\right\} = \begin{bmatrix} \boldsymbol{Q}_w & 0 \\ 0 & \boldsymbol{R}^{(j)}\delta_{jl} \end{bmatrix}\delta_{tk} \tag{4-3}$$

式中，δ_{tk} 和 δ_{jl} 是 Kronecker delta 函数，即 $\delta_{tt}=1$，$\delta_{tk}=0(t\neq k)$。

目的是，根据多传感器观测数据 $\boldsymbol{z}^{(j)}(k)(k=0\cdots k,\ j=1,2,\cdots,L)$，求解状态 $\boldsymbol{x}(k)$ 在 k 时刻的估计。

4.1.1　集中式观测融合 UKF 滤波器

将各个传感器观测方程增广得到集中式观测融合方程

$$\boldsymbol{z}^{(0)}(k) = h^{(0)}(\boldsymbol{x}(k),k) + \boldsymbol{v}^{(0)}(k) \tag{4-4}$$

$$\boldsymbol{z}^{(0)}(k) = [\boldsymbol{z}^{(1)\mathrm{T}}(k),\ \boldsymbol{z}^{(2)\mathrm{T}}(k),\cdots,\ \boldsymbol{z}^{(L)\mathrm{T}}(k)]^{\mathrm{T}} \tag{4-5}$$

$$h^{(0)}(\boldsymbol{x}(k),k) = [h^{\mathrm{T}}(\boldsymbol{x}(k),k),\ h^{\mathrm{T}}(\boldsymbol{x}(k),k),\cdots,\ h^{\mathrm{T}}(\boldsymbol{x}(k),k)]^{\mathrm{T}} \tag{4-6}$$

$$\boldsymbol{v}^{(0)}(k) = [\boldsymbol{v}^{(1)\mathrm{T}}(k),\ \boldsymbol{v}^{(2)\mathrm{T}}(k),\cdots,\ \boldsymbol{v}^{(L)\mathrm{T}}(k)]^{\mathrm{T}} \tag{4-7}$$

$$\boldsymbol{R}^{(0)} = \mathrm{E}[\boldsymbol{v}^{(0)}(k)\cdot\boldsymbol{v}^{(0)\mathrm{T}}(k)] = \begin{bmatrix} \boldsymbol{R}^{(1)} & \boldsymbol{R}^{(12)} & \cdots & \boldsymbol{R}^{(1L)} \\ \boldsymbol{R}^{(21)} & \boldsymbol{R}^{(2)} & \cdots & \boldsymbol{R}^{(2L)} \\ \vdots & & \ddots & \vdots \\ \boldsymbol{R}^{(L1)} & \boldsymbol{R}^{(L2)} & \cdots & \boldsymbol{R}^{(L)} \end{bmatrix} \tag{4-8}$$

其中，定义 $\boldsymbol{z}^{(j)\mathrm{T}}(k)=\left[\boldsymbol{z}^{(j)}(k)\right]^{\mathrm{T}}$，$\boldsymbol{v}^{(j)\mathrm{T}}(k)=\left[\boldsymbol{v}^{(j)}(k)\right]^{\mathrm{T}}$。对系统式（4-1）和式(4-4)应用 UKF 滤波算法，可得集中式观测融合 UKF 滤波器 $\hat{\boldsymbol{x}}^{(0)}(k\,|\,k)$。

4.1.2　加权观测融合 UKF 滤波器

根据式（4-5），$\boldsymbol{z}^{(0)}(k)$ 可以写作

$$z^{(0)}(k)=eh(x(k),k)+v^{(0)}(k) \tag{4-9}$$

式中，$e^{\mathrm{T}}=[I_m,\cdots,I_m]^{\mathrm{T}}$。应用加权最小二乘法（WLS）[21]可得$h(x(k),k)$的Gauss-Markov估值为

$$z^{(\mathrm{I})}(k)=(e^{\mathrm{T}}R^{(0)-1}e)^{-1}e^{\mathrm{T}}R^{(0)-1}z^{(0)}(k) \tag{4-10}$$

式中，$R^{(0)-1}=[R^{(0)}]^{-1}$，将式（4-9）代入式（4-10）有加权观测融合观测方程

$$z^{(\mathrm{I})}(k)=h(x(k),k)+v^{(\mathrm{I})}(k) \tag{4-11}$$

$$v^{(\mathrm{I})}(k)=(e^{\mathrm{T}}R^{(0)-1}e)^{-1}e^{\mathrm{T}}R^{(0)-1}v^{(0)}(k) \tag{4-12}$$

$$R^{(\mathrm{I})}=\mathrm{E}[v^{(\mathrm{I})}(k)v^{(\mathrm{I})\mathrm{T}}(k)]=(e^{\mathrm{T}}R^{(0)-1}e)^{-1} \tag{4-13}$$

对系统式（4-1）和式（4-11）应用UKF滤波算法，可得加权观测融合UKF滤波器$\hat{x}^{(\mathrm{I})}(k|k)$。

当$v^{(j)}(k)$与$v^{(l)}(k)$，$j\neq l$为不相关观测噪声时，即协方差矩阵$R^{(jl)}=0$，式（4-9）～式（4-13）可以改写为

$$z^{(\mathrm{I})}(k)=\left[\sum_{j=1}^{L}R^{(j)-1}\right]^{-1}\sum_{j=1}^{L}R^{(j)-1}z^{(j)}(k) \tag{4-14}$$

$$v^{(\mathrm{I})}(k)=\left[\sum_{j=1}^{L}R^{(j)-1}\right]^{-1}\sum_{j=1}^{L}R^{(j)-1}v^{(j)}(k) \tag{4-15}$$

$$R^{(\mathrm{I})}=\left[\sum_{j=1}^{L}R^{(j)-1}\right]^{-1} \tag{4-16}$$

加权观测融合UKF滤波器流程图如图4-1所示。

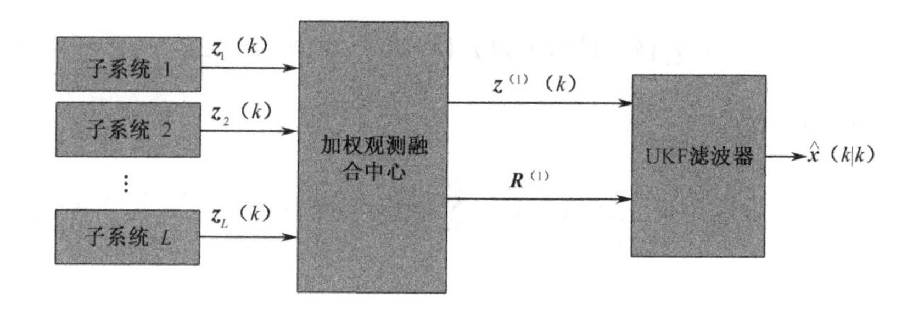

图 4-1　加权观测融合 UKF 滤波器流程图

4.1.3　加权观测融合 UKF 滤波器与集中式观测融合 UKF 滤波器在数值上的完全等价性

定理 4.1　WMF-UKF 系统［式（4-1）和式（4-2）］与 CMF-UKF 系统［式（4-1）和式（4-4）］在数值上具有完全等价性。

证明：应用数学归纳法证明加权观测融合 UKF 滤波器与集中式观测融合估值器在数值上的完全等价性。

（1）集中式观测融合系统 UKF 滤波器在 $k+1$ 时刻的状态。

首先观察由系统式（4-1）和式（4-4）组成的集中式观测融合系统方程，由于系统状态方程没有改变，故 Sigma 点采样点数 $2n+1$ 和初值 $\hat{\boldsymbol{x}}(0|0)$、$\boldsymbol{P}_{xx}(0|0)$ 没有变化，Sigma 点采样权值 W_i^m，W_i^c 也没有发生变化。

设 k 时刻集中式观测融合系统的 Sigma 采样点计算为

$$\{\boldsymbol{\chi}_i(k|k)\}=[\hat{\boldsymbol{x}}(k|k),\hat{\boldsymbol{x}}(k|k)+\sqrt{(n+\kappa)\boldsymbol{P}_{xx}(k|k)},$$
$$\hat{\boldsymbol{x}}(k|k)-\sqrt{(n+\kappa)\boldsymbol{P}_{xx}(k|k)}],\quad i=0,\cdots,2n \tag{4-17}$$

于是由式（2-134）有

$$\boldsymbol{\chi}_i(k+1|k)=\boldsymbol{f}[\boldsymbol{\chi}_i(k|k),k],\quad i=0,\cdots,2n \tag{4-18}$$

由式（2-135）有

$$\hat{\boldsymbol{x}}(k+1|k)=\sum_{i=0}^{2n}W_i^m\boldsymbol{\chi}_i(k+1|k) \tag{4-19}$$

由式（2-136）有

$$\begin{aligned}\boldsymbol{P}(k+1|k)=\sum_{i=0}^{2n}W_i^c[\boldsymbol{\chi}_i(k+1|k)-\hat{\boldsymbol{x}}(k+1|k)]\cdot\\ [\boldsymbol{\chi}_i(k+1|k)-\hat{\boldsymbol{x}}(k+1|k)]^{\mathrm{T}}+\boldsymbol{Q}_w\end{aligned} \tag{4-20}$$

下面证明集中式观测融合系统 UKF 滤波器在 $k+1$ 时刻的状态。由式（2-137）和式（4-5）知

$$\begin{aligned}\boldsymbol{z}_i^{(0)}(k+1|k)&=[\boldsymbol{z}_1^{\mathrm{T}}(k+1|k),\cdots,\boldsymbol{z}_L^{\mathrm{T}}(k+1|k)]^{\mathrm{T}}\\ &=\left\{h^{\mathrm{T}}[\boldsymbol{\chi}_i(k+1|k),k+1],\cdots,h^{\mathrm{T}}[\boldsymbol{\chi}_i(k+1|k),k+1]\right\}^{\mathrm{T}}\\ &=\boldsymbol{e}h[\boldsymbol{\chi}_i(k+1|k),k+1]\end{aligned} \tag{4-21}$$

设 $h[\boldsymbol{\chi}_i(k+1|k),k+1]=\boldsymbol{z}_i(k+1|k)$，则式（4-21）可以写作

$$\boldsymbol{z}_i^{(0)}(k+1|k)=\boldsymbol{e}\boldsymbol{z}_i(k+1|k) \tag{4-22}$$

由式（2-138）有

$$\hat{\boldsymbol{z}}^{(0)}(k+1|k)=\sum_{i=0}^{2n}W_i^m\boldsymbol{z}_i^{(0)}(k+1|k)=\boldsymbol{e}\sum_{i=0}^{2n}W_i^m\boldsymbol{z}_i(k+1|k) \tag{4-23}$$

设 $\sum_{i=0}^{2n}W_i^m\boldsymbol{z}_i(k+1|k)=\hat{\boldsymbol{z}}(k+1|k)$，则式（4-23）可以写作

$$\hat{\boldsymbol{z}}^{(0)}(k+1|k)=\boldsymbol{e}\hat{\boldsymbol{z}}(k+1|k) \tag{4-24}$$

由式（2-139）有

$$\begin{aligned}\boldsymbol{P}_{zz}^{(0)}(k+1|k) &= \sum_{i=0}^{2n} W_i^c [\boldsymbol{z}_i^{(0)}(k+1|k) - \hat{\boldsymbol{z}}^{(0)}(k+1|k)] \\ &\qquad [\boldsymbol{z}_i^{(0)}(k+1|k) - \hat{\boldsymbol{z}}^{(0)}(k+1|k)]^{\mathrm{T}} \\ &= \sum_{i=0}^{2n} W_i^c [\boldsymbol{e}\boldsymbol{z}_i(k+1|k) - \boldsymbol{e}\hat{\boldsymbol{z}}_i(k+1|k)] \cdot \\ &\qquad [\boldsymbol{e}\boldsymbol{z}_i(k+1|k) - \boldsymbol{e}\hat{\boldsymbol{z}}_i(k+1|k)]^{\mathrm{T}}\end{aligned} \tag{4-25}$$

设 $\boldsymbol{P}_{zz}(k+1|k) = \sum_{i=0}^{2n} W_i^c [\boldsymbol{z}_i(k+1|k) - \hat{\boldsymbol{z}}_i(k+1|k)][\boldsymbol{z}_i(k+1|k) - \hat{\boldsymbol{z}}_i(k+1|k)]^{\mathrm{T}}$，

则式（4-25）可以写作

$$\boldsymbol{P}_{zz}^{(0)}(k+1|k) = \boldsymbol{e}\boldsymbol{P}_{zz}(k+1|k)\boldsymbol{e}^{\mathrm{T}} \tag{4-26}$$

由式（2-141）有

$$\begin{aligned}\boldsymbol{P}_{vv}^{(0)}(k+1|k) &= \boldsymbol{P}_{zz}^{(0)}(k+1|k) + \boldsymbol{R}^{(0)} \\ &= \boldsymbol{e}\boldsymbol{P}_{zz}(k+1|k)\boldsymbol{e}^{\mathrm{T}} + \boldsymbol{R}^{(0)}\end{aligned} \tag{4-27}$$

由矩阵求逆引理[152]

$$(\boldsymbol{A} + \boldsymbol{B}\boldsymbol{C}^{\mathrm{T}})^{-1} = \boldsymbol{A}^{-1} - \boldsymbol{A}^{-1}\boldsymbol{B}(\boldsymbol{I} + \boldsymbol{C}^{\mathrm{T}}\boldsymbol{A}^{-1}\boldsymbol{B})^{-1}\boldsymbol{C}^{\mathrm{T}}\boldsymbol{A}^{-1} \tag{4-28}$$

令式（4-27）中 $\boldsymbol{R}^{(0)} = \boldsymbol{A}$， $\boldsymbol{e} = \boldsymbol{B}$， $\boldsymbol{P}_{zz}(k+1|k)\boldsymbol{e}^{\mathrm{T}} = \boldsymbol{C}^{\mathrm{T}}$，应用式（4-28）有

$$\begin{aligned}\boldsymbol{P}_{vv}^{(0)-1}(k+1|k) &= \boldsymbol{R}^{(0)-1} - \boldsymbol{R}^{(0)-1}\boldsymbol{e}[\boldsymbol{I} + \boldsymbol{P}_{zz}(k+1|k) \cdot \boldsymbol{e}^{\mathrm{T}}\boldsymbol{R}^{(0)-1}\boldsymbol{e}]^{-1} \\ &\qquad \boldsymbol{P}_{zz}(k+1|k)\boldsymbol{e}^{\mathrm{T}}\boldsymbol{R}^{(0)-1}\end{aligned} \tag{4-29}$$

由式（2-140）有

$$\begin{aligned}\boldsymbol{P}_{xz}^{(0)}(k+1|k) &= \sum_{i=0}^{2n} W_i^c [\boldsymbol{\chi}_i(k+1|k) - \hat{\boldsymbol{x}}(k+1|k)][\boldsymbol{z}_i^{(0)}(k+1|k) - \hat{\boldsymbol{z}}^{(0)}(k+1|k)]^{\mathrm{T}} \\ &= \sum_{i=0}^{2n} W_i^c [\boldsymbol{\chi}_i(k+1|k) - \hat{\boldsymbol{x}}(k+1|k)][\boldsymbol{e}\boldsymbol{z}_i(k+1|k) - \boldsymbol{e}\hat{\boldsymbol{z}}(k+1|k)]^{\mathrm{T}}\end{aligned} \tag{4-30}$$

设 $\boldsymbol{P}_{xz}(k+1|k)=\sum_{i=0}^{2n}W_i^c[\boldsymbol{\chi}_i(k+1|k)-\hat{\boldsymbol{x}}(k+1|k)][\boldsymbol{z}_i(k+1|k)-\hat{\boldsymbol{z}}(k+1|k)]^{\mathrm{T}}$，则式（4-30）可以写作

$$\boldsymbol{P}_{xz}^{(0)}(k+1|k)=\boldsymbol{P}_{xz}(k+1|k)\boldsymbol{e}^{\mathrm{T}} \tag{4-31}$$

由式（2-142）、式（4-29）和式（4-31）有

$$\begin{aligned}\boldsymbol{W}^{(0)}(k+1)&=\boldsymbol{P}_{xz}^{(0)}(k+1|k)\boldsymbol{P}_{vv}^{(0)-1}(k+1|k)\\&=\boldsymbol{P}_{xz}(k+1|k)\boldsymbol{e}^{\mathrm{T}}\boldsymbol{R}^{(0)-1}-\boldsymbol{P}_{xz}(k+1|k)\boldsymbol{e}^{\mathrm{T}}\boldsymbol{R}^{(0)-1}\boldsymbol{e}[\boldsymbol{I}+\\&\quad\boldsymbol{P}_{zz}(k+1|k)\boldsymbol{e}^{\mathrm{T}}\boldsymbol{R}^{(0)-1}\boldsymbol{e}]^{-1}\boldsymbol{P}_{zz}(k+1|k)\boldsymbol{e}^{\mathrm{T}}\boldsymbol{R}^{(0)-1}\end{aligned} \tag{4-32}$$

由式（2-143）、式（4-32）和式（4-24）有集中观测融合 UKF 滤波器

$$\begin{aligned}\hat{\boldsymbol{x}}^{(0)}(k+1|k+1)&=\hat{\boldsymbol{x}}(k+1|k)+\boldsymbol{W}^{(0)}(k+1)[\boldsymbol{z}^{(0)}(k+1)-\hat{\boldsymbol{z}}^{(0)}(k+1|k)]\\&=\hat{\boldsymbol{x}}(k+1|k)+\boldsymbol{P}_{xz}(k+1|k)\{\boldsymbol{I}-\boldsymbol{e}^{\mathrm{T}}\boldsymbol{R}^{(0)-1}\boldsymbol{e}\\&\quad[\boldsymbol{I}+\boldsymbol{P}_{zz}(k+1|k)\boldsymbol{e}^{\mathrm{T}}\boldsymbol{R}^{(0)-1}\boldsymbol{e}]^{-1}\\&\quad\boldsymbol{P}_{zz}(k+1|k)\}\boldsymbol{e}^{\mathrm{T}}\boldsymbol{R}^{(0)-1}[\boldsymbol{z}^{(0)}(k+1)-\boldsymbol{e}\hat{\boldsymbol{z}}(k+1|k)]\end{aligned} \tag{4-33}$$

由式（2-144）、式（4-30）和式（4-32）有集中观测融合 UKF 滤波器的滤波误差方差阵

$$\begin{aligned}\boldsymbol{P}^{(0)}(k+1|k+1)&=\boldsymbol{P}(k+1|k)-\boldsymbol{W}^{(0)}(k+1)\boldsymbol{P}_{vv}^{(0)}(k+1|k)\boldsymbol{W}^{(0)\mathrm{T}}(k+1)\\&=\boldsymbol{P}(k+1|k)-\boldsymbol{P}_{xz}(k+1|k)\{\boldsymbol{e}^{\mathrm{T}}\boldsymbol{R}^{(0)-1}\boldsymbol{e}-\boldsymbol{e}^{\mathrm{T}}\boldsymbol{R}^{(0)-1}\boldsymbol{e}\boldsymbol{P}_{zz}(k+1|k)\\&\quad[\boldsymbol{I}+\boldsymbol{e}^{\mathrm{T}}\boldsymbol{R}^{(0)-1}\boldsymbol{e}\boldsymbol{P}_{zz}(k+1|k)]^{-1}\boldsymbol{e}^{\mathrm{T}}\boldsymbol{R}^{(0)-1}\boldsymbol{e}\}\boldsymbol{P}_{xz}^{\mathrm{T}}(k+1|k)\end{aligned} \tag{4-34}$$

（2）加权观测融合系统 UKF 滤波器在 $k+1$ 时刻的状态。

观察由式（4-1）和式（4-11）组成的加权观测融合系统方程，由于系统状态方程没有改变，故 Sigma 点采样点数 $2n+1$ 和初值 $\hat{\boldsymbol{x}}(0|0)$、$\boldsymbol{P}_{xx}(0|0)$ 没有变化，Sigma 点采样权值 W_i^m，W_i^c 也没有发生变化。

假设 k 时刻加权观测融合系统与集中式观测融合系统的 Sigma 采样点相同，即如式（4-17）所示，进而加权观测融合系统的状态预报 $\chi_i(k+1|k)$ 如式（4-18）所示，状态预报均值 $\hat{\boldsymbol{x}}(k+1|k)$ 如式（4-19）所示，预报误差方差阵 $\boldsymbol{P}(k+1|k)$ 如式（4-20）所示。

由于采用加权方式，故融合系统的观测方程维数没有发生变化。因而由式（2-134）知

$$z_i^{(\mathrm{I})}(k+1|k)=h[\boldsymbol{\chi}_i(k+1|k),k+1]=z_i(k+1|k) \tag{4-35}$$

由式（2-138）有

$$\hat{z}_i^{(\mathrm{I})}(k+1|k)=\sum_{i=0}^{2n}W_i^m z_i^{(\mathrm{I})}(k+1|k)=\hat{z}_i(k+1|k) \tag{4-36}$$

由式（2-139）有

$$\boldsymbol{P}_{zz}^{(\mathrm{I})}(k+1|k)=\boldsymbol{P}_{zz}(k+1|k) \tag{4-37}$$

由式（2-141）有

$$\boldsymbol{P}_{vv}^{(\mathrm{I})}(k+1|k)=\boldsymbol{P}_{zz}^{(\mathrm{I})}(k+1|k)+\boldsymbol{R}^{(\mathrm{I})}=\boldsymbol{P}_{zz}(k+1|k)+(\boldsymbol{e}^{\mathrm{T}}\boldsymbol{R}^{(0)-1}\boldsymbol{e})^{-1} \tag{4-38}$$

由式（2-140）有

$$\begin{aligned}\boldsymbol{P}_{xz}^{(\mathrm{I})}(k+1|k)&=\sum_{i=0}^{2n}W_i^c[\boldsymbol{\chi}_i(k+1|k)-\hat{\boldsymbol{x}}(k+1|k)][z_i^{(\mathrm{I})}(k+1|k)-\hat{z}^{(\mathrm{I})}(k+1|k)]^{\mathrm{T}}\\&=\boldsymbol{P}_{xz}(k+1|k)\end{aligned} \tag{4-39}$$

由式（2-142）、式（4-39）有

$$\boldsymbol{W}^{(\mathrm{I})}(k+1)=\boldsymbol{P}_{xz}(k+1|k)\boldsymbol{P}_{vv}^{(\mathrm{I})-1}(k+1|k) \tag{4-40}$$

由矩阵求逆引理，令式（4-38）中 $(\boldsymbol{e}^{\mathrm{T}}\boldsymbol{R}^{(0)-1}\boldsymbol{e})^{-1}=\boldsymbol{A}$，$\boldsymbol{B}=\boldsymbol{I}$，$\boldsymbol{P}_{zz}(k+1|k)=\boldsymbol{C}^{\mathrm{T}}$，应用式（4-28）有

$$\boldsymbol{P}_{vv}^{(\mathrm{I})-1}(k+1|k)=\boldsymbol{e}^{\mathrm{T}}\boldsymbol{R}^{(0)-1}\boldsymbol{e}-\boldsymbol{e}^{\mathrm{T}}\boldsymbol{R}^{(0)-1}\boldsymbol{e}[\boldsymbol{I}+\boldsymbol{P}_{zz}(k+1|k)\boldsymbol{e}^{\mathrm{T}}\boldsymbol{R}^{(0)-1}\boldsymbol{e}]^{-1}\boldsymbol{P}_{zz}(k+1|k)\boldsymbol{e}^{\mathrm{T}}\boldsymbol{R}^{(0)-1}\boldsymbol{e} \quad (4\text{-}41)$$

由式（2-143）、式（4-10）、式（4-40）和式（4-41）有加权观测融合UKF滤波器

$$\begin{aligned}\hat{\boldsymbol{x}}^{(\mathrm{I})}(k+1|k+1)&=\hat{\boldsymbol{x}}(k+1|k)+\boldsymbol{W}^{(\mathrm{I})}(k+1)[\boldsymbol{z}^{(\mathrm{I})}(k+1)-\hat{\boldsymbol{z}}^{(\mathrm{I})}(k+1|k)]\\&=\hat{\boldsymbol{x}}(k+1|k)+\boldsymbol{P}_{xz}(k+1|k)\{\boldsymbol{I}-\boldsymbol{e}^{\mathrm{T}}\boldsymbol{R}^{(0)-1}\boldsymbol{e}\\&\quad[\boldsymbol{I}+\boldsymbol{P}_{zz}(k+1|k)\boldsymbol{e}^{\mathrm{T}}\boldsymbol{R}^{(0)-1}\boldsymbol{e}]^{-1}\boldsymbol{P}_{zz}(k+1|k)\}\boldsymbol{e}^{\mathrm{T}}\boldsymbol{R}^{(0)-1}\\&\quad[\boldsymbol{z}^{(0)}(k+1)-\boldsymbol{e}\hat{\boldsymbol{z}}(k+1|k)]\end{aligned} \quad (4\text{-}42)$$

对比式（4-33）与式（4-42），两个融合系统的滤波器方程完全相同。

下面证明滤波误差方差阵完全等价性。由矩阵求逆引理，令式（4-38）中$(\boldsymbol{e}^{\mathrm{T}}\boldsymbol{R}^{(0)-1}\boldsymbol{e})^{-1}=\boldsymbol{A}$，$\boldsymbol{P}_{zz}(k+1|k)=\boldsymbol{B}$，$\boldsymbol{C}^{\mathrm{T}}=\boldsymbol{I}$，应用式（4-28）有

$$\begin{aligned}\boldsymbol{P}_{vv}^{(\mathrm{I})-1}(k+1|k)&=\boldsymbol{e}^{\mathrm{T}}\boldsymbol{R}^{(0)-1}\boldsymbol{e}-\boldsymbol{e}^{\mathrm{T}}\boldsymbol{R}^{(0)-1}\boldsymbol{e}\boldsymbol{P}_{zz}(k+1|k)\\&\quad[\boldsymbol{I}+\boldsymbol{e}^{\mathrm{T}}\boldsymbol{R}^{(0)-1}\boldsymbol{e}\mathbf{P}_{zz}(k+1|k)]^{-1}\boldsymbol{e}^{\mathrm{T}}\boldsymbol{R}^{(0)-1}\boldsymbol{e}\end{aligned} \quad (4\text{-}43)$$

由式（2-144）、式（4-39）和式（4-43）有加权观测融合 UKF 滤波器的滤波误差方差阵

$$\begin{aligned}\boldsymbol{P}^{(\mathrm{I})}(k+1|k+1)&=\boldsymbol{P}(k+1|k)-\boldsymbol{W}^{(\mathrm{I})}(k+1)\boldsymbol{P}_{vv}^{(\mathrm{I})}(k+1|k)\boldsymbol{W}^{(\mathrm{I})\mathrm{T}}(k+1)\\&=\boldsymbol{P}(k+1|k)-\boldsymbol{P}_{xz}(k+1|k)\{\boldsymbol{e}^{\mathrm{T}}\boldsymbol{R}^{(0)-1}\boldsymbol{e}-\boldsymbol{e}^{\mathrm{T}}\boldsymbol{R}^{(0)-1}\boldsymbol{e}\\&\quad\boldsymbol{P}_{zz}(k+1|k)[\boldsymbol{I}+\boldsymbol{e}^{\mathrm{T}}\boldsymbol{R}^{(0)-1}\boldsymbol{e}\boldsymbol{P}_{zz}(k+1|k)]^{-1}\\&\quad\boldsymbol{e}^{\mathrm{T}}\boldsymbol{R}^{(0)-1}\boldsymbol{e}\}\boldsymbol{P}_{xz}^{\mathrm{T}}(k+1|k)\end{aligned} \quad (4\text{-}44)$$

对比式（4-34）与式（4-44），两个融合系统的滤波误差方差阵完全相同。证毕。

4.2 自校正加权观测融合 UKF 滤波器

UKF 滤波算法需要精确已知系统噪声和量测噪声的先验统计[139]。但在许多实际问题中，噪声的先验统计未知或存在偏差。应用不准确的噪声统计设计 UKF，严重时可以导致滤波精度下降甚至发散等问题[23,153-158]。

基于以上原因，本章提出了一种基于 Sage-Husa 估计的自适应 UKF 滤波算法。该算法首先通过多个传感器观测信号进行协同工作，利用导出的平稳随机序列的相关性对观测噪声方差统计 $\boldsymbol{R}$ 进行实时估计，并证明了其收敛性。进而利用 Sage 和 Husa 的自适应滤波算法得到自适应 UKF 滤波算法。该方法避免了传统 Sage 和 Husa 的自适应滤波算法不能处理 $\boldsymbol{Q}_w$ 和 $\boldsymbol{R}$ 均未知时的局限性。

4.2.1 噪声方差的估计算法

由式（4-2）有

$$\begin{aligned}\boldsymbol{e}^{(jl)}(k)&=\boldsymbol{z}^{(j)}(k)-\boldsymbol{z}^{(l)}(k)\\&=\boldsymbol{v}^{(j)}(k)-\boldsymbol{v}^{(l)}(k)\end{aligned}\tag{4-45}$$

由 $\boldsymbol{v}^{(j)}(k)$ 与 $\boldsymbol{v}^{(l)}(k)(j\neq l)$ 的独立性，可知 $\boldsymbol{e}^{(jl)}(k)$ 为平稳随机序列，且有当 $\tau=0$ 时的相关函数为

$$\boldsymbol{R}_e^{(jl)}=\mathrm{E}[\boldsymbol{e}^{(jl)}(k)\boldsymbol{e}^{(jl)\mathrm{T}}(k)]=\boldsymbol{R}^{(j)}+\boldsymbol{R}^{(l)}\tag{4-46}$$

其中 k 时刻 $\boldsymbol{R}_e^{(jl)}$ 的估值 $\hat{\boldsymbol{R}}_e^{(jl)}(k)$ 可计算为

$$\hat{\boldsymbol{R}}_e^{(jl)}(k)=\frac{1}{k}\sum_{n=1}^{k}\boldsymbol{e}^{(jl)}(n)\boldsymbol{e}^{(jl)\mathrm{T}}(n) \tag{4-47}$$

进而可递推计算为

$$\hat{\boldsymbol{R}}_e^{(jl)}(k)=\hat{\boldsymbol{R}}_e^{(jl)}(k-1)+\frac{1}{k}[\boldsymbol{e}^{(jl)}(k)\boldsymbol{e}^{(jl)\mathrm{T}}(k)-\hat{\boldsymbol{R}}_e^{(jl)}(k-1)] \tag{4-48}$$

因此，$\boldsymbol{R}^{(j)}$和$\boldsymbol{R}^{(l)}$在时刻k的估值$\hat{\boldsymbol{R}}^{(j)}(k)$和$\hat{\boldsymbol{R}}^{(l)}(k)$可表示为

$$\hat{\boldsymbol{R}}_e^{(jl)}(k)=\hat{\boldsymbol{R}}^{(j)}(k)+\hat{\boldsymbol{R}}^{(l)}(k) \tag{4-49}$$

设有n个传感器，则总共可有等式（3-75）共$C_n^2=\dfrac{n(n-1)}{2}$个，当$n\geqslant 3$时，$C_n^2\geqslant n$，说明有足够多的线性方程可解得n个$\boldsymbol{R}^{(j)}$，可以采用下列线性方程组求解$\boldsymbol{R}^{(j)}$

$$\begin{bmatrix} \boldsymbol{I}_m & \boldsymbol{I}_m & 0 & \cdots & 0 \\ \boldsymbol{I}_m & 0 & \boldsymbol{I}_m & \cdots & 0 \\ & & \vdots & & \\ \boldsymbol{I}_m & 0 & 0 & \cdots & \boldsymbol{I}_m \\ 0 & \boldsymbol{I}_m & \boldsymbol{I}_m & \cdots & 0 \\ & & \vdots & & \\ 0 & 0 & \cdots & \boldsymbol{I}_m & \boldsymbol{I}_m \end{bmatrix} \begin{bmatrix} \hat{\boldsymbol{R}}^{(1)}(k) \\ \hat{\boldsymbol{R}}^{(2)}(k) \\ \vdots \\ \vdots \\ \hat{\boldsymbol{R}}^{(n)}(k) \end{bmatrix} = \begin{bmatrix} \hat{\boldsymbol{R}}_e^{(12)}(k) \\ \hat{\boldsymbol{R}}_e^{(13)}(k) \\ \vdots \\ \hat{\boldsymbol{R}}_e^{(1n)}(k) \\ \hat{\boldsymbol{R}}_e^{(23)}(k) \\ \vdots \\ \hat{\boldsymbol{R}}_e^{((n-1)n)}(k) \end{bmatrix} \tag{4-50}$$

将式（3-76）表示成

$$\boldsymbol{\Omega}\hat{\boldsymbol{R}}(k)=\hat{\boldsymbol{R}}_e(k) \tag{4-51}$$

式（3-76）表明线性方程组个数多于未知参数个数，一般说来，这种方程组是不成立的，因为k时刻$\boldsymbol{R}_e^{(jl)}$的估值$\hat{\boldsymbol{R}}_e^{(jl)}(k)$的误差将使任何$\begin{bmatrix}\hat{\boldsymbol{R}}^{(1)}(k) & \hat{\boldsymbol{R}}^{(2)}(k) & \cdots & \hat{\boldsymbol{R}}^{(n)}(k)\end{bmatrix}$都不是方程组的精确解。此时可使用最小二乘方法来获得该方程组的近似解

$$\hat{\boldsymbol{R}}(k)=(\boldsymbol{\Omega}^{\mathrm{T}}\boldsymbol{\Omega})^{-1}\boldsymbol{\Omega}^{\mathrm{T}}\hat{\boldsymbol{R}}_e(k) \tag{4-52}$$

定理 4.2　对于式（4-1）和式（4-2）定义的系统，由（3-78）得到的估值 $\hat{\boldsymbol{R}}^{(j)}(k)$ 以概率 1 收敛于 $\boldsymbol{R}^{(j)}$，即

$$\hat{\boldsymbol{R}}^{(j)}(k) \to \boldsymbol{R}^{(j)}, \quad k \to \infty, \quad \text{w.p.1} \tag{4-53}$$

证明：根据平稳随即序列相关函数的遍历性，由式（3-74）引出

$$\hat{\boldsymbol{R}}_e^{(jl)}(k) \to \boldsymbol{R}_e^{(jl)}, \quad k \to \infty, \quad \text{w.p.1} \tag{4-54}$$

进而由式（3-77）、式（3-78）引出式（3-94）成立。证毕。

4.2.2　基于 Sage–Husa 估计的 $\boldsymbol{Q}_w$ 估计算法

对于式（4-1）和式（4-2）所确定的系统，假设系统过程噪声 $\boldsymbol{Q}_w$ 未知，则由第 j 个传感器得到的 Sage-Husa 的次优极大后验（MAP）噪声统计估值器[22,63]为

$$\hat{\boldsymbol{Q}}_w^{(j)}(k) = \frac{1}{k}\sum_{m=1}^{k}[\hat{\boldsymbol{x}}^{(j)}(m|m) - \hat{\boldsymbol{x}}^{(j)}(m-1|m)]$$

$$[\hat{\boldsymbol{x}}^{(j)}(m|k) - \hat{\boldsymbol{x}}^{(j)}(m-1|n)]^{\mathrm{T}} \tag{4-55}$$

式中，$\hat{\boldsymbol{x}}^{(j)}(m|m)$ 为 m 时刻 UKF 滤波值，由式（2-143）定义；$\hat{\boldsymbol{x}}(m-1|m)$ 为 m 时刻 UKF 一步预报值，由式（2-135）定义。定义新息

$$\boldsymbol{\varepsilon}^{(j)}(m) = \boldsymbol{z}^{(j)}(m) - \hat{\boldsymbol{z}}^{(j)}(m|m-1) \tag{4-56}$$

则由式（2-143）、式（4-55）可以改写为

$$\hat{\boldsymbol{Q}}_w^{(j)}(k) = \frac{1}{k}\sum_{m=1}^{k}\boldsymbol{W}^{(j)}(k)\boldsymbol{\varepsilon}^{(j)}(k)\boldsymbol{\varepsilon}^{(j)\mathrm{T}}(k)\boldsymbol{W}^{(j)\mathrm{T}}(k) \tag{4-57}$$

考虑到次优 MAP 估计器的无偏性，以及式（2-143）、式（2-144）有

$$
\begin{aligned}
\mathrm{E}[\hat{\boldsymbol{Q}}_w^{(j)}(k)] &= \frac{1}{k}\sum_{m=1}^{k}\mathrm{E}[\hat{\boldsymbol{x}}^{(j)}(m\,|\,m)-\hat{\boldsymbol{x}}^{(j)}(m-1\,|\,m)][\hat{\boldsymbol{x}}^{(j)}(m\,|\,m)-\hat{\boldsymbol{x}}^{(j)}(m-1\,|\,m)]^{\mathrm{T}} \\
&= \frac{1}{k}\sum_{m=1}^{k}\boldsymbol{W}^{(j)}(m)\mathrm{E}[\boldsymbol{\varepsilon}^{(j)}(m)\boldsymbol{\varepsilon}^{(j)\mathrm{T}}(m)]\boldsymbol{W}^{(j)\mathrm{T}}(m) \\
&= \frac{1}{k}\sum_{m=1}^{k}\boldsymbol{W}^{(j)}(m)\boldsymbol{P}_{vv}^{(j)}(m\,|\,m-1)\boldsymbol{W}^{(j)\mathrm{T}}(m) \\
&= \frac{1}{k}\sum_{m=1}^{k}[\boldsymbol{P}^{(j)}(m\,|\,m-1)-\boldsymbol{P}^{(j)}(m\,|\,m)] \\
&= \frac{1}{k}\sum_{m=1}^{k}[\sum_{i=0}^{2n}W_i^c[\boldsymbol{\chi}_i^{(j)}(m\,|\,m-1)-\hat{\boldsymbol{x}}^{(j)}(m\,|\,m-1)] \\
&\quad [\boldsymbol{\chi}_i^{(j)}(m\,|\,m-1)-\hat{\boldsymbol{x}}^{(j)}(m\,|\,m-1)]^{\mathrm{T}}+\boldsymbol{Q}_w-\boldsymbol{P}^{(j)}(m\,|\,m)]
\end{aligned} \tag{4-58}
$$

因此$\hat{\boldsymbol{Q}}_w^{(j)}(k)$是有偏的，进而有次优无偏 MAP 估计其为[23]

$$
\begin{aligned}
\hat{\boldsymbol{Q}}_w^{(j)}(k) = \frac{1}{k}\sum_{m=1}^{k}\{&\boldsymbol{W}^{(j)}(m)\boldsymbol{\varepsilon}^{(j)}(m)\boldsymbol{\varepsilon}^{(j)\mathrm{T}}(m)\boldsymbol{W}^{(j)\mathrm{T}}(m)- \\
&\sum_{i=0}^{2n}W_i^c[\boldsymbol{\chi}_i^{(j)}(m\,|\,m-1)-\hat{\boldsymbol{x}}^{(j)}(m\,|\,m-1)] \\
&[\boldsymbol{\chi}_i^{(j)}(m\,|\,m-1)-\hat{\boldsymbol{x}}^{(j)}(m\,|\,m-1)]^{\mathrm{T}}+\boldsymbol{P}^{(j)}(m\,|\,m)\}
\end{aligned} \tag{4-59}
$$

其递推形式可写作

$$
\begin{aligned}
\hat{\boldsymbol{Q}}_w^{(j)}(k) = (1-\frac{1}{k})\hat{\boldsymbol{Q}}_w^{(j)}(k-1)+\frac{1}{k}\{&\boldsymbol{W}^{(j)}(k)\boldsymbol{\varepsilon}^{(j)}(k)\boldsymbol{\varepsilon}^{(j)\mathrm{T}}(k)\boldsymbol{W}^{(j)\mathrm{T}}(k)+ \\
&\boldsymbol{P}^{(j)}(k\,|\,k)-\sum_{i=0}^{2n}W_i^c[\boldsymbol{\chi}_i^{(j)}(k\,|\,k-1)-\hat{\boldsymbol{x}}^{(j)}(k\,|\,k-1)] \\
&[\boldsymbol{\chi}_i^{(j)}(k\,|\,k-1)-\hat{\boldsymbol{x}}^{(j)}(k\,|\,k-1)]^{\mathrm{T}}\}
\end{aligned} \tag{4-60}
$$

4.2.3　多传感器加权观测融合自校正 UKF 滤波器

对于由式(4-11)与式(4-1)组成的加权观测融合系统，应用式(2-131)～式（2-144）组成的 UKF 算法，可得加权观测融合 UKF 滤波器 $\hat{\boldsymbol{x}}^{(\mathrm{I})}(k|k)$。其中将未知的噪声方差统计 $\boldsymbol{R}^{(j)}$ 与 $\boldsymbol{Q}_w$ 分别应用式（3-78）与式（4-59）定义的估计器，可得估值 $\hat{\boldsymbol{R}}^{(j)}$ 与 $\hat{\boldsymbol{Q}}_w^{(\mathrm{I})}$，进而得到多传感器加权观测融合自适应 UKF 滤波器 $\hat{\boldsymbol{x}}_s^{(\mathrm{I})}(k|k)$。

多传感器加权观测融合自适应 UKF 滤波器流程图如图 4-2 所示。

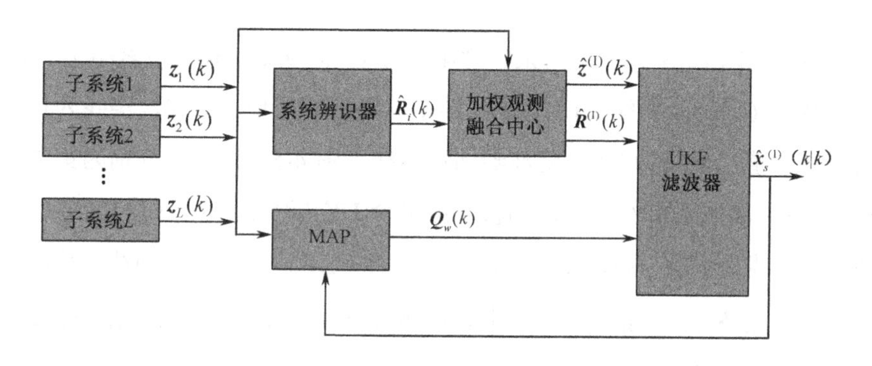

图 4-2　多传感器加权观测融合自适应 UKF 滤波器流程图

4.3　仿真例子

例 4.1　考虑如下 2 传感器典型离散非线性控制系[156]

$$x(k)=0.5x(k-1)/(1+x_{k-1}^2)+8\cos(1.2(k-1))+w(k) \qquad (4\text{-}61)$$

$$z^{(j)}(k)=x^2(k)/20+v^{(j)}(k) \tag{4-62}$$

其中系统过程噪声 $w(k)$和观测噪声 $v^{(j)}(k)$满足假设式（4-3）。系统过程噪声 $w(k)$的方差 Q_w 及观测噪声 $v^{(j)}(k), j=1$, 2 的方差 $R^{(j)}$已知，求解系统加权观测融合 UKF 滤波器 $\hat{x}^{(\mathrm{I})}(k|k)$。

仿真中取过程噪声 $w(k)$的方差 Q_w=0.1，观测噪声 $v^{(1)}(k)$的方差 $R^{(1)}=1$，观测噪声 $v^{(2)}$ 的方差 $R^2=0.7$。因子 $\kappa=2$， $\alpha=0.9$， $\beta=2$。

计算得：$\lambda=\alpha^2(n+\kappa)-n=1.4300$，$W_i^m=\begin{cases}\lambda/(n+\kappa)=0.5885, & i=0\\ 1/[2(n+\kappa)]=0.2058, & i=1,2\end{cases}$

$W_i^c=\begin{cases}\lambda/(n+\lambda)+(1-\alpha^2+\beta^2)=2.7785, & i=0\\ 1/[2(n+\lambda)]=0.2058, & i=1,2\end{cases}$。

仿真如图 4-3～图 4-6 所示。其中图 4-3、图 4-4 分别为子系统 1 UKF 滤波器 $\hat{x}^{(1)}(k|k)$ 及系统 2 UKF 滤波器 $\hat{x}^{(2)}(k|k)$ 状态估计曲线，实线为状态 $x(k)$ 真实值，虚线为 UKF 滤波器估计曲线。图 4-5、图 4-6 分别为集中式融合 UKF 滤波器 $\hat{x}^{(0)}(k|k)$ 及加权观测融合 UKF 滤波器 $\hat{x}^{(\mathrm{I})}(k|k)$ 状态估计曲线，实线为状态 $x(k)$ 真实值，虚线为融合 UKF 滤波器估计曲线。从中可以看到子系统 1、子系统 2、集中式观测融合和加权观测融合 UKF 滤波器都有很好的跟踪效果。

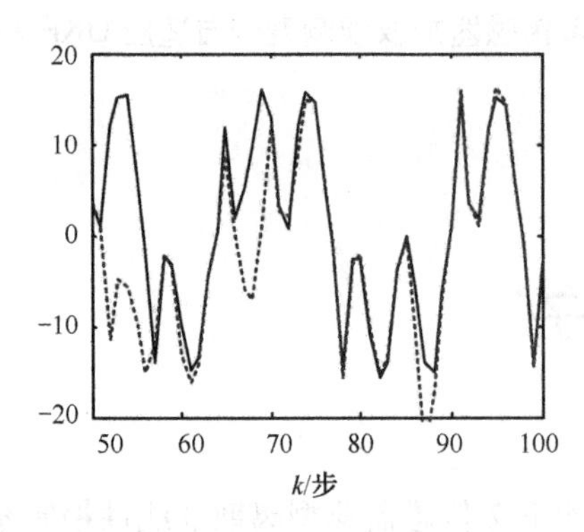

图 4-3　状态 $\boldsymbol{x}(k)$ 和子系统 1 UKF 滤波器 $\hat{\boldsymbol{x}}^{(1)}(k|k)$

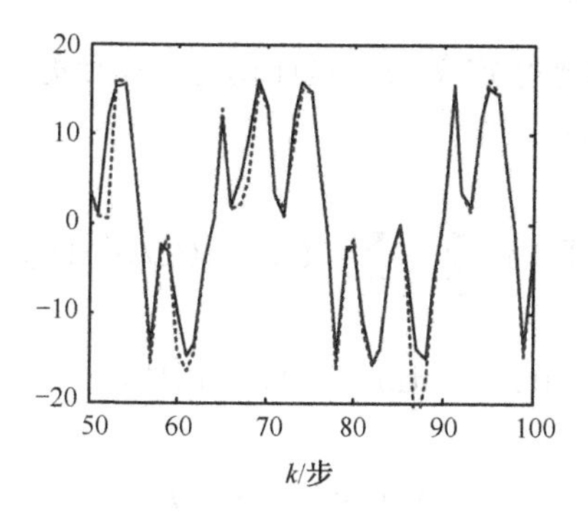

图 4-4　状态 $x(k)$ 和子系统 2 UKF 滤波器 $\hat{x}^{(2)}(k\,|\,k)$

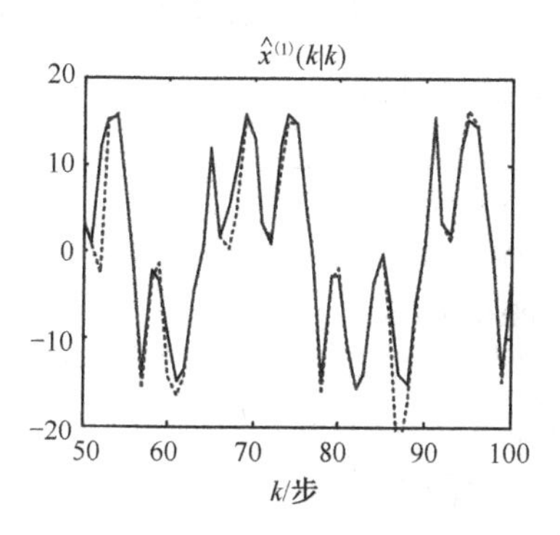

图 4-5 状态 $x(k)$ 和集中式融合 UKF 滤波器 $\hat{x}^{(0)}(k\,|\,k)$

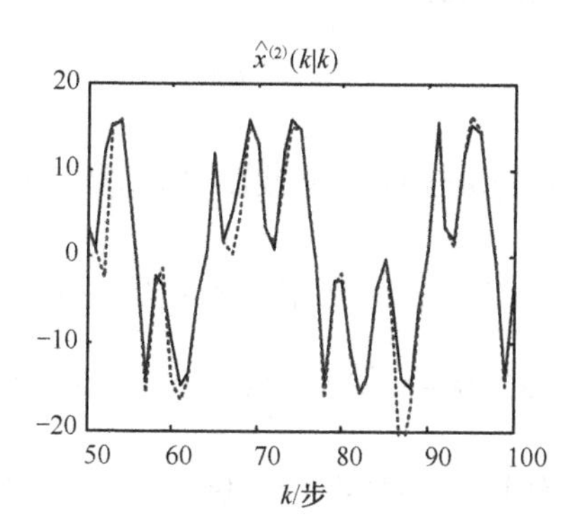

图 4-6　状态 $x(k)$ 和加权观测融合 UKF 滤波器 $\hat{x}^{(\mathrm{I})}(k\,|\,k)$

系统评价准则函数定义为：累计均方误差函数 SMSE（Sum of Mean Square Error）[157-158]

$$\mathrm{SMSE}(k)=\sum_{t=0}^{k}\frac{1}{L}\sum_{j=1}^{L}[x(t)-\hat{x}_j(t\mid t)]^{\mathrm{T}}\cdot[x(t)-\hat{x}_j(t\mid t)] \tag{4-63}$$

$\hat{x}_j(t\mid t)$ 表示第 j 次 Monte Carlo 仿真滤波估值。

仿真过程中进行 30 次 Monte Carlo 试验。

如图 4-7 所示，两种观测融合 UKF 滤波器的 SMSE 明显小于局部 UKF 滤波器的 SMSE，并且两种观测融合 UKF 滤波器的 SMSE 相互重合，说明了两种算法在数值上的完全等价性。

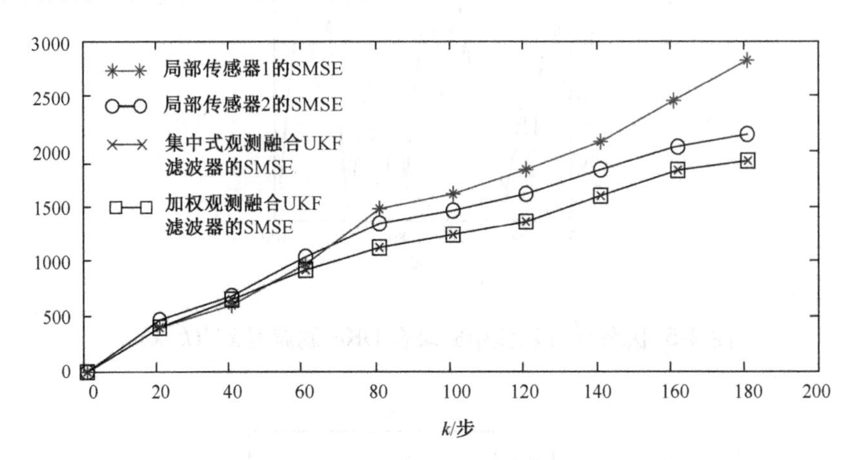

图 4-7　局部和两种观测融合 UKF 滤波器的累计均方误差函数（SMSE）曲线

例 4.2　考虑如下 3 传感器典型离散非线性控制系统

$$x(k-1)=0.5x(k-1)+25x(k-1)\big/(1+x^2(k-1))+8\cos(1.2(k-1))+w(k-1) \tag{4-64}$$

$$z^{(j)}(k)=x^2(k)\big/20+v^{(j)}(k),\quad j=1,2,3 \tag{4-65}$$

式中，系统过程噪声 $w(k)$ 和观测噪声 $v^{(j)}(k)$ 满足假设式（4-3）。系统过程噪声 $w(k)$ 的方差 Q_w 及观测噪声 $v^{(j)}(k), j=1,2,3$ 的方差 $R^{(j)}$ 未知，求解系统自适应加权观测融合 UKF 滤波器 $\hat{x}_s^{(\mathrm{I})}(k\mid k)$。

仿真中，取 $R^{(1)}=1^2$，$R^{(2)}=0.7^2$，$R^{(3)}=0.9^2$，$Q_w=2^2$，$\alpha=0.9,\beta=2$，初始值 $\hat{R}^{(j)}(0)=0.1, j=1,2,3$，$\hat{Q}_w^{(\mathrm{I})}(0)=0.1$，$P^{(\mathrm{I})}(0|0)=1.1$，$\hat{x}_s^{(\mathrm{I})}(0|0)=0$。

子系统观测噪声方差估计 $\hat{R}^{(j)}$ 如图 4-8 所示，系统过程噪声方差估计 $\hat{Q}_w$ 如图 4-9 所示，其中虚线表示它们的估值。加权观测融合自适应 UKF 滤波器对状态的估计曲线如图 4-10 所示，其中虚线表示估值。从图 4-8～图 4-10 可以看出该算法对噪声统计估计和状态估计都有很好的效果。图 4-11 对比了自适应与最优观测融合 UKF 滤波器的误差，可以看到，误差最终收敛到 0 值附近。图 4-12 对比了局部和观测融合自适应 UKF 滤波器的累计平方误差，可以看到，观测融合自适应 UKF 滤波器的累计平方误差明显小于各子系统的累计平方误差。

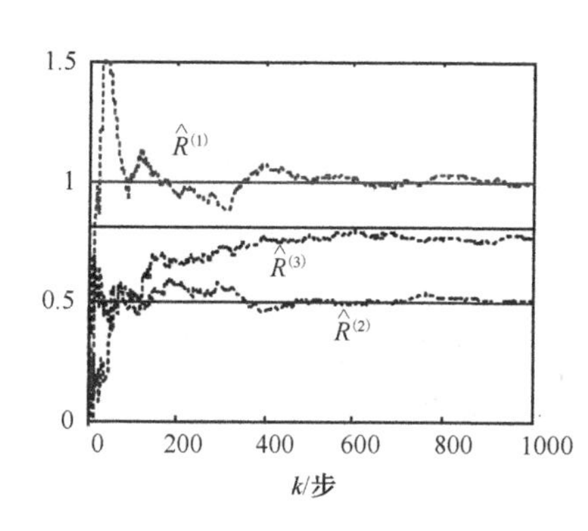

图 4-8　局部观测噪声方差 $R^{(j)}$ 的估值 $\hat{R}^{(j)}$

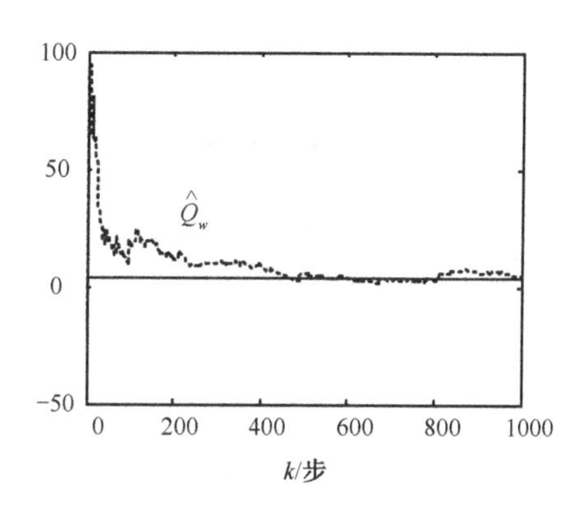

图 4-9　Q_w 与估值 $\hat{Q}_w$

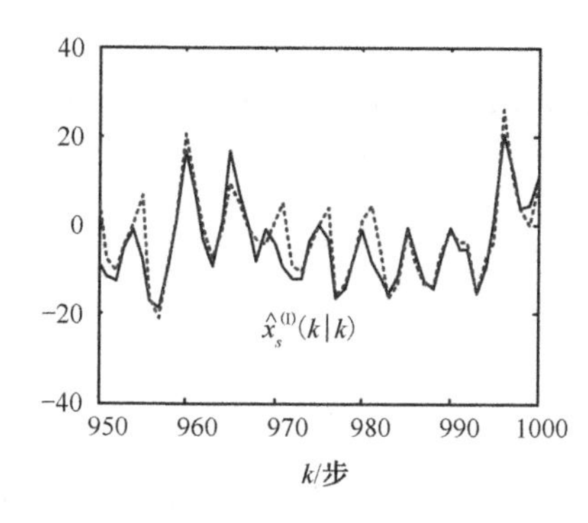

图 4-10　$x(k)$ 和加权观测融合自适应 UKF 滤波器 $\hat{x}_s^{(\mathrm{I})}(k|k)$

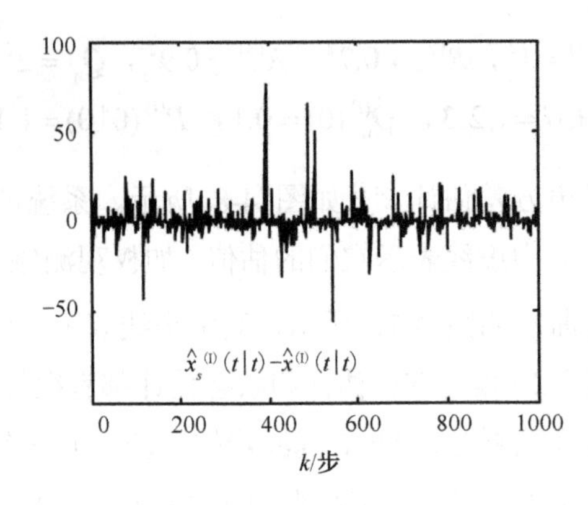

图 4-11　自适应与最优观测融合 UKF 滤波器的误差曲线

$$e(t)=\hat{x}_s^{(1)}(k|k)-\hat{x}^{(1)}(k|k)$$

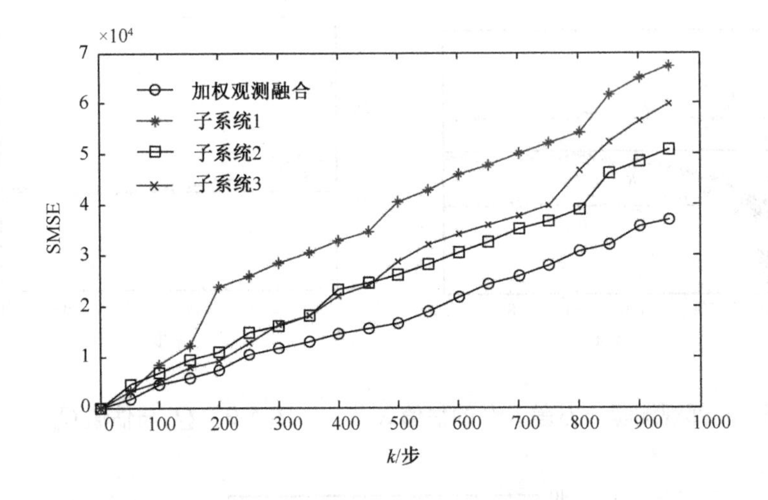

图 4-12　局部和观测融合自适应 UKF 滤波器的累计平方误差曲线

4.4　本章小结

本章针对带有加性独立白噪声的非线性系统，提出了一种加权观测融合 UKF 滤波器。又通过协同辨识法对系统观测噪声方差统计 $\boldsymbol{R}^{(j)}$ 进行估计，再利用 Sage-Husa 估计器对系统过程噪声 $\boldsymbol{Q}_w$ 进行估计，从而得到了自适应加权观测融合 UKF 滤波器。

本章主要创新点如下。

（1）该算法应用加权最小二乘法将观测方程融合成一个新的观测方程。与集中式观测融合 UKF 滤波器相比，加权观测融合 UKF 滤波器并没有改变原观测方程的维数，故计算量明显小于集中式观测融合 UKF 滤波器。并且证明了两种融合算法在数值上的完全等价性，因而加权观测融合 UKF 滤波器具有全局最优性。

（2）未知观测噪声方差统计 $\boldsymbol{R}^{(j)}$ 的辨识方法，采用多个传感器的观测信号，形成平稳随机序列，再利用平稳随机序列的相关函数，得到方差估计。定理 4.1 证明了用该算法得到的估计以概率 1 收敛到真实值。

（3）系统过程噪声 $\boldsymbol{Q}_w$ 采用次优无偏的 Sage-Husa 估计器。由于 $\boldsymbol{R}^{(j)}$ 估计的收敛性质，本算法克服了 Sage-Husa 计估器不能处理 $\boldsymbol{Q}$ 、$\boldsymbol{R}$ 均未知系统的局限性。

第 5 章

基于 Taylor 级数逼近的非线性系统加权观测融合估计理论

05

第 4 章所提出的非线性系统的加权观测融合算法要求观测函数是相同的，为了克服此方法的局限性，本章将提出一种具有普适性的非线性系统加权观测融合算法。

以概率方法为基础，实现非线性系统的观测融合算法需要明确两点——子系统观测方程间的关系及观测方程噪声统计间的关系。对于具有加性噪声的系统而言，如果知道了观测方程之间的关系，那么观测噪声之间的关系也就确定了。如果各个观测方程间存在中介函数，使得观测方程可由中介函数和系数矩阵相乘得到，那么就可以利用最小二乘法处理观测方程，实现最优加权观测融合算法。遗憾的是，非线性系统之间很难找到一个中介函数使得所有观测方程有明确的对应解析关系。因此，建立中介函数，确定解析关系，结合非线性状态估计算法，实现非线性多传感器系统的加权观测融合估计算法是本章的主要内容。

本章针对带有独立噪声的非线性多传感器系统，通过 Taylor 级数逼近方法构造了多项式形式的近似中介函数，使各个观测方程可由线性矩阵和中介函数相乘得到，再利用加权最小二乘法（Weighted Least Square，WLS），提出了一种统一的加权观测融合算法。该算法可降低集中式融合系统的观测方程维数，实现集中式融合系统的数据压缩，减少后续估计等环节的计算负担。在此基础上，基于 Taylor 级数逼近的 WMF 算法，利用 UKF、CKF 和 PF 算法，设计了非线性加权观测融合 UKF（WMF-UKF）算法、非线性加权观测融合 CKF（WMF-CKF）算法和非线性加权观测融合 PF（WMF-PF）算法。并且证明了所提出的 WMF-UKF 算法、WMF-CKF 算法和 WMF-PF 算法随着 Taylor 级数展开式的增加，将渐近于集中式融合 UKF（CMF-UKF）算法、集中式融合 CKF（CMF-UKF）算法和集中式融合 PF（CMF-PF）算法，因此该算法具有渐近最优性。通过控制 Taylor 级数展开项，本章所提出的算法可以根据实际要求调整算法运算复杂度。最后证明了该算法较 CMF-UKF 算法、CMF-CKF 算法和 CMF-PF 算法具有较低的计算量，尤其是在大规模传感器网络中，该算法可大幅度降低系统计算负担。

5.1　基于 Taylor 级数逼近的非线性系统加权观测融合算法

考虑如下非线性多传感器系统

$$\boldsymbol{x}(k+1)=\boldsymbol{f}(\boldsymbol{x}(k),k)+\boldsymbol{w}(k) \tag{5-1}$$

$$\boldsymbol{z}^{(j)}(k)=\boldsymbol{h}^{(j)}(\boldsymbol{x}(k),k)+\boldsymbol{v}^{(j)}(k),\ j=1,2,\cdots,L \tag{5-2}$$

式中，$\boldsymbol{f}(\cdot,\cdot)\in\boldsymbol{R}^n$ 为已知的状态函数，$\boldsymbol{x}(k)\in\boldsymbol{R}^n$ 为 k 时刻系统状态，$\boldsymbol{h}^{(j)}(\cdot,\cdot)\in\boldsymbol{R}^{m_j}$ 为已知的第 j 个传感器的观测函数，$\boldsymbol{z}^{(j)}(k)\in\boldsymbol{R}^{m_j}$ 为第 j 个传感器的观测，$\boldsymbol{w}(k)\sim p_{\omega_k}(\cdot)$ 为系统噪声，$\boldsymbol{v}^{(j)}(k)\sim p_{v_k^{(j)}}(\cdot)$ 为第 j 个传感器的观测噪声。假设 $\boldsymbol{w}(k)$ 和 $\boldsymbol{v}^{(j)}(k)$ 是零均值、方差阵分别为 $\boldsymbol{Q}_w$ 和 $\boldsymbol{R}^{(j)}$ 且相互

独立的噪声，有

$$\mathrm{E}\left\{\begin{bmatrix}\boldsymbol{w}(t)\\ \boldsymbol{v}^{(j)}(t)\end{bmatrix}\begin{bmatrix}\boldsymbol{w}^{\mathrm{T}}(k) & \left(\boldsymbol{v}^{(l)}(k)\right)^{\mathrm{T}}\end{bmatrix}\right\}=\begin{bmatrix}\boldsymbol{Q}_w & 0\\ 0 & \boldsymbol{R}^{(j)}\delta_{jl}\end{bmatrix}\delta_{tk} \tag{5-3}$$

式中，δ_{tk}和δ_{jl}是 Kronecker delta 函数，即$\delta_{tt}=1$，$\delta_{tk}=0(t\neq k)$。

目的是，根据多传感器观测数据$\boldsymbol{z}^{(j)}(k)(k=0,\cdots,k,\ j=1,2,\cdots,L)$，求解状态$\boldsymbol{x}(k)$在$k$时刻的估计。

式（5-1）和式（5-2）描述系统的集中式观测融合观测方程（CMFS）为

$$\boldsymbol{z}^{(0)}(k)=\boldsymbol{h}^{(0)}(\boldsymbol{x}(k),k)+\boldsymbol{v}^{(0)}(k) \tag{5-4}$$

其中

$$\boldsymbol{z}^{(0)}(k)=[\boldsymbol{z}^{(1)\mathrm{T}}(k),\boldsymbol{z}^{(2)\mathrm{T}}(k),\cdots,\boldsymbol{z}^{(L)\mathrm{T}}(k)]^{\mathrm{T}} \tag{5-5}$$

$$\boldsymbol{h}^{(0)}(\boldsymbol{x}(k),k)=[\boldsymbol{h}^{(1)\mathrm{T}}(\boldsymbol{x}(k),k),\boldsymbol{h}^{(2)\mathrm{T}}(\boldsymbol{x}(k),k),\cdots,\boldsymbol{h}^{(L)\mathrm{T}}(\boldsymbol{x}(k),k)]^{\mathrm{T}} \tag{5-6}$$

$$\boldsymbol{v}^{(0)}(k)=[\boldsymbol{v}^{(1)\mathrm{T}}(k),\boldsymbol{v}^{(2)\mathrm{T}}(k),\cdots,\boldsymbol{v}^{(L)\mathrm{T}}(k)]^{\mathrm{T}} \tag{5-7}$$

$\boldsymbol{v}^{(0)}(k)$的方差阵为

$$\boldsymbol{R}^{(0)}=\mathrm{diag}(\boldsymbol{R}^{(1)},\boldsymbol{R}^{(2)},\cdots,\boldsymbol{R}^{(L)}) \tag{5-8}$$

式中，$\mathrm{diag}(\cdot)$为对角阵。

对于式（5-1）和式（5-2）描述的系统，由于系统没有信息损失，因此由该融合系统得到的状态估计是最优的。但是观测方程（5-6）维数过高会带来巨大的计算负担，尤其是针对传感器网络这一系统而言。因而对原始数据进行压缩处理尤为重要。给出下面的例子，说明在某种情况下，非线性系统可以实现与集中式融合具有等价性的加权观测融合。例如，设 4 传感器的观测方程分别为

$$
\begin{aligned}
&z^{(1)}(k)=1+x(k)+x^{2}(k)+v^{(1)}(k)\\
&z^{(2)}(k)=2+x(k)+2x^{2}(k)+x^{3}(k)+v^{(2)}(k)\\
&z^{(3)}(k)=3+2x(k)+3x^{2}(k)+x^{3}(k)+v^{(3)}(k)\\
&z^{(4)}(k)=4+x(k)+4x^{2}(k)+3x^{3}(k)+v^{(4)}(k)
\end{aligned}
\tag{5-9}
$$

式中，$v^{(j)}(k)$（$j=1,\cdots,4$）的协方差矩阵分别为$R^{(1)}=1$，$R^{(2)}=2$，$R^{(3)}=3$和$R^{(4)}=4$。令$h(x(k),k)=[1 \quad x(k) \quad x^{2}(k) \quad x^{3}(k)]^{\mathrm{T}}$，进而式（5-9）可以改写为

$$
\begin{aligned}
&z^{(1)}(k)=[1 \quad 1 \quad 1 \quad 0]h(x(k),k)+v^{(1)}(k)\\
&z^{(2)}(k)=[2 \quad 1 \quad 2 \quad 1]h(x(k),k)+v^{(2)}(k)\\
&z^{(3)}(k)=[3 \quad 2 \quad 3 \quad 1]h(x(k),k)+v^{(3)}(k)\\
&z^{(4)}(k)=[4 \quad 1 \quad 4 \quad 3]h(x(k),k)+v^{(4)}(k)
\end{aligned}
\tag{5-10}
$$

令$H^{(0)}=\begin{bmatrix}1&1&1&0\\2&1&2&1\\3&2&3&1\\4&1&4&3\end{bmatrix}=MH^{(\mathrm{I})}=\begin{bmatrix}1&1\\2&1\\3&2\\4&1\end{bmatrix}\begin{bmatrix}1&0&1&1\\0&1&0&-1\end{bmatrix}$，其中$M$（列满秩）和$H^{(\mathrm{I})}$（行满秩）为$H^{(0)}$的满秩分解。应用加权最小二乘法，可以得到融合系统观测方程为

$$
z^{(\mathrm{I})}(k)=H^{(\mathrm{I})}h(x(k),k)+v^{(\mathrm{I})}(k) \tag{5-11}
$$

其中

$$
\begin{aligned}
z^{(\mathrm{I})}(k)&=\left(M^{\mathrm{T}}R^{(0)-1}M\right)^{-1}M^{\mathrm{T}}R^{(0)-1}z^{(0)}(k)\\
&=\begin{bmatrix}-0.3286 & 0.1000 & -0.0429 & 0.3143\\ 0.8571 & 0 & 0.2857 & -0.4286\end{bmatrix}z^{(0)}(k)
\end{aligned}
\tag{5-12}
$$

式中，$\boldsymbol{R}^{(0)-1}=(\boldsymbol{R}^{(0)})^{-1}$，$\boldsymbol{v}^{(\mathrm{I})}(k)$ 的协方差 $\boldsymbol{R}^{(\mathrm{I})}=\left(\boldsymbol{M}^{\mathrm{T}}\boldsymbol{R}^{(0)-1}\boldsymbol{M}\right)^{-1}=\begin{bmatrix}0.5286 & -0.8571\\ -0.8571 & 1.7143\end{bmatrix}$。

加权观测融合观测方程是 2 维的，集中式融合观测方程是 4 维的，因此加权观测融合方法能够有效地压缩观测维数，大大减小计算负担。根据上面简单例子，总结为如下定理。

定理 5.1 对于式（5-1）和式（5-2）描述的系统，如果存在向量 $\boldsymbol{h}(\boldsymbol{x}(k),k)\in\boldsymbol{R}^{p}$ 使得 $\boldsymbol{h}^{(j)}(\boldsymbol{x}(k),k)=\boldsymbol{H}^{(j)}(k)\boldsymbol{h}(\boldsymbol{x}(k),k)$，其中 $\boldsymbol{H}^{(j)}(k)\in\boldsymbol{R}^{m_j\times p}$，则最优加权观测融合方程为

$$\boldsymbol{z}^{(\mathrm{I})}(k)=\boldsymbol{H}^{(\mathrm{I})}(k)\boldsymbol{h}(\boldsymbol{x}(k),k)+\boldsymbol{v}^{(\mathrm{I})}(k) \tag{5-13}$$

$$\boldsymbol{z}^{(\mathrm{I})}(k)=\left(\boldsymbol{M}^{\mathrm{T}}(k)\boldsymbol{R}^{(0)-1}\boldsymbol{M}(k)\right)^{-1}\boldsymbol{M}^{\mathrm{T}}(k)\boldsymbol{R}^{(0)-1}\boldsymbol{z}^{(0)}(k) \tag{5-14}$$

$$\boldsymbol{v}^{(\mathrm{I})}(k)=\left(\boldsymbol{M}^{\mathrm{T}}(k)\boldsymbol{R}^{(0)-1}\boldsymbol{M}(k)\right)^{-1}\boldsymbol{M}^{\mathrm{T}}(k)\boldsymbol{R}^{(0)-1}\boldsymbol{v}^{(0)}(k) \tag{5-15}$$

$\boldsymbol{v}^{(\mathrm{I})}(k)$ 的方差阵为

$$\boldsymbol{R}^{(\mathrm{I})}(k)=\left(\boldsymbol{M}^{\mathrm{T}}(k)\boldsymbol{R}^{(0)-1}\boldsymbol{M}(k)\right)^{-1} \tag{5-16}$$

$\boldsymbol{H}^{(0)}(k)=[\boldsymbol{H}^{(1)\mathrm{T}}(k),\cdots,\boldsymbol{H}^{(L)\mathrm{T}}(k)]^{\mathrm{T}}$ 可由 Hermite 标准型满秩分解为 $\boldsymbol{M}(k)$ 和 $\boldsymbol{H}^{(\mathrm{I})}(k)$，其中 $\boldsymbol{M}(k)$ 是列满秩矩阵，$\boldsymbol{H}^{(\mathrm{I})}(k)$ 是行满秩矩阵。

证明: $\boldsymbol{H}^{(0)}(k)=[\boldsymbol{H}^{(1)\mathrm{T}}(k),\cdots,\boldsymbol{H}^{(L)\mathrm{T}}(k)]^{\mathrm{T}}$ $\left(\boldsymbol{H}^{(*)\mathrm{T}}(k)=\left(\boldsymbol{H}^{(*)}(k)\right)^{\mathrm{T}}, *=1,\cdots,L\right)$ 可由 Hermite 标准型满秩分解为 $\boldsymbol{M}(k)$ 和 $\boldsymbol{H}^{(\mathrm{I})}(k)$，即

$$\boldsymbol{H}^{(0)}(k)=\boldsymbol{M}(k)\boldsymbol{H}^{(\mathrm{I})}(k) \tag{5-17}$$

式中，$\boldsymbol{M}(k)$ 是列满秩矩阵，$\boldsymbol{H}^{(\mathrm{I})}(k)$ 是行满秩矩阵。进而有

$$\begin{aligned}\boldsymbol{z}^{(0)}(k)&=\boldsymbol{H}^{(0)}(k)\boldsymbol{h}(\boldsymbol{x}(k),k)+\boldsymbol{v}^{(0)}(k)\\&=\boldsymbol{M}(k)\boldsymbol{H}^{(\mathrm{I})}(k)\boldsymbol{h}(\boldsymbol{x}(k),k)+\boldsymbol{v}^{(0)}(k)\end{aligned} \tag{5-18}$$

由于 $\boldsymbol{M}(k)$ 是列满秩矩阵，$\boldsymbol{M}^{\mathrm{T}}(k)\boldsymbol{R}^{(0)-1}\boldsymbol{M}(k)$ 是非奇异的。令 $\boldsymbol{H}^{(\mathrm{I})}(k)\boldsymbol{h}(\boldsymbol{x}(k),k)$ 作为新的观测对象，应用加权最小二乘准则，$\boldsymbol{H}^{(\mathrm{I})}(k)\boldsymbol{h}(\boldsymbol{x}(k),k)$ 的最优 Gauss-Markov 估计如式（5-13）～式（5-15）所示。证毕。

为方便起见且不引起歧义，下文将 $\boldsymbol{H}^{(j)}(k)$、$\boldsymbol{H}^{(\mathrm{I})}(k)$、$\boldsymbol{H}^{(0)}(k)$、$\boldsymbol{M}(k)$、$\boldsymbol{R}^{(\mathrm{I})}(k)$ 中的时标 k 省略。

通过上面的例子可以看出，实现以最小方差为准则的加权观测融合需要知道各个传感器观测方程之间的关系。如果方程之间的关系满足定理 5.1，那么融合算法可以采用线性结构进行融合；如果方程之间不满足定理 5.1，那么融合加权矩阵通常为非线性函数矩阵形式。确定多个方程之间的关系往往要建立中介函数（上例中为 $\boldsymbol{h}(\boldsymbol{x}(k),k)=[1\quad \boldsymbol{x}(k)\quad \boldsymbol{x}^2(k)\quad \boldsymbol{x}^3(k)]^{\mathrm{T}}$）。然而对于具有非线性关系的方程而言，建立中介函数，求解各个方程之间的解析关系是一件非常困难的事情，很多情况下是不可能的。遗憾的是，实际中的绝大多数多传感器非线性观测方程之间是存在非线性关系的，而且这些关系难以确定，因此对于这一类系统，实现具有渐近最优性的加权观测融合算法具有极大挑战。因此定理 5.1 中的线性融合方法在实际应用中受到严重束缚。接下来，结合 Taylor 级数给出一种具有普适性的加权观测融合方法。

定理 5.2　对于式（5-1）和式（5-2）描述的系统，有加权观测融合观测方程

$$\tilde{\boldsymbol{z}}^{(\mathrm{I})}(k)=\tilde{\boldsymbol{H}}^{(\mathrm{I})}\left[1\quad (\boldsymbol{\Delta x})^{\mathrm{T}}\quad \left((\boldsymbol{\Delta x})^2\right)^{\mathrm{T}}\quad \cdots\quad \left((\boldsymbol{\Delta x})^{\mu}\right)^{\mathrm{T}}\right]^{\mathrm{T}}+\boldsymbol{v}^{(\mathrm{I})}(k)\tag{5-19}$$

其中

$$\tilde{\boldsymbol{H}}^{(0)}=\begin{bmatrix}\boldsymbol{h}^{(1)} & \boldsymbol{D}_{h1} & \frac{1}{2!}\boldsymbol{D}_{h1}^{2} & \cdots & \frac{1}{\mu!}\boldsymbol{D}_{h1}^{\mu}\\ \vdots & \vdots & \vdots & \vdots & \vdots\\ \boldsymbol{h}^{(j)} & \boldsymbol{D}_{hj} & \frac{1}{2!}\boldsymbol{D}_{hj}^{2} & \cdots & \frac{1}{\mu!}\boldsymbol{D}_{hj}^{\mu}\\ \vdots & \vdots & \vdots & \vdots & \vdots\\ \boldsymbol{h}^{(L)} & \boldsymbol{D}_{hL} & \frac{1}{2!}\boldsymbol{D}_{hL}^{2} & \cdots & \frac{1}{\mu!}\boldsymbol{D}_{hL}^{\mu}\end{bmatrix}_{\boldsymbol{x}=\hat{\boldsymbol{x}}} \tag{5-20}$$

$$\begin{aligned}&\boldsymbol{D}_{hj}^{i}=\left(\frac{\partial}{\partial \boldsymbol{x}^{\mathrm{T}}}\right)^{i}\boldsymbol{h}^{(j)}(\boldsymbol{x},k), i=1,\cdots,\mu\\ &\boldsymbol{D}_{hj}^{0}=\boldsymbol{h}^{(j)}(\boldsymbol{x},k)\\ &\boldsymbol{D}_{hj}=\boldsymbol{D}_{hj}^{1}\end{aligned} \tag{5-21}$$

式中，μ 是 Taylor 展开阶数，$\tilde{\boldsymbol{M}}$ 和 $\tilde{\boldsymbol{H}}^{(\mathrm{I})}$ 是 $\tilde{\boldsymbol{H}}^{(0)}$ 的满秩分解，$\tilde{\boldsymbol{M}}\in\boldsymbol{R}^{\left(\sum_{j=1}^{L}m_j\right)\times r}$ 是列满秩，$\tilde{\boldsymbol{H}}^{(\mathrm{I})}\in\boldsymbol{R}^{r\times\left(\sum_{i=0}^{\mu}n_i\right)}$ 是行满秩，n_i 是矩阵 $\boldsymbol{D}_{hj}^{i}$ 的列数，$\boldsymbol{D}_{hj}^{i}$ 是第 j 个传感器观测方程关于 $\boldsymbol{x}$ 的 i 阶导数。定义 $\Delta\boldsymbol{x}\triangleq\boldsymbol{x}-\hat{\boldsymbol{x}}$，$(\Delta\boldsymbol{x})^{l}\triangleq\left[\prod_{i=1}^{n}\Delta x_i^{\ell_i}\ \cdots\ \prod_{j=1}^{n}\Delta x_j^{\ell_j}\right]^{\mathrm{T}}$（$\sum_{k=1}^{n}\ell_k=l$）。$\tilde{\boldsymbol{z}}^{(\mathrm{I})}(k)$ 由下式计算

$$\tilde{\boldsymbol{z}}^{(\mathrm{I})}(k)=\left(\tilde{\boldsymbol{M}}^{\mathrm{T}}\boldsymbol{R}^{(0)-1}\tilde{\boldsymbol{M}}\right)^{-1}\tilde{\boldsymbol{M}}^{\mathrm{T}}\boldsymbol{R}^{(0)-1}\boldsymbol{z}^{(0)}(k) \tag{5-22}$$

$\tilde{\boldsymbol{v}}^{(\mathrm{I})}(k)$ 及其方差由下式计算

$$\tilde{\boldsymbol{v}}^{(\mathrm{I})}(k)=\left(\tilde{\boldsymbol{M}}^{\mathrm{T}}\boldsymbol{R}^{(0)-1}\tilde{\boldsymbol{M}}\right)^{-1}\tilde{\boldsymbol{M}}^{\mathrm{T}}\boldsymbol{R}^{(0)-1}\boldsymbol{v}^{(0)}(k) \tag{5-23}$$

$$\tilde{\boldsymbol{R}}^{(\mathrm{I})}(k)=\left(\tilde{\boldsymbol{M}}^{\mathrm{T}}\boldsymbol{R}^{(0)-1}\tilde{\boldsymbol{M}}\right)^{-1} \tag{5-24}$$

证明：应用 Taylor 级数展开法，式（5-2）中的 $\boldsymbol{z}^{(j)}(k)$ 可以写为

$$\begin{aligned}\tilde{\boldsymbol{z}}^{(j)}(k)&=\boldsymbol{h}^{(j)}(\boldsymbol{x},k)\big|_{\boldsymbol{x}=\hat{\boldsymbol{x}}}+\boldsymbol{D}_{hj}\big|_{\boldsymbol{x}=\hat{\boldsymbol{x}}}\Delta\boldsymbol{x}+\frac{1}{2!}\boldsymbol{D}_{hj}^{2}\big|_{\boldsymbol{x}=\hat{\boldsymbol{x}}}(\Delta\boldsymbol{x})^{2}+\cdots+\frac{1}{\mu!}\boldsymbol{D}_{hj}^{\mu}\big|_{\boldsymbol{x}=\hat{\boldsymbol{x}}}(\Delta\boldsymbol{x})^{\mu}+\boldsymbol{v}^{(j)}(k)\\ &=\left[\boldsymbol{h}^{(j)}(\boldsymbol{x},k)\ \ \boldsymbol{D}_{hj}\ \ \cdots\ \ \frac{1}{\mu!}\boldsymbol{D}_{hj}^{\mu}\right]\Big|_{\boldsymbol{x}=\hat{\boldsymbol{x}}}\left[1\ \ (\Delta\boldsymbol{x})^{\mathrm{T}}\ \ \cdots\ \ \left((\Delta\boldsymbol{x})^{\mu}\right)^{\mathrm{T}}\right]^{\mathrm{T}}+\boldsymbol{v}^{(j)}(k)\end{aligned} \tag{5-25}$$

式中，$\tilde{z}^{(j)}(k)$ 是 $z^{(j)}(k)$ 的近似，并且

$$D_{hj}^{i}\Big|_{x=\hat{x}}(\Delta x)^{i}=\begin{bmatrix}\sum_{1}^{n^{i}}\dfrac{\partial^{i}h_{1}^{(j)}(x,k)}{\partial x_{1}^{\ell_1}x_{2}^{\ell_2}\cdots x_{n}^{\ell_n}}\cdot(\Delta x_{1}^{\ell_1}\cdot\Delta x_{2}^{\ell_2}\cdots\cdots\Delta x_{n}^{\ell_n})\\ \vdots\\ \sum_{1}^{n^{i}}\dfrac{\partial^{i}h_{m_j}^{(j)}(x,k)}{\partial x_{1}^{\ell_1}x_{2}^{\ell_2}\cdots x_{n}^{\ell_n}}\cdot(\Delta x_{1}^{\ell_1}\cdot\Delta x_{2}^{\ell_2}\cdots\cdots\Delta x_{n}^{\ell_n})\end{bmatrix},\quad\sum_{k=1}^{n}\ell_{k}=i\tag{5-26}$$

令

$$\tilde{h}(x(k),k)=\begin{bmatrix}1 & (\Delta x)^{\mathrm{T}} & \left((\Delta x)^{2}\right)^{\mathrm{T}} & \cdots & \left((\Delta x)^{\mu}\right)^{\mathrm{T}}\end{bmatrix}^{\mathrm{T}}\tag{5-27}$$

作为中介函数，由定理 5.1 得式（5-19）。证毕。

在定理 5.2 中，通过 Taylor 级数展开方法，得到近似的中介函数 $\tilde{h}(x(k),k)=\begin{bmatrix}1 & (\Delta x)^{\mathrm{T}} & \left((\Delta x)^{2}\right)^{\mathrm{T}} & \cdots & \left((\Delta x)^{\mu}\right)^{\mathrm{T}}\end{bmatrix}^{\mathrm{T}}$。定理 5.2 使得每个局部观测方程具有线性关系，因此满足了定理 5.1 中的要求。在定理 5.2 中，为了使 Taylor 级数尽快收敛，需要 Δx 尽量小，这里采用 k 时刻的状态 $x(k)$ 的预测 $\hat{x}(k|k-1)$ 作为 Taylor 级数的展开点。

5.2 基于 Taylor 级数逼近的非线性系统加权观测融合 UKF（WMF-UKF）滤波算法

5.2.1 基于 Taylor 级数逼近的非线性系统 WMF-UKF 滤波算法

当系统噪声 $w(k)$ 和观测噪声 $v^{(j)}(k)$ 为 Gauss 分布时，可利用 UKF 作为

系统滤波方法。下面采用 UKF 作为系统的滤波、预测工具，其中 Sigma 采样点定义如下：

$$\{\chi_i\}=\left[\bar{x},\bar{x}+\sqrt{(n+\kappa)P_{xx}},\bar{x}-\sqrt{(n+\kappa)P_{xx}}\right],\ i=0,\cdots,2n \tag{5-28}$$

$$W_i^m=\begin{cases}\lambda/(n+\kappa), & i=0\\ 1/[2(n+\kappa)], & i\neq 0\end{cases} \tag{5-29}$$

$$W_i^c=\begin{cases}\lambda/(n+\lambda)+(1-\alpha^2+\beta^2), & i=0\\ 1/[2(n+\lambda)], & i\neq 0\end{cases} \tag{5-30}$$

这里$\alpha>0$，$\lambda=\alpha^2(n+\kappa)-n$，$\kappa=0$或者$\kappa=3-n$，$\beta=2$。

对式（5-1）和式（5-2）描述的系统，WMF-UKF 算法如下所述。

第 1 步：初始化

WMF 的 Sigma 点为

$$\begin{aligned}\{\chi_i^{(\mathrm{I})}(k|k)\}=\Big[&\hat{x}^{(\mathrm{I})}(k|k),\hat{x}^{(\mathrm{I})}(k|k)+\sqrt{(n+\kappa)P_{xx}^{(\mathrm{I})}(k|k)},\\ &\hat{x}^{(\mathrm{I})}(k|k)-\sqrt{(n+\kappa)P_{xx}^{(\mathrm{I})}(k|k)}\Big],\ i=0,\cdots,2n\end{aligned} \tag{5-31}$$

初值为

$$\hat{x}^{(\mathrm{I})}(0|0)=\mathrm{E}\{x(0)\} \tag{5-32}$$

$$P_{xx}^{(\mathrm{I})}(0|0)=\mathrm{E}\left\{\left(x(0)-\hat{x}^{(\mathrm{I})}(0|0)\right)\left(x(0)-\hat{x}^{(\mathrm{I})}(0|0)\right)^{\mathrm{T}}\right\} \tag{5-33}$$

第 2 步：预测方程

预测的 Sigma 点为

$$\chi_i^{(\mathrm{I})}(k+1|k)=f\left(\chi_i^{(\mathrm{I})}(k|k),k\right),\quad i=0,\cdots,2n \tag{5-34}$$

预测均值为

$$\hat{\boldsymbol{x}}^{(\mathrm{I})}(k+1|k)=\sum_{i=0}^{2n}W_i^m\boldsymbol{\chi}_i^{(\mathrm{I})}(k+1|k) \tag{5-35}$$

$$\tilde{\boldsymbol{z}}_i^{(\mathrm{I})}(k+1|k)=\tilde{\boldsymbol{H}}^{(\mathrm{I})}\left[1\quad(\Delta\boldsymbol{x})^{\mathrm{T}}\quad\left((\Delta\boldsymbol{x})^2\right)^{\mathrm{T}}\quad\cdots\quad\left((\Delta\boldsymbol{x})^{\mu}\right)^{\mathrm{T}}\right]^{\mathrm{T}}\Bigg|_{\substack{\boldsymbol{x}=\boldsymbol{\chi}_i^{(\mathrm{I})}(k+1|k),\\ \hat{\boldsymbol{x}}=\hat{\boldsymbol{x}}^{(\mathrm{I})}(k+1|k)}},\quad i=0,\cdots,2n \tag{5-36}$$

预测误差方差阵为

$$\boldsymbol{P}^{(\mathrm{I})}(k+1|k)=\sum_{i=0}^{2n}W_i^c\left(\boldsymbol{\chi}_i^{(\mathrm{I})}(k+1|k)-\hat{\boldsymbol{x}}^{(\mathrm{I})}(k+1|k)\right)\left(\boldsymbol{\chi}_i^{(\mathrm{I})}(k+1|k)-\hat{\boldsymbol{x}}^{(\mathrm{I})}(k+1|k)\right)^{\mathrm{T}}+\boldsymbol{Q}_w \tag{5-37}$$

$$\hat{\boldsymbol{z}}^{(\mathrm{I})}(k+1|k)=\sum_{i=0}^{2n}W_i^m\tilde{\boldsymbol{z}}_i^{(\mathrm{I})}(k+1|k) \tag{5-38}$$

$$\tilde{\boldsymbol{P}}_{zz}^{(\mathrm{I})}(k+1|k)=\sum_{i=0}^{2n}W_i^c\left(\tilde{\boldsymbol{z}}_i^{(\mathrm{I})}(k+1|k)-\hat{\boldsymbol{z}}^{(\mathrm{I})}(k+1|k)\right)\left(\tilde{\boldsymbol{z}}_i^{(\mathrm{I})}(k+1|k)-\hat{\boldsymbol{z}}^{(\mathrm{I})}(k+1|k)\right)^{\mathrm{T}} \tag{5-39}$$

$$\tilde{\boldsymbol{P}}_{vv}^{(\mathrm{I})}(k+1|k)=\tilde{\boldsymbol{P}}_{zz}^{(\mathrm{I})}(k+1|k)+\tilde{\boldsymbol{R}}^{(\mathrm{I})} \tag{5-40}$$

$$\tilde{\boldsymbol{P}}_{xz}^{(\mathrm{I})}(k+1|k)=\sum_{i=0}^{2n}W_i^c[\boldsymbol{\chi}_i^{(\mathrm{I})}(k+1|k)-\hat{\boldsymbol{x}}^{(\mathrm{I})}(k+1|k)][\tilde{\boldsymbol{z}}_i^{(\mathrm{I})}(k+1|k)-\hat{\boldsymbol{z}}^{(\mathrm{I})}(k+1|k)]^{\mathrm{T}} \tag{5-41}$$

第 3 步：数据更新

滤波增益为

$$\tilde{\boldsymbol{W}}^{(\mathrm{I})}(k+1)=\tilde{\boldsymbol{P}}_{xz}^{(\mathrm{I})}(k+1|k)\tilde{\boldsymbol{P}}_{vv}^{(\mathrm{I})-1}(k+1|k) \tag{5-42}$$

式中，$\tilde{\boldsymbol{P}}_{vv}^{(\mathrm{I})-1}=\left(\tilde{\boldsymbol{P}}_{vv}^{(\mathrm{I})}\right)^{-1}$

$$\hat{\boldsymbol{x}}^{(\mathrm{I})}(k+1|k+1)=\hat{\boldsymbol{x}}^{(\mathrm{I})}(k+1|k)+\tilde{\boldsymbol{W}}^{(\mathrm{I})}(k+1)[\tilde{\boldsymbol{z}}^{(\mathrm{I})}(k+1)-\hat{\boldsymbol{z}}^{(\mathrm{I})}(k+1|k)] \tag{5-43}$$

$$\tilde{\boldsymbol{P}}^{(\mathrm{I})}(k+1|k+1)=\tilde{\boldsymbol{P}}^{(\mathrm{I})}(k+1|k)-\tilde{\boldsymbol{W}}^{(\mathrm{I})}(k+1)\tilde{\boldsymbol{P}}_{vv}^{(\mathrm{I})}(k+1|k)\tilde{\boldsymbol{W}}^{(\mathrm{I})\mathrm{T}}(k+1) \tag{5-44}$$

基于 Taylor 级数逼近的 WMF-UKF 滤波算法框图如图 5-1 所示。

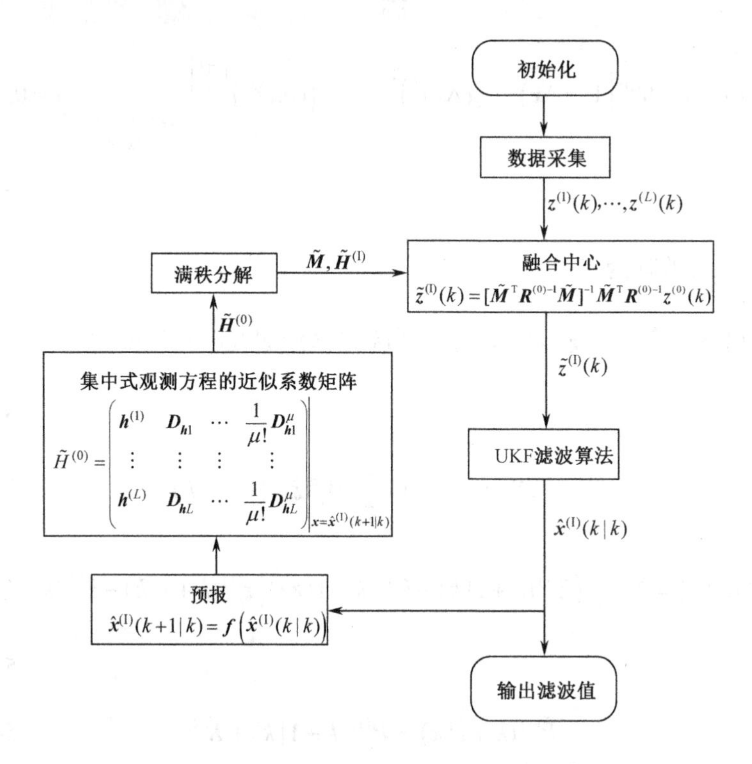

图 5-1　基于 Taylor 级数逼近的 WMF-UKF 滤波算法框图

5.2.2　WMF-UKF 的渐近最优性

定理 5.3　WMF-UKF 系统［式（5-1）和式（5-13）］与 CMF-UKF 系统［式（5-1）和式（5-4）］若满足定理 5.1 的条件，则它们的功能是完全等价的。

证明：采用数学归纳法进行证明。

（1）CMF-UKF 在 $k+1$ 时刻的状态。

首先，对于集中式融合系统［式（5-1）和式（5-4）］，由于系统的状态

方程没有改变，因此 Sigma 采样点数量 $2n+1$、初值 $\hat{\boldsymbol{x}}(0|0)$、$\boldsymbol{P}_{xx}(0|0)$ 没有改变，权值 W_i^m 与 W_i^c 也没有改变。k 时刻的采样点为

$$\{\boldsymbol{\chi}_i(k|k)\}=[\hat{\boldsymbol{x}}(k|k),\hat{\boldsymbol{x}}(k|k)+\sqrt{(n+\kappa)\boldsymbol{P}_{xx}(k|k)},\\ \hat{\boldsymbol{x}}(k|k)-\sqrt{(n+\kappa)\boldsymbol{P}_{xx}(k|k)}],\quad i=0,\cdots,2n \tag{5-45}$$

由式（5-34）、式（5-35）和式（5-36）有

$$\boldsymbol{\chi}_i(k+1|k)=\boldsymbol{f}\left(\boldsymbol{\chi}_i(k|k),k\right),\quad i=0,\cdots,2n \tag{5-46}$$

$$\hat{\boldsymbol{x}}(k+1|k)=\sum_{i=0}^{2n}W_i^m\boldsymbol{\chi}_i(k+1|k) \tag{5-47}$$

$$\boldsymbol{P}(k+1|k)=\sum_{i=0}^{2n}W_i^c\left(\boldsymbol{\chi}_i(k+1|k)-\hat{\boldsymbol{x}}(k+1|k)\right)\left(\boldsymbol{\chi}_i(k+1|k)-\hat{\boldsymbol{x}}(k+1|k)\right)^{\mathrm{T}}+\boldsymbol{Q}_w \tag{5-48}$$

现在讨论 $k+1$ 时刻 CMF-UKF 的状态。CMFS 有预测 Sigma 点

$$\begin{aligned}\boldsymbol{z}_i^{(0)}(k+1|k)&=[\boldsymbol{z}^{(1)\mathrm{T}}(k+1|k),\cdots,\boldsymbol{z}^{(L)\mathrm{T}}(k+1|k)]^{\mathrm{T}}\\&=[\boldsymbol{h}^{(1)\mathrm{T}}(\boldsymbol{\chi}_i(k+1|k),k+1),\cdots,\boldsymbol{h}^{(L)\mathrm{T}}(\boldsymbol{\chi}_i(k+1|k),k+1)]^{\mathrm{T}}\\&=[\boldsymbol{H}^{(1)\mathrm{T}}\quad\cdots\quad\boldsymbol{H}^{(L)\mathrm{T}}]^{\mathrm{T}}\boldsymbol{h}(\boldsymbol{\chi}_i(k+1|k),k+1)\end{aligned} \tag{5-49}$$

令 $[\boldsymbol{H}^{(1)\mathrm{T}}\quad\cdots\quad\boldsymbol{H}^{(L)\mathrm{T}}]^{\mathrm{T}}=\boldsymbol{H}^{(0)}$，$\boldsymbol{h}(\boldsymbol{\chi}_i(k+1|k),k+1)=\boldsymbol{z}_i(k+1|k)$，那么式（5-49）可以写作

$$\boldsymbol{z}_i^{(0)}(k+1|k)=\boldsymbol{H}^{(0)}\boldsymbol{z}_i(k+1|k) \tag{5-50}$$

CMFS 的观测预测为

$$\hat{\boldsymbol{z}}^{(0)}(k+1|k)=\sum_{i=0}^{2n}W_i^m\boldsymbol{z}_i^{(0)}(k+1|k)=\boldsymbol{H}^{(0)}\sum_{i=0}^{2n}W_i^m\boldsymbol{z}_i(k+1|k) \tag{5-51}$$

定义 $\sum_{i=0}^{2n}W_i^m\boldsymbol{z}_i(k+1|k)=\hat{\boldsymbol{z}}(k+1|k)$，则式（5-51）可写作

$$\hat{\boldsymbol{z}}^{(0)}(k+1|k)=\boldsymbol{H}^{(0)}\hat{\boldsymbol{z}}(k+1|k) \tag{5-52}$$

则

$$\begin{aligned}\boldsymbol{P}_{zz}^{(0)}(k+1|k)&=\sum_{i=0}^{2n}W_i^c\left(\boldsymbol{z}_i^{(0)}(k+1|k)-\hat{\boldsymbol{z}}^{(0)}(k+1|k)\right)\left(\boldsymbol{z}_i^{(0)}(k+1|k)-\hat{\boldsymbol{z}}^{(0)}(k+1|k)\right)^{\mathrm{T}}\\&=\sum_{i=0}^{2n}W_i^c\left(\boldsymbol{H}^{(0)}\boldsymbol{z}_i(k+1|k)-\boldsymbol{H}^{(0)}\hat{\boldsymbol{z}}_i(k+1|k)\right)\left(\boldsymbol{H}^{(0)}\boldsymbol{z}_i(k+1|k)-\boldsymbol{H}^{(0)}\hat{\boldsymbol{z}}_i(k+1|k)\right)^{\mathrm{T}}\end{aligned} \tag{5-53}$$

定义 $\boldsymbol{P}_{zz}(k+1|k)=\sum_{i=0}^{2n}W_i^c\left(\boldsymbol{z}_i(k+1|k)-\hat{\boldsymbol{z}}_i(k+1|k)\right)\left(\boldsymbol{z}_i(k+1|k)-\hat{\boldsymbol{z}}_i(k+1|k)\right)^{\mathrm{T}}$，则式（5-53）可以写作

$$\boldsymbol{P}_{zz}^{(0)}(k+1|k)=\boldsymbol{H}^{(0)}\boldsymbol{P}_{zz}(k+1|k)\boldsymbol{H}^{(0)\mathrm{T}} \tag{5-54}$$

则

$$\boldsymbol{P}_{vv}^{(0)}(k+1|k)=\boldsymbol{P}_{zz}^{(0)}(k+1|k)+\boldsymbol{R}^{(0)}=\boldsymbol{H}^{(0)}\boldsymbol{P}_{zz}(k+1|k)\boldsymbol{H}^{(0)\mathrm{T}}+\boldsymbol{R}^{(0)} \tag{5-55}$$

由矩阵求逆引理[152]：

$$(\boldsymbol{A}+\boldsymbol{B}\boldsymbol{C}^{\mathrm{T}})^{-1}=\boldsymbol{A}^{-1}-\boldsymbol{A}^{-1}\boldsymbol{B}(\boldsymbol{I}+\boldsymbol{C}^{\mathrm{T}}\boldsymbol{A}^{-1}\boldsymbol{B})^{-1}\boldsymbol{C}^{\mathrm{T}}\boldsymbol{A}^{-1} \tag{5-56}$$

定义 $\boldsymbol{R}^{(0)}=\boldsymbol{A}$， $\boldsymbol{H}^{(0)}=\boldsymbol{B}$， $\boldsymbol{P}_{zz}(k+1|k)\boldsymbol{H}^{(0)\mathrm{T}}=\boldsymbol{C}^{\mathrm{T}}$，有

$$\begin{aligned}\boldsymbol{P}_{vv}^{(0)-1}(k+1|k)=\boldsymbol{R}^{(0)-1}-\boldsymbol{R}^{(0)-1}\boldsymbol{H}^{(0)}\left(\mathbf{I}+\boldsymbol{P}_{zz}(k+1|k)\boldsymbol{H}^{(0)\mathrm{T}}\boldsymbol{R}^{(0)-1}\boldsymbol{H}^{(0)}\right)^{-1}\boldsymbol{P}_{zz}(k+\\1|k)\boldsymbol{H}^{(0)\mathrm{T}}\boldsymbol{R}^{(0)-1}\end{aligned} \tag{5-57}$$

互协方差矩阵

$$\begin{aligned}\boldsymbol{P}_{xz}^{(0)}(k+1|k)&=\sum_{i=0}^{2n}W_i^c\left(\boldsymbol{\chi}_i(k+1|k)-\hat{\boldsymbol{x}}(k+1|k)\right)\left(\boldsymbol{z}_i^{(0)}(k+1|k)-\right.\\&\quad\left.\hat{\boldsymbol{z}}^{(0)}(k+1|k)\right)^{\mathrm{T}}\\&=\sum_{i=0}^{2n}W_i^c\left(\boldsymbol{\chi}_i(k+1|k)-\hat{\boldsymbol{x}}(k+1|k)\right)\left(\boldsymbol{H}^{(0)}\boldsymbol{z}_i(k+1|k)-\right.\\&\quad\left.\boldsymbol{H}^{(0)}\hat{\boldsymbol{z}}(k+1|k)\right)^{\mathrm{T}}\end{aligned} \tag{5-58}$$

定义 $\boldsymbol{P}_{xz}(k+1|k)=\sum_{i=0}^{2n}W_i^c[\boldsymbol{\chi}_i(k+1|k)-\hat{\boldsymbol{x}}(k+1|k)][\boldsymbol{z}_i(k+1|k)-\hat{\boldsymbol{z}}(k+1|k)]^{\mathrm{T}}$，式（5-58）可以写作

$$\boldsymbol{P}_{xz}^{(0)}(k+1|k)=\boldsymbol{P}_{xz}(k+1|k)\boldsymbol{H}^{(0)\mathrm{T}} \tag{5-59}$$

滤波增益

$$\begin{aligned}\boldsymbol{W}^{(0)}(k+1)&=\boldsymbol{P}_{xz}^{(0)}(k+1|k)\boldsymbol{P}_{vv}^{(0)-1}(k+1|k)\\&=\boldsymbol{P}_{xz}(k+1|k)\boldsymbol{H}^{(0)\mathrm{T}}\{\boldsymbol{I}-\boldsymbol{R}^{(0)-1}\boldsymbol{H}^{(0)}[\boldsymbol{I}+\boldsymbol{P}_{zz}(k+1|k)\\&\quad\boldsymbol{H}^{(0)\mathrm{T}}\boldsymbol{R}^{(0)-1}\boldsymbol{H}^{(0)}]^{-1}\boldsymbol{P}_{zz}(k+1|k)\boldsymbol{H}^{(0)\mathrm{T}}\}\boldsymbol{R}^{(0)-1}\end{aligned} \tag{5-60}$$

CMF-UKF 的状态滤波为

$$\begin{aligned}\hat{\boldsymbol{x}}^{(0)}(k+1|k+1)&=\hat{\boldsymbol{x}}(k+1|k)+\boldsymbol{W}^{(0)}(k+1)[\boldsymbol{z}^{(0)}(k+1)-\hat{\boldsymbol{z}}^{(0)}(k+1|k)]\\&=\hat{\boldsymbol{x}}(k+1|k)+\boldsymbol{P}_{xz}(k+1|k)\{\boldsymbol{I}-\boldsymbol{H}^{(0)\mathrm{T}}\boldsymbol{R}^{(0)-1}\boldsymbol{H}^{(0)}\\&\quad[\boldsymbol{I}+\boldsymbol{P}_{zz}(k+1|k)\boldsymbol{H}^{(0)\mathrm{T}}\boldsymbol{R}^{(0)-1}\boldsymbol{H}^{(0)}]^{-1}\\&\quad\boldsymbol{P}_{zz}(k+1|k)\}\boldsymbol{H}^{(0)\mathrm{T}}\boldsymbol{R}^{(0)-1}[\boldsymbol{z}^{(0)}(k+1)-\hat{\boldsymbol{z}}^{(0)}(k+1|k)]\end{aligned} \tag{5-61}$$

CMF-UKF 的误差方差阵为

$$\begin{aligned}\boldsymbol{P}^{(0)}(k+1|k+1)&=\boldsymbol{P}(k+1|k)-\boldsymbol{W}^{(0)}(k+1)\boldsymbol{P}_{vv}^{(0)}(k+1|k)\boldsymbol{W}^{(0)\mathrm{T}}(k+1)\\&=\boldsymbol{P}(k+1|k)-\boldsymbol{P}_{xz}^{(0)}(k+1|k)\boldsymbol{W}^{(0)\mathrm{T}}(k+1)\\&=\boldsymbol{P}(k+1|k)-\boldsymbol{P}_{xz}(k+1|k)\boldsymbol{H}^{(0)\mathrm{T}}\boldsymbol{R}^{(0)-1}\{\boldsymbol{I}-\boldsymbol{H}^{(0)}\boldsymbol{P}_{zz}(k+1|k)\\&\quad[\boldsymbol{I}+\boldsymbol{H}^{(0)\mathrm{T}}\boldsymbol{R}^{(0)-1}\boldsymbol{H}^{(0)}\boldsymbol{P}_{zz}(k+1|k)]^{-1}\boldsymbol{H}^{(0)\mathrm{T}}\boldsymbol{R}^{(0)-1}\}\boldsymbol{H}^{(0)}\boldsymbol{P}_{xz}^{\mathrm{T}}(k+1|k)\end{aligned} \tag{5-62}$$

（2）WMF-UKF 在 $k+1$ 时刻的状态。

由式（5-1）和式（5-13）组成的 WMFS，初值 $\hat{\boldsymbol{x}}(0|0)$、$\boldsymbol{P}_{xx}(0|0)$、$W_i^m$ 和 W_i^c 同样没有改变。假设 WMF-UKF 和 CMF-UKF 在时刻 k 具有相同的

Sigma 点，如式（5-45）所示，$\boldsymbol{\chi}_i(k+1|k)$ 如式（5-46）所示，$\hat{\boldsymbol{x}}(k+1|k)$ 如式（5-47）所示，预测误差方差阵如式（5-48）所示。

WMF-UKF 的观测预测 Sigma 点如下：

$$\boldsymbol{z}_i^{(\mathrm{I})}(k+1|k)=\boldsymbol{H}^{(\mathrm{I})}\boldsymbol{h}[\boldsymbol{\chi}_i(k+1|k),k+1]=\boldsymbol{H}^{(\mathrm{I})}\boldsymbol{z}_i(k+1|k) \tag{5-63}$$

WMF-UKF 的观测预报如下：

$$\hat{\boldsymbol{z}}^{(\mathrm{I})}(k+1|k)=\sum_{i=0}^{2n}W_i^m\boldsymbol{z}_i^{(\mathrm{I})}(k+1|k)=\boldsymbol{H}^{(\mathrm{I})}\hat{\boldsymbol{z}}(k+1|k) \tag{5-64}$$

$$\begin{aligned}\boldsymbol{P}_{zz}^{(\mathrm{I})}(k+1|k)&=\sum_{i=0}^{2n}W_i^c[\boldsymbol{z}_i^{(\mathrm{I})}(k+1|k)-\hat{\boldsymbol{z}}^{(\mathrm{I})}(k+1|k)][\boldsymbol{z}_i^{(\mathrm{I})}(k+1|k)-\hat{\boldsymbol{z}}^{(\mathrm{I})}(k+1|k)]^{\mathrm{T}}\\&=\sum_{i=0}^{2n}W_i^c[\boldsymbol{H}^{(\mathrm{I})}\boldsymbol{z}_i(k+1|k)-\boldsymbol{H}^{(\mathrm{I})}\hat{\boldsymbol{z}}_i(k+1|k)][\boldsymbol{H}^{(\mathrm{I})}\boldsymbol{z}_i(k+1|k)-\\&\quad\boldsymbol{H}^{(\mathrm{I})}\hat{\boldsymbol{z}}_i(k+1|k)]^{\mathrm{T}}\\&=\boldsymbol{H}^{(\mathrm{I})}\boldsymbol{P}_{zz}(k+1|k)\boldsymbol{H}^{(\mathrm{I})\mathrm{T}}\end{aligned} \tag{5-65}$$

$$\begin{aligned}\boldsymbol{P}_{vv}^{(\mathrm{I})}(k+1|k)&=\boldsymbol{P}_{zz}^{(\mathrm{I})}(k+1|k)+\boldsymbol{R}^{(\mathrm{I})}\\&=\boldsymbol{H}^{(\mathrm{I})}\boldsymbol{P}_{zz}(k+1|k)\boldsymbol{H}^{(\mathrm{I})\mathrm{T}}+\left(\boldsymbol{M}^{\mathrm{T}}\boldsymbol{R}^{(0)-1}\boldsymbol{M}\right)^{-1}\end{aligned} \tag{5-66}$$

$$\begin{aligned}\boldsymbol{P}_{xz}^{(\mathrm{I})}(k+1|k)&=\sum_{i=0}^{2n}W_i^c[\boldsymbol{\chi}_i(k+1|k)-\hat{\boldsymbol{x}}(k+1|k)][\boldsymbol{z}_i^{(\mathrm{I})}(k+1|k)-\hat{\boldsymbol{z}}^{(\mathrm{I})}(k+1|k)]^{\mathrm{T}}\\&=\boldsymbol{P}_{xz}(k+1|k)\boldsymbol{H}^{(\mathrm{I})\mathrm{T}}\end{aligned} \tag{5-67}$$

WMF-UKF 的滤波增益可计算为

$$\boldsymbol{W}^{(\mathrm{I})}(k+1)=\boldsymbol{P}_{xz}^{(\mathrm{I})}(k+1|k)\boldsymbol{P}_{vv}^{(\mathrm{I})-1}(k+1|k) \tag{5-68}$$

利用矩阵求逆引理式（5-56），定义 $\boldsymbol{A}\triangleq\left(\boldsymbol{M}^{\mathrm{T}}\boldsymbol{R}^{(0)-1}\boldsymbol{M}\right)^{-1}$，$\boldsymbol{B}\triangleq\boldsymbol{I}$，$\boldsymbol{C}^{\mathrm{T}}\triangleq\boldsymbol{H}^{(\mathrm{I})}\cdot\boldsymbol{P}_{zz}(k+1|k)\boldsymbol{H}^{(\mathrm{I})\mathrm{T}}$，有

$$\begin{aligned}\boldsymbol{P}_{vv}^{(\mathrm{I})-1}(k+1|k)=&\boldsymbol{M}^{\mathrm{T}}\boldsymbol{R}^{(0)-1}\boldsymbol{M}-\boldsymbol{M}^{\mathrm{T}}\boldsymbol{R}^{(0)-1}\boldsymbol{M}[\boldsymbol{I}+\boldsymbol{H}^{(\mathrm{I})}\boldsymbol{P}_{zz}(k+1|k)\boldsymbol{H}^{(\mathrm{I})\mathrm{T}}\boldsymbol{M}^{\mathrm{T}}\boldsymbol{R}^{(0)-1}\boldsymbol{M}]^{-1}\\&\boldsymbol{H}^{(\mathrm{I})}\boldsymbol{P}_{zz}(k+1|k)\boldsymbol{H}^{(\mathrm{I})\mathrm{T}}\boldsymbol{M}^{\mathrm{T}}\boldsymbol{R}^{(0)-1}\boldsymbol{M}\end{aligned} \tag{5-69}$$

$$W^{(\mathrm{I})}(k+1)=P_{xz}(k+1|k)H^{(\mathrm{I})\mathrm{T}}\Big\{I-M^{\mathrm{T}}R^{(0)-1}M[I+H^{(\mathrm{I})}P_{zz}(k+1|k)H^{(\mathrm{I})\mathrm{T}}$$

$$M^{\mathrm{T}}R^{(0)-1}M]^{-1}H^{(\mathrm{I})}P_{zz}(k+1|k)H^{(\mathrm{I})\mathrm{T}}\Big\}M^{\mathrm{T}}R^{(0)-1}M \tag{5-70}$$

WMF-UKF 的滤波输出为

$$\begin{aligned}\hat{x}^{(\mathrm{I})}(k+1|k+1)&=\hat{x}(k+1|k)+W^{(\mathrm{I})}(k+1)[z^{(\mathrm{I})}(k+1)-\hat{z}^{(\mathrm{I})}(k+1|k)]\\&=\hat{x}(k+1|k)+P_{xz}(k+1|k)\Big\{I-H^{(0)\mathrm{T}}R^{(0)-1}H^{(0)}[I+\\&\quad P_{zz}(k+1|k)H^{(0)\mathrm{T}}R^{(0)-1}H^{(0)}]^{-1}P_{zz}(k+\\&\quad 1|k)\Big\}H^{(0)\mathrm{T}}R^{(0)-1}[z^{(0)}(k)-\hat{z}^{(0)}(k+1|k)]\end{aligned} \tag{5-71}$$

对比式（5-61）与式（5-71），可以得出滤波结果是一致的。

WMF-UKF 的滤波误差方差阵为

$$\begin{aligned}P^{(\mathrm{I})}(k+1|k+1)&=P(k+1|k)-W^{(\mathrm{I})}(k+1)P_{vv}^{(\mathrm{I})}(k+1|k)W^{(\mathrm{I})\mathrm{T}}(k+1)\\&=P(k+1|k)-P_{xz}(k+1|k)H^{(0)\mathrm{T}}R^{(0)-1}\Big\{I-H^{(0)}P_{zz}(k+\\&\quad 1|k)[I+H^{(0)\mathrm{T}}R^{(0)-1}H^{(0)}P_{zz}(k+1|k)]^{-1}H^{(0)\mathrm{T}}\\&\quad R^{(0)-1}\Big\}H^{(0)}P_{xz}^{\mathrm{T}}(k+1|k)\end{aligned} \tag{5-72}$$

由式（5-62）和式（5-72），可以看出本章给出的两种融合算法的滤波误差方差阵也是一致的。证毕。

由定理 5.2、定理 5.3，以及 Taylor 级数收敛性，有如下定理。

定理 5.4　5.2.1 节提出的 WMF-UKF 随着 Taylor 级数展开式的增加，与 CMF-UKF 算法具有渐近一致性，即 WMF-UKF 算法具有渐近最优性。

证明：由定理 5.2 及 Taylor 级数收敛性质，$\tilde{z}^{(j)}(k)$ 收敛于 $z^{(j)}(k)$。当 $\mu\to\infty$ 时，基于 $\tilde{z}^{(j)}(k)$ 的 CMF-UKF 算法渐近收敛于基于 $z^{(j)}(k)$ 的 CMF-UKF 算法。由定理 5.3，得知 5.2.1 节给出的 WMF-UKF 算法等价于基于 $\tilde{z}^{(j)}(k)$ 的 CMF-UKF 算法。因而随着 Taylor 级数展开式的增加，WMF-UKF 渐近收敛于基于 $z^{(j)}(k)$ 的 CMF-UKF。证毕。

WMF-UKF 与 CMF-UKF 的关系图如图 5-2 所示。

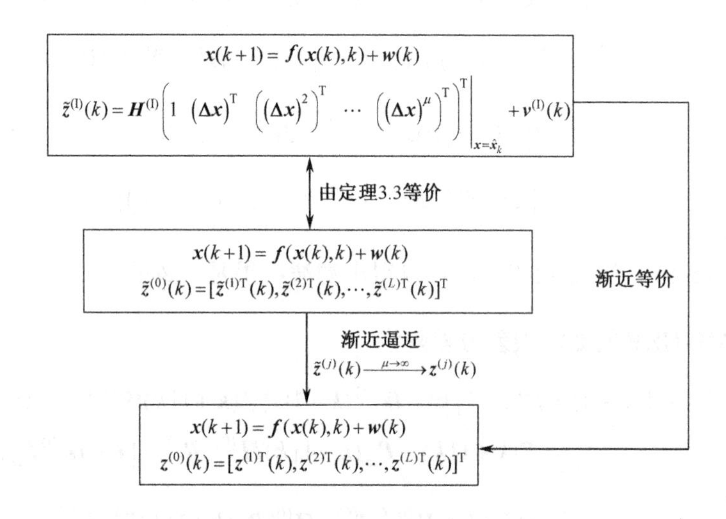

图 5-2 WMF-UKF 与 CMF-UKF 的关系图

5.2.3 WMF-UKF 的计算量分析

这一节，我们将分析 WMF-UKF 的计算量。在式（5-26）中，可以合并同类项。例如，若 $\boldsymbol{\Delta x}=\begin{bmatrix}\Delta x_1 & \Delta x_2 & \Delta x_3\end{bmatrix}^{\mathrm{T}}$，当 $i=2$ 时，$(\boldsymbol{\Delta x})^2$ 可以合并计算为 $(\boldsymbol{\Delta x})^2=\begin{bmatrix}\Delta x_1^2 & 2\Delta x_1\Delta x_2 & 2\Delta x_1\Delta x_3 & \Delta x_2^2 & 2\Delta x_2\Delta x_3 & \Delta x_3^2\end{bmatrix}^{\mathrm{T}}$。为了分析方便，我们假设所有传感器观测方程具有相同的维数，则系数矩阵如下：

$$\boldsymbol{D}_{hj}^{2}=\begin{bmatrix}\frac{\partial^2 h_1^{(j)}(\boldsymbol{x},k)}{\partial x_1^2} & \frac{\partial^2 h_1^{(j)}(\boldsymbol{x},k)}{\partial x_1 x_2} & \frac{\partial^2 h_1^{(j)}(\boldsymbol{x},k)}{\partial x_1 x_3} & \frac{\partial^2 h_1^{(j)}(\boldsymbol{x},k)}{\partial x_2^2} & \frac{\partial^2 h_1^{(j)}(\boldsymbol{x},k)}{\partial x_2 x_3} & \frac{\partial^2 h_1^{(j)}(\boldsymbol{x},k)}{\partial x_3^2} \\ \vdots & \vdots & \vdots & \vdots & \vdots & \vdots \\ \frac{\partial^2 h_m^{(j)}(\boldsymbol{x},k)}{\partial x_1^2} & \frac{\partial^2 h_m^{(j)}(\boldsymbol{x},k)}{\partial x_1 x_2} & \frac{\partial^2 h_m^{(j)}(\boldsymbol{x},k)}{\partial x_1 x_3} & \frac{\partial^2 h_m^{(j)}(\boldsymbol{x},k)}{\partial x_2^2} & \frac{\partial^2 h_m^{(j)}(\boldsymbol{x},k)}{\partial x_2 x_3} & \frac{\partial^2 h_m^{(j)}(\boldsymbol{x},k)}{\partial x_3^2}\end{bmatrix} \quad (5\text{-}73)$$

假设系统为 3 维系统，即 $n=3$，观测方程维数 $m=2$，传感器数量 $L=10$，Taylor 级数展开项最高阶数 $\mu=2$，则中介函数由式（5-27）得到

$$\boldsymbol{h}(\boldsymbol{x}(k),k)=\begin{bmatrix}1 & (\Delta\boldsymbol{x})^{\mathrm{T}} & \left((\Delta\boldsymbol{x})^2\right)^{\mathrm{T}}\end{bmatrix}^{\mathrm{T}}\in\boldsymbol{R}^{10\times1} \quad (5\text{-}74)$$

由式（5-20），有 $\boldsymbol{H}^{(0)}\in\boldsymbol{R}^{20\times10}$，它可以满秩分解为 $\boldsymbol{H}^{(0)}=\boldsymbol{M}\boldsymbol{H}^{(\mathrm{I})}$，其中 $\boldsymbol{M}\in\boldsymbol{R}^{20\times r}$ 为列满秩，$\boldsymbol{H}^{(\mathrm{I})}\in\boldsymbol{R}^{r\times10}$ 为行满秩。WMF 系统观测方程的维数依赖 $\boldsymbol{H}^{(\mathrm{I})}$ 的秩，而 $\boldsymbol{H}^{(\mathrm{I})}$ 的秩为 $\mathrm{Rank}(\boldsymbol{H}^{(\mathrm{I})})=r\leqslant10$。所以由式（5-42）得知，WMF-UKF 只需要处理 $r\times r(r\leqslant10)$ 矩阵 $\boldsymbol{P}_{vv}^{(\mathrm{I})}(k+1|k)$ 的逆，而 CMF-UKF 算法需要处理 20×20 矩阵 $\boldsymbol{P}_{vv}^{(0)}(k+1|k)$ 的逆。

由于 CMF-UKF 算法和 WMF-UKF 算法具有相同的状态方程，因此计算量的多少完全依赖观测方程的维数。随着传感器数量 L 的增加，$\boldsymbol{h}^{(0)}(\boldsymbol{x}(k),k)$ 的维数 mL 迅速增加，但是 $\boldsymbol{H}^{(\mathrm{I})}$ 的维数不会进一步增加。综上所述，当传感器数量巨大时，WMF-UKF 的计算负担要明显低于 CMF-UKF 算法。

5.3　基于 Taylor 级数逼近的非线性系统加权观测融合 CKF（WMF-CKF）滤波算法

5.3.1　基于 Taylor 级数逼近的非线性系统 WMF-CKF 滤波算法

当系统噪声 $\boldsymbol{w}(k)$ 和观测噪声 $\boldsymbol{v}^{(j)}(k)$ 为 Gauss 分布时，可利用 CKF 作为系统滤波方法。基于定理 5.2 和 CKF 算法，给出如下 WMF-CKF 算法。

第 1 步：初始化

$\hat{\boldsymbol{x}}^{(\mathrm{I})}(0|-1)=\mathrm{E}\{\boldsymbol{x}(0)\}$，$\hat{\boldsymbol{z}}^{(\mathrm{I})}(-1|-2)=0$，$\boldsymbol{P}^{(\mathrm{I})}(-1|-1)=\boldsymbol{I}$，$\boldsymbol{P}_{zz}^{(\mathrm{I})}(-1|-2)=\boldsymbol{I}$。

第 2 步：计算基本容积点和其对应的权值[116]

$$\boldsymbol{\xi}^{(i)}=\sqrt{\frac{m}{2}}[1]_i,\quad i=1,2,\cdots,m \tag{5-75}$$

其中$\boldsymbol{\xi}^{(i)}$是第i个基本容积点，m是容积点的总数，根据 3 阶容积积分法则，容积点的总数是系统状态维数的两倍，即$m=2n$，n是系统状态的维数。$[1]\in R^n$是完全对称点集。

假设$k+1$时刻的后验密度函数已知，初始状态误差方差矩阵$\boldsymbol{P}^{(\mathrm{I})}(k-1|k-1)$正定，那么，对其进行因式分解有

$$\boldsymbol{P}^{(\mathrm{I})}(k-1|k-1)=\boldsymbol{S}^{(\mathrm{I})}(k-1|k-1)[\boldsymbol{S}^{(\mathrm{I})}(k-1|k-1)]^{\mathrm{T}} \tag{5-76}$$

估算容积点

$$\boldsymbol{\chi}^{(\mathrm{I})(i)}(k-1|k-1)=\boldsymbol{S}^{(\mathrm{I})}(k-1|k-1)\boldsymbol{\xi}^{(i)}+\hat{\boldsymbol{x}}^{(\mathrm{I})}(k-1|k-1) \tag{5-77}$$

估算传播容积点

$$\boldsymbol{x}^{(\mathrm{I})(i)}(k|k-1)=\boldsymbol{f}(\boldsymbol{\chi}^{(\mathrm{I})(i)}(k-1|k-1),k) \tag{5-78}$$

第 3 步：计算状态预测值和误差协方差矩阵

$$\hat{\boldsymbol{x}}^{(\mathrm{I})}(k|k-1)\approx\frac{1}{2n}\sum_{i=1}^{2n}\boldsymbol{\chi}^{(\mathrm{I})(i)}(k-1|k-1) \tag{5-79}$$

$$\begin{aligned}\boldsymbol{P}^{(\mathrm{I})}(k|k-1)\approx&\frac{1}{2n}\sum_{\mu=1}^{2n}\boldsymbol{X}^{(\mathrm{I})(i)}(k-1|k-1)[\boldsymbol{X}^{(\mathrm{I})(i)}(k-1|k-1)]^{\mathrm{T}}-\\&\hat{\boldsymbol{x}}^{(\mathrm{I})}(k|k-1)[\hat{\boldsymbol{x}}^{(\mathrm{I})}(k|k-1)]^{\mathrm{T}}+\boldsymbol{Q}_w\end{aligned} \tag{5-80}$$

第 4 步：估算预测容积点

因式分解：

$$\boldsymbol{P}^{(\mathrm{I})}(k|k-1)=\boldsymbol{S}^{(\mathrm{I})}(k|k-1)[\boldsymbol{S}^{(\mathrm{I})}(k|k-1)]^{\mathrm{T}} \tag{5-81}$$

估算容积点

$$\boldsymbol{\chi}^{(\mathrm{I})(i)}(k|k-1)=\boldsymbol{S}^{(\mathrm{I})}(k|k-1)\boldsymbol{\xi}^{(i)}+\hat{\boldsymbol{x}}^{(\mathrm{I})}(k|k-1) \tag{5-82}$$

$$\boldsymbol{Z}^{(\mathrm{I})(i)}(k|k-1)=\boldsymbol{h}^{(\mathrm{I})}(\boldsymbol{x}(k),k)\Big|_{\boldsymbol{x}(k)=\boldsymbol{\chi}^{(\mathrm{I})(i)}(k|k-1)} \tag{5-83}$$

第 5 步：计算观测预报值和误差协方差矩阵

$$\hat{\boldsymbol{z}}^{(\mathrm{I})}(k|k-1)\approx\frac{1}{2n}\sum_{\mu=1}^{2n}\boldsymbol{Z}^{(\mathrm{I})(i)}(k|k-1) \tag{5-84}$$

$$\begin{aligned}\boldsymbol{P}_{zz}^{(\mathrm{I})}(k|k-1)\approx&\frac{1}{2n}\sum_{i=1}^{2n}\boldsymbol{Z}^{(\mathrm{I})(i)}(k|k-1)[\boldsymbol{Z}^{(\mathrm{I})(i)}(k|k-1)]^{\mathrm{T}}-\\&\hat{\boldsymbol{z}}^{(\mathrm{I})}(k|k-1)[\hat{\boldsymbol{z}}^{(\mathrm{I})}(k|k-1)]^{\mathrm{T}}+\boldsymbol{R}^{(\mathrm{I})}\end{aligned} \tag{5-85}$$

$$\begin{aligned}\boldsymbol{P}_{xz}^{(\mathrm{I})}(k|k-1)\approx&\frac{1}{2n}\sum_{i=1}^{2n}\boldsymbol{\chi}^{(\mathrm{I})(i)}(k|k-1)[\boldsymbol{Z}^{(\mathrm{I})(i)}(k|k-1)]^{\mathrm{T}}-\\&\hat{\boldsymbol{x}}^{(\mathrm{I})}(k|k-1)[\hat{\boldsymbol{z}}^{(\mathrm{I})}(k|k-1)]^{\mathrm{T}}\end{aligned} \tag{5-86}$$

$$\boldsymbol{K}^{(\mathrm{I})}(k)=\boldsymbol{P}_{xz}^{(\mathrm{I})}(k|k-1)[\boldsymbol{P}_{zz}^{(\mathrm{I})}(k|k-1)]^{-1} \tag{5-87}$$

第 6 步：计算局部状态滤波和误差协方差矩阵

$$\hat{\boldsymbol{x}}^{(\mathrm{I})}(k|k)=\hat{\boldsymbol{x}}^{(\mathrm{I})}(k|k)+\boldsymbol{K}^{(\mathrm{I})}(k)[\boldsymbol{z}^{(\mathrm{I})}(k)-\hat{\boldsymbol{z}}^{(\mathrm{I})}(k|k-1)] \tag{5-88}$$

$$\boldsymbol{P}^{(\mathrm{I})}(k|k)=\boldsymbol{P}^{(\mathrm{I})}(k|k-1)-\boldsymbol{K}^{(\mathrm{I})}(k)\,\boldsymbol{P}_{zz}^{(\mathrm{I})}(k|k-1)[\boldsymbol{K}^{(\mathrm{I})}(k)]^{\mathrm{T}} \tag{5-89}$$

转到第 2 步迭代计算。

基于 Taylor 级数逼近的 WMF-CKF 滤波算法框图如图 5-3 所示。

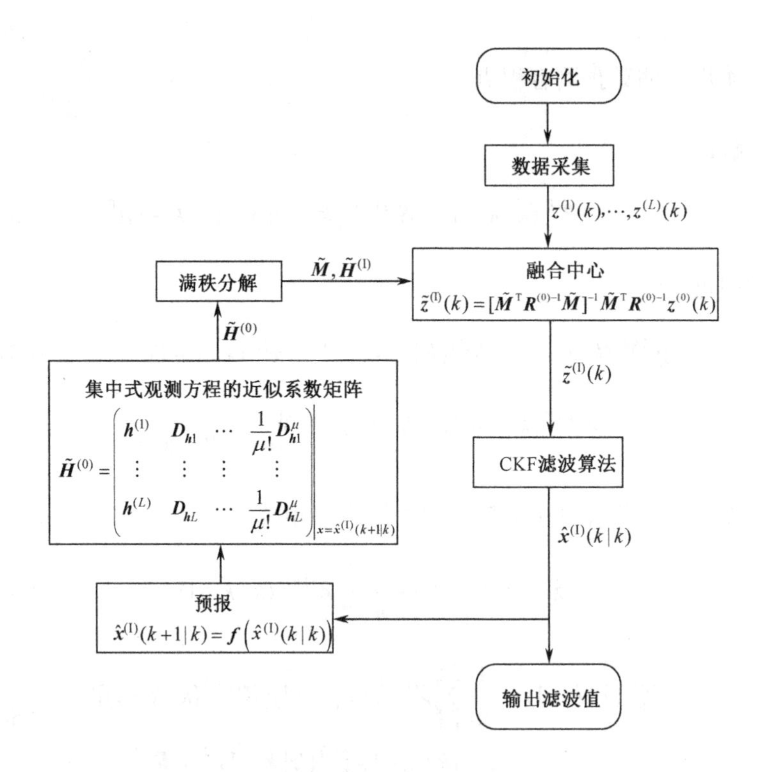

图 5-3　基于 Taylor 级数逼近的 WMF-CKF 滤波算法框图

5.3.2　WMF−CKF 的渐近最优性

定理 5.5　WMF-CKF 系统［式（5-1）和式（5-13）］与 CMF-CKF 系统［式（5-1）和式（5-4）］，若满足定理 5.1 的条件，则它们的功能是完全等价的。

证明：证明同定理 5.3。

定理 5.6　5.3.1 节提出的 WMF-CKF 随着 Taylor 级数展开式的增加，与 CMF-CKF 算法具有渐近一致性，即 WMF-CKF 算法具有渐近最优性。

证明：证明同定理 5.4。

5.3.3　WMF-CKF 的计算量分析

类似于 5.2.3 节，由于 CMF-CKF 算法和 WMF-CKF 算法具有相同的状态方程，因此计算量的多少完全依赖观测方程的维数。随着传感器数量 L 的增加，$\boldsymbol{h}^{(0)}(\boldsymbol{x}(k),k)$ 的维数 mL 迅速增加，但是 $\boldsymbol{H}^{(\mathrm{I})}$ 的维数不会进一步增加。综上所述，当传感器数量巨大时，WMF-CKF 的计算负担要明显低于 CMF-CKF 算法。

5.4　基于 Taylor 级数逼近的非线性系统加权观测融合 PF（WMF-PF）滤波算法

5.4.1　基于 Taylor 级数逼近的非线性系统 WMF-PF 滤波算法

当系统噪声 $\boldsymbol{w}(k)$ 和观测噪声 $\boldsymbol{v}^{(j)}(k)$ 为 Gauss 或者非 Gauss 分布时，可利用 PF 作为系统滤波方法。基于定理 5.2 和 PF 算法，给出如下 WMF-PF 算法。

第 1 步：设置初值

$$\hat{\boldsymbol{x}}^{(\mathrm{I})(i)}(0|0)\sim p_{x_0}(\boldsymbol{x}_0),\ i=1,\cdots,N_s \tag{5-90}$$

第 2 步：状态预报粒子

$$\hat{\boldsymbol{x}}^{(\mathrm{I})(i)}(k|k-1)=\boldsymbol{f}(\hat{\boldsymbol{x}}^{(\mathrm{I})(i)}[k-1|k-1),k-1]+\boldsymbol{\xi}^{(\mathrm{I})(i)}(k-1) \tag{5-91}$$

随机数$\boldsymbol{\xi}^{(\mathrm{I})(i)}(k-1)$与$\boldsymbol{w}(k)$同分布。

第 3 步：观测预报粒子

$$\hat{\boldsymbol{z}}^{(\mathrm{I})(i)}(k|k-1)=\tilde{\boldsymbol{H}}^{(\mathrm{I})}\tilde{\boldsymbol{h}}[\hat{\boldsymbol{x}}^{(\mathrm{I})(i)}(k|k-1),k] \tag{5-92}$$

第 4 步：重要性权值

$$\omega_k^{(\mathrm{I})(i)}=\frac{1}{N_s}p[\hat{\boldsymbol{z}}^{(\mathrm{I})(i)}(k|k-1)|\hat{\boldsymbol{x}}^{(\mathrm{I})(i)}(k|k-1)] \tag{5-93}$$

即

$$\omega_k^{(\mathrm{I})(i)}=\frac{1}{N_s}p_{v_k^{(\mathrm{I})}}[\tilde{\boldsymbol{z}}^{(\mathrm{I})}(k)-\hat{\boldsymbol{z}}^{(\mathrm{I})(i)}(k|k-1)] \tag{5-94}$$

其中$\tilde{\boldsymbol{z}}^{(\mathrm{I})}(k)$可以由式（5-14）计算，$\overline{\omega}_k^{(\mathrm{I})(i)}$由下式给出

$$\overline{\omega}_k^{(\mathrm{I})(i)}=\frac{\omega_k^{(\mathrm{I})(i)}}{\sum_{i=1}^{N}\omega_k^{(\mathrm{I})(i)}} \tag{5-95}$$

第 5 步：滤波

$$\hat{\boldsymbol{x}}^{(\mathrm{I})}(k|k)=\sum_{i=1}^{N_s}\overline{\omega}_k^{(\mathrm{I})(i)}\hat{\boldsymbol{x}}^{(\mathrm{I})(i)}(k|k-1) \tag{5-96}$$

滤波误差协方差阵为

$$\boldsymbol{P}^{(\mathrm{I})}(k|k)\approx\sum_{i=1}^{N_s}\overline{\omega}_k^{(\mathrm{I})(i)}[\hat{\boldsymbol{x}}^{(\mathrm{I})(i)}(k|k-1)-\hat{\boldsymbol{x}}^{(\mathrm{I})(i)}(k|k)]^2 \tag{5-97}$$

第 6 步：重采样

在本章中采用的重采样方法为系统采样法，即

$$u_i=\frac{(i-1)+r}{N},r\sim\mathrm{U}[0,1],i=1,\cdots,N_s \tag{5-98}$$

如果 $\sum_{j=1}^{m-1}\bar{\omega}_k^{(\mathrm{I})(j)} < u_i \leqslant \sum_{j=1}^{m}\bar{\omega}_k^{(\mathrm{I})(j)}$，复制 m 个粒子直接作为重采样粒子 $\hat{\boldsymbol{x}}^{(\mathrm{I})(i)}(k|k)$。

转到第 2 步迭代计算。

基于 Taylor 级数逼近的 WMF-PF 滤波算法框图如图 5-4 所示。

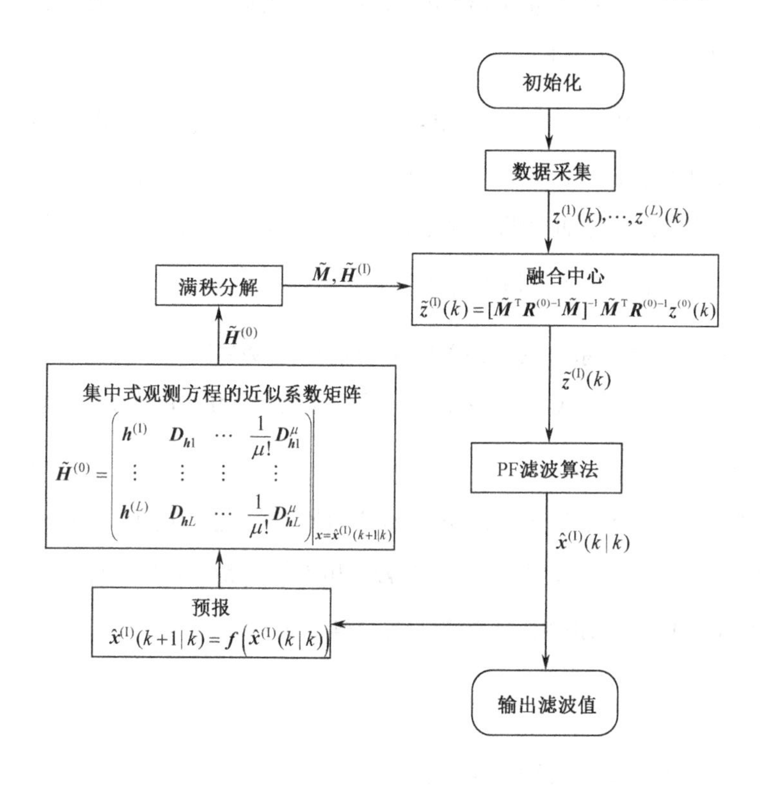

图 5-4　基于 Taylor 级数逼近的 WMF-PF 滤波算法框图

5.4.2　WMF–PF 的渐近最优性

假设传感器之间存在线性关系。由式（5-14）有

$$p_{v_k^{(\mathrm{I})}}(z^{(\mathrm{I})}(k)\,|\,x(k)) = p_{v_k^{(0)}}(z^{(0)}(k)\,|\,x(k)) \tag{5-99}$$

即 $\omega_k^{(i)}$ 和 $\overline{\omega}_k^{(i)}$ 由式（5-93）、式（5-94）和式（5-95）计算。因此得到如下定理。

定理 5.7 基于系统式（5-1）和式（5-13）的 WMF-PF 算法和基于系统式（5-1）和式（5-4）的 CMF-PF 算法，若满足定理 5.1 中的关系，则两种算法具有完全数值等价性。

证明：对比 WMF-PF 与 CMF-PF 算法，发现只有 $\omega_k^{(i)}$ 的求解不同，当各传感器之间具有线性关系时，$p^{(\mathrm{I})}(z^{(\mathrm{I})}(k)\,|\,x^{(i)}(k))$ 与 $p^{(0)}(z^{(0)}(k)\,|\,x^{(i)}(k))$ 在数值上是相同的。进而有两种算法的 $\omega_k^{(i)}$ 在数值上是相同的。综上得到：WMF-PF 与 CMF-PF 在数值上是等价的。证毕。

定理 5.8 基于系统式（5-1）和式（5-19）的 WMF-PF 算法，随着 Taylor 级数展开项的增加，WMF-PF 将逐渐收敛于最优 CMF-PF 算法。即 WMF-PF 具有渐近最优性。

证明：由定理 5.2，随着 Taylor 级展开项的增加，$\tilde{z}^{(j)}(k)$ 和 $z^{(j)}(k)$，$\tilde{z}^{(\mathrm{I})}(k)$ 和 $z^{(\mathrm{I})}(k)$，$\tilde{M}$ 和 M，$\tilde{H}^{(0)}$ 和 $H^{(0)}$，$\tilde{H}^{(\mathrm{I})}$ 和 $H^{(\mathrm{I})}$，$\tilde{R}^{(\mathrm{I})}$ 和 $R^{(\mathrm{I})}$ 是渐近等价的，因此 WMF-PF 和 CMF-PF 具有渐近等价性。证毕。

5.4.3 WMF–PF 的计算量分析

由粒子滤波算法可知，粒子滤波器的时间复杂度由重要性权值计算式确定，即本章提出的 WMF-PF 算法的时间复杂度由式（5-93）决定，为 $O(r^2)$，而 CMF-PF 的时间复杂度为 $O\left(\left(\sum_{j=1}^{L} m_j\right)^2\right)$。由于 $r \leqslant \min(\sum_{j=1}^{L} m_j, \mathrm{rank}(\widehat{\mathbf{H}}^{(0)}))$，因而 WMF-PF 的计算量不超过 CMF-PF。

5.5　WMF-UKF、WMF-CKF 和 WMF-PF 的比较分析

由于 UKF 算法和 CKF 采用固定点采样策略，例如本章采用的比例修正策略，如式（2-62）～式（2-64），是以均值 $\bar{x}$ 为中心的对称采样，采样数目为 $2n+1$。由于采样点及其权值在计算过程中以超球体为模型，因此采样点在近似 Gauss 分布时有较好的效果，而在近似非 Gauss 分布噪声时效果不佳。PF 采用的是随机采样点策略，采样点的分布较为灵活，采样点与系统模型和系统噪声分布无关。因此，PF 适用的系统模型更广，在近似 Gauss 和非 Gauss 噪声情况下，均有较好的效果。但由于在高精度要求下，PF 所需要的粒子数目较多，因此所带来的计算负担要大。

基于 UKF、PF 和 CKF 的加权观测融合估计算法，同样具备这 3 种滤波算法各自的优缺点。WMF-UKF 和 WMF-CKF 在处理多传感器非线性 Gauss 系统的估计问题时，具有精度较高、计算量较小的优点，而处理非 Gauss 系统时精度有限。WMF-PF 处理多传感器非线性 Gauss/非 Gauss 系统的估计问题时，具有同样的估计精度，但是要保证估计的精度，需要大量的随机采样粒子，这会增加系统的计算负担。

5.6　仿真研究

例 5.1　（标量系统基于 Taylor 级数逼近的 WMF-UKF）考虑一个带有 4 传感器的非线性系统[159]

$$x(k)=0.5x(k-1)+25x(k-1)/(1+x^2(k-1))+8\cos(1.2(k-1))+w(k) \quad (5\text{-}100)$$

$$z^{(j)}(k)=h^{(j)}\left(x(k),k\right)+v^{(j)}(k), \quad j=1,\cdots,4 \quad (5\text{-}101)$$

其中

$$h^{(1)}\left(x(k),k\right)=x(k)/10,$$

$$h^{(2)}\left(x(k),k\right)=x^2(k)/20,$$

$$h^{(3)}\left(x(k),k\right)=\cos(x(k))/10,$$

$$h^{(4)}\left(x(k),k\right)=\sin(x(k))/10 \quad (5\text{-}102)$$

使用 1 阶 Taylor 级数展开方法近似，观测方程的系数矩阵如下：

$$\boldsymbol{H}^{(0)}=\begin{bmatrix} x/10 & 1/10 \\ x^2/20 & x/10 \\ \cos(x)/10 & -\sin(x)/10 \\ \sin(x)/10 & \cos(x)/10 \end{bmatrix}\Bigg|_{x=\hat{x}(k|k-1)} \quad (5\text{-}103)$$

并且相应的中介函数 $\tilde{\boldsymbol{h}}(\boldsymbol{x}(k),k)$ 由下式给出

$$\tilde{\boldsymbol{h}}(\boldsymbol{x}(k),k)=\begin{bmatrix}1 & \Delta x & \Delta x^2\end{bmatrix}^{\mathrm{T}}, \quad \Delta x=x(k)-\hat{x}(k\,|\,k-1) \quad (5\text{-}104)$$

另外，使用 2 阶 Taylor 级数展开方法的系数矩阵为

$$\boldsymbol{H}^{(0)}=\begin{bmatrix} x/10 & 1/10 & 0 \\ x^2/20 & x/10 & 1/20 \\ \cos(x)/10 & -\sin(x)/10 & -\cos(x)/20 \\ \sin(x)/10 & \cos(x)/10 & -\sin(x)/20 \end{bmatrix}\Bigg|_{x=\hat{x}(k|k-1)} \quad (5\text{-}105)$$

并且中介函数 $\tilde{\boldsymbol{h}}(\boldsymbol{x}(k),k)$ 由下式给出

$$\tilde{\boldsymbol{h}}(\boldsymbol{x}(k),k)=\begin{bmatrix}1 & \Delta x & \Delta x^2\end{bmatrix}^{\mathrm{T}}, \quad \Delta x=x(k)-\hat{x}(k\,|\,k-1) \quad (5\text{-}106)$$

在仿真中，$w(k)$ 和 $v^{(j)}(k)$ $(j=1,\cdots,4)$ 为互不相关的 Gauss 噪声。$w(k)$ 为零均值，方差为 $Q_w=0.1$； $v^{(j)}(k)$ $(j=1,2,3,4)$ 均值为零，方差分别为

$R^{(1)}=1$，$R^{(2)}=2$，$R^{(3)}=0.8$ 和 $R^{(4)}=0.8$。状态初值为 $x(0)=1$。分别得到 1 阶 Taylor 级数展开 WMF-UKF（WMF-UKF1）的估计曲线如图 5-5 所示，2 阶 Taylor 级数展开 WMF-UKF（WMF-UKF2）的估计曲线如图 5-6 所示，CMF-UKF 的估计曲线如图 5-7 所示。从图中可以看到估计效果良好。

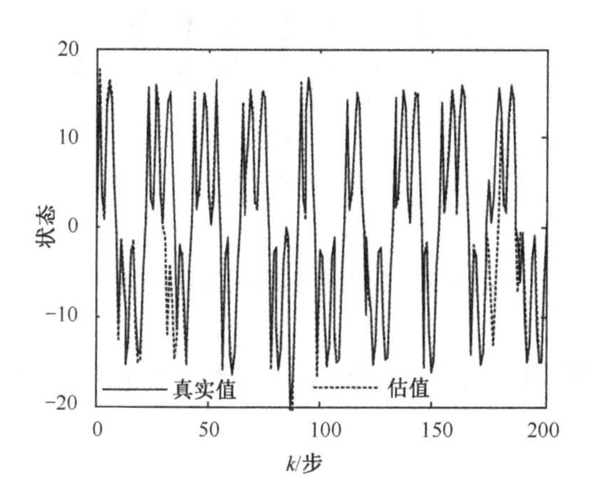

图 5-5　WMF-UKF1 的估计曲线

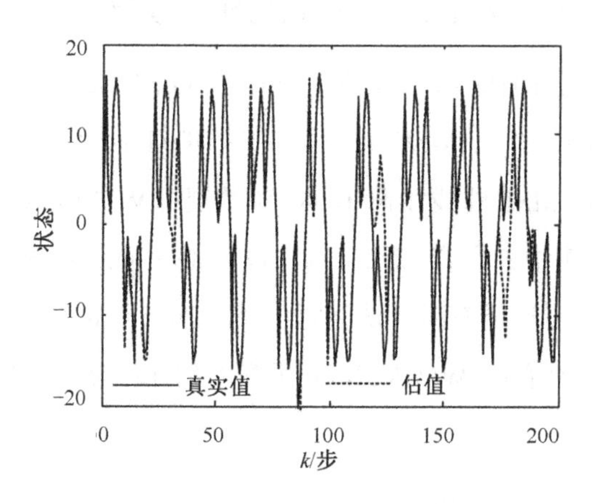

图 5-6　WMF-UKF2 的估计曲线

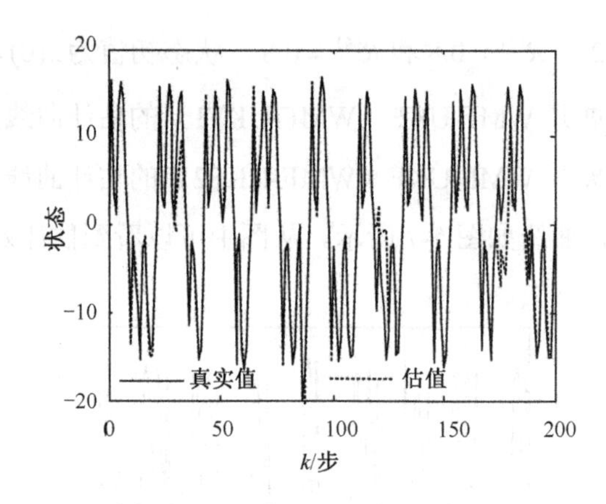

图 5-7　CMF-UKF 的估计曲线

本例采用累积均方误差（AMSE）作为衡量系统准确性的指标函数，如下式所示。

$$\mathrm{AMSE}(k)=\sum_{t=0}^{k}\frac{1}{N}\sum_{j=1}^{N}\left(x_j(t)-\hat{x}_j(t\,|\,t)\right)^2 \tag{5-107}$$

其中$x_j(t)$是t时刻第j次 Monte-Carlo 试验的真实值，$\hat{x}_j(t\,|\,t)$是t时刻第j次 Monte-Carlo 试验的估值。在仿真中进行了 30 次 Monte-Carlo 试验。局部 UKFs（LF1～LF4）的 AMSE 曲线，1 阶 Taylor 级数展开 WMF-UKF（WMF-UKF1）的 AMSE 曲线，2 阶 Taylor 级数展开 WMF-UKF（WMF-UKF2）的 AMSE 曲线和集中式融合 CMF-UKF 的 AMSE 曲线如图 5-8 所示。从图 5-8 中可以很明显看出所有融合滤波器的精度都高于局部 UKF 的精度。此外，WMF-UKF2 具有比 WMF-UKF1 更高的估计精度，但低于 CMF-UKF 的估计精度。

在计算量方面，以 1 阶 Taylor 级数展开为例说明。集中式观测融合系统的观测方程是 4 维的向量。由 CMF-UKF 算法和式（5-55），可以看出 CMF-UKF 需要处理4×4矩阵$\boldsymbol{P}_{vv}^{(0)}(k+1\,|\,k)$的逆，故其时间复杂度为$O(4^3)$。但是对于 WMF-UKF 算法，矩阵$\tilde{\boldsymbol{H}}^{(0)}(k)$的维数是$4\times2$，式（5-105）满秩

分解后，矩阵 $\tilde{\boldsymbol{M}}$ 的维数是 4×2，矩阵 $\tilde{\boldsymbol{H}}^{(1)}$ 的维数是 2×2，因此 WMF-UKF 算法仅仅需要处理 2×2 矩阵 $\tilde{\boldsymbol{P}}_{vv}^{(1)}(k+1|k)$ 的逆，故其时间复杂度为 $O(2^3)$。另外，随着传感器数目的增多，WMF-UKF 算法中观测方程的维数并不增加，也就是说，维数保持在 2×2 不变。但是 CMF-UKF 算法中观测方程的维数将持续增加，因此随着传感器数目的增加，CMF-UKF 算法的计算负担要明显高于 WMF-UKF 算法。

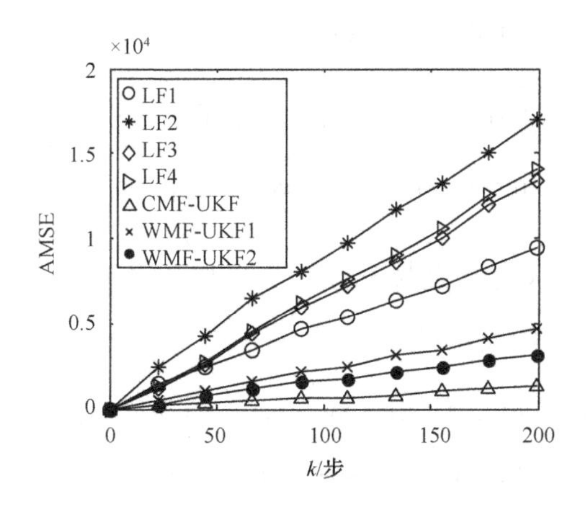

图 5-8　局部和 3 种观测融合 UKF 的 AMSE 曲线

例 5.2　（多维系统基于 Taylor 级数逼近的 WMF-UKF）考虑一个带 4 个传感器的平面目标跟踪系统。在 2 维笛卡儿坐标系中，状态和观测方程如下：

$$\boldsymbol{x}(k+1)=\boldsymbol{\Phi}\boldsymbol{x}(k)+\boldsymbol{\Gamma}\boldsymbol{w}(k) \tag{5-108}$$

$$\boldsymbol{z}^{(j)}(k)=\boldsymbol{h}^{(j)}[\boldsymbol{x}(k),k]+\boldsymbol{v}^{(j)}(k),\ j=1,\cdots,4 \tag{5-109}$$

式中，$\boldsymbol{x}(k)=[x(k)\quad \dot{x}(k)\quad y(k)\quad \dot{y}(k)]^{\mathrm{T}}$ 是状态向量，$\boldsymbol{z}^{(j)}(k)$ 和 $\boldsymbol{h}^{(j)}\left(\boldsymbol{x}(k),k\right)$ 分别是第 j 个传感器的观测值和观测函数，$\boldsymbol{\Phi}=\begin{bmatrix}1 & T & 0 & 0\\ 0 & 1 & 0 & 0\\ 0 & 0 & 1 & T\\ 0 & 0 & 0 & 1\end{bmatrix}$ 和

$$\boldsymbol{\Gamma}=\begin{bmatrix}0.5T^2 & 0\\ T & 0\\ 0 & 0.5T^2\\ 0 & T\end{bmatrix}。$$

设雷达传感器 1 位于 $z_1(x_1,y_1)$ 点，传感器 2 位于 $z_2(x_2,y_2)$ 点，传感器 3 位于 $z_3(x_3,y_3)$ 点，传感器 4 位于 $z_4(x_4,y_4)$ 点。

4 个传感器的观测方程可以写为

$$\boldsymbol{z}^{(j)}(k)=\begin{bmatrix}\sqrt{\left(x(k)-x_j\right)^2+\left(y(k)-y_j\right)^2}\\ \arctan\left(y(k)-y_j\right)/\left(x(k)-x_j\right)\end{bmatrix}+\boldsymbol{v}^{(j)}(k),\ j=1,\cdots,4 \quad (5\text{-}110)$$

其中 $\boldsymbol{v}^{(i)}(k)$，$\boldsymbol{v}^{(j)}(k)$ $(i\neq j)$ 是不相关的。利用 2 阶 Taylor 级数逼近观测函数，得到中介函数 $\tilde{\boldsymbol{h}}(\boldsymbol{x}(k),k)$ 为

$$\begin{gathered}\tilde{\boldsymbol{h}}(\boldsymbol{x}(k),k)=\begin{bmatrix}1 & \Delta x & \Delta y & \Delta x^2 & 2\Delta x\Delta y & \Delta y^2\end{bmatrix}^{\mathrm{T}}\\ \Delta x=x(k)-\hat{x}(k\,|\,k-1),\ \Delta y=y(k)-\hat{y}(k\,|\,k-1)\end{gathered} \quad (5\text{-}111)$$

合并同类项并去掉零项，得到观测方程的系数矩阵如式（5-112）所示。

$$\boldsymbol{H}^{(0)}=\begin{bmatrix}(x^2+y^2)^{1/2} & (x^2+y^2)^{-1/2}x\\ \arctan(y/x) & -yx^{-2}(1+y^2/x^2)^{-1}\\ ((x-1)^2+y^2)^{1/2} & ((x-1)^2+y^2)^{-1/2}(x-1)\\ \arctan(y/(x-1)) & -y(x-1)^{-2}(1+y^2/(x-1)^2)^{-1}\\ (x^2+(y-1)^2)^{1/2} & (x^2+(y-1)^2)^{-1/2}x\\ \arctan((y-1)/x) & -(y-1)x^{-2}(1+(y-1)^2/x^2)^{-1}\\ ((x-1)^2+(y-1)^2)^{1/2} & ((x-1)^2+(y-1)^2)^{-1/2}(x-1)\\ \arctan((y-1)/(x-1)) & -(y-1)(x-1)^{-2}(1+(y-1)^2/(x-1)^2)^{-1}\end{bmatrix}$$

$(x^2+y^2)^{-1/2}y$

$x_1^{-1}(1+y^2/x^2)^{-1}$

$((x-1)^2+y^2)^{-1/2}y$

$$
\begin{array}{l}
(x-1)^{-1}(1+y^2/(x-1)^2)^{-1}\\
(x^2+(y-1)^2)^{-1/2}(y-1)\\
x^{-1}(1+(y-1)^2/x^2)^{-1}\\
((x-1)^2+(y-1)^2)^{-1/2}(y-1)\\
x^{-1}(1+(y-1)^2/(x-1)^2)^{-1}
\end{array}
$$

$$
\begin{array}{l}
-(x^2+y^2)^{-3/2}x^2+(x^2+y^2)^{-1/2}\\
2yx^{-3}(1+y^2/x^2)^{-1}-2y^3x^{-5}(1+y^2/x^2)^{-2}\\
-((x-1)^2+y^2)^{-3/2}(x-1)^2+((x-1)^2+y^2)^{-1/2}\\
2yx^{-3}(1+y^2/(x-1)^2)^{-1}-2y^3(x-1)^{-5}(1+y^2/(x-1)^2)^{-1}\\
-(x^2+(y-1)^2)^{-3/2}x^2+(x^2+(y-1)^2)^{-1/2}\\
2(y-1)x^{-3}(1+(y-1)^2/x^2)^{-1}-2(y-1)^3x^{-5}(1+(y-1)^2/x^2)^{-2}\\
-((x-1)^2+(y-1)^2)^{-3/2}(x-1)^2+((x-1)^2+(y-1)^2)^{-1/2}\\
2(y-1)x^{-3}(1+(y-1)^2/(x-1)^2)^{-1}-2(y-1)^3(x-1)^{-5}(1+(y-1)^2/(x-1)^2)^{-2}
\end{array}
$$

$$
\begin{array}{l}
-xy(x^2+y^2)^{-3/2}\\
-x^{-2}(1+y^2/x^2)^{-1}+2y^3x^{-4}(1+y^2/x^2)^{-2}\\
-(x-1)y(x^2+y^2)^{-3/2}\\
-(x-1)^{-2}(1+y^2/(x-1)^2)^{-1}+2y^3(x-1)^{-4}(1+y^2/(x-1)^2)^{-2}\\
-x(y-1)(x^2+(y-1)^2)^{-3/2}\\
-x^{-2}(1+(y-1)^2/x^2)^{-1}+2(y-1)^3x^{-4}(1+(y-1)^2/x^2)^{-2}\\
-(x-1)(y-1)((x-1)^2+(y-1)^2)^{-3/2}\\
(x-1)^{-2}(1+(y-1)^2/(x-1)^2)^{-1}+2(y-1)^3(x-1)^{-4}(1+(y-1)^2/(x-1)^2)^{-2}
\end{array}
$$

$$
\left.\begin{array}{l}
-y^2(x^2+y^2)^{-3/2}+(x^2+y^2)^{-1/2}\\
-2x^{-3}y(1+y^2/x^2)^{-2}\\
-y^2((x-1)^2+y^2)^{-3/2}+((x-1)^2+y^2)^{-1/2}\\
-2(x-1)^{-3}y(1+y^2/(x-1)^2)^{-2}\\
-(y-1)^2(x^2+(y-1)^2)^{-3/2}+(x^2+(y-1)^2)^{-1/2}\\
-2x^{-3}(y-1)(1+(y-1)^2/x^2)^{-2}\\
-(y-1)^2((x-1)^2+(y-1)^2)^{-3/2}+((x-1)^2+(y-1)^2)^{-1/2}\\
-2(x-1)^{-3}(y-1)(1+(y-1)^2/(x-1)^2)^{-2}
\end{array}\right]\Bigg|_{\substack{x=\hat{x}(k|k-1),\\ y=\hat{y}(k|k-1)}} \qquad (5\text{-}112)
$$

在仿真中，取采样周期$T=200\text{ms}$，初始状态$x(0)=[10\quad 0\quad 10\quad 0]^{\mathrm{T}}$，系统噪声$\boldsymbol{w}(k)$的方差$\boldsymbol{Q}_w=\text{diag}(0.01,0.01)$（其中$\text{diag}(\cdot)$表示对角阵），观测噪声$\boldsymbol{v}^{(j)}(k)$ $(j=1,2,3,4)$的方差分别为$\boldsymbol{R}^{(1)}=\text{diag}(0.05,0.02)$，$\boldsymbol{R}^{(2)}=\text{diag}(0.04,0.03)$，$\boldsymbol{R}^{(3)}=\text{diag}(0.03,0.04)$和$\boldsymbol{R}^{(4)}=\text{diag}(0.02,0.05)$。为了确保Cholesky分解是正半定的，取$\kappa=1$，$\alpha=1$和$\beta=2$。

在仿真中，得到系统的估计曲线如图 5-9～图 5-11 所示，其中WMF-UKF1为1阶Taylor级数展开WMF-UKF算法，WMF-UKF2为2阶Taylor级数展开WMF-UKF算法及CMF-UKF算法。从图中可以看到估计效果良好。

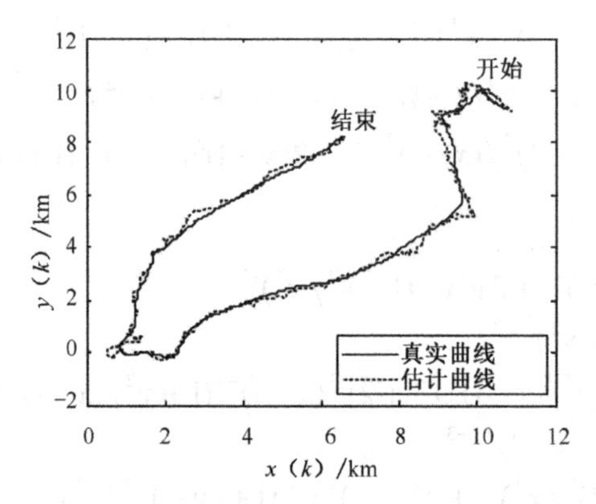

图 5-9　WMF-UKF1 算法的估计曲线

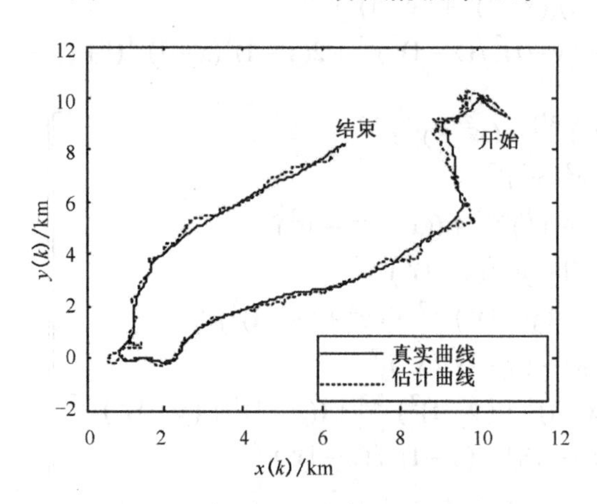

图 5-10　WMF-UKF2 算法的估计曲线

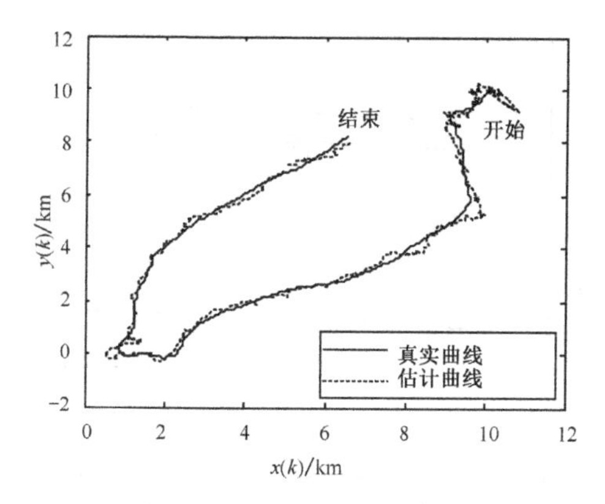

图 5-11　CMF-UKF 算法的估计曲线

本例采用 k 时刻位置 $\big(x(k), y(k)\big)$ 的累积均方误差（AMSE）作为衡量系统准确性的指标函数，如式（5-113）所示。

$$\mathrm{AMSE}(k)=\sum_{t=0}^{k}\frac{1}{N}\sum_{i=1}^{N}\Big((x^i(t)-\hat{x}^i(t\,|\,t))^2+(y^i(t)-\hat{y}^i(t\,|\,t))^2\Big) \quad (5\text{-}113)$$

其中 $(x^i(t), y^i(t))$ 是 t 时刻第 i 次 Monte-Carlo 试验的真实值，$(\hat{x}^i(t\,|\,t), \hat{y}^i(t\,|\,t))$ 是 t 时刻第 i 次 Monte-Carlo 试验的估值。

本例进行了 30 次 Monte-Carlo 试验。从图 5-12 中可以明显看出，所有的融合滤波器精度高于局部单传感器 PF。由于 3 种融合算法的 AMSE 曲线过于接近，这里将图 5-12 放大，如图 5-13 所示，可以看出 WMF-UKF2 具有比 WMF-UKF1 更高的估计精度，但低于 CMF-UKF 的估计精度。

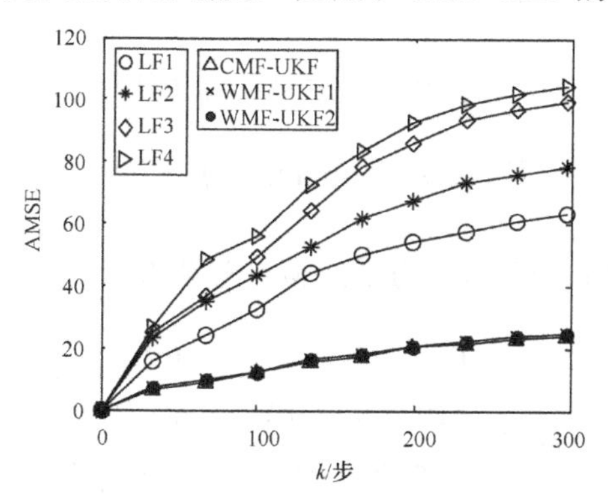

图 5-12　局部和 3 种观测融合 UKF 的距离 AMSE 曲线

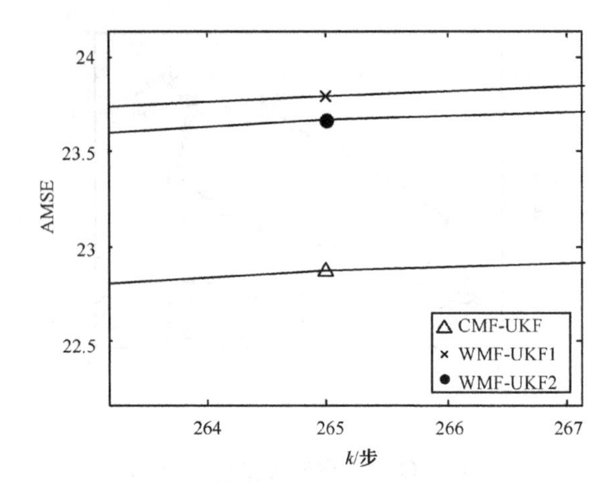

图 5-13　3 种观测融合 UKF 的距离 AMSE 放大曲线

例 5.3　（标量系统基于 Taylor 级数逼近的 WMF-CKF）考虑一个带有 4 传感器的非线性系统[159]

$$x(k)=0.5x(k-1)+25x(k-1)\big/(1+x^2(k-1))+8\cos(1.2(k-1))+w(k) \quad (5\text{-}114)$$

$$z^{(j)}(k)=h^{(j)}\big(x(k),k\big)+v^{(j)}(k)\,,\quad j=1,\cdots,4 \quad (5\text{-}115)$$

其中

$$h^{(1)}\big(x(k),k\big)=x(k)/10$$

$$h^{(3)}\big(x(k),k\big)=10\exp(x(k)/10)$$

$$h^{(3)}\big(x(k),k\big)=\cos(x(k))/10$$

$$h^{(4)}\big(x(k),k\big)=\sin(x(k))/10 \quad (5\text{-}116)$$

使用 1 阶 Taylor 级数展开方法近似，观测方程的系数矩阵如下：

$$\boldsymbol{H}^{(0)}=\begin{bmatrix} x/10 & 1/10 \\ 10\exp(x/10) & \exp(x/10) \\ \cos(x)/10 & -\sin(x)/10 \\ \sin(x)/10 & \cos(x)/10 \end{bmatrix}\Bigg|_{x=\hat{x}(k|k-1)} \quad (5\text{-}117)$$

并且相应的中介函数 $\tilde{\boldsymbol{h}}(\boldsymbol{x}(k),k)$ 由下式给出

$$\tilde{\boldsymbol{h}}(\boldsymbol{x}(k),k)=[1\quad \Delta x\quad \Delta x^2]^{\mathrm{T}},\quad \Delta x=x(k)-\hat{x}(k|k-1) \tag{5-118}$$

另外，使用 2 阶 Taylor 级数展开方法的系数矩阵为

$$\boldsymbol{H}^{(0)}=\begin{bmatrix} x/10 & 1/10 & 0 \\ 10\exp(x/10) & \exp(x/10) & \exp(x/10)/20 \\ \cos(x)/10 & -\sin(x)/10 & -\cos(x)/20 \\ \sin(x)/10 & \cos(x)/10 & -\sin(x)/20 \end{bmatrix}_{x=\hat{x}(k|k-1)} \tag{5-119}$$

并且中介函数 $\tilde{\boldsymbol{h}}(\boldsymbol{x}(k),k)$ 由下式给出

$$\tilde{\boldsymbol{h}}(\boldsymbol{x}(k),k)=[1\quad \Delta x\quad \Delta x^2]^{\mathrm{T}},\quad \Delta x=x(k)-\hat{x}(k|k-1) \tag{5-120}$$

在仿真中，$w(k)$ 和 $v^{(j)}(k)$ $(j=1,\cdots,4)$ 为互不相关的 Gauss 噪声，w_k 为零均值，方差为 $Q_w=0.4$；$v^{(j)}(k)$ $(j=1,2,3,4)$ 为零均值，方差分别为 $R^{(1)}=2$，$R^{(2)}=0.8$，$R^{(3)}=1$ 和 $R^{(4)}=0.8$。状态初值为 $x(0)=1$。分别得到 1 阶 Taylor 级数展开 WMF-CKF（WMF-CKF1）的估计曲线如图 5-14 所示，2 阶 Taylor 级数展开 WMF-CKF（WMF-CKF2）的估计曲线如图 5-15 所示，CMF-CKF 的估计曲线如图 5-16 所示。从图中可以看到估计效果良好。

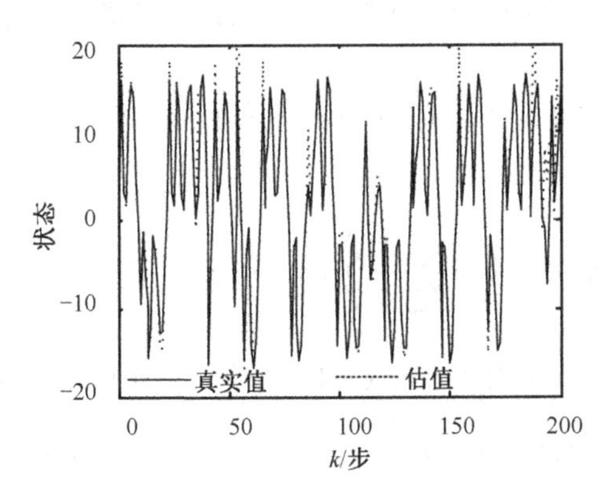

图 5-14　WMF-CKF1 的估计曲线

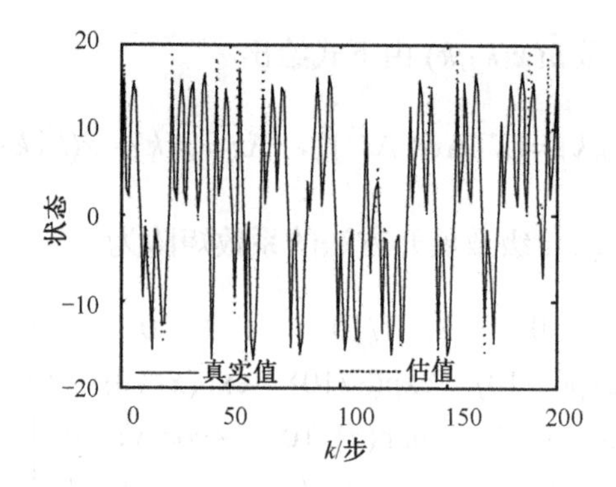

图 5-15 WMF-CKF2 的估计曲线

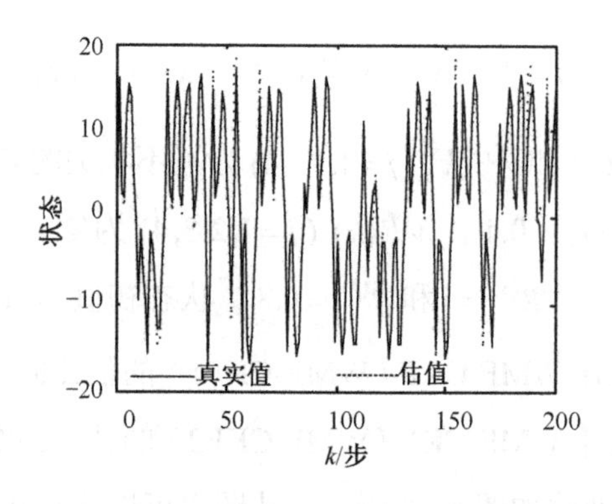

图 5-16 CMF-CKF 的估计曲线

本例采用累积均方误差（AMSE）作为衡量系统准确性的指标函数，如下式所示。

$$\mathrm{AMSE}(k)=\sum_{t=0}^{k}\frac{1}{N}\sum_{j=1}^{N}[x_j(t)-\hat{x}_j(t\,|\,t)]^2 \tag{5-121}$$

其中 $x_j(t)$ 是 t 时刻第 j 次 Monte-Carlo 试验的真实值，$\hat{x}_j(t\,|\,t)$ 是 t 时刻第 j 次 Monte-Carlo 试验的估值。在仿真中进行了 30 次 Monte-Carlo 试验。局部 CKFs（LF1～LF4）的 AMSE 曲线，1 阶 Taylor 级数展开 WMF-CKF（WMF-UKF1）的 AMSE 曲线，2 阶 Taylor 级数展开 WMF-CKF（WMF-CKF2）的 AMSE 曲线和集中式融合 CMF-CKF 的 AMSE 曲线如图 5-17 所示。从图

5-17 中可以很明显看出所有融合滤波器的精度都高于局部 CKF 的精度。此外，WMF-CKF2 具有比 WMF-CKF1 更高的估计精度，但低于 CMF-CKF 的估计精度。由于 3 种融合算法的 AMSE 曲线过于接近，这里将图 5-17 放大，如图 5-18 所示，可以看出 WMF-CKF2 具有比 WMF-CKF1 更高的估计精度，但低于 CMF-CKF 的估计精度。

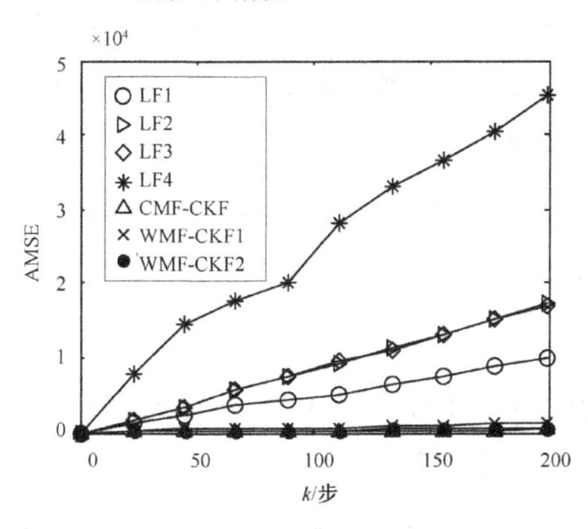

图 5-17　局部和 3 种观测融合 CKF 的 AMSE 曲线

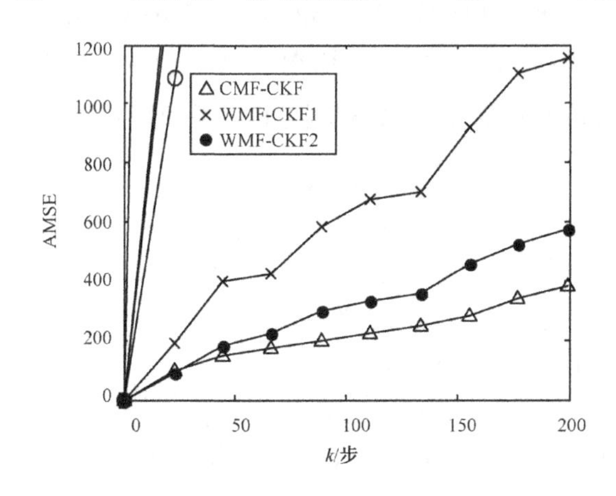

图 5-18　3 种观测融合 CKF 的 AMSE 放大曲线

在计算量方面，以 1 阶 Taylor 级数展开为例说明。集中式观测融合系统的观测方程是 4 维的向量。由 CMF-CKF 算法和式（5-55），可以看出

CMF-CKF 需要处理4×4矩阵$\boldsymbol{P}_{vv}^{(0)}(k+1|k)$的逆，故其时间复杂度为$O(4^3)$。但是对于 WMF-CKF 算法，矩阵$\tilde{\boldsymbol{H}}^{(0)}(k)$的维数是$4\times2$，式（5-105）满秩分解后，矩阵$\tilde{\boldsymbol{M}}$的维数是$4\times2$，矩阵$\tilde{\boldsymbol{H}}^{(1)}$的维数是$2\times2$，因此 WMF-CKF 算法仅仅需要处理$2\times2$矩阵$\tilde{\boldsymbol{P}}_{vv}^{(1)}(k+1|k)$的逆，故其时间复杂度为$O(2^3)$。另外，随着传感器数目的增多，WMF-CKF 算法中观测方程的维数并不增加，也就是说，维数保持在2×2不变。但是 CMF-CKF 算法中观测方程的维数将持续增加，因此随着传感器数目的增加，CMF-CKF 算法的计算负担要明显高于 WMF-CKF 算法。

例 5.4 （多维系统基于 Taylor 级数逼近的 WMF-CKF）考虑一个带 4 个传感器的目标跟踪系统。其中状态方程如式（5-108），观测方程如式（5-110）。

设置雷达传感器 1 位于$z_1(x_1,y_1)$点，传感器 2 位于$z_2(x_2,y_2)$点，传感器 3 位于$z_3(x_3,y_3)$点，传感器 4 位于$z_4(x_4,y_4)$点。

利用 2 阶 Taylor 级数逼近观测函数，得到中介函数$\tilde{\boldsymbol{h}}(\boldsymbol{x}(k),k)$为

$$\begin{aligned}&\tilde{\boldsymbol{h}}(\boldsymbol{x}(k),k)=[1\quad \Delta x\quad \Delta y\quad \Delta x^2\quad 2\Delta x\Delta y\quad \Delta y^2]^{\mathrm{T}}\\&\Delta x=x(k)-\hat{x}(k|k-1),\Delta y=y(k)-\hat{y}(k|k-1)\end{aligned}\tag{5-122}$$

合并同类项并去掉零项，得到观测方程的系数矩阵如式（5-112）所示。

$$\boldsymbol{H}^{(0)}=\begin{bmatrix}(x^2+y^2)^{1/2} & (x^2+y^2)^{-1/2}x\\ \arctan(y/x) & -yx^{-2}(1+y^2/x^2)^{-1}\\ ((x-1)^2+y^2)^{1/2} & ((x-1)^2+y^2)^{-1/2}(x-1)\\ \arctan(y/(x-1)) & -y(x-1)^{-2}(1+y^2/(x-1)^2)^{-1}\\ (x^2+(y-1)^2)^{1/2} & (x^2+(y-1)^2)^{-1/2}x\\ \arctan((y-1)/x) & -(y-1)x^{-2}(1+(y-1)^2/x^2)^{-1}\\ ((x-1)^2+(y-1)^2)^{1/2} & ((x-1)^2+(y-1)^2)^{-1/2}(x-1)\\ \arctan((y-1)/(x-1)) & -(y-1)(x-1)^{-2}(1+(y-1)^2/(x-1)^2)^{-1}\end{bmatrix}$$

$$
\left.\begin{array}{l}
(x^2+y^2)^{-1/2}y \\
x_1^{-1}(1+y^2/x^2)^{-1} \\
((x-1)^2+y^2)^{-1/2}y \\
(x-1)^{-1}(1+y^2/(x-1)^2)^{-1} \\
(x^2+(y-1)^2)^{-1/2}(y-1) \\
x^{-1}(1+(y-1)^2/x^2)^{-1} \\
((x-1)^2+(y-1)^2)^{-1/2}(y-1) \\
x^{-1}(1+(y-1)^2/(x-1)^2)^{-1} \\
\\
-(x^2+y^2)^{-3/2}x^2+(x^2+y^2)^{-1/2} \\
2yx^{-3}(1+y^2/x^2)^{-1}-2y^3x^{-5}(1+y^2/x^2)^{-2} \\
-((x-1)^2+y^2)^{-3/2}(x-1)^2+((x-1)^2+y^2)^{-1/2} \\
2yx^{-3}(1+y^2/(x-1)^2)^{-1}-2y^3(x-1)^{-5}(1+y^2/(x-1)^2)^{-1} \\
-(x^2+(y-1)^2)^{-3/2}x^2+(x^2+(y-1)^2)^{-1/2} \\
2(y-1)x^{-3}(1+(y-1)^2/x^2)^{-1}-2(y-1)^3x^{-5}(1+(y-1)^2/x^2)^{-2} \\
-((x-1)^2+(y-1)^2)^{-3/2}(x-1)^2+((x-1)^2+(y-1)^2)^{-1/2} \\
2(y-1)x^{-3}(1+(y-1)^2/(x-1)^2)^{-1}-2(y-1)^3(x-1)^{-5}(1+(y-1)^2/(x-1)^2)^{-2} \\
\\
-xy(x^2+y^2)^{-3/2} \\
-x^{-2}(1+y^2/x^2)^{-1}+2y^3x^{-4}(1+y^2/x^2)^{-2} \\
-(x-1)y(x^2+y^2)^{-3/2} \\
-(x-1)^{-2}(1+y^2/(x-1)^2)^{-1}+2y^3(x-1)^{-4}(1+y^2/(x-1)^2)^{-2} \\
-x(y-1)(x^2+(y-1)^2)^{-3/2} \\
-x^{-2}(1+(y-1)^2/x^2)^{-1}+2(y-1)^3x^{-4}(1+(y-1)^2/x^2)^{-2} \\
-(x-1)(y-1)((x-1)^2+(y-1)^2)^{-3/2} \\
(x-1)^{-2}(1+(y-1)^2/(x-1)^2)^{-1}+2(y-1)^3(x-1)^{-4}(1+(y-1)^2/(x-1)^2)^{-2} \\
\\
-y^2(x^2+y^2)^{-3/2}+(x^2+y^2)^{-1/2} \\
-2x^{-3}y(1+y^2/x^2)^{-2} \\
-y^2((x-1)^2+y^2)^{-3/2}+((x-1)^2+y^2)^{-1/2} \\
-2(x-1)^{-3}y(1+y^2/(x-1)^2)^{-2} \\
-(y-1)^2(x^2+(y-1)^2)^{-3/2}+(x^2+(y-1)^2)^{-1/2} \\
-2x^{-3}(y-1)(1+(y-1)^2/x^2)^{-2} \\
-(y-1)^2((x-1)^2+(y-1)^2)^{-3/2}+((x-1)^2+(y-1)^2)^{-1/2} \\
-2(x-1)^{-3}(y-1)(1+(y-1)^2/(x-1)^2)^{-2}
\end{array}\right]\Bigg|_{\substack{x=\hat{x}(k|k-1),\\ y=\hat{y}(k|k-1)}} \tag{5-123}
$$

在仿真中，取采样周期$T=200\text{ms}$，初始状态$x(0)=[0\quad 0\quad 0\quad 0]^{\mathrm{T}}$，系统噪声$\boldsymbol{w}(k)$方差为$\boldsymbol{Q}_w=\mathrm{diag}(0.1^2,0.1^2)$，观测噪声$\boldsymbol{v}^{(j)}(k)$方差分别为$\boldsymbol{R}^{(1)}=\mathrm{diag}(0.05^2,0.01^2)$，$\boldsymbol{R}^{(2)}=\mathrm{diag}(0.04^2,0.011^2)$，$\boldsymbol{R}^{(3)}=\mathrm{diag}(0.03^2,0.012^2)$和$\boldsymbol{R}^{(4)}=\mathrm{diag}(0.02^2,0.013^2)$。分别得到 1 阶 Taylor 级数展开 WMF-CKF（WMF-CKF1）的估计曲线如图 5-19 所示，2 阶 Taylor 级数展开 WMF-CKF（WMF-CKF2）的估计曲线如图 5-20 所示，CMF-CKF 的估计曲线如图 5-21 所示。图中可以看到估计效果良好。

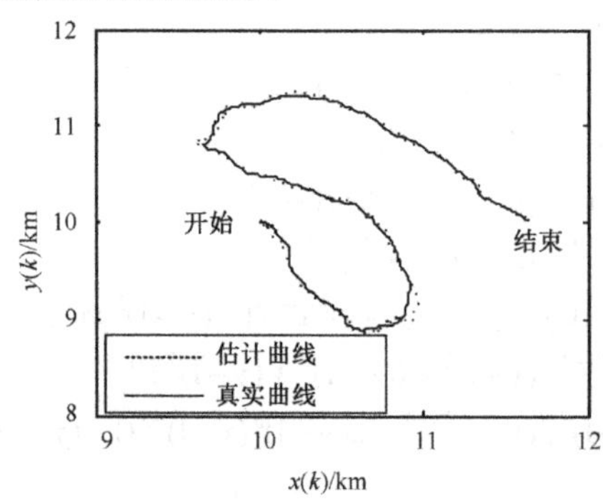

图 5-19　WMF-CKF1 的估计曲线

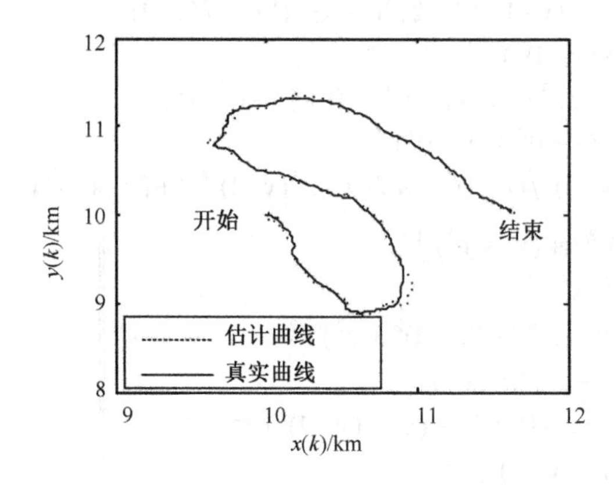

图 5-20　WMF-CKF2 的估计曲线

本例采用k时刻位置$\big(x(k),y(k)\big)$的累积均方误差（AMSE）作为衡量系统准确性的指标函数，如式（5-113）所示。

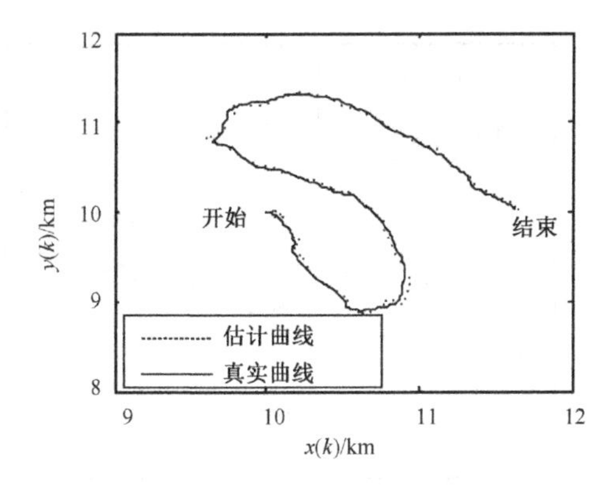

图 5-21　CMF-CKF 算法的估计曲线

在仿真中进行 30 次 Monte-Carlo 试验。1 阶 Taylor 级数展开 WMF-CKF（WMF-CKF1）的 AMSE 曲线，2 阶 Taylor 级数展开 WMF-CKF（WMF-CKF2）的 AMSE 曲线，集中式融合 CMF-CKF 的 AMSE 曲线如图 5-22 所示。从图 5-22 中可以明显看出，所有的融合滤波器精度高于局部单传感器 CKF 的精度。此外，WMF-CKF2 具有比 WMF-CKF1 更高的估计精度，但低于 CMF-CKF 的估计精度。由于 3 种融合算法的 AMSE 曲线过于接近，这里将图 5-22 放大，如图 5-23 所示，可以看出 WMF-CKF2 具有比 WMF-CKF1 更高的估计精度，但低于 CMF-CKF 的估计精度。

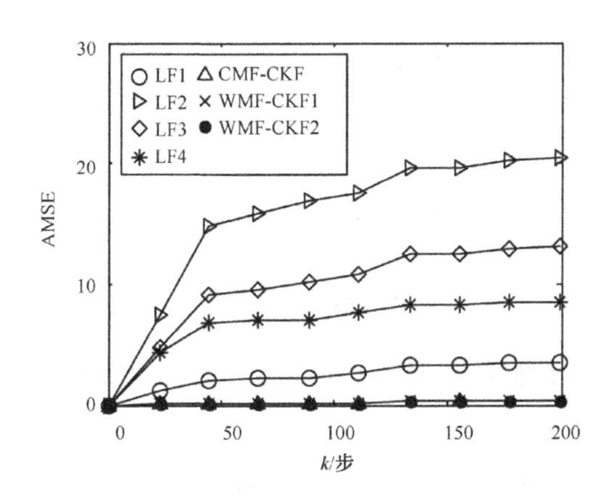

图 5-22　局部和 3 种观测融合 CKF 的距离 AMSE 曲线

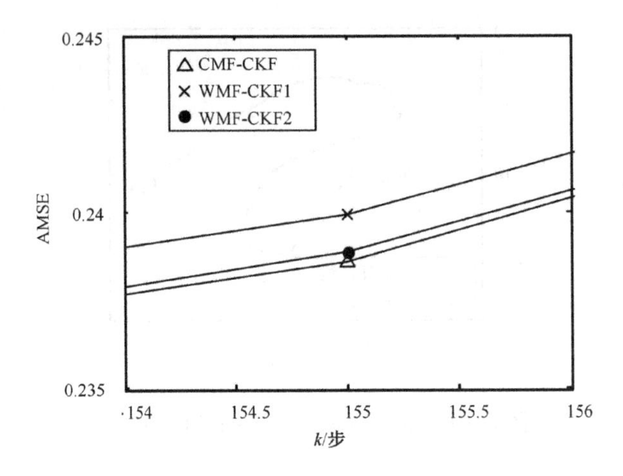

图 5-23　3 种观测融合 CKF 的 AMSE 放大曲线

例 5.5　（标量系统基于 Taylor 级数逼近的 WMF-PF）考虑一个带有 4 传感器的非线性系统[159]

$$x(k)=0.5x(k-1)+25x(k-1)/(1+x(k-1)^2)+8\cos(1.2(k-1))+w(k) \tag{5-124}$$

$$z^{(j)}(k)=h^{(j)}\left(x(k),k\right)+v^{(j)}(k)\,,\quad j=1,\cdots,4 \tag{5-125}$$

设传感器方程为

$$\begin{aligned}
&h^{(1)}\left(x(k),k\right)=x(k)\\
&h^{(2)}\left(x(k),k\right)=x(k)^3/30\\
&h^{(3)}\left(x(k),k\right)=10\exp(x(k)/10)\\
&h^{(4)}\left(x(k),k\right)=10\sin(\pi x(k)/40)
\end{aligned} \tag{5-126}$$

使用 1 阶 Taylor 级数展开方法线性化，观测方程的系数矩阵如下：

$$\boldsymbol{H}^{(0)}=\begin{bmatrix} x & 1\\ x^3/30 & (1/10)x^2\\ 10\exp(x/10) & \exp(x/10)\\ 10\sin(\pi x/40) & (\pi/4)\cos(\pi x/40)\end{bmatrix}\Bigg|_{x=\hat{x}(k|k-1)} \tag{5-127}$$

中介函数由下式给出

$$\tilde{\boldsymbol{h}}(\boldsymbol{x}(k),k)=[1\quad \Delta x]，\quad \Delta x=x(k)-\hat{x}(k\,|\,k-1) \tag{5-128}$$

另外，使用 2 阶 Taylor 级数展开法的系数矩阵为

$$\boldsymbol{H}^{(0)}=\begin{bmatrix} x & 1 & 0 \\ x^3/30 & x^2/10 & x/10 \\ 10\exp(x/10) & \exp(x/10) & (1/20)\exp(x/10) \\ 10\sin(\pi x/40) & (\pi/4)\cos(\pi x/40) & -(\pi^2/320)\sin(\pi x/40) \end{bmatrix}\Bigg|_{x=\hat{x}(k|k-1)} \tag{5-129}$$

并且中介函数由下式给出

$$\tilde{\boldsymbol{h}}(\boldsymbol{x}(k),k)=[1\quad \Delta x\quad \Delta x^2]^{\mathrm{T}}，\quad \Delta x=x(k)-\hat{x}(k\,|\,k-1) \tag{5-130}$$

在仿真中，$w(k)\sim \mathrm{U}(0,1)$ 与 $v^{(j)}(k)\sim N(0,R^{(j)})$ $(j=1,\cdots,4)$ 互不相关，且方差分别为 $R^{(1)}=0.1^2$，$R^{(2)}=0.11^2$，$R^{(3)}=0.12^2$ 和 $R^{(4)}=0.13^2$。粒子滤波采用 50 个粒子，初始状态 $x(0)=0$。分别得到 1 阶 Taylor 级数展开 WMF-PF（WMF-PF1）的估计曲线如图 5-24 所示，2 阶 Taylor 级数展开 WMF-PF（WMF-PF2）的估计曲线如图 5-25 所示，CMF-PF 的估计曲线如图 5-26 所示。从图中可以看到估计效果良好。

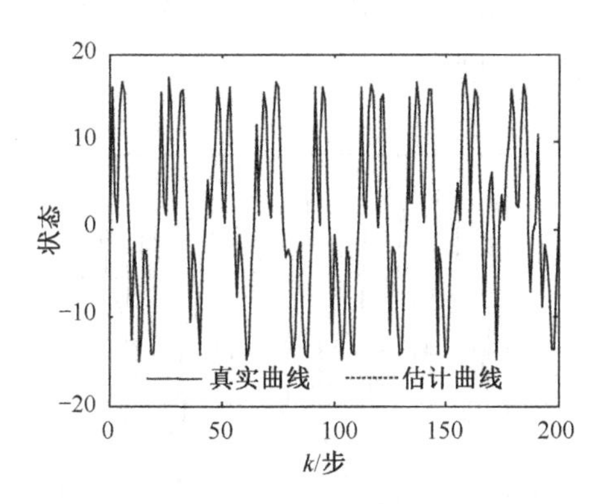

图 5-24　WMF-PF1 的估计曲线

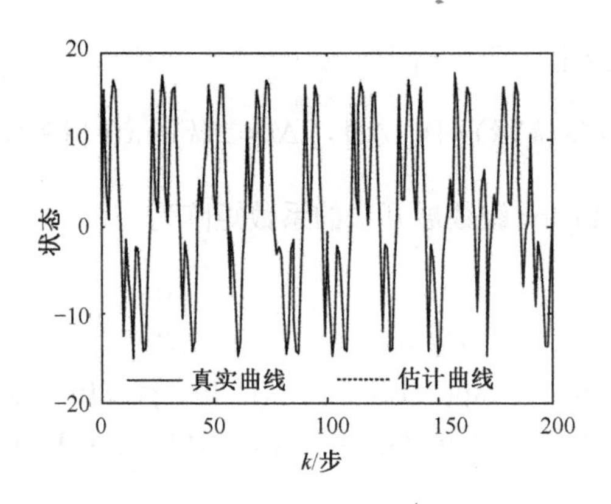

图 5-25　WMF-PF2 的估计曲线

本例采用累积均方误差（AMSE）作为衡量系统估计精度的指标函数，如式(6-97)所示。本例进行了 30 次 Monte-Carlo 试验。系统局部滤波 AMSE 曲线（LF1～LF4），1 阶 Taylor 级数展开 WMF-PF（WMF-PF1）的 AMSE 曲线，2 阶 Taylor 级数展开 WMF-PF（WMF-PF2）的 AMSE 曲线如图 5-27 所示。从图 5-27 中可以明显看出，所有的融合滤波器精度高于局部单传感器 PF。由于 3 种融合算法的 AMSE 曲线过于接近，这里将图 5-27 放大，如图 5-28 所示，可以看出 WMF-PF2 具有比 WMF-PF1 更高的估计精度，但低于 CMF-PF 的估计精度。

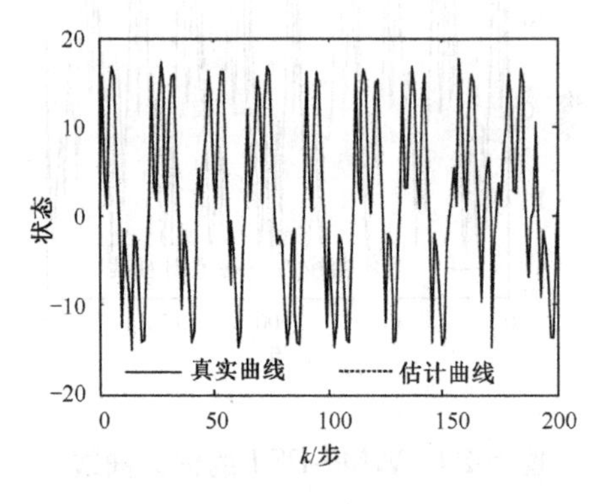

图 5-26　CMF-PF 的估计曲线

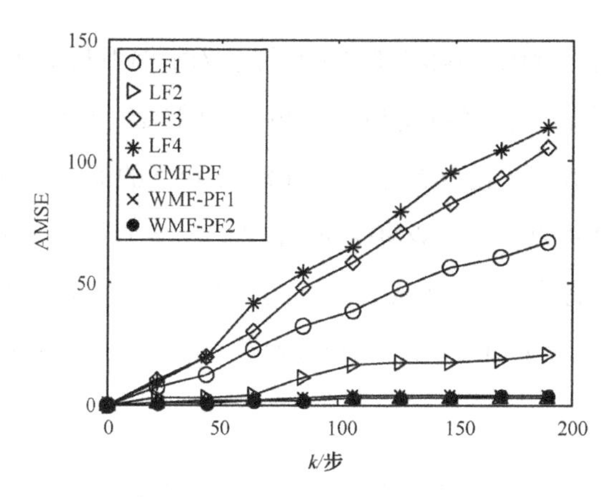

图 5-27　局部滤波（LF1～LF4），WMF-PF1，WMF-PF2 和 CMF-PF 的 AMSE 曲线

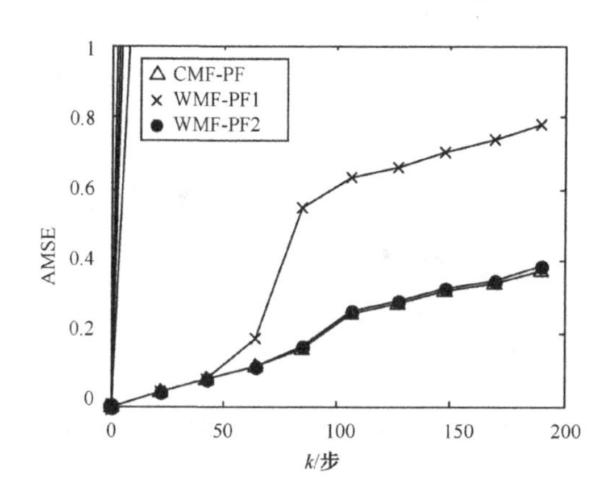

图 5-28　3 种观测融合 PF 的 AMSE 放大曲线

在计算量方面，以 1 阶 Taylor 级数展开为例说明。集中式融合系统观测方程的维数是 4，因此时间复杂度为 $O(4^2)$，而加权观测融合系统观测方程的维数是 2，因此时间复杂度为 $O(2^2)$。因此 CMF-PF 的计算量明显高于 WMF-PF1，并且随着传感器数目的增加，WMF-PF1 的时间复杂度是固定不变的，而 CMF-PF 的时间复杂度将不断增大。

本例对比分析了 WMF-UKF2 和 WMF-PF2 在本系统中的性能，如图 5-29 所示。其中，WMF-PF2 为例 5.1 中的基于 2 阶 Taylor 级数展开的加权观测融合 PF 估计算法，WMF-PF2-50 粒子为本例中基于 2 阶 Taylor 级数展开，采用 50 个粒子的加权观测融合 PF 估计算法，WMF-PF2-80 粒子为本例中基于 2 阶 Taylor 级数展开，采用 80 个粒子的加权观测融合 PF 估计算法。由图 5-29 可以看出，WMF-PF2 的估计精度明显低于 WMF-PF2，原因是本例中的系统噪声为非 Gauss 的均匀分布噪声。而随着 PF 粒子数目的增加，WMF-PF2-80 粒子的估计精度要高于 WMF-PF2-50 粒子。充分说明了 5.5 节中的结论。

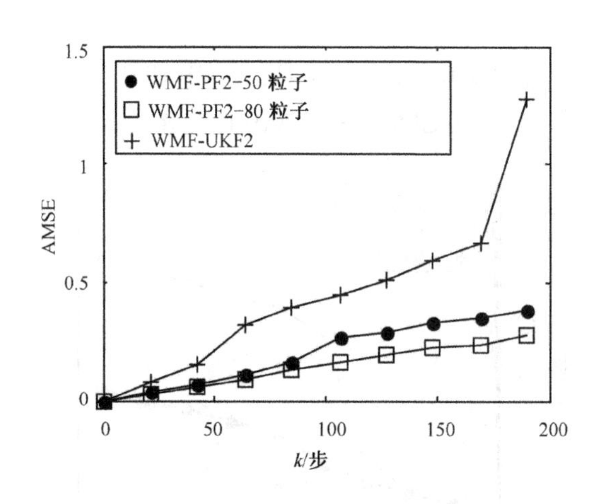

图 5-29　WMF-UKF2 和 WMF-PF2 的 AMSE 曲线

例 5.6　（多维系统基于 Taylor 级数逼近的 WMF-PF）考虑一个带 5 个传感器的目标跟踪系统。其中状态方程如式（5-108）所示。

设置角度雷达传感器 1 位于 $z_1(x_1, y_1)$ 点，传感器 2 位于 $z_2(x_2, y_2)$ 点，传感器 3 位于 $z_3(x_3, y_3)$ 点，传感器 4 位于 $z_4(x_4, y_4)$ 点，传感器 5 位于 $z_5(x_5, y_5)$ 点，则传感器观测方程可以写为

$$z^{(j)}(k) = \arctan\left(\left(y(k) - y_j\right) \Big/ \left(x(k) - x_j\right)\right) + v^{(j)}(k),\ j = 1, \cdots, 5 \tag{5-131}$$

其中 $v^{(i)}(k)$，$v^{(j)}(k)$（$i \neq j$）是不相关的。用 2 阶 Taylor 级数逼近观测函数，合并同类项并去掉零项，得到观测方程的系数矩阵为

$$\tilde{\boldsymbol{H}}^{(0)}=\begin{bmatrix}\arctan\left(\frac{y-y_1}{x-x_1}\right) & \frac{-(y-y_1)}{(x-x_1)^2+(y-y_1)^2} & \frac{(x-x_1)}{(x-x_1)^2+(y-y_1)^2} & \frac{1}{2!}\frac{2(x-x_1)(y-y_1)}{((x-x_1)^2+(y-y_1)^2)^2} & \frac{1}{2!}\frac{-((x-x_1)^2-(y-y_1)^2)}{((x-x_1)^2+(y-y_1)^2)^2} & \frac{1}{2!}\frac{-2(x-x_1)(y-y_1)}{((x-x_1)^2+(y-y_1)^2)^2}\\ \vdots & \vdots & \vdots & \vdots & \vdots & \vdots\\ \arctan\left(\frac{y-y_5}{x-x_5}\right) & \frac{-(y-y_5)}{(x-x_5)^2+(y-y_5)^2} & \frac{(x-x_5)}{(x-x_5)^2+(y-y_5)^2} & \frac{1}{2!}\frac{2(x-x_5)(y-y_5)}{((x-x_5)^2+(y-y_5)^2)^2} & \frac{1}{2!}\frac{-((x-x_5)^2-(y-y_5)^2)}{((x-x_5)^2+(y-y_5)^2)^2} & \frac{1}{2!}\frac{-2(x-x_5)(y-y_5)}{((x-x_5)^2+(y-y_5)^2)^2}\end{bmatrix}_{5\times 6}\Bigg|_{\substack{x=\hat{x}(k|k-1),\\ y=\hat{y}(k|k-1)}} \tag{5-132}$$

中介函数 $\tilde{\boldsymbol{h}}(\boldsymbol{x}(k),k)$ 为

$$\begin{gathered}\tilde{\boldsymbol{h}}(\boldsymbol{x}(k),k)=[1\quad \Delta x\quad \Delta y\quad \Delta x^2\quad 2\Delta x\Delta y\quad \Delta y^2]^{\mathrm{T}}\\ \Delta x=x(k)-\hat{x}(k\mid k-1),\Delta y=y(k)-\hat{y}(k\mid k-1)\end{gathered} \tag{5-133}$$

在仿真中，取采样周期 $T=200\mathrm{ms}$，初始状态 $x(0)=[0\quad 0\quad 0\quad 0]^{\mathrm{T}}$，系统噪声 $\boldsymbol{w}(k)$ 方差为 $\boldsymbol{Q}_w=\mathrm{diag}(0.3^2,0.3^2)$，观测噪声 $v^{(j)}(k)$ 方差分别为 $\sigma_{v1}^2=0.021^2$，$\sigma_{v2}^2=0.022^2$，$\sigma_{v3}^2=0.023^2$，$\sigma_{v4}^2=0.024^2$，$\sigma_{v5}^2=0.025^2$。分别得到 1 阶 Taylor 级数展开 WMF-PF（WMF-PF1）的估计曲线如图 5-30 所示，2 阶 Taylor 级数展开 WMF-PF（WMF-PF2）的估计曲线如图 5-31 所示，CMF-PF 的估计曲线如图 5-32 所示。从图中可以看到估计效果良好。

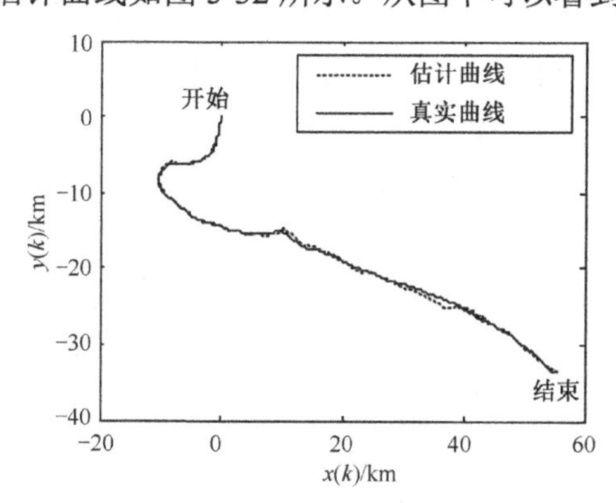

图 5-30　WMF-PF1 算法的估计曲线

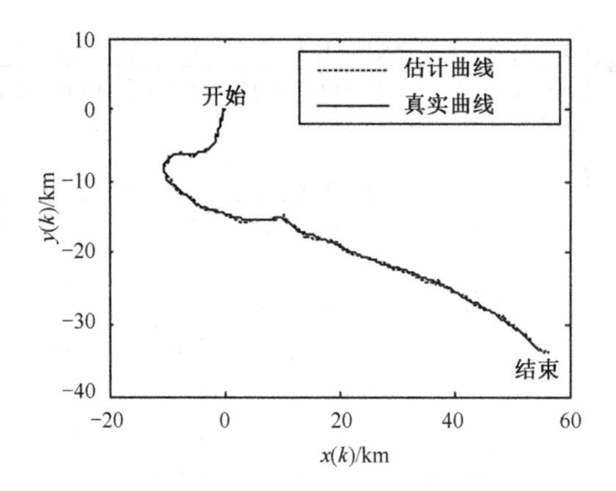

图 5-31 WMF-PF2 算法的估计曲线

本例采用k时刻位置$\left(x(k), y(k)\right)$的累积均方误差（AMSE）作为衡量系统准确性的指标函数，如式（5-113）所示。

在仿真中进行 30 次 Monte-Carlo 试验。1 阶 Taylor 级数展开 WMF-PF（WMF-PF1）的 AMSE 曲线，2 阶 Taylor 级数展开 WMF-PF（WMF-PF2）的 AMSE 曲线，集中式融合 CMF-PF 的 AMSE 曲线如图 5-33 所示。从图 5-33 中可以明显看出，所有的融合滤波器精度高于局部单传感器 PF 的精度。此外，WMF-PF2 具有比 WMF-PF1 更高的估计精度，但低于 CMF-PF 的估计精度。

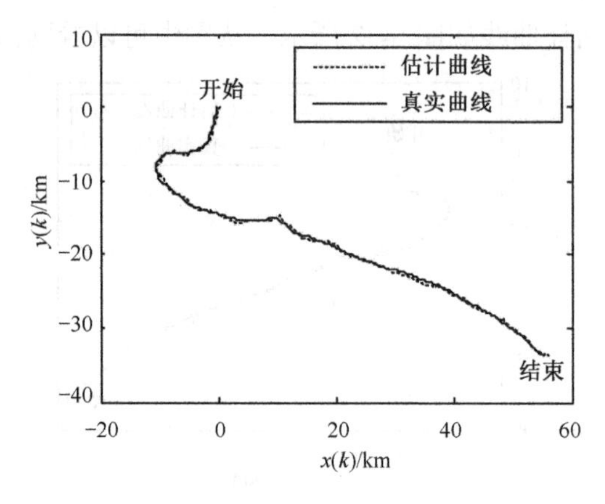

图 5-32 CMF-PF 算法的估计曲线

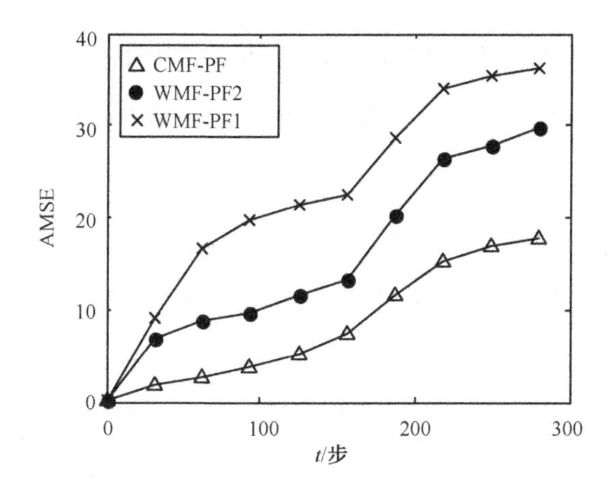

图 5-33　WMF-PF1，WMF-PF2 和 CMF-PF 的距离 AMSE 曲线

5.7　本章小结

本章提出了一种具有普适性的非线性系统加权观测融合算法。该算法借助中介函数，使各个观测方程具有线性矩阵和中介函数相乘的形式，再利用加权最小二乘法得到最终的融合算法。该算法可降低集中式融合系统的观测方程维数，实现集中式融合系统的数据压缩，减少后续估计等环节的计算负担。在线性最小方差意义下，该算法是最优的。

其次，基于 Taylor 级数展开法，提出了一种多项式形式的近似中介函数，进而基于此多项式中介函数，提出了一种具有普适性的非线性系统加权观测融合算法。该算法可以处理非线性多传感器系统的加权观测融合问题，并可以根据实际需要调节 Taylor 级数展开项，达到增加融合精度或者降低计算负担的目的。并结合 UKF 滤波算法，提出了加权观测融合 UKF（WMF-UKF）算法，并证明了该算法的渐近最优性，即随着

Taylor 级数展开项的增加，WMF-UKF 渐近等价于集中式融合 UKF 算法。该算法可处理带有 Gauss 噪声的非线性多传感器系统的加权观测融合估计问题。

然后，结合 CKF 滤波算法提出了加权观测融合 CKF 算法(WMF-CKF)，并证明了该算法的渐近最优性，即随着 Taylor 级数展开项的增加，WMF-CKF 算法渐近等价于集中式融合 CKF 算法。该算法可处理 Gauss 噪声情况下非线性多传感器系统的加权观测融合估计问题。

最后，结合 PF 滤波算法提出了加权观测融合 PF 算法（WMF-PF），并证明了该算法的渐近最优性，即随着 Taylor 级数展开项的增加，WMF-PF 算法渐近等价于集中式融合 PF 算法。该算法可处理 Gauss 或非 Gauss 噪声情况下非线性多传感器系统的加权观测融合估计问题。

第 6 章

06

基于 Gauss–Hermite 逼近的非线性系统加权观测融合估计算法

在上一章中，结合 Taylor 级数逼近和非线性滤波算法，提出了基于 Taylor 级数逼近的加权观测融合非线性滤波器。该算法可以统一处理非线性系统融合估计问题，但该算法需要实时计算 Taylor 级数展开项系数，这将带来大量的在线计算负担。Gauss-Hermite 逼近方法[160-161]以通过固定点采样、Gauss 函数和 Hermite 多项式逼近任意初等函数，且具有较好的拟合效果。为了降低该逼近方法的计算负担，本章采用了分段处理方法，即将状态区间进行分段逼近，并离线计算每段的加权系数矩阵，形成数据库，应用中只要对应调用即可。进而采用加权观测融合算法对增广的高维观测进行压缩降维，可有效减少实时估计算法的计算量。

本章将针对带有独立噪声的非线性多传感器系统，通过 Gauss-Hermite 逼近方法，提出一种统一的加权观测融合算法。结合 UKF、CKF 和 PF 滤波算法，提出了基于 Gauss-Hermite 逼近的非线性多传感器系统加权观测融合 UKF（WMF-UKF）算法、非线性多传感器系统加权观测融合 CKF（WMF-CKF）算法和非线性系统加权观测融合 PF（WMF-PF）算法。本章所提出算法可以处理非线性多传感器系统的融合估计问题。与集中式观测融合滤波算法相比，可明显减小在线计算负担，为非线性多传感器系统信息融合估计提供了一种有效途径，在定位、导航、目标跟踪、通信和大数据处理等领域具有潜在应用价值[162-164]。

6.1 基于 Gauss-Hermite 逼近的非线性系统加权观测融合（WMF）算法

考虑一个非线性多传感器系统

$$\boldsymbol{x}(k+1)=\boldsymbol{f}(\boldsymbol{x}(k),k)+\boldsymbol{w}(k) \tag{6-1}$$

$$\boldsymbol{z}^{(j)}(k)=\boldsymbol{h}^{(j)}(x(k),k)+\boldsymbol{v}^{(j)}(k),\ j=1,2,\cdots,L \tag{6-2}$$

式中，$\boldsymbol{f}(\cdot,\cdot)\in\boldsymbol{R}^n$ 为已知的状态函数，$\boldsymbol{x}(k)\in\boldsymbol{R}^n$ 为 k 时刻系统状态，$\boldsymbol{h}^{(j)}(\cdot,\cdot)\in\boldsymbol{R}^{m_j}$ 为已知的第 j 个传感器的观测函数，$\boldsymbol{z}^{(j)}(k)\in\boldsymbol{R}^{m_j}$ 为第 j 个传感器的观测，$\boldsymbol{w}(k)\sim p_{\omega_k}(\cdot)$ 为系统噪声，$\boldsymbol{v}^{(j)}(k)\sim p_{v_k^{(j)}}(\cdot)$ 为第 j 个传感器的观测噪声。假设 $\boldsymbol{w}(k)$ 和 $\boldsymbol{v}^{(j)}(k)$ 是零均值、方差阵分别为 $\boldsymbol{Q}_w$ 和 $\boldsymbol{R}^{(j)}$ 且相互独立的噪声

$$\mathrm{E}\left\{\begin{bmatrix}\boldsymbol{w}(t)\\ \boldsymbol{v}^{(j)}(t)\end{bmatrix}\begin{bmatrix}\boldsymbol{w}^{\mathrm{T}}(k) & \left(\boldsymbol{v}^{(l)}(k)\right)^{\mathrm{T}}\end{bmatrix}\right\}=\begin{bmatrix}\boldsymbol{Q}_w & 0\\ 0 & \boldsymbol{R}^{(j)}\delta_{jl}\end{bmatrix}\delta_{tk} \tag{6-3}$$

式中，E 为均值号，上标 T 为转置号，$\delta_{tt}=1$，$\delta_{tk}=0(t\neq k)$。

本章将从集中式融合结构入手，引出本章所提出的基于 Gauss-Hermite 逼近的加权观测融合方法。该融合方法将观测函数分解成 Gauss 函数和 Hermite 多项式的组合形式，利用其系数矩阵对集中式融合系统观测方程进行降维，得到一个维数较低的加权融合观测方程。再对加权融合观测方程

与状态方程形成的加权观测融合系统进行滤波器设计，可获得与集中式融合逼近的估计精度，并降低了集中式融合估计算法的计算量。

6.1.1 Gauss-Hermite 逼近

本章将引入一种函数逼近方法，该方法借由 Gauss 函数和 Hermite 多项式的组合形式逼近任意初等函数。通过此逼近方法，可得到中介函数 $\boldsymbol{h}^{(j)}(\boldsymbol{x}(k),k)$ 的近似函数 $\tilde{\boldsymbol{h}}^{(j)}(\boldsymbol{x}(k),k)$，进而可将 $\tilde{\boldsymbol{h}}^{(j)}(\boldsymbol{x}(k),k)$ 统一转化为 $\tilde{\boldsymbol{h}}^{(j)}(\boldsymbol{x}(k),k)=\tilde{\boldsymbol{H}}^{(j)}\tilde{\boldsymbol{h}}(\boldsymbol{x}(k),k)$ 的形式。其中，$\boldsymbol{\psi}(\boldsymbol{x}(k),k)$ 由 Gauss 函数和 Hermite 多项式构成，$\tilde{\boldsymbol{H}}^{(j)}$ 为系数矩阵。非线性多传感器系统观测函数经过转换，可以应用第 5 章中的定理 5.1 实现加权观测融合。

1. 标量情形下 Gauss-Hermite 逼近[160-161]

设在区间 $[a,b]$ 中存在一个点集 $S\ \{x_i, i=1,\cdots,S\}$，对于任意 x_i 存在 y_i，假设存在函数 $y(x)$

$$y_i = y(x_i) \tag{6-4}$$

设对称函数 $\hbar_p(x,x')$ 有如下特性

$$\int_{-\infty}^{+\infty}\hbar_p(x,x')\mathrm{d}x = 1 \tag{6-5}$$

且有

$$P_K(x)=\int_{-\infty}^{+\infty}P_K(x')\hbar_p(x,x')\mathrm{d}x'\ \{x_i, i=1,\cdots,S\} \tag{6-6}$$

式中，$K \leqslant p$ 是偶数自然数，P_K 是 K 阶任意多项式。以下称 $\hbar_p(x,x')$ 为 p 阶折叠函数。这种折叠函数可以是 Gauss 函数和 Hermite 多项式的组合。

对于每个离散点(x_i, y_i)，函数$\tilde{y}_i(x)$定义如下

$$\tilde{y}_i(x) = \int_{-\infty}^{+\infty} y_i \delta(x' - x_i) \hbar_p(x, x') \mathrm{d}x' \tag{6-7}$$

其中$\delta(x' - x_i)$为狄拉克δ函数，所以有

$$\tilde{y}_i(x) = y_i \hbar_p(x, x') \tag{6-8}$$

由式（6-5）容易验证函数$y_i(x)$的积分为

$$\int_{-\infty}^{+\infty} \tilde{y}_i(x) \mathrm{d}x = y_i \tag{6-9}$$

通过对每个点x_i对应的所有函数$\tilde{y}_i(x)$进行求和来构造函数$\tilde{y}(x)$

$$\tilde{y}(x) = \sum_{i=1}^{S} \lambda_i \tilde{y}_i(x) \tag{6-10}$$

由勒贝格定理得出$\tilde{y}(x)$是函数$y(x)$的近似值

$$\int_a^b y(x) \mathrm{d}x \approx \int_{-\infty}^{+\infty} \tilde{y}(x) \mathrm{d}x = \sum_{i=1}^{S} \lambda_i y_i \tag{6-11}$$

由黎曼式得

$$\int_a^b y(x) \mathrm{d}x = \lim_{S \to \infty} \sum_{i=1}^{S} y(x_i) \Delta x_i \tag{6-12}$$

其中

$$\Delta x_i = (x_{i+1} - x_{i-1})/2 \tag{6-13}$$

式中，$x_0 = a$，$x_{S+1} = b$。比较式（6-11）和式（6-12），权值λ_i的选取方法为

$$\lambda_i = \Delta x_i \tag{6-14}$$

因此，得到折叠函数

$$\tilde{y}(x) = \sum_{i=1}^{S} y_i \Delta x_i \hbar_p(x, x') \tag{6-15}$$

令折叠函数 $\hbar_p(x,x')$ 是修正的 Gauss 函数

$$\hbar_p(x,x') = [1/(\gamma\sqrt{\pi})]\exp\left\{-[(x-x')/\gamma]^2\right\} f_p[(x-x')/\gamma] \tag{6-16}$$

式中，γ 是参数，$f_p(\theta)$（$p = 0,2,4,\cdots$）称为 p 阶校正多项式，$\theta = (x-x')/\gamma$。折叠函数 $\hbar_p(x,x')$ 和多项式 P_p 可以写成

$$\hbar_p(x,x') = \left(\mathrm{e}^{-\theta^2} / (\gamma\sqrt{\pi})\right) f_p(u) \tag{6-17}$$

$$P_p(x') = P_p(x-\gamma u) \equiv P_p^x(u) \tag{6-18}$$

并且有

$$P_p(x) = P_p(x+\gamma 0) \equiv P_p^x(0) \tag{6-19}$$

把多项式 $P_p^x(u)$ 分解成 Hermite 多项式 $H_\rho(u)$

$$P_p^x(u) = \sum_{\rho=1}^{p} b_\rho H_\rho(u) \tag{6-20}$$

且有

$$P_p^x(0) = \left(1/\sqrt{\pi}\right)\int_{-\infty}^{+\infty} P_p^x(u)\mathrm{e}^{-\theta^2} f_p(u)\mathrm{d}u \tag{6-21}$$

将式（6-20）代入上式得到

$$\sum_{\rho=1}^{p} b_\rho \left(\left(1/\sqrt{\pi}\right)\int_{-\infty}^{+\infty} \mathrm{e}^{-u^2} H_\rho(u) f_p(u)\mathrm{d}u - H_\rho(0) \right) = 0 \tag{6-22}$$

当 $b_\rho \neq 0$ 时，有

$$\left(1/\sqrt{\pi}\right)\int_{-\infty}^{+\infty} \mathrm{e}^{-u^2} H_\rho(u) f_p(u)\mathrm{d}u = H_\rho(0) \tag{6-23}$$

其中$\rho = 0,2,4,\cdots,p$。另外，校正多项式$f_p(u)$为一系列 Hermite 多项式的组合形式

$$f_p(u) = \sum_{\rho=0}^{p} C_\rho H_\rho(u) \tag{6-24}$$

把式（6-23）代入上式得到

$$H_\rho(0) = \sum_{k=1}^{p} C_k \left(1/\sqrt{\pi}\right) \int_{-\infty}^{+\infty} \mathrm{e}^{-\theta^2} H_\rho(u) H_k(u) \mathrm{d}\theta \tag{6-25}$$

由 Hermite 多项式的正交性得

$$\int_{-\infty}^{+\infty} \mathrm{e}^{-\theta^2} H_\rho(u) H_k(u) \mathrm{d}u = 2^\rho \pi \rho! \delta_{\rho k} \tag{6-26}$$

校正多项式的系数为

$$C_\rho = \left(1/(2^\rho \rho!)\right) H_\rho(0) \tag{6-27}$$

因此，$H_\rho(0)$为

$$H_\rho(0) = \begin{cases} 1 & \rho = 0 \\ 2^q (-1)^q (2q-1)!! & \rho = 2q \quad , q = 1\cdots \\ 0 & \rho = 2q+1 \end{cases} \tag{6-28}$$

由式（6-27）和式（6-28）有

$$C_\rho = \begin{cases} 1 & \rho = 0 \\ (-1)^q (2q-1)!!/(2^q (2q)!) & \rho = 2q, \quad q = 1,2\cdots \\ 0 & \rho = 2q+1 \end{cases} \tag{6-29}$$

系数C_ρ和相应的 Hermite 多项式为

$$C_0 = 1\text{，}\quad H_0 = 1$$

$$C_2 = -1/4\text{，}\quad H_2(\theta) = 4\theta^2 - 2$$

$$C_4 = 1/32, \quad H_4(\theta) = 16\theta^4 - 48\theta^2 + 12 \tag{6-30}$$

$$C_6 = -1/384, \quad H_6(\theta) = 64\theta^6 - 480\theta^4 + 720\theta^2 - 120$$

相应的修正多项式为

$$\begin{aligned} f_0(\theta) &= 1 \\ f_2(\theta) &= 3/2 - \theta^2 \\ f_4(\theta) &= 15/8 - (5/2)\theta^2 + (1/2)\theta^4 \\ f_6(\theta) &= 35/16 - (35/8)\theta^2 + (7/4)\theta^4 - (1/6)\theta^6 \end{aligned} \tag{6-31}$$

进而可由 Gauss-Hermite 折叠函数得出 $y(x)$ 的近似函数 $\overline{y}(x)$

$$\tilde{y}(x) = [1/(\gamma_\mu\sqrt{\pi})]\sum_{i=1}^{S} y_i \Delta x_i \exp\left\{-[(x - x_i)/\gamma_\mu]^2\right\} f_p[(x - x_i)/\gamma_\mu] \tag{6-32}$$

2. 多维情形下 Gauss-Hermite 逼近

对于多维情况，假设$\{\boldsymbol{X}_i' \in \Re^n\}$（$i = 1,\cdots,S$）是一个采样集合，对于集合中每一个点$\boldsymbol{X}_i' = [x_{i_1}', x_{i_2}', \cdots, x_{i_n}']$，（$a \leqslant x_{i_\mu} \leqslant x_{i+1_\mu} \leqslant b$，$\mu = 1,\cdots,n$）存在点$\boldsymbol{Y}_i'(x_{i_1}', x_{i_2}', \cdots, x_{i_n}') = [y_{i_1}, y_{i_2}, \cdots, y_{i_\xi}]$（$\xi \geqslant 1$）满足$\boldsymbol{Y}_i' = \boldsymbol{Y}(\boldsymbol{X}_i')$，其中$\boldsymbol{Y}(\cdot)$是确定的多维函数。那么 Gauss-Hermite 折叠函数如下：

$$\tilde{\boldsymbol{Y}}(x_1, x_2, \cdots, x_n) = \sum_{i_1=1}^{S} \Delta x_{i_1} \sum_{i_2=1}^{S} \Delta x_{i_2} \cdots \sum_{i_n=1}^{S} \Delta x_{i_n} \boldsymbol{Y}(x_{i_1}', x_{i_2}', \cdots, x_{i_n}')$$

$$\prod_{\mu=1}^{n} [1/(\gamma_\mu\sqrt{\pi})] \exp\left\{-[(x_\mu - x_{i_\mu}')/\gamma_\mu]^2\right\} f_p[(x_\mu - x_{i_\mu}')/\gamma_\mu] \tag{6-33}$$

式中，n 维函数 $\tilde{\boldsymbol{Y}}(\cdot)$ 为函数 $\boldsymbol{Y}(\cdot)$ 的近似函数。γ_μ（$\mu = 1,\cdots,n$）是系数，$\Delta x_{i_\mu} = (x_{i_\mu+1} - x_{i_\mu-1})/2$，$f_p(u)$ 是校正多项式，可以分解为 Hermite 多项式

$$f_\beta(u) = \sum_{\kappa=0}^{\beta} C_\kappa H_\kappa(u) \tag{6-34}$$

$$C_\kappa = H_\kappa(0)/(2^\kappa \kappa!) \tag{6-35}$$

其中$H_\kappa(u)=(-1)^\kappa \mathrm{e}^{u^2}(\mathrm{e}^{-u^2})^{(\kappa)}$是 Hermite 多项式[163]，$H_\kappa(0)$为

$$H_\kappa(0)=\begin{cases}1 & \kappa=0\\ 2^q(-1)^q(2q-1)!! & \kappa=2q,\quad q=0,1\cdots\\ 0 & \kappa=2q+1\end{cases} \tag{6-36}$$

并且C_κ为

$$C_\kappa=\begin{cases}1 & \kappa=0\\ (-1)^q(2q-1)!!/(2^q(2q)!) & \kappa=2q,\quad q=0,1\cdots\\ 0 & \kappa=2q+1\end{cases} \tag{6-37}$$

本节给出了一种利用 Gauss 函数和 Hermite 多项式组合的逼近方法，该方法可以利用较少的函数项获得很好的逼近效果。如果将式（6-33）中的$\sum_{i_1=1}^{S}\Delta x_{i_1}\sum_{i_2=1}^{S}\Delta x_{i_2}\cdots\sum_{i_n=1}^{S}\Delta x_{i_n}[1/(\gamma_\mu\sqrt{\pi})]\exp\left\{-[(x_\mu-x'_{i_\mu})/\gamma_\mu]^2\right\}f_p[(x_\mu-x'_{i_\mu})/\gamma_\mu]$，（$i=1,\cdots,S$; $\mu=1,\cdots,n$）视为第 5 章定理 5.1 中的中介函数$\boldsymbol{h}(\boldsymbol{x}(k),k)$，将$\boldsymbol{Y}(x'_{i_1},x'_{i_2},\cdots,x'_{i_n})$视为$\boldsymbol{H}^{(j)}$，那么由此可以建立各个观测函数的线性关系，进而第 5 章定理 5.1 得以实施。

6.1.2 基于 Gauss–Hermite 逼近的非线性系统 WMF 算法

令式（6-33）中$\gamma_\mu=\gamma$，$\psi[(x_\mu-x'_{i_\mu})/\gamma]=\exp\left\{-[(x_\mu-x'_{i_\mu})/\gamma]^2\right\}f_p((x_\mu-x'_{i_\mu}/\gamma)$，则$\boldsymbol{h}^{(j)}(\boldsymbol{x}(k),k)$的近似函数$\tilde{\boldsymbol{h}}^{(j)}(\boldsymbol{x}(k),k)$为

$$\tilde{\boldsymbol{h}}^{(j)}(x_1,x_2,\cdots,x_n)=(\pi)^{-\frac{n}{2}}(\gamma)^{-n}\sum_{i_1=1}^{S}\Delta x_{i_1}\sum_{i_2=1}^{S}\Delta x_{i_2}\cdots\sum_{i_n=1}^{S}\Delta x_{i_n}\boldsymbol{h}^{(j)}(x'_{i_1},x'_{i_2},\cdots,x'_{i_n})\prod_{\mu=1}^{n}\psi[(x_\mu-x'_{i_\mu})/\gamma] \tag{6-38}$$

定理 6.1　对式（6-1）和式（6-2）组成的系统，基于 Gauss-Hermite 逼近的近似加权观测融合方程为

$$\tilde{\boldsymbol{z}}^{(\mathrm{I})}(k)=\tilde{\boldsymbol{H}}^{(\mathrm{I})}\tilde{\boldsymbol{h}}(\boldsymbol{x}(k),k)+\tilde{\boldsymbol{v}}^{(\mathrm{I})}(k) \tag{6-39}$$

式中，$\tilde{\boldsymbol{h}}(\boldsymbol{x}(k),k)$ 如式（6-45）所示，x_μ（$\mu=1,\cdots,n$）是第 μ 个状态变量，x'_{i_μ}（$\mu=1,\cdots,n$，$i=1,\cdots,S$）是第 μ 个状态变量的第 i 个采样点。$\tilde{\boldsymbol{H}}^{(0)}$ 如式（6-46）所示，其中 $\boldsymbol{h}^{(j)}(\cdot)$（$j=1,\cdots,L$）是第 m 个观测方程的 Gauss-Hermite 逼近采样点，S 是采样点的数量。$\tilde{\boldsymbol{M}}$ 和 $\tilde{\boldsymbol{H}}^{(\mathrm{I})}$ 是 $\tilde{\boldsymbol{H}}^{(0)}$ 的满秩分解矩阵，$\tilde{\boldsymbol{M}}\in\boldsymbol{R}^{\left(\sum_{i=1}^{L}m_i\right)\times r}$ 是列满秩，$\tilde{\boldsymbol{H}}^{(\mathrm{I})}\in\boldsymbol{R}^{r\times S^n}$ 是行满秩，且有 $r\leqslant\min(\sum_{i=1}^{L}m_i,S^n)$。则有

$$\tilde{\boldsymbol{z}}^{(\mathrm{I})}(k)=\left(\tilde{\boldsymbol{M}}^{\mathrm{T}}\boldsymbol{R}^{(0)-1}\tilde{\boldsymbol{M}}\right)^{-1}\tilde{\boldsymbol{M}}^{\mathrm{T}}\boldsymbol{R}^{(0)-1}\boldsymbol{z}^{(0)}(k) \tag{6-40}$$

$$\tilde{\boldsymbol{v}}^{(\mathrm{I})}(k)=\left(\tilde{\boldsymbol{M}}^{\mathrm{T}}\boldsymbol{R}^{(0)-1}\tilde{\boldsymbol{M}}\right)^{-1}\tilde{\boldsymbol{M}}^{\mathrm{T}}\boldsymbol{R}^{(0)-1}\boldsymbol{v}^{(0)}(k) \tag{6-41}$$

$\tilde{\boldsymbol{v}}^{(\mathrm{I})}(k)$ 的协方差矩阵为

$$\tilde{\boldsymbol{R}}^{(\mathrm{I})}=\left(\tilde{\boldsymbol{M}}^{\mathrm{T}}\boldsymbol{R}^{(0)-1}\tilde{\boldsymbol{M}}\right)^{-1} \tag{6-42}$$

证明：利用式（6-38）将集中式融合系统观测方程式（5-4）进行近似，得到近似的集中式融合观测方程

$$\boldsymbol{z}^{(0)}(k)\approx\tilde{\boldsymbol{h}}^{(0)}(\boldsymbol{x}(k),k)+\boldsymbol{v}^{(0)}(k) \tag{6-43}$$

其中

$$\tilde{\boldsymbol{h}}^{(0)}(\boldsymbol{x}(k),k)=\left[\left(\tilde{\boldsymbol{h}}^{(1)}(\boldsymbol{x}(k),k)\right)^{\mathrm{T}},\cdots,\left(\tilde{\boldsymbol{h}}^{(L)}(\boldsymbol{x}(k),k)\right)^{\mathrm{T}}\right]^{\mathrm{T}} \tag{6-44}$$

$\tilde{\boldsymbol{h}}^{(j)}(\cdot)$（$j=1,\cdots,L$）如式（6-38）所示。

将式（6-44）中的系数 $\boldsymbol{h}^{(j)}(x'_{i_1},x'_{i_2},\cdots,x'_{i_n})$ 与 Gauss-Hermite 函数 $\psi\left((x_\mu-x'_{i_\mu})/\gamma\right)$ 分离，得到式（6-45）和式（6-46）。利用第 5 章定理 1 得到式（6-40）～式（6-42）。证毕。

$$\tilde{\boldsymbol{h}}(\boldsymbol{x}(k),k)=\pi^{-\frac{n}{2}}\begin{bmatrix} \prod_{\mu=1}^{n}\Delta x_{1_\mu}\gamma_\mu^{-n}\psi\left(\dfrac{x_\mu-x'_{i_\mu}}{\gamma_\mu}\right) \\ \prod_{\mu=1}^{n-1}\Delta x_{1_\mu}\gamma_\mu^{-1}\psi\left(\dfrac{x_\mu-x'_{1_\mu}}{\gamma_\mu}\right)\cdot\Delta x_{2_n}\gamma_n^{-1}\psi\left(\dfrac{x_n-x'_{2_n}}{\gamma_n}\right) \\ \vdots \\ \prod_{\mu=1}^{n-1}\Delta x_{1_\mu}\gamma_\mu^{-1}\psi\left(\dfrac{x_\mu-x'_{1_\mu}}{\gamma_\mu}\right)\cdot\Delta x_{S_n}\gamma_n^{-1}\psi\left(\dfrac{x_n-x'_{S_n}}{\gamma_n}\right) \\ \prod_{\mu=1}^{n-2}\Delta x_{1_\mu}\gamma_\mu^{-1}\psi\left(\dfrac{x_\mu-x'_{1_\mu}}{\gamma_\mu}\right)\cdot\Delta x_{2_{n-1}}\gamma_{n-1}^{-1}\psi\left(\dfrac{x_{n-1}-x'_{2_{n-1}}}{\gamma_{n-1}}\right)\cdot\Delta x_{1_n}\gamma_n^{-1}\psi\left(\dfrac{x_n-x'_{1_n}}{\gamma_n}\right) \\ \vdots \\ \prod_{\mu=1}^{n-2}\Delta x_{1_\mu}\gamma_\mu^{-1}\psi\left(\dfrac{x_\mu-x'_{1_\mu}}{\gamma_\mu}\right)\cdot\Delta x_{2_{n-1}}\gamma_{n-1}^{-1}\psi\left(\dfrac{x_{n-1}-x'_{2_{n-1}}}{\gamma_{n-1}}\right)\cdot\Delta x_{S_n}\gamma_n^{-1}\psi\left(\dfrac{x_n-x'_{S_n}}{\gamma_n}\right) \\ \vdots \\ \prod_{\mu=1}^{n-1}\Delta x_{S_\mu}\gamma_\mu^{-1}\psi\left(\dfrac{x_\mu-x'_{S_\mu}}{\gamma_\mu}\right)\cdot\Delta x_{1_n}\gamma_n^{-1}\psi\left(\dfrac{x_n-x'_{1_n}}{\gamma_n}\right) \\ \vdots \\ \prod_{\mu=1}^{n}\Delta x_{S_\mu}\gamma_\mu^{-1}\psi\left(\dfrac{x_\mu-x'_{S_\mu}}{\gamma_\mu}\right) \end{bmatrix}_{S^n\times 1} \tag{6-45}$$

$$\tilde{\boldsymbol{H}}^{(0)}=\left[\begin{matrix} \boldsymbol{z}^{(1)}(x'_{1_1},x'_{1_2},\cdots,x'_{1_n}) & \boldsymbol{z}^{(1)}(x'_{1_1},x'_{1_2},\cdots,x'_{2_n}) & \cdots & \boldsymbol{z}^{(1)}(x'_{1_1},x'_{1_2},\cdots,x'_{S_n}) \\ \boldsymbol{z}^{(2)}(x'_{1_1},x'_{1_2},\cdots,x'_{1_n}) & \boldsymbol{z}^{(2)}(x'_{1_1},x'_{1_2},\cdots,x'_{2_n}) & \cdots & \boldsymbol{z}^{(2)}(x'_{1_1},x'_{1_2},\cdots,x'_{S_n}) \\ \vdots & \vdots & \ddots & \vdots \\ \boldsymbol{z}^{(L)}(x'_{1_1},x'_{1_2},\cdots,x'_{1_n}) & \boldsymbol{z}^{(L)}(x'_{1_1},x'_{1_2},\cdots,x'_{2_n}) & \cdots & \boldsymbol{z}^{(L)}(x'_{1_1},x'_{1_2},\cdots,x'_{S_n}) \end{matrix}\right.$$

$$\begin{matrix} \boldsymbol{z}^{(1)}(x'_{1_1},x'_{1_2},\cdots,x'_{2_{n-1}},x'_{1_n}) & \cdots & \boldsymbol{z}^{(1)}(x'_{1_1},x'_{1_2},\cdots,x'_{2_{n-1}},x'_{S_n}) \\ \boldsymbol{z}^{(2)}(x'_{1_1},x'_{1_2},\cdots,x'_{2_{n-1}},x'_{1_n}) & \cdots & \boldsymbol{z}^{(2)}(x'_{1_1},x'_{1_2},\cdots,x'_{2_{n-1}},x'_{S_n}) \\ \vdots & \cdots & \vdots \\ \boldsymbol{z}^{(L)}(x'_{1_1},x'_{1_2},\cdots,x'_{2_{n-1}},x'_{1_n}) & \cdots & \boldsymbol{z}^{(L)}(x'_{1_1},x'_{1_2},\cdots,x'_{2_{n-1}},x'_{S_n}) \end{matrix}$$

$$
\left.\begin{matrix}
\cdots & z^{(1)}(x'_{S_1}, x'_{S_2}, \cdots, x'_{S_{n-1}}, x'_{1_n}) & \cdots & z^{(1)}(x'_{S_1}, x'_{S_2}, \cdots, x'_{S_n}) \\
\cdots & z^{(2)}(x'_{S_1}, x'_{S_2}, \cdots, x'_{S_{n-1}}, x'_{1_n}) & \cdots & z^{(2)}(x'_{S_1}, x'_{S_2}, \cdots, x'_{S_n}) \\
\cdots & \vdots & \cdots & \vdots \\
\cdots & z^{(L)}(x'_{S_1}, x'_{S_2}, \cdots, x'_{S_{n-1}}, x'_{1_n}) & \cdots & z^{(L)}(x'_{S_1}, x'_{S_2}, \cdots, x'_{S_n})
\end{matrix}\right]_{\sum_{i=1}^{L} m_i \times S^n} \qquad (6\text{-}46)
$$

定理 6.1 通过 Gauss-Hermite 逼近方法构建了一个近似的中介函数 $\tilde{\boldsymbol{h}}(\boldsymbol{x}(k),k)$。它使局部观测方程具有常系数矩阵与中介函数乘积的形式，解决了第 5 章定理 5.1 中观测函数之间的限制要求。它使得形如式（6-1）和式（6-39）的任意非线性多传感器系统的局部测量函数具有了定理 5.1 中所阐述的关系，可使定理 5.1 得以实施。

如果状态范围过大，采样点数量会急剧增加，导致计算量增加，因此本章采取分段的处理方法。例如，对一维状态系统，可以将状态的范围划分成多个区间，对二维状态系统，可以将状态的范围分成若干小的区域。在每个区间或区域分别进行 Gauss-Hermite 逼近。为了简单起见，可以预先离线计算各个分段中的 $\tilde{\boldsymbol{H}}^{(\mathrm{I})}$，并根据预测 $\hat{\boldsymbol{x}}^{(\mathrm{I})}(k\,|\,k-1)$ 直接在数据库中选择合适的 $\tilde{\boldsymbol{H}}^{(\mathrm{I})}$。这样就可避免融合系数矩阵在线计算带来的计算负担。

6.2 基于 Gauss-Hermite 逼近的非线性系统加权观测融合 UKF（WMF-UKF）滤波算法

6.2.1 基于 Gauss-Hermite 逼近的非线性系统 WMF-UKF 滤波算法

接下来，本章将给出一种基于 Gauss-Hermite 逼近和无迹 Kalman 滤波算法的非线性系统加权观测融合估计算法。

本章 UKF 采样策略选用比例对称采样，即 Sigma 采样点可由式(6-47)计算。

$$\{\chi_i\}=[\bar{x}, \bar{x}+\sqrt{(n+\kappa)P_{xx}}, \bar{x}-\sqrt{(n+\kappa)P_{xx}}],\ i=0,\cdots,2n \tag{6-47}$$

且有权值如式（6-48）和式（6-49）所示。

$$W_i^m=\begin{cases}\lambda/(n+\kappa), & i=0\\ 1/[2(n+\kappa)], & i\neq 0\end{cases} \tag{6-48}$$

$$W_i^c=\begin{cases}\lambda/(n+\lambda)+(1-\alpha^2+\beta^2), & i=0\\ 1/[2(n+\lambda)], & i\neq 0\end{cases} \tag{6-49}$$

式中，$\alpha>0$ 是比例因子，$\lambda=\alpha^2(n+\kappa)-n$，$\kappa$ 是比例参数，通常设置 $\kappa=0$ 或者 $\kappa=3-n$，$\beta=2$。下面给出 WMF-UKF 算法。

对非线性系统［式（6-1）和式（6-2）］，基于定理 6.1 的 WMF-UKF 算法如下：

第 1 步：设置初始值

基于第 j 个传感器的观测数据 $z^{(j)}(0)\sim z^{(j)}(k)$，$j=1,2,\cdots,L$，加权观测融合系统 Sigma 采样点可以计算为

$$\begin{aligned}\{\chi_i^{(\mathrm{I})}(k|k)\}=[&\hat{x}^{(\mathrm{I})}(k|k), \hat{x}^{(\mathrm{I})}(k|k)+\sqrt{(n+\kappa)P_{xx}^{(\mathrm{I})}(k|k)},\\ &\hat{x}^{(\mathrm{I})}(k|k)-\sqrt{(n+\kappa)P_{xx}^{(\mathrm{I})}(k|k)}],\ i=0,\cdots,2n\end{aligned} \tag{6-50}$$

其中初值条件为

$$\hat{x}^{(\mathrm{I})}(0|0)=\mathrm{E}\{x(0)\} \tag{6-51}$$

$$P_{xx}^{(\mathrm{I})}(0|0)=\mathrm{E}\{[x(0)-\hat{x}^{(\mathrm{I})}(0|0)][x(0)-\hat{x}^{(\mathrm{I})}(0|0)]^{\mathrm{T}}\} \tag{6-52}$$

第2步：预测方程

预测Sigma采样点

$$\boldsymbol{\chi}_i^{(\mathrm{I})}(k+1|k)=\boldsymbol{f}\left(\boldsymbol{\chi}_i^{(\mathrm{I})}(k|k),k\right),\quad i=0,\cdots,2n \tag{6-53}$$

状态预报

$$\hat{\boldsymbol{x}}^{(\mathrm{I})}(k+1|k)=\sum_{i=0}^{2n}W_i^m\boldsymbol{\chi}_i^{(\mathrm{I})}(k+1|k) \tag{6-54}$$

状态预测误差方差阵

$$\begin{aligned}\boldsymbol{P}^{(\mathrm{I})}(k+1|k)=\sum_{i=0}^{2n}W_i^c&[\boldsymbol{\chi}_i^{(\mathrm{I})}(k+1|k)-\hat{\boldsymbol{x}}^{(\mathrm{I})}(k+1|k)]\\&[\boldsymbol{\chi}_i^{(\mathrm{I})}(k+1|k)-\hat{\boldsymbol{x}}^{(\mathrm{I})}(k+1|k)]^{\mathrm{T}}+\boldsymbol{Q}_w\end{aligned} \tag{6-55}$$

观测预报Sigma采样点

$$\boldsymbol{z}_i^{(\mathrm{I})}(k+1|k)=\tilde{\boldsymbol{H}}^{(\mathrm{I})}\tilde{\boldsymbol{h}}[\boldsymbol{\chi}_i^{(\mathrm{I})}(k+1|k),k+1],\quad i=0,\cdots,2n \tag{6-56}$$

观测预报

$$\hat{\boldsymbol{z}}^{(\mathrm{I})}(k+1|k)=\sum_{i=0}^{2n}W_i^m\boldsymbol{z}_i^{(\mathrm{I})}(k+1|k) \tag{6-57}$$

观测预报误差方差阵

$$\begin{aligned}\boldsymbol{P}_{zz}^{(\mathrm{I})}(k+1|k)=\sum_{i=0}^{2n}W_i^c&[\boldsymbol{z}_i^{(\mathrm{I})}(k+1|k)-\hat{\boldsymbol{z}}^{(\mathrm{I})}(k+1|k)]\\&[\boldsymbol{z}_i^{(\mathrm{I})}(k+1|k)-\hat{\boldsymbol{z}}^{(\mathrm{I})}(k+1|k)]^{\mathrm{T}}\end{aligned} \tag{6-58}$$

$$\boldsymbol{P}_{vv}^{(\mathrm{I})}(k+1|k)=\boldsymbol{P}_{zz}^{(\mathrm{I})}(k+1|k)+\tilde{\boldsymbol{R}}^{(\mathrm{I})} \tag{6-59}$$

其中$\tilde{\boldsymbol{R}}^{(\mathrm{I})}$由式（6-42）定义。

协方差矩阵由下式计算

$$\boldsymbol{P}_{xz}^{(\mathrm{I})}(k+1|k)=\sum_{i=0}^{2n}W_i^c[\boldsymbol{\chi}_i^{(\mathrm{I})}(k+1|k)-\hat{\boldsymbol{x}}^{(\mathrm{I})}(k+1|k)][\boldsymbol{z}_i^{(\mathrm{I})}(k+1|k)-\hat{\boldsymbol{z}}^{(\mathrm{I})}(k+1|k)]^{\mathrm{T}} \tag{6-60}$$

第 3 步：更新方程

滤波增益由下式计算

$$\boldsymbol{W}^{(\mathrm{I})}(k+1)=\boldsymbol{P}_{xz}^{(\mathrm{I})}(k+1|k)[\boldsymbol{P}_{vv}^{(\mathrm{I})}(k+1|k)]^{-1} \tag{6-61}$$

式中，$\boldsymbol{P}_{vv}^{(\mathrm{I})-1}(\cdot|\cdot)=[\boldsymbol{P}_{vv}^{(\mathrm{I})}(\cdot|\cdot)]^{-1}$。并且 $k+1$ 时刻的状态估计为

$$\hat{\boldsymbol{x}}^{(\mathrm{I})}(k+1|k+1)=\hat{\boldsymbol{x}}^{(\mathrm{I})}(k+1|k)+\boldsymbol{W}^{(\mathrm{I})}(k+1)[\boldsymbol{z}^{(\mathrm{I})}(k+1)-\hat{\boldsymbol{z}}^{(\mathrm{I})}(k+1|k)] \tag{6-62}$$

滤波误差协方差矩阵为

$$\boldsymbol{P}^{(\mathrm{I})}(k+1|k+1)=\boldsymbol{P}^{(\mathrm{I})}(k+1|k)-\boldsymbol{W}^{(\mathrm{I})}(k+1)\boldsymbol{P}_{vv}^{(\mathrm{I})}(k+1|k)[\boldsymbol{W}^{(\mathrm{I})}(k+1)]^{\mathrm{T}} \tag{6-63}$$

其中 $\boldsymbol{W}^{(\mathrm{I})\mathrm{T}}(\cdot)=[\boldsymbol{W}^{(\mathrm{I})}(\cdot)]^{\mathrm{T}}$。该算法可处理非线性多传感器融合估计问题。

基于 Gauss-Hermite 逼近的 WMF-UKF 滤波算法框图如图 6-1 所示。

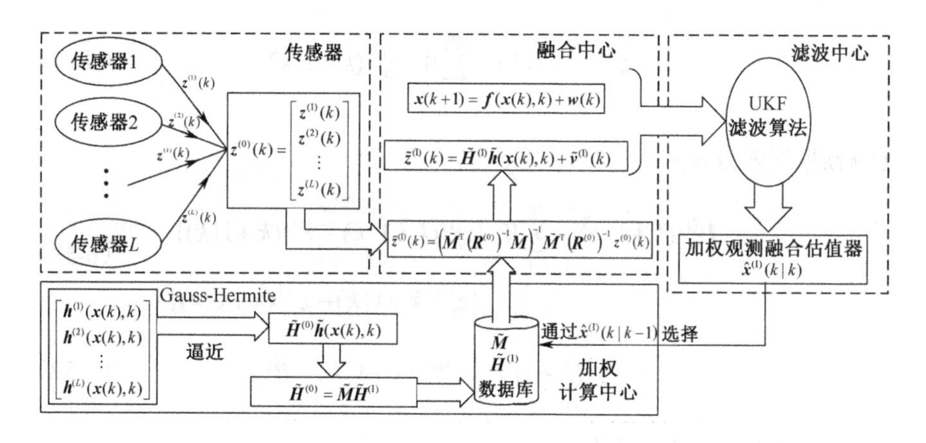

图 6-1　基于 Gauss-Hermite 逼近的 WMF-UKF 滤波算法框图

6.2.2 WMF-UKF 的计算量分析

该算法中，式（6-61）出现了矩阵求逆运算，因此该算法的时间复杂度由 $[\boldsymbol{P}_{vv}^{(\mathrm{I})}(k+1|k)]^{-1}$ 决定[165]，即 WMF-UKF 的时间复杂度为 $O(r^3)$，而 CMF-UKF 的时间复杂度为 $O\left(\left(\sum_{i=1}^{L} m_i\right)^3\right)$。由于 $r \leqslant \sum_{i=1}^{L} m_i$，所以 WMF-UKF 的时间复杂度小于 CMF-UKF。

另外，随着传感器数量 L 的增加，$\sum_{i=1}^{L} m_i$ 将不断增加。而在拟合采样点数 S 不改变的情况下，由于 $r \leqslant \min(\sum_{i=1}^{L} m_i, S^n)$，故 r 将保持在 S^n（或者更小）不改变。因此随着传感器数量的增加，WMF-UKF 较 CMF-UKF 在计算量上的优势将更加明显。

本章提出的 WMF-UKF 所需要的融合参数矩阵 $\bar{\boldsymbol{M}}$ 和 $\bar{\boldsymbol{H}}^{(\mathrm{I})}$ 可事先离线计算备用，不必在线计算。而第 5 章所用的 Taylor 级数方法需要根据预报值在线实时计算融合参数矩阵，这将带来一定的在线计算负担。相比较之下，本章提出的 WMF-UKF 在计算量上具有一定的优势。

6.3 基于 Gauss-Hermite 逼近的非线性系统加权观测融合 CKF（WMF-CKF）滤波算法

6.3.1 基于 Gauss-Hermite 逼近的非线性系统 WMF-CKF 滤波算法

当系统噪声 $\boldsymbol{w}(k)$ 和观测噪声 $\boldsymbol{v}^{(j)}(k)$ 为 Gauss 分布时，可利用 CKF 作为系统滤波方法。基于定理 6.1 和 CKF 算法，给出如下 WMF-CKF 算法。

第 1 步：初始化

$\hat{\boldsymbol{x}}^{(\mathrm{I})}(0|-1)=\mathrm{E}\{\boldsymbol{x}(0)\}$，$\hat{\boldsymbol{z}}^{(\mathrm{I})}(-1|-2)=0$，$\boldsymbol{P}^{(\mathrm{I})}(-1|-1)=\boldsymbol{I}$，$\boldsymbol{P}_{zz}^{(\mathrm{I})}(-1|-2)=\boldsymbol{I}$

第 2 步：计算基本容积点和其对应的权值[116]

$$\xi^{(i)}=\sqrt{\frac{m}{2}}[1]_i,\quad i=1,2,\cdots,m \tag{6-64}$$

式中，$\xi^{(i)}$ 是第 i 个基本容积点，m 是容积点的总数，根据 3 阶容积积分法则，容积点的总数是系统状态维数的两倍，即 $m=2n$，n 是系统状态的维数。$[1]\in R^n$ 是完全对称点集。

假设 $k+1$ 时刻的后验密度函数已知，初始状态误差方差矩阵 $\boldsymbol{P}^{(\mathrm{I})}(k-1|k-1)$ 正定，那么，对其进行因式分解有

$$\boldsymbol{P}^{(\mathrm{I})}(k-1|k-1)=\boldsymbol{S}^{(\mathrm{I})}(k-1|k-1)[\boldsymbol{S}^{(\mathrm{I})}(k-1|k-1)]^{\mathrm{T}} \tag{6-65}$$

估算容积点

$$\boldsymbol{\chi}^{(\mathrm{I})(i)}(k-1|k-1)=\boldsymbol{S}^{(\mathrm{I})}(k-1|k-1)\boldsymbol{\xi}^{(i)}+\hat{\boldsymbol{x}}^{(\mathrm{I})}(k-1|k-1) \tag{6-66}$$

估算传播容积点

$$\boldsymbol{\chi}^{(\mathrm{I})(i)}(k|k-1)=\boldsymbol{f}(\boldsymbol{\chi}^{(\mathrm{I})(i)}(k-1|k-1),k) \tag{6-67}$$

第 3 步：计算状态预测值和误差协方差矩阵

$$\hat{\boldsymbol{x}}^{(\mathrm{I})}(k|k-1)\approx\frac{1}{2n}\sum_{i=1}^{2n}\boldsymbol{\chi}^{(\mathrm{I})(i)}(k-1|k-1) \tag{6-68}$$

$$\begin{aligned}\boldsymbol{P}^{(\mathrm{I})}(k|k-1)\approx\frac{1}{2n}\sum_{\mu=1}^{2n}\boldsymbol{\chi}^{(\mathrm{I})(i)}(k-1|k-1)[\boldsymbol{\chi}^{(\mathrm{I})(i)}(k-1|k-1)]^{\mathrm{T}}-\\ \hat{\boldsymbol{x}}^{(\mathrm{I})}(k|k-1)[\hat{\boldsymbol{x}}^{(\mathrm{I})}(k|k-1)]^{\mathrm{T}}+\boldsymbol{Q}_w\end{aligned} \tag{6-69}$$

第 4 步：估算预测容积点

因式分解：

$$\boldsymbol{P}^{(\mathrm{I})}(k \mid k-1)=\boldsymbol{S}^{(\mathrm{I})}(k \mid k-1)[\boldsymbol{S}^{(\mathrm{I})}(k \mid k-1)]^{\mathrm{T}} \tag{6-70}$$

估算容积点

$$\boldsymbol{\chi}^{(\mathrm{I})(i)}(k \mid k-1)=\boldsymbol{S}^{(\mathrm{I})}(k \mid k-1)\boldsymbol{\xi}^{(i)}+\hat{\boldsymbol{x}}^{(\mathrm{I})}(k \mid k-1) \tag{6-71}$$

$$\boldsymbol{Z}^{(\mathrm{I})(i)}(k \mid k-1)=\boldsymbol{h}^{(\mathrm{I})}(\boldsymbol{x}(k),k)\Big|_{\boldsymbol{x}(k)=\boldsymbol{\chi}^{(\mathrm{I})(i)}(k \mid k-1)} \tag{6-72}$$

第 5 步：计算观测预报值和误差协方差矩阵

$$\hat{\boldsymbol{z}}^{(\mathrm{I})}(k \mid k-1) \approx \frac{1}{2n}\sum_{\mu=1}^{2n}\boldsymbol{Z}^{(\mathrm{I})(i)}(k \mid k-1) \tag{6-73}$$

$$\begin{aligned}\boldsymbol{P}_{zz}^{(\mathrm{I})}(k \mid k-1) \approx & \frac{1}{2n}\sum_{i=1}^{2n}\boldsymbol{Z}^{(\mathrm{I})(i)}(k \mid k-1)[\boldsymbol{Z}^{(\mathrm{I})(i)}(k \mid k-1)]^{\mathrm{T}}- \\ & \hat{\boldsymbol{z}}^{(\mathrm{I})}(k \mid k-1)[\hat{\boldsymbol{z}}^{(\mathrm{I})}(k \mid k-1)]^{\mathrm{T}}+\boldsymbol{R}^{(\mathrm{I})}\end{aligned} \tag{6-74}$$

$$\begin{aligned}\boldsymbol{P}_{xz}^{(\mathrm{I})}(k \mid k-1) \approx & \frac{1}{2n}\sum_{i=1}^{2n}\boldsymbol{\chi}^{(\mathrm{I})(i)}(k \mid k-1)[\boldsymbol{Z}^{(\mathrm{I})(i)}(k \mid k-1)]^{\mathrm{T}}- \\ & \hat{\boldsymbol{x}}^{(\mathrm{I})}(k \mid k-1)[\hat{\boldsymbol{z}}^{(\mathrm{I})}(k \mid k-1)]^{\mathrm{T}}\end{aligned} \tag{6-75}$$

$$\boldsymbol{K}^{(\mathrm{I})}(k)=\boldsymbol{P}_{xz}^{(\mathrm{I})}(k \mid k-1)[\boldsymbol{P}_{zz}^{(\mathrm{I})}(k \mid k-1)]^{-1} \tag{6-76}$$

第 6 步：计算局部状态滤波和误差协方差矩阵

$$\hat{\boldsymbol{x}}^{(\mathrm{I})}(k \mid k)=\hat{\boldsymbol{x}}^{(\mathrm{I})}(k \mid k)+\boldsymbol{K}^{(\mathrm{I})}(k)[\boldsymbol{z}^{(\mathrm{I})}(k)-\hat{\boldsymbol{z}}^{(\mathrm{I})}(k \mid k-1)] \tag{6-77}$$

$$\boldsymbol{P}^{(\mathrm{I})}(k \mid k)=\boldsymbol{P}^{(\mathrm{I})}(k \mid k-1)-\boldsymbol{K}^{(\mathrm{I})}(k)\,\boldsymbol{P}_{zz}^{(\mathrm{I})}(k \mid k-1)[\boldsymbol{K}^{(\mathrm{I})}(k)]^{\mathrm{T}} \tag{6-78}$$

转到第 2 步迭代计算。

基于 Gauss-Hermite 逼近的 WMF-CKF 滤波算法框图如图 6-2 所示。

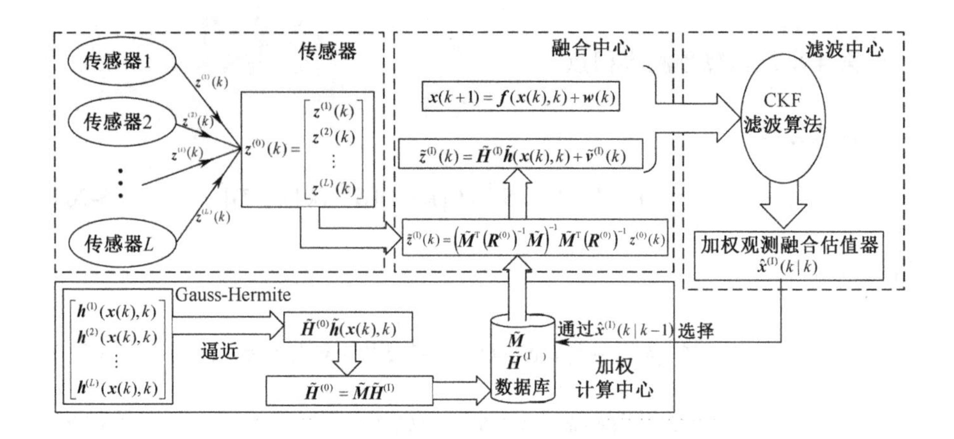

图 6-2　基于 Gauss-Hermite 逼近的 WMF-CKF 滤波算法框图

6.3.2　WMF-CKF 的计算量分析

该算法中，式（6-61）出现了矩阵求逆运算，因此该算法的时间复杂度由 $\left(\boldsymbol{P}_{vv}^{(\mathrm{I})}(k+1|k)\right)^{-1}$ 决定[165]，即 WMF-CKF 的时间复杂度为 $O(r^3)$，而 CMF-CKF 的时间复杂度为 $O(\left(\sum_{i=1}^{L} m_i\right)^3)$。由于 $r\leqslant\sum_{i=1}^{L} m_i$，所以 WMF-CKF 的时间复杂度小于 CMF-CKF。

另外，随着传感器数量 L 的增加，$\sum_{i=1}^{L} m_i$ 将不断增加。而在拟合采样点数 S 不改变的情况下，由于 $r\leqslant\min(\sum_{i=1}^{L} m_i, S^n)$，故 r 将保持在 S^n（或者更小）不改变。因此随着传感器数量的增加，WMF-CKF 较 CMF-CKF 在计算量上的优势将更加明显。

本章提出的 WMF-CKF 所需要的融合参数矩阵 $\bar{\boldsymbol{M}}$ 和 $\bar{\boldsymbol{H}}^{(\mathrm{I})}$ 可事先离线计算备用，不必在线计算。而第 5 章所用的 Taylor 级数方法需要根据预报值在线实时计算融合参数矩阵，这将带来一定的在线计算负担。相比较之下，本章提出的 WMF-CKF 在计算量上具有一定的优势。

6.4 基于 Gauss-Hermite 逼近的非线性系统加权观测融合 PF（WMF-PF）滤波算法

6.4.1 基于 Gauss-Hermite 逼近的非线性系统 WMF-PF 滤波算法

基于定理 6.1 和 PF 算法，给出如下 WMF-PF 算法。

第 1 步：设置初值

$$\hat{\boldsymbol{x}}^{(\mathrm{I})(i)}(0|0) \sim p_{x_0}(\boldsymbol{x}_0),\ i=1,\cdots,N_s \tag{6-79}$$

预报的初值为 $\hat{\boldsymbol{x}}^{(\mathrm{I})}(1|0)$。

第 2 步：状态预报粒子

$$\hat{\boldsymbol{x}}^{(\mathrm{I})(i)}(k|k-1)=\boldsymbol{f}(\hat{\boldsymbol{x}}^{(\mathrm{I})(i)}(k-1|k-1),k-1)+\boldsymbol{w}^{(\mathrm{I})(i)}(k-1) \tag{6-80}$$

随机数 $\boldsymbol{w}^{(\mathrm{I})(i)}(k-1)$ 具有与 $\boldsymbol{w}(k-1)$ 相同的分布。

第 3 步：根据预报 $\hat{\boldsymbol{x}}^{(\mathrm{I})}(k|k-1)$，选取分段，然后在加权计算中心选择 $\tilde{\boldsymbol{H}}^{(\mathrm{I})}$，$\tilde{\boldsymbol{M}}$ 和 $\tilde{\boldsymbol{h}}(\boldsymbol{x}(k),k)$。

第 4 步：融合观测

$$\tilde{\boldsymbol{z}}^{(\mathrm{I})}(k)=[\tilde{\boldsymbol{M}}^{\mathrm{T}}\left(\boldsymbol{R}^{(0)}\right)^{-1}\tilde{\boldsymbol{M}}]^{-1}\tilde{\boldsymbol{M}}^{\mathrm{T}}\left(\boldsymbol{R}^{(0)}\right)^{-1}\boldsymbol{z}^{(0)}(k) \tag{6-81}$$

第 5 步：观测预报粒子

$$\hat{\boldsymbol{z}}^{(\mathrm{I})(i)}(k|k-1)=\tilde{\boldsymbol{H}}^{(\mathrm{I})}\tilde{\boldsymbol{h}}[\hat{\boldsymbol{x}}^{(\mathrm{I})(i)}(k|k-1),k] \tag{6-82}$$

第 6 步：重要性权值

$$\omega_k^{(\mathrm{I})(i)}=\frac{1}{N_s}p_{v_k^{(\mathrm{I})}}(\boldsymbol{z}^{(\mathrm{I})}(k)-\hat{\boldsymbol{z}}^{(\mathrm{I})(i)}(k|k-1)) \tag{6-83}$$

$\bar{\omega}_k^{(\mathrm{I})(i)}$ 由下式给出

$$\bar{\omega}_k^{(\mathrm{I})(i)}=\frac{\omega_k^{(\mathrm{I})(i)}}{\sum_{i=1}^{N}\omega_k^{(\mathrm{I})(i)}} \tag{6-84}$$

第 7 步：滤波

$$\hat{\boldsymbol{x}}^{(\mathrm{I})}(k|k)=\sum_{i=1}^{N_s}\bar{\omega}_k^{(\mathrm{I})(i)}\hat{\boldsymbol{x}}^{(\mathrm{I})(i)}(k|k-1) \tag{6-85}$$

滤波误差协方差阵为

$$\boldsymbol{P}^{(\mathrm{I})}(k|k)\approx\sum_{i=1}^{N_s}\bar{\omega}_k^{(\mathrm{I})(i)}[\hat{\boldsymbol{x}}^{(\mathrm{I})(i)}(k|k-1)-\hat{\boldsymbol{x}}^{(\mathrm{I})(i)}(k|k)][\hat{\boldsymbol{x}}^{(\mathrm{I})(i)}(k|k-1)-\hat{\boldsymbol{x}}^{(\mathrm{I})(i)}(k|k)]^{\mathrm{T}} \tag{6-86}$$

第 8 步：预报

$$\hat{\boldsymbol{x}}^{(\mathrm{I})}(k+1|k)=\boldsymbol{f}(\hat{\boldsymbol{x}}^{(\mathrm{I})}(k|k),k) \tag{6-87}$$

第 9 步：重采样

在本章中采用的重采样方法为系统采样法，即

$$u_i=\frac{(i-1)+r}{N},r\sim\mathrm{U}[0,1],i=1,\cdots,N_s \tag{6-88}$$

如果 $\sum_{j=1}^{m-1}\bar{\omega}_k^{(\mathrm{I})(j)}<u_i\leqslant\sum_{j=1}^{m}\bar{\omega}_k^{(\mathrm{I})(j)}$，复制 m 个粒子直接作为重采样粒子 $\hat{\boldsymbol{x}}^{(\mathrm{I})(i)}(k|k)$。

转到第 2 步迭代计算。

基于 Gauss-Hermite 逼近的 WMF-PF 滤波算法框图如图 6-3 所示。

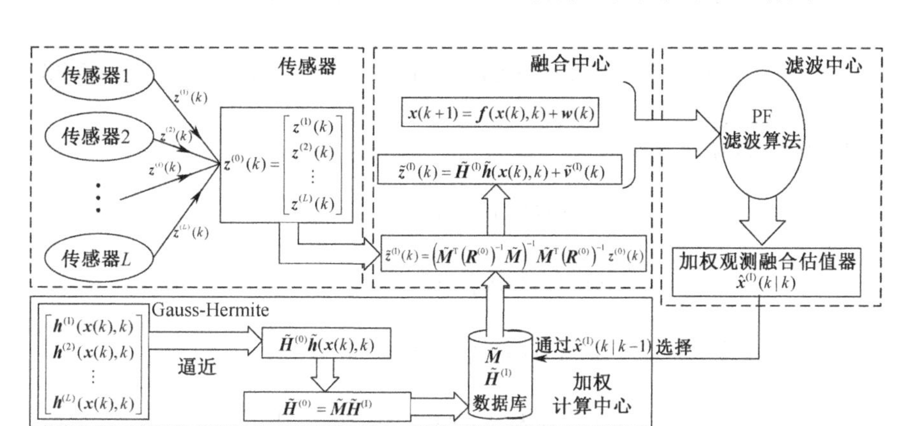

图 6-3　基于 Gauss-Hermite 逼近的 WMF-PF 滤波算法框图

6.4.2　WMF-PF 的计算量分析

在该算法中，CMF-PF 和 WMF-PF 之间的差异在第 4 步~第 6 步中。CMF-PF 需要计算$\sum_{j=1}^{L} m_j$维函数，所以它的时间复杂度是$O\left(\left(\sum_{j=1}^{L} m_j\right)^2\right)$。但是 WMF-PF 需要计算$r$维函数，所以它的时间复杂度是$O\left(r^2\right)$。由定理 6.1 可知$\sum_{j=1}^{L} m_j \geqslant r$，可以看出 WMF-PF 的时间复杂度小于 CMF-PF。

6.5　仿真研究

例 6.1　（标量系统基于 Gauss-Hermite 逼近的 WMF-UKF 算法仿真）考虑带 7 传感器的非线性系统[159]：

$$x(k)=\frac{x(k-1)}{2}+x(k-1)\big/(1+x(k-1)^2)+\cos((k-1)/2)+w(k) \qquad (6\text{-}89)$$

$$z^{(j)}(k)=h^{(j)}\left(x(k),k\right)+v^{(j)}(k),\quad j=1,\cdots,7 \qquad (6\text{-}90)$$

其中，传感器方程分别为

$$\begin{aligned}
&h^{(1)}\left(x(k),k\right)=x(k)\\
&h^{(2)}\left(x(k),k\right)=1.2x(k)\\
&h^{(3)}\left(x(k),k\right)=\exp(x(k)/3)\\
&h^{(4)}\left(x(k),k\right)=1.2\exp(x(k)/3)\\
&h^{(5)}\left(x(k),k\right)=x(k)^3\big/18\\
&h^{(6)}\left(x(k),k\right)=5\sin(0.1\pi x(k))\\
&h^{(7)}\left(x(k),k\right)=5\arctan(0.1\pi x(k))
\end{aligned} \qquad (6\text{-}91)$$

$w(k)$ 和 $v^{(j)}(k)(j=1,\cdots,7)$ 为互不相关的 Gauss 噪声，且方差分别为 $Q_w=1^2$，$R^{(1)}=0.09^2$，$R^{(2)}=0.1^2$，$R^{(3)}=0.12^2$，$R^{(4)}=0.13^2$，$R^{(5)}=0.14^2$，$R^{(6)}=0.15^2$ 和 $R^{(7)}=0.16^2$。

由于状态 $x(k)$ 介于 -1 到 4 之间，这里选择 8 个点（$x_i=-2,-1,\cdots,5$）作为Gauss-Hermite逼近的采样点，采用 2 阶 Hermite 多项式近似（即 $p=2$），并且选择 $\gamma=1$，$\Delta x_i=1$，则由式（6-30）和式（6-31）有

$$\tilde{\boldsymbol{h}}(x(k),k)=\begin{bmatrix}\mathrm{e}^{-(x-x_1)^2}(1.5-(x-x_1)^2)\\ \mathrm{e}^{-(x-x_2)^2}(1.5-(x-x_2)^2)\\ \vdots\\ \mathrm{e}^{-(x-x_8)^2}(1.5-(x-x_8)^2)\end{bmatrix} \qquad (6\text{-}92)$$

$$\tilde{\boldsymbol{H}}^{(0)}=\frac{1}{\sqrt{\pi}}\begin{bmatrix} y_1^{(1)} & y_2^{(1)} & \cdots & y_8^{(1)} \\ y_1^{(2)} & y_2^{(2)} & \cdots & y_8^{(2)} \\ \vdots & \vdots & \cdots & \vdots \\ y_1^{(L)} & y_2^{(L)} & \cdots & y_8^{(7)} \end{bmatrix} \tag{6-93}$$

7 个传感器近似函数的逼近曲线如图 6-4 所示。它们的均方误差（mean square errors，MSE）如表 6-1 所示。

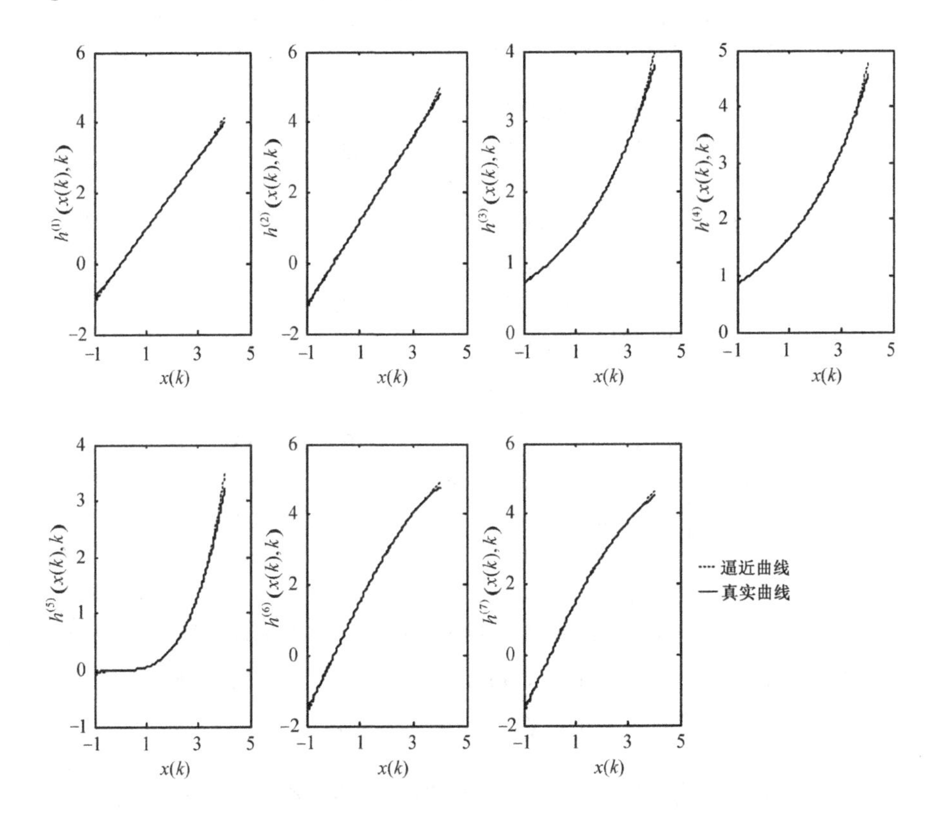

图 6-4　7 个传感器近似函数的逼近曲线

表 6-1　逼近曲线的 MSE

观测函数	$h^{(1)}(\cdot,\cdot)$	$h^{(2)}(\cdot,\cdot)$	$h^{(3)}(\cdot,\cdot)$	$h^{(4)}(\cdot,\cdot)$	$h^{(5)}(\cdot,\cdot)$	$h^{(6)}(\cdot,\cdot)$	$h^{(7)}(\cdot,\cdot)$
MSEs	0.0012	0.0017	0.0014	0.0020	0.0031	0.0010	0.0011

中介函数 $\tilde{\boldsymbol{h}}(\boldsymbol{x}(k),k)$ 为 $[\mathrm{e}^{-(x-x_1)^2}(1.5-(x-x_1)^2) \quad \cdots \quad \mathrm{e}^{-(x-x_8)^2}(1.5-(x-x_8)^2)]^{\mathrm{T}}$，系数矩阵 $\tilde{\boldsymbol{H}}^{(0)}$、$\tilde{\boldsymbol{M}}$、$\tilde{\boldsymbol{H}}^{(\mathrm{I})}$ 为

$$\tilde{\boldsymbol{H}}^{(0)}=\begin{bmatrix} -1.1284 & -0.5642 & 0 & 0.5642 & 1.1284 & 1.6926 & 2.2568 & 2.8209 \\ -1.3541 & -0.6770 & 0 & 0.6770 & 1.3541 & 2.0311 & 2.7081 & 3.3851 \\ 0.2897 & 0.4043 & 0.5642 & 0.7874 & 1.0989 & 1.5336 & 2.1403 & 2.9871 \\ 0.3476 & 0.4851 & 0.6770 & 0.9449 & 1.3187 & 1.8404 & 2.5684 & 3.5845 \\ -0.2508 & -0.0313 & 0 & 0.0313 & 0.2508 & 0.8463 & 2.0060 & 3.9180 \\ -1.6581 & -0.8717 & 0 & 0.8717 & 1.6581 & 2.2822 & 2.6829 & 2.8209 \\ -1.5825 & -0.8587 & 0 & 0.8587 & 1.5825 & 2.1321 & 2.5350 & 2.8319 \end{bmatrix} \tag{6-94}$$

$$\tilde{\boldsymbol{M}}=\begin{bmatrix} -1.1284 & -0.5642 & 0 & 1.6926 & 2.2568 \\ -1.3541 & -0.6770 & 0 & 2.0311 & 2.7081 \\ 0.2897 & 0.4043 & 0.5642 & 1.5336 & 2.1403 \\ 0.3476 & 0.4851 & 0.6770 & 1.8404 & 2.5684 \\ -0.2508 & -0.0313 & 0 & 0.8463 & 2.0060 \\ -1.6581 & -0.8717 & 0 & 2.2822 & 2.6829 \\ -1.5825 & -0.8587 & 0 & 2.1321 & 2.5350 \end{bmatrix} \tag{6-95}$$

$$\tilde{\boldsymbol{H}}^{(\mathrm{I})}=\begin{bmatrix} 1 & 0 & 0 & 0 & -1 & 0 & 0 & -21.6922 \\ 0 & 1 & 0 & -1 & 0 & 0 & 0 & 15.8716 \\ 0 & 0 & 1 & 2.1121 & 2.4612 & 0 & 0 & 24.4304 \\ 0 & 0 & 0 & 0 & 0 & 1 & 0 & -15.5971 \\ 0 & 0 & 0 & 0 & 0 & 0 & 1 & 6.0696 \end{bmatrix} \tag{6-96}$$

在以上设置的基础上，得到基于 Gauss-Hermite 逼近的 WMF-UKF 算法的估计曲线如图 6-5 所示，基于 Gauss-Hermite 逼近的 CMF-UKF 算法的估计曲线如图 6-6 所示。图中可以看出估计效果良好。

本例采用累积均方误差（AMSE）作为衡量系统准确性的指标函数，如下式所示：

$$\mathrm{AMSE}(k)=\sum_{t=0}^{k}\frac{1}{N}\sum_{j=1}^{N}[x_j(t)-\hat{x}_j(t|t)]^2 \tag{6-97}$$

式中，$x_j(t)$ 是 t 时刻第 j 次 Monte-Carlo 试验的真实值，$\hat{x}_j(t|t)$ 是 t 时刻第 j 次 Monte-Carlo 试验的估值。在仿真中进行了 30 次 Monte-Carlo 试验。系

统局部滤波 AMSE 曲线（LF1～LF7），基于 Gauss-Hermite 逼近的 WMF-UKF 算法的 AMSE 曲线和 CMF-UKF 的 AMSE 曲线如图 6-7 所示，其放大图如图 6-8 所示。从图 6-7 可以明显看出，所有的融合滤波器精度高于局部单传感器 UKF。由图 6-8 可以看出，WMF-UKF 的融合精度接近 CMF- UKF 的精度。

计算量方面，CMF-UKF 算法需要处理 7 维的观测方程，而 WMF-UKF 算法只需要处理 5 维的观测方程，因而 WMF-UKF 在计算量方面具有优势。

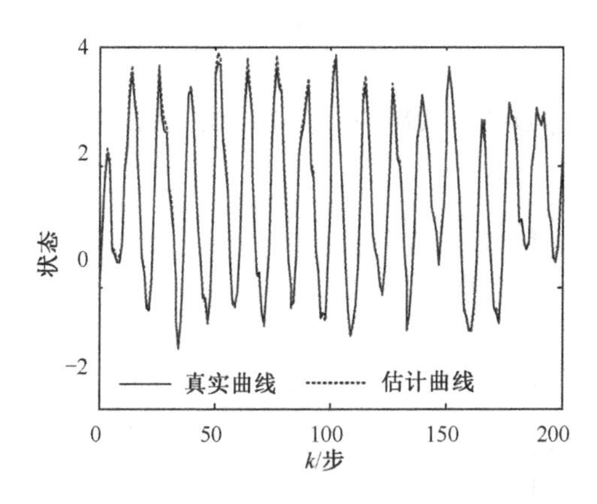

图 6-5　基于 Gauss-Hermite 逼近的 WMF-UKF 算法的估计曲线

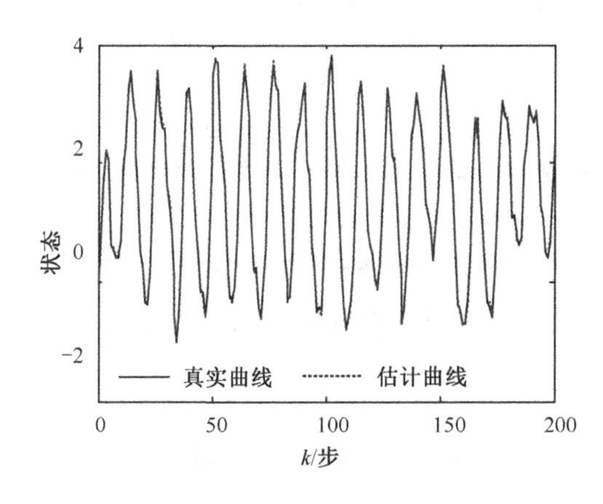

图 6-6　基于 Gauss-Hermite 逼近的 CMF-UKF 算法的估计曲线

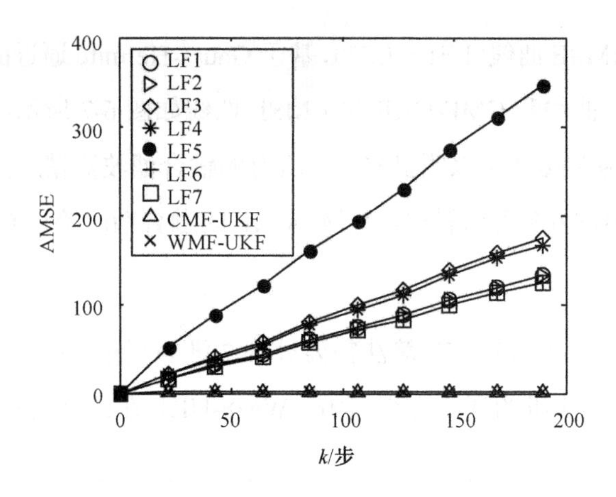

图 6-7　局部 UKF、WMF-UKF 和 CMF-UKF 的 AMSE 曲线

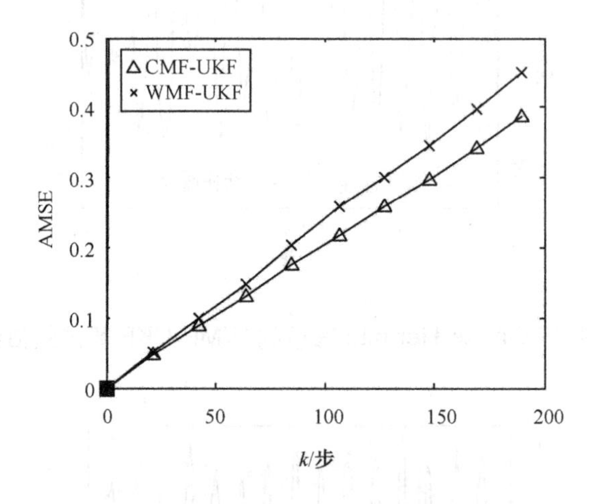

图 6-8　WMF-UKF 和 CMF-UKF 的 AMSE 放大曲线

例 6.2　（多维系统基于 Gauss-Hermite 逼近的 WMF-UKF 算法仿真）考虑一个带有 8 传感器的平面跟踪系统。设在笛卡尔坐标下的状态方程和观测方程如下：

$$\boldsymbol{x}(k+1)=\boldsymbol{\Phi}\boldsymbol{x}(k)+\boldsymbol{\Gamma}\boldsymbol{w}(k) \tag{6-98}$$

$$z^{(j)}(k)=\sqrt{(x(k)-x_j)^2+(y(k)-y_j)^2}+v^{(j)}(k),\ j=1,\cdots,8 \tag{6-99}$$

式中，$\boldsymbol{x}(k)=\left(x(k)\quad \dot{x}(k)\quad y(k)\quad \dot{y}(k)\right)^{\mathrm{T}}$ 为状态变量，$\boldsymbol{\Phi}=\begin{bmatrix}1 & T & 0 & 0\\ 0 & 1 & 0 & 0\\ 0 & 0 & 1 & T\\ 0 & 0 & 0 & 1\end{bmatrix}$，

$\boldsymbol{\Gamma}=\begin{bmatrix}0.5T^2 & 0\\ T & 0\\ 0 & 0.5T^2\\ 0 & T\end{bmatrix}$，$\boldsymbol{w}(k)$ 为零均值，方差为 $\boldsymbol{Q}_w=\mathrm{diag}(0.1^2,0.1^2)$ 的系统噪声。设 8 个传感器 $\theta_j(x_j,y_j)$，（$j=1,\cdots,8$）分别放置在 4 个地点，其中 $\theta_1(1,1)$，$\theta_2(1,1)$，$\theta_3(-1,1)$，$\theta_4(-1,1)$，$\theta_5(-1,-1)$，$\theta_6(-1,-1)$，$\theta_7(1,-1)$，$\theta_8(1,-1)$。$v^{(i)}(k)$，$v^{(j)}(k)$（$i\neq j$）互不相关，且方差分别为 $R^{(1)}=0.041^2$，$R^{(2)}=0.042^2$，$R^{(3)}=0.043^2$，$R^{(4)}=0.044^2$，$R^{(5)}=0.045^2$，$R^{(6)}=0.046^2$，$R^{(7)}=0.047^2$，$R^{(8)}=0.048^2$。在仿真中，设采样周期为 $T=200\mathrm{ms}$，状态初值为 $\boldsymbol{x}(0)=[0\quad 0\quad 0\quad 0]^{\mathrm{T}}$。

经测试，本例选取 Hermite 多项式 $p=2$，$\Delta x_{i_\mu}=1$，$\gamma=1.01$（$i=1,\cdots,S$；$\mu=1,\cdots,n$），则由式（6-34）～式（6-37）有 $C_2=-1/4$，$H_2(u)=4u^2-2$，进而有 $f_2(u)=(1.5-u^2)$。令

$$\varphi(\varsigma)=\exp\left\{-\varsigma^2\right\}f_2(\varsigma) \tag{6-100}$$

则有 $\boldsymbol{h}^{(j)}(\boldsymbol{x}(k),k)$ 的近似函数 $\tilde{\boldsymbol{h}}^{(j)}(\boldsymbol{x}(k),k)$ 为

$$\tilde{\boldsymbol{h}}^{(j)}(x_1,x_2,\cdots,x_n)=\pi^{-\frac{n}{2}}\gamma^{-n}\sum_{i_1=1}^{S}\sum_{i_2=1}^{S}\cdots\sum_{i_n=1}^{S}\boldsymbol{h}^{(j)}(x'_{i_1},x'_{i_2},\cdots,x'_{i_n})\prod_{\mu=1}^{n}\varphi[(x_\mu-x'_{i_\mu})/\gamma] \tag{6-101}$$

得到系统的中介函数 $\tilde{\boldsymbol{h}}(\boldsymbol{x}(k),k)$ 如式（6-102），以及系数矩阵 $\tilde{\boldsymbol{H}}^{(0)}$ 如式（6-103）。为了减少计算量，本例将平面分割成 1 平方公里的区域，如图 6-9（a）所示。选取该区域的近似函数采样点如图 6-9（b）所示（本章采用 6×6 的采样点逼近，即 $S=6$），计算该区域的加权系数 $\tilde{\boldsymbol{H}}^{(0)}$、$\tilde{\boldsymbol{M}}$ 和 $\tilde{\boldsymbol{H}}^{(\mathrm{I})}$ 如图 6-9（c）所示。不难看出，由于 8 个传感器位于 4 个点，这里至少可以将 8 维

的集中式融合观测方程$\boldsymbol{h}^{(0)}(\boldsymbol{x}(k),k)$压缩成4维的加权观测融合的方程。$\tilde{\boldsymbol{M}}$和$\tilde{\boldsymbol{H}}^{(\mathrm{I})}$可以离线计算得到，并形成数据库，以减少每时刻的计算负担。

$$\tilde{\boldsymbol{h}}(\boldsymbol{x}(k),k)=(\pi)^{-\frac{n}{2}}(\gamma)^{-n}\begin{bmatrix}\prod_{\mu=1}^{n}\varphi\left((x_\mu-x'_{1_\mu})/\gamma\right)\\ \prod_{\mu=1}^{n-1}\varphi\left((x_\mu-x'_{1_\mu})/\gamma\right)\cdot\varphi\left((x_n-x'_{2_n})/\gamma\right)\\ \vdots\\ \prod_{\mu=1}^{n-1}\varphi\left((x_\mu-x'_{1_\mu})/\gamma\right)\cdot\varphi\left((x_n-x'_{S_n})/\gamma\right)\\ \prod_{\mu=1}^{n-2}\varphi\left((x_\mu-x'_{1_\mu})/\gamma\right)\cdot\varphi\left((x_{n-1}-x'_{2_{n-1}})/\gamma\right)\varphi\left((x_n-x'_{1_n})/\gamma\right)\\ \prod_{\mu=1}^{n-2}\varphi\left((x_\mu-x'_{1_\mu})/\gamma\right)\cdot\varphi\left((x_{n-1}-x'_{2_{n-1}})/\gamma\right)\varphi\left((x_n-x'_{2_n})/\gamma\right)\\ \vdots\\ \prod_{\mu=1}^{n-2}\varphi\left((x_\mu-x'_{1_\mu})/\gamma\right)\cdot\varphi\left((x_{n-1}-x'_{2_{n-1}})/\gamma\right)\varphi\left((x_n-x'_{S_n})/\gamma\right)\\ \vdots\\ \prod_{\mu=1}^{n-1}\varphi\left((x_\mu-x'_{S_\mu})/\gamma\right)\cdot\varphi\left((x_n-x'_{1_n})/\gamma\right)\\ \prod_{\mu=1}^{n-1}\varphi\left((x_\mu-x'_{S_\mu})/\gamma\right)\cdot\varphi\left((x_n-x'_{2_n})/\gamma\right)\\ \vdots\\ \prod_{\mu=1}^{n}\varphi\left((x_\mu-x'_{S_\mu})/\gamma\right)\end{bmatrix}_{6^2\times1} \quad (6\text{-}102)$$

$$\tilde{\boldsymbol{H}}^{(0)}=\left[\begin{matrix}\boldsymbol{h}^{(1)}(x'_{1_1},x'_{1_2},\cdots,x'_{1_n}) & \boldsymbol{h}^{(1)}(x'_{1_1},x'_{1_2},\cdots,x'_{2_n}) & \cdots & \boldsymbol{h}^{(1)}(x'_{1_1},x'_{1_2},\cdots,x'_{S_n})\\ \boldsymbol{h}^{(2)}(x'_{1_1},x'_{1_2},\cdots,x'_{1_n}) & \boldsymbol{h}^{(2)}(x'_{1_1},x'_{1_2},\cdots,x'_{2_n}) & \cdots & \boldsymbol{h}^{(2)}(x'_{1_1},x'_{1_2},\cdots,x'_{S_n})\\ \vdots & \vdots & \vdots & \vdots\\ \boldsymbol{h}^{(8)}(x'_{1_1},x'_{1_2},\cdots,x'_{1_n}) & \boldsymbol{h}^{(8)}(x'_{1_1},x'_{1_2},\cdots,x'_{2_n}) & \cdots & \boldsymbol{h}^{(8)}(x'_{1_1},x'_{1_2},\cdots,x'_{S_n})\end{matrix}\right.$$

$$\left.\begin{matrix}\boldsymbol{h}^{(1)}(x'_{1_1},x'_{1_2},\cdots,x'_{2_{n-1}},x'_{1_n}) & \cdots & \boldsymbol{h}^{(1)}(x'_{S_1},x'_{S_2},\cdots,x'_{S_n})\\ \boldsymbol{h}^{(2)}(x'_{1_1},x'_{1_2},\cdots,x'_{2_{n-1}},x'_{1_n}) & \cdots & \boldsymbol{h}^{(2)}(x'_{S_1},x'_{S_2},\cdots,x'_{S_n})\\ \vdots & \ddots & \vdots\\ \boldsymbol{h}^{(8)}(x'_{1_1},x'_{1_2},\cdots,x'_{2_{n-1}},x'_{1_n}) & \cdots & \boldsymbol{h}^{(8)}(x'_{S_1},x'_{S_2},\cdots,x'_{S_n})\end{matrix}\right]_{8\times6^2} \quad (6\text{-}103)$$

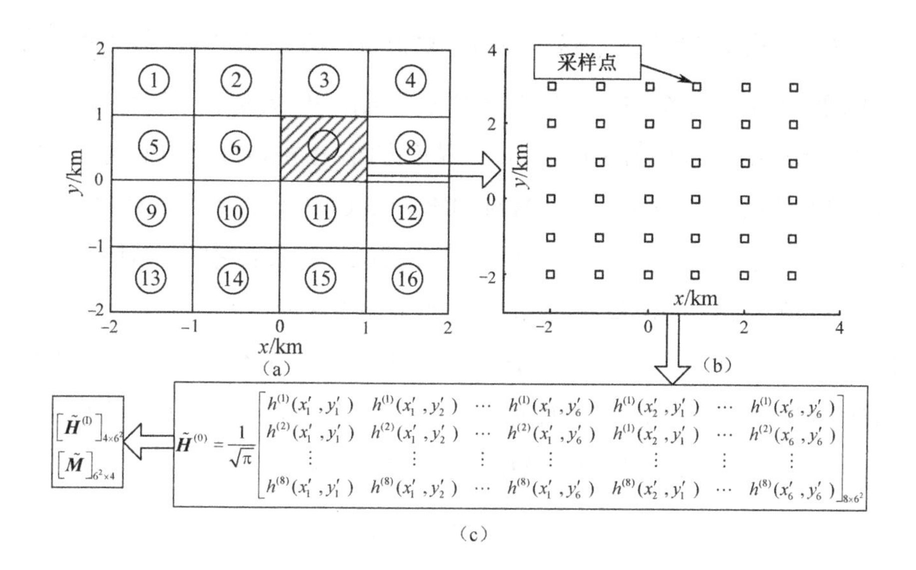

图 6-9　加权系数矩阵 $\tilde{\boldsymbol{M}}$ 和 $\tilde{\boldsymbol{H}}^{(\mathrm{I})}$ 的计算

为了对比分析 WMF-UKF 的精度和计算量，本章选取了 8 传感器集中式融合 UKF（8-CMF-UKF）、5 传感器集中式融合 UKF（5-CMF-UKF），以及 3 传感器集中式融合 UKF（3-CMF-UKF）。传感器的选择原则是尽量分散。例如，3-CMF-UKF 选择的传感器是 θ_1 、 θ_3 和 θ_5 。各种融合系统的滤波估计曲线如图 6-10 所示。图中可以看到估计效果良好。

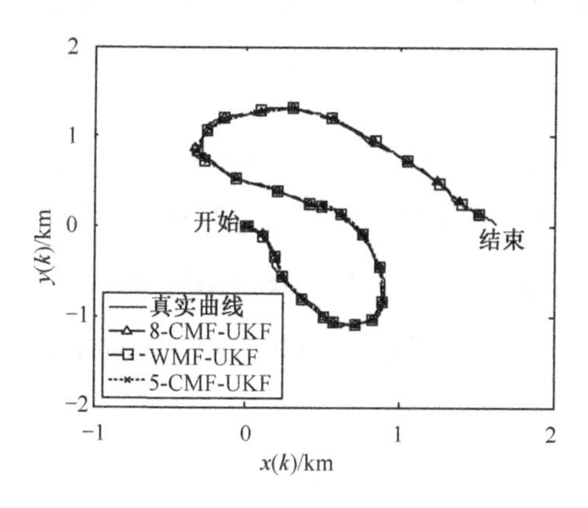

图 6-10　真实曲线和 WMF-UKF、8-CMF-UKF、5-CMF-UKF 的估计曲线

本例采用 k 时刻位置 $(x(k), y(k))$ 的累积均方误差（AMSE）作为衡量系统准确性的指标函数，如式（6-97）所示。进行 30 次 Monte-Carlo 试验，得到的 AMSE 曲线如图 6-11 所示。在精度方面，由图 6-11 可以看到 AMSE 由低到高依次是 8-CMF-UKF、WMF-UKF、5-CMF-UKF 和 3-CMF-UKF。实验说明，随着传感器数量的增加，集中式融合算法的精度不断提高，而本章提出的WMF-UKF算法的精度接近观测集中式融合8-CMF-UKF。另外，图 6-11 中增加了基于 2 阶 Taylor 级数展开的 WMF-UKF 仿真曲线（WMF-UKF（2 阶 Taylor 级数展开）），由于展开阶数及展开点的原因，导致 WMF-UKF（2 阶 Taylor 级数展开）的估计精度较低。

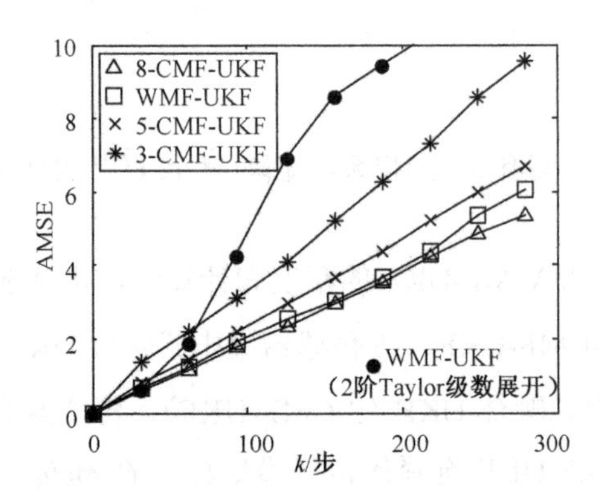

图 6-11　WMF-UKF、8-CMF-UKF、5-CMF-UKF、3-CMF-UKF 的位置 AMSE 曲线

在计算量方面，由于加权观测融合系统观测方程为 4 维，因此时间复杂度为 $O(4^3)$；而 5 传感器集中式融合系统观测方程为 5 维，因此时间复杂度为 $O(5^3)$。在时间复杂度上，5-CMF-UKF 已经超出了 WMF-UKF。因此，时间复杂度由高到低依次为：8-CMF-UKF、5-CMF-UKF、WMF-UKF 和 3-CMF-UKF。

本例根据不同 Hermite 多项式（$p=0,2,4$）情形进行了仿真分析。经离线测试，选取 Gauss-Hermite 系数分别为：$\gamma=0.67$（$p=0$），$\gamma=1.01$

（$p=2$），$\gamma=1.03$（$p=4$），其他参数不变。得到 Monte-Carlo 试验的带有不同 Hermite 多项式 WMF-UKF 算法位置 AMSE 曲线如图 6-12 所示。图中可以看到，Hermite 多项式的数量与函数逼近效果并无直接关系，得到融合估值精度间也不存在渐近最优性。因此，根据被逼近函数形式，离线测试逼近函数效果，对本章所提出 WMF-UKF 算法的精度起到非常关键的作用。

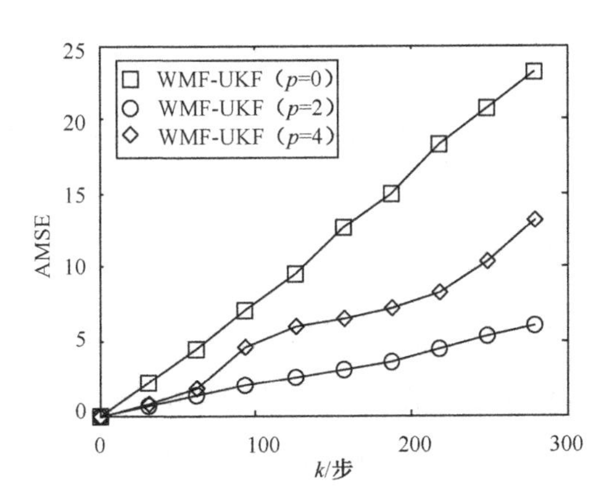

图 6-12　带有不同 Hermite 多项式 WMF-UKF 算法位置 AMSE 曲线

综上，合理选择 Gauss-Hermite 逼近函数及相应的系数γ，可使本章提出的 WMF-UKF 在精度方面接近集中式融合算法，而减少计算量。

例 6.3　（单维系统基于 Gauss-Hermite 逼近的 WMF-CKF 算法仿真）考虑带 7 传感器的非线性系统[159]：

$$x(k)=\frac{x(k-1)}{2}+x(k-1)\big/(1+x(k-1)^2)+\cos((k-1)/2)+w(k) \tag{6-104}$$

$$z^{(j)}(k)=h^{(j)}\left(x(k),k\right)+v^{(j)}(k),\quad j=1,\cdots,7 \tag{6-105}$$

其中，传感器方程分别为

$$h^{(1)}\left(x(k),k\right)=x(k)$$

$$h^{(2)}\left(x(k),k\right)=1.5x(k)$$

$$h^{(3)}\left(x(k),k\right)=1.2\exp(x(k)/5)$$

$$h^{(4)}\left(x(k),k\right)=1.5\exp(x(k)/3) \tag{6-106}$$

$$h^{(5)}\left(x(k),k\right)=x(k)^3/20$$

$$h^{(6)}\left(x(k),k\right)=x(k)^3/10$$

$$h^{(7)}\left(x(k),k\right)=5\arctan(0.1\pi x(k))$$

$w(k)$ 和 $v^{(j)}(k)(j=1,\cdots,7)$ 为互不相关的 Gauss 噪声，且方差分别为 $Q_w=0.5$，$R^{(1)}=0.1^2$，$R^{(2)}=0.05^2$，$R^{(3)}=0.02^2$，$R^{(4)}=0.03^2$，$R^{(5)}=0.04^2$，$R^{(6)}=0.05^2$ 和 $R^{(7)}=0.06^2$。

由于状态 $x(k)$ 介于 -2 到 4 之间，这里选择 8 个点（$x_i=-2,-1,\cdots,5$）作为Gauss-Hermite逼近的采样点，采用2阶Hermite多项式近似（即 $p=2$），并且选择 $\gamma=1$，$\Delta x_i=1$，则由式（6-30）和式（6-31）有

$$\tilde{\boldsymbol{h}}(x(k),k)=\begin{bmatrix} \mathrm{e}^{-(x-x_1)^2}(1.5-(x-x_1)^2) \\ \mathrm{e}^{-(x-x_2)^2}(1.5-(x-x_2)^2) \\ \vdots \\ \mathrm{e}^{-(x-x_8)^2}(1.5-(x-x_8)^2) \end{bmatrix} \tag{6-107}$$

$$\tilde{\boldsymbol{H}}^{(0)}=\frac{1}{\sqrt{\pi}}\begin{bmatrix} y_1^{(1)} & y_2^{(1)} & \cdots & y_8^{(1)} \\ y_1^{(2)} & y_2^{(2)} & \cdots & y_8^{(2)} \\ \vdots & \vdots & \cdots & \vdots \\ y_1^{(L)} & y_2^{(L)} & \cdots & y_8^{(7)} \end{bmatrix} \tag{6-108}$$

7 个传感器近似函数的逼近曲线如图 6-13 所示。它们的均方误差（mean square errors，MSE）如表 6-2 所示。

表 6-2 逼近曲线的 MSE

观测函数	$h^{(1)}(\cdot,\cdot)$	$h^{(2)}(\cdot,\cdot)$	$h^{(3)}(\cdot,\cdot)$	$h^{(4)}(\cdot,\cdot)$	$h^{(5)}(\cdot,\cdot)$	$h^{(6)}(\cdot,\cdot)$	$h^{(7)}(\cdot,\cdot)$
MSEs	0.0012	0.0026	0.0017	0.0026	0.0031	0.0110	0.0011

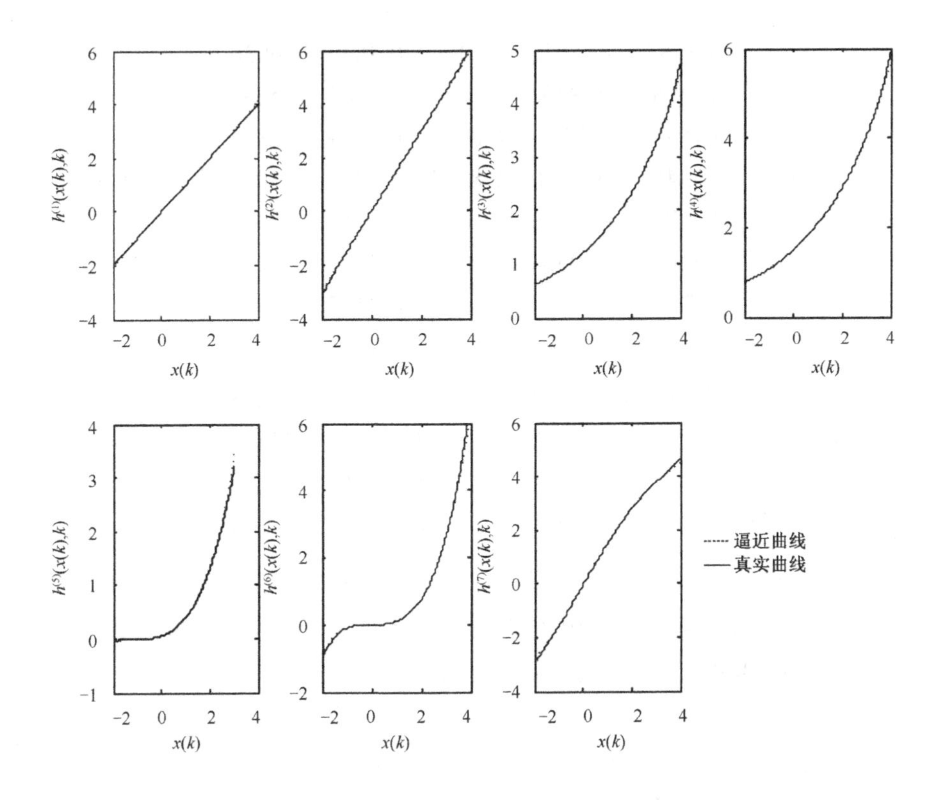

图 6-13　7 个传感器近似函数的逼近曲线

中介函数 $\tilde{\boldsymbol{h}}(\boldsymbol{x}(k),k)$ 为 $[\mathrm{e}^{-(x-x_1)^2}(1.5-(x-x_1)^2)\ \ \cdots\ \ \mathrm{e}^{-(x-x_8)^2}(1.5-(x-x_8)^2)]^{\mathrm{T}}$，系数矩阵 $\tilde{\boldsymbol{H}}^{(0)}$、$\tilde{\boldsymbol{M}}$、$\tilde{\boldsymbol{H}}^{(\mathrm{I})}$ 为

$$\tilde{\boldsymbol{H}}^{(0)}=\begin{bmatrix} -1.1284 & -0.5642 & 0 & 0.5642 & 1.1284 & 1.6926 & 2.2568 & 2.8209 \\ -1.6926 & -0.8463 & 0 & 0.8463 & 1.6926 & 2.5389 & 3.3851 & 4.2314 \\ 0.4538 & 0.5543 & 0.6770 & 0.8269 & 1.0100 & 1.2336 & 1.5068 & 1.8404 \\ 0.4345 & 0.6064 & 0.8463 & 1.1811 & 1.6483 & 2.3004 & 3.2105 & 4.4806 \\ -0.2508 & -0.0313 & 0 & 0.0313 & 0.2508 & 0.8463 & 2.0060 & 3.9180 \\ -0.4514 & -0.0564 & 0 & 0.0564 & 0.4514 & 1.5233 & 3.6108 & 7.0524 \\ -1.5825 & -0.8587 & 0 & 0.8587 & 1.5825 & 2.1321 & 2.5350 & 2.8319 \end{bmatrix} \tag{6-109}$$

$$\tilde{\boldsymbol{M}}=\begin{bmatrix} -1.1284 & -0.5642 & 0 & 0.5642 & 1.6926 \\ -1.6926 & -0.8463 & 0 & 0.8463 & 2.5389 \\ 0.4538 & 0.5543 & 0.6770 & 0.8269 & 1.2336 \\ 0.4345 & 0.6064 & 0.8463 & 1.1811 & 2.3004 \\ -0.2508 & -0.0313 & 0 & 0.0313 & 0.8463 \\ -0.4514 & -0.0564 & 0 & 0.0564 & 1.5233 \\ -1.5825 & -0.8587 & 0 & 0.8587 & 2.1321 \end{bmatrix} \tag{6-110}$$

$$\tilde{\boldsymbol{H}}^{(\mathrm{I})}=\begin{bmatrix} 1 & 0 & 0 & 0 & -1 & 0 & 8.8094 & 31.7774 \\ 0 & 1 & 0 & 0 & 4.1523 & 0 & -35.7218 & -127.9802 \\ 0 & 0 & 1 & 0 & -6.3091 & 0 & 51.4547 & 182.6257 \\ 0 & 0 & 0 & 1 & 4.1523 & 0 & -28.2101 & -98.2585 \\ 0 & 0 & 0 & 0 & 0 & 1 & 4.7023 & 12.9443 \end{bmatrix} \tag{6-111}$$

在以上设置的基础上，得到基于 Gauss-Hermite 逼近的 WMF-CKF 算法的估计曲线如图 6-14 所示。图中可以看出估计效果良好。基于 Gauss-Hermite 逼近的 CMF-CKF 算法的估计曲线如图 6-15 所示。

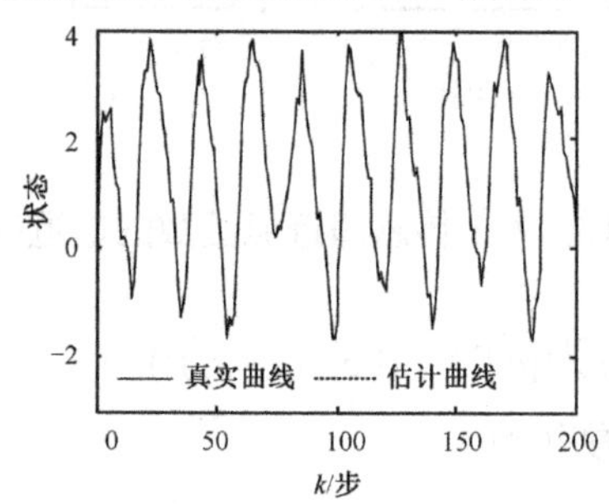

图 6-14　基于 Gauss-Hermite 逼近的 WMF-CKF 算法的估计曲线

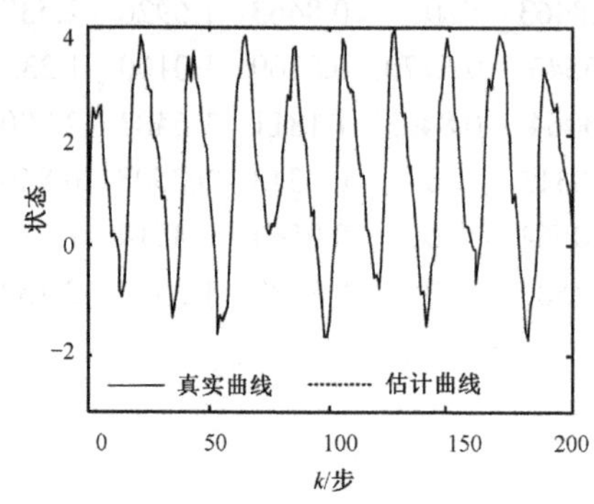

图 6-15　基于 Gauss-Hermite 逼近的 CMF-CKF 算法的估计曲线

本例采用累积均方误差（AMSE）作为衡量系统估计精度的指标函数，如式(6-97)所示。本例进行了 30 次 Monte-Carlo 试验。系统局部滤波 AMSE 曲线（LF1～LF7），基于 Gauss-Hermite 逼近的 WMF-CKF 算法的 AMSE 曲线和 CMF-CKF 的 AMSE 曲线如图 6-16 所示，其放大图如图 6-17 所示。从图 6-16 可以明显看出，所有的融合滤波器精度高于局部单传感器 CKF。由图 6-17 可以看出，WMF-CKF 的融合精度接近 CMF- CKF 的精度。

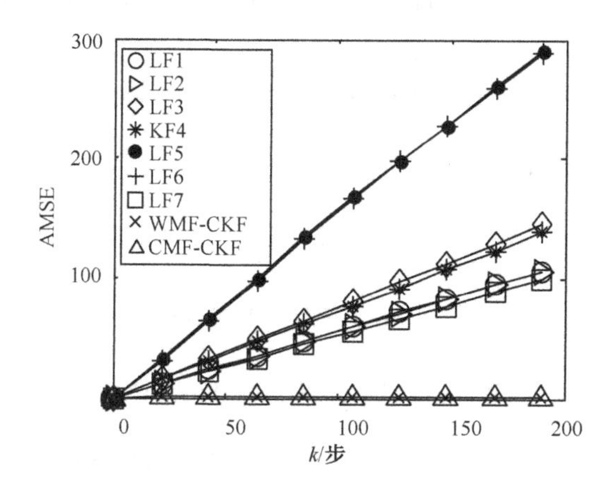

图 6-16　局部 PF、WMF-CKF 和 CMF-CKF 的 AMSE 曲线

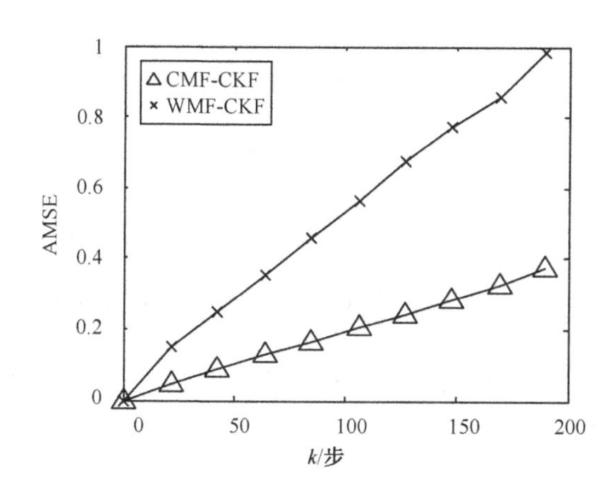

图 6-17　WMF-CKF 和 CMF-CKF 的 AMSE 放大曲线

计算量方面，CMF-CKF 算法需要处理 7 维的观测方程，而 WMF-CKF 算法只需要处理 5 维的观测方程，因而 WMF-CKF 在计算量方面具有优势。

例 6.4 （标量系统基于 Gauss-Hermite 逼近的 WMF-PF 算法仿真）考虑带 10 传感器的非线性系统[159]：

$$x(k)=\frac{x(k-1)}{4}+x(k-1)\big/(1+x(k-1)^2)+2\cos(0.5(k-1))+w(k) \tag{6-112}$$

$$z^{(j)}(k)=h^{(j)}\left(x(k),k\right)+v^{(j)}(k),\quad j=1,\cdots,10 \tag{6-113}$$

其中，传感器观测方程为

$$\begin{aligned}
h^{(1)}\left(x(k),k\right)&=0.8x(k)\\
h^{(2)}\left(x(k),k\right)&=1.2x(k)\\
h^{(3)}\left(x(k),k\right)&=\exp(x(k)/3)\\
h^{(4)}\left(x(k),k\right)&=1.2\exp(x(k)/3)\\
h^{(5)}\left(x(k),k\right)&=0.05x(k)^3\\
h^{(6)}\left(x(k),k\right)&=0.06x(k)^3\\
h^{(7)}\left(x(k),k\right)&=5\sin(0.1\pi x(k))\\
h^{(8)}\left(x(k),k\right)&=6\sin(0.1\pi x(k))\\
h^{(9)}\left(x(k),k\right)&=5\arctan(0.1\pi x(k))\\
h^{(10)}\left(x(k),k\right)&=6\arctan(0.1\pi x(k))
\end{aligned} \tag{6-114}$$

$w(k)\sim \mathrm{U}(0,1)$ 服从均匀分布，$v^{(j)}(k)$（$j=1,\cdots,10$）为不相关的 Gauss 观测噪声且方差分别为 $\sigma_{vj}^2=(0.5+0.01j)^2$。系统初始状态 $x(0)=0$。由于系统状态 $x(k)$ 介于−3 到 4 之间，故选取 $S=10$ 个逼近采样点（$x_i=-4,-3,\cdots,5$）。经测试，选择相应的逼近系数为 $p=2$，$\gamma=1$，$\Delta x_i=1$。

10 个传感器近似函数的逼近曲线如图 6-18 所示。它们的均方误差（mean square errors，MSE）如表 6-3 所示。

表 6-3　近似函数 MSE

观测函数	$h^{(1)}(\cdot)$	$h^{(2)}(\cdot)$	$h^{(3)}(\cdot)$	$h^{(4)}(\cdot)$	$h^{(5)}(\cdot)$	$h^{(6)}(\cdot)$	$h^{(7)}(\cdot)$	$h^{(8)}(\cdot)$	$h^{(9)}(\cdot)$	$h^{(10)}(\cdot)$
MSEs	0.0032	0.0017	0.0010	0.0014	0.0029	0.0042	0.0009	0.0013	0.0010	0.0015

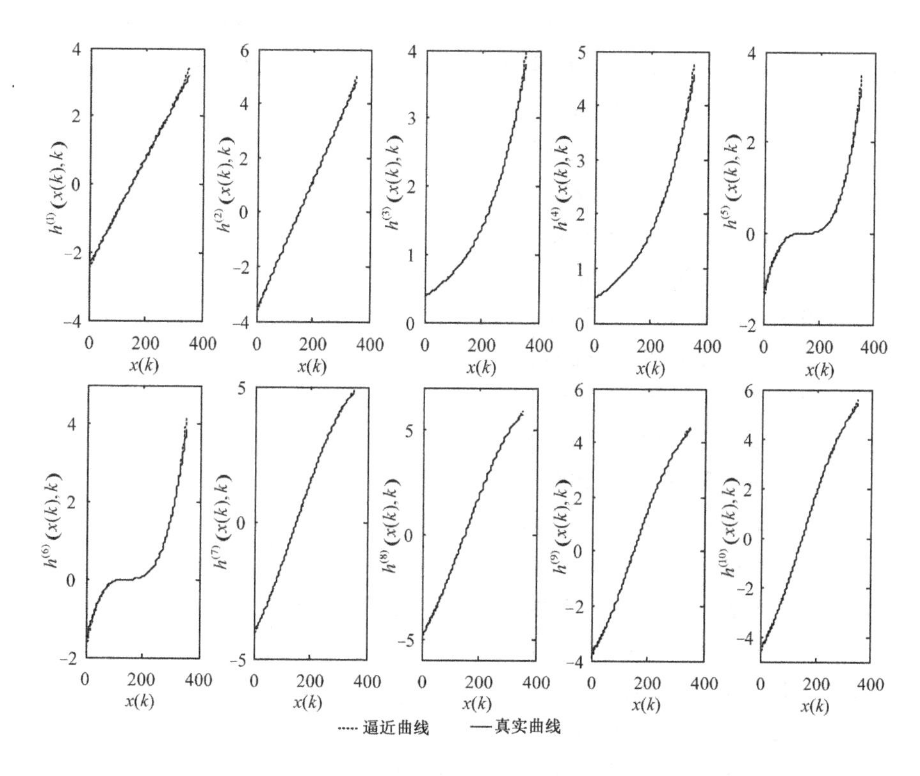

图 6-18　10 个传感器近似函数的逼近曲线

中介函数 $\tilde{\boldsymbol{h}}(x(k),k)$ 和逼近系数矩阵 $\tilde{\boldsymbol{H}}^{(0)}$ 的形式如式(6-92)及式(6-93)所示，具体得到的系数矩阵 $\tilde{\boldsymbol{H}}^{(0)}$、$\tilde{\boldsymbol{M}}$、$\tilde{\boldsymbol{H}}^{(1)}$ 如式（6-115）～式（6-117）所示。

$$
\tilde{\boldsymbol{H}}^{(0)}=\begin{bmatrix}
-1.8054 & -1.3541 & -0.9027 & -0.4514 & 0 & 0.4514 & 0.9027 & 1.3541 & 1.8054 & 2.2568 \\
-2.7081 & -2.0311 & -1.3541 & -0.6770 & 0 & 0.6770 & 1.3541 & 2.0311 & 2.7081 & 3.3851 \\
0.1487 & 0.2076 & 0.2897 & 0.4043 & 0.5642 & 0.7874 & 1.0989 & 1.5336 & 2.1403 & 2.9871 \\
0.1785 & 0.2491 & 0.3476 & 0.4851 & 0.6770 & 0.9449 & 1.3187 & 1.8404 & 2.5684 & 3.5845 \\
-1.8054 & -0.7617 & -0.2257 & -0.0282 & 0 & 0.0282 & 0.2257 & 0.7617 & 1.8054 & 3.5262 \\
-2.1665 & -0.9140 & -0.2708 & -0.0339 & 0 & 0.0339 & 0.2708 & 0.9140 & 2.1665 & 4.2314 \\
-2.6829 & -2.2822 & -1.6581 & -0.8717 & 0 & 0.8717 & 1.6581 & 2.2822 & 2.6829 & 2.8209 \\
-3.2195 & -2.7386 & -1.9897 & -1.0461 & 0 & 1.0461 & 1.9897 & 2.7386 & 3.2195 & 3.3851 \\
-2.5350 & -2.1321 & -1.5825 & -0.8587 & 0 & 0.8587 & 1.5825 & 2.1321 & 2.5350 & 2.8319 \\
-3.0420 & -2.5585 & -1.8990 & -1.0304 & 0 & 1.0304 & 1.8990 & 2.5585 & 3.0420 & 3.3983
\end{bmatrix} \tag{6-115}
$$

$$
\tilde{\boldsymbol{M}}=\begin{bmatrix}
-1.8054 & -1.3541 & -0.9027 & -0.4514 & 0 \\
-2.7081 & -2.0311 & -1.3541 & -0.6770 & 0 \\
0.1487 & 0.2076 & 0.2897 & 0.4043 & 0.5642 \\
0.1785 & 0.2491 & 0.3476 & 0.4851 & 0.6770 \\
-1.8054 & -0.7617 & -0.2257 & -0.0282 & 0 \\
-2.1665 & -0.9140 & -0.2708 & -0.0339 & 0 \\
-2.6829 & -2.2822 & -1.6581 & -0.8717 & 0 \\
-3.2195 & -2.7386 & -1.9897 & -1.0461 & 0 \\
-2.5350 & -2.1321 & -1.5825 & -0.8587 & 0 \\
-3.0420 & -2.5585 & -1.8990 & -1.0304 & 0
\end{bmatrix} \tag{6-116}
$$

$$\tilde{\boldsymbol{H}}^{(\mathrm{I})}=\begin{bmatrix}1&0&0&0&0&0&0&0&-1&-6.0696\\0&1&0&0&0&0&0&-1&0&15.5971\\0&0&1&0&0&0&-1&0&0&-21.6922\\0&0&0&1&0&-1&0&0&0&15.8716\\0&0&0&0&1&2.1121&2.4612&3.0862&4.0573&0.9212\end{bmatrix}\quad(6\text{-}117)$$

在以上设置的基础上，得到基于 Gauss-Hermite 逼近的 WMF-PF 算法的估计曲线如图 6-19 所示，基于 Gauss-Hermite 逼近的 CMF-PF 算法的估计曲线如图 6-20 所示。图中可以看到估计效果良好。本例采用累积均方误差（AMSE）作为衡量系统估计精度的指标函数，如式（6-97）所示。本例进行了 30 次 Monte-Carlo 试验。系统局部滤波 AMSE 曲线（LF1～LF10），基于 Gauss-Hermite 逼近的 WMF-PF 算法的 AMSE 曲线和 CMF-PF 的 AMSE 曲线如图 6-21 所示。从图 6-21 明显看出，WMF-PF 具有较高的融合精度，且精度接近 CMF-PF 的精度。

计算量方面，CMF-PF 算法需要处理 10 维的观测方程，而 WMF-PF 算法只需要处理 5 维的观测方程，因而 WMF-PF 在计算量方面具有优势。

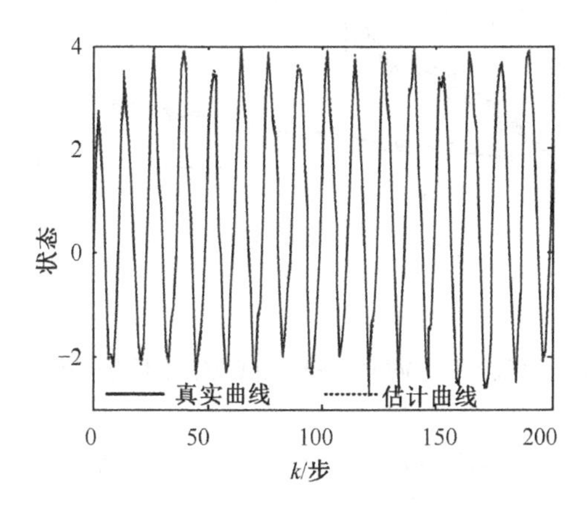

图 6-19　基于 Gauss-Hermite 逼近的 WMF-PF 算法的估计曲线

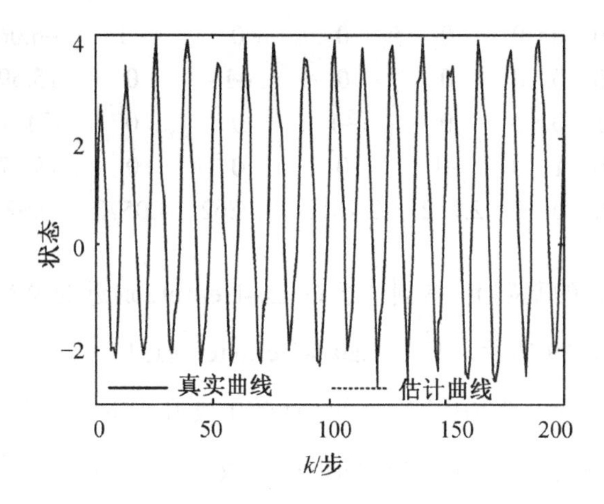

图 6-20　基于 Gauss-Hermite 逼近的 CMF-PF 算法的估计曲线

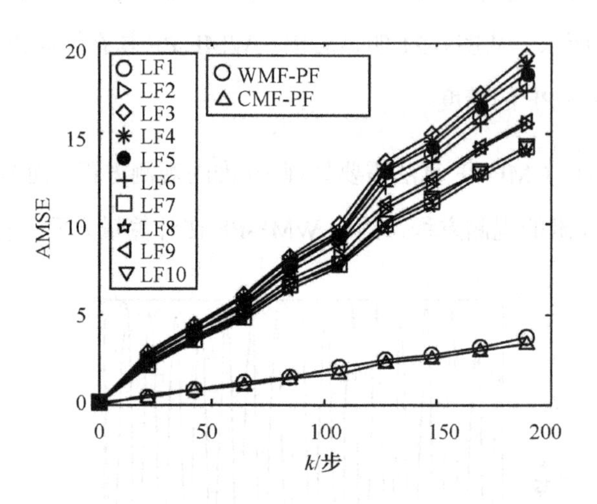

图 6-21　局部 PF、WMF-PF 和 CMF-PF 的 AMSE 曲线

例 6.5　（多维系统基于 Gauss-Hermite 逼近的 WMF-PF 算法仿真）考虑一个带有 8 传感器的平面跟踪系统。在笛卡尔坐标系下的状态方程如式（6-98）所示。假设有八个角度传感器 $\theta_j(x_j, y_j), (j=1,\cdots,8)$ 位于四个点，其中 $\theta_1(5,5)$， $\theta_2(5,5)$， $\theta_3(-5,5)$， $\theta_4(-5,5)$， $\theta_5(-5,-5)$， $\theta_6(-5,-5)$，

$\theta_7(5,-5)$，$\theta_8(5,-5)$。那么，八个传感器的观测方程可以写为

$$z^{(j)}(k)=\arctan\left((y(k)-y_j)\big/(x(k)-x_j)\right)+v^{(j)}(k),\ j=1,\cdots,8 \tag{6-118}$$

式中，$v^{(i)}(k)$、$v^{(j)}(k)$（$i\neq j$）与 $\boldsymbol{w}(k)$ 互不相关，且方差分别为 $\boldsymbol{Q}_w=\text{diag}(0.1^2,0.1^2)$，$R^{(1)}=0.021^2$，$R^{(2)}=0.022^2$，$R^{(3)}=0.023^2$，$R^{(4)}=0.024^2$，$R^{(5)}=0.025^2$，$R^{(6)}=0.026^2$，$R^{(7)}=0.027^2$，$R^{(8)}=0.028^2$。在仿真中，设采样周期为 $T=200\text{ms}$，状态初值为 $\boldsymbol{x}(0)=[0\quad 0\quad 0\quad 0]^{\text{T}}$。考虑到计算的复杂度和精度，在仿真中选取 Gauss-Hermite 系数 $p=0$，$\gamma_i=0.9$，$\Delta x_{i_\mu}=1$（$i=1,\cdots,S$，$\mu=1,2$）。由式（6-33）～式（6-37）得到近似中介函数 $\tilde{\boldsymbol{h}}(\boldsymbol{x}(k),k)$ 如式（6-119）所示。

$$\tilde{\boldsymbol{h}}(\boldsymbol{x}(k),k)=\frac{1}{\pi(0.9)^2}\begin{bmatrix}\exp\left\{-\left((x-x_1')/0.9\right)^2\left((y-y_1')/0.9\right)^2\right\}\\ \exp\left\{-\left((x-x_1')/0.9\right)^2\left((y-y_2')/0.9\right)^2\right\}\\ \vdots\\ \exp\left\{-\left((x-x_1')/0.9\right)^2\left((y-y_S')/0.9\right)^2\right\}\\ \exp\left\{-\left((x-x_2')/0.9\right)^2\left((y-y_1')/0.9\right)^2\right\}\\ \vdots\\ \exp\left\{-\left((x-x_2')/0.9\right)^2\left((y-y_S')/0.9\right)^2\right\}\\ \vdots\\ \exp\left\{-\left((x-x_S')/0.9\right)^2\left((y-y_1')/0.9\right)^2\right\}\\ \vdots\\ \exp\left\{-\left((x-x_S')/0.9\right)^2\left((y-y_S')/0.9\right)^2\right\}\end{bmatrix}_{S^2\times 1} \tag{6-119}$$

为了减少计算量，本例将平面分割成 1 平方公里的区域，如图 6-22（a）所示。选取该区域的近似函数采样点如图 6-22（b）所示（本章采用 4×4 的

采样点逼近)，计算该区域的加权系数 $\tilde{\boldsymbol{H}}^{(0)}$、$\tilde{\boldsymbol{M}}$ 和 $\tilde{\boldsymbol{H}}^{(\mathrm{I})}$ 如图 6-22（c）所示。在仿真中，由于同一地点有两个不同的传感器，$\tilde{\boldsymbol{H}}^{(\mathrm{I})} \in \Re^{4\times16}$ 压缩成 4 维的加权观测融合方程。$\tilde{\boldsymbol{M}}$ 和 $\tilde{\boldsymbol{H}}^{(\mathrm{I})}$ 可以离线计算得到，并形成数据库，以减少每时刻的计算负担。

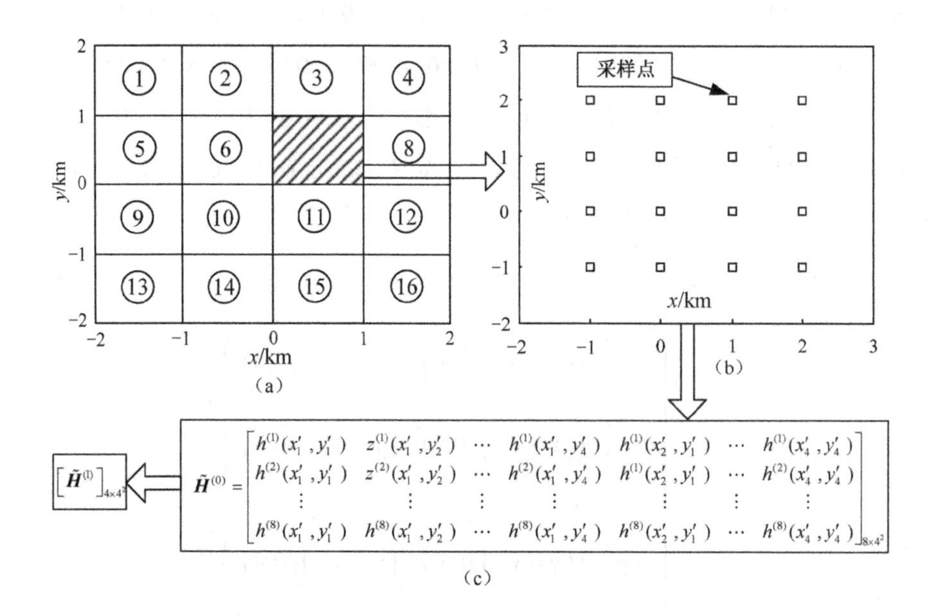

图 6-22　加权系数矩阵 $\tilde{\boldsymbol{M}}$ 和 $\tilde{\boldsymbol{H}}^{(\mathrm{I})}$ 的计算

为了对比分析 WMF-UKF 的精度和计算量，本例选取了 8 传感器集中式融合 PF（8-CMF-PF）、5 传感器集中式融合 PF（5-CMF-PF）、WMF-PF 算法进行仿真对比。各种融合系统的滤波估计曲线如图 6-23 所示。图中可以看到估计效果良好。

本例采用 k 时刻位置 $\left(x(k), y(k)\right)$ 的累积均方误差（AMSE）作为衡量系统准确性的指标函数，如式(6-97)所示。在仿真中进行了 30 次 Monte-Carlo 试验，如图 6-24 所示。其中包括 WMF-PF，8-CMF-PF，5-CMF-PF，3-CMF-PF 和 2-CMF-PF 曲线。传感器的选择原则是尽量分散。例如，当使用 3 传感器 PF 时，选择了传感器 1、3 和 5。在精度方面，由图 6-24 可以看到 AMSE

由低到高依次是 8-CMF-PF、WMF-PF、5-CMF-PF、3-CMF-PF 和 2-CMF-PF。由于 $\tilde{\boldsymbol{H}}^{(\mathrm{I})} \in \boldsymbol{R}^{4\times16}$ 为 4 维的矩阵，所以计算成本从高到低依次是 8-CMF-PF、5-CMF-PF、WMF-PF、3-CMF-PF 和 2-CMF-PF。仿真说明，随着传感器数量的增加，集中式融合算法的精度不断提高，而本章提出的 WMF-PF 算法的观测方程维数不变，精度接近观测集中式融合 8-CMF-PF。因此，对于海量传感器系统，WMF-PF 算法在计算成本上的优势将更为明显。

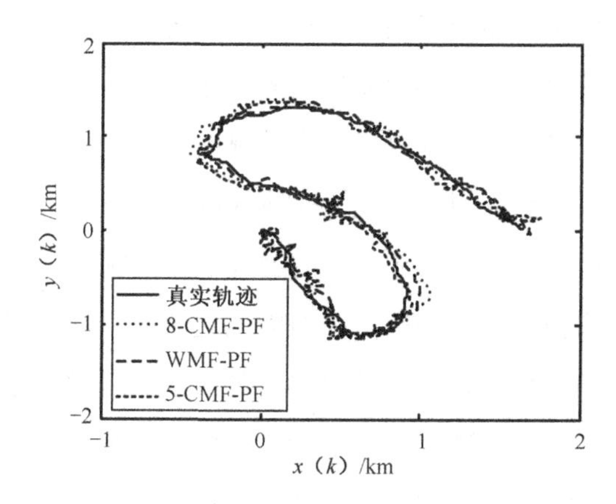

图 6-23　WMF-PF、8-CMF-PF 和 5-CMF-PF 的估计曲线

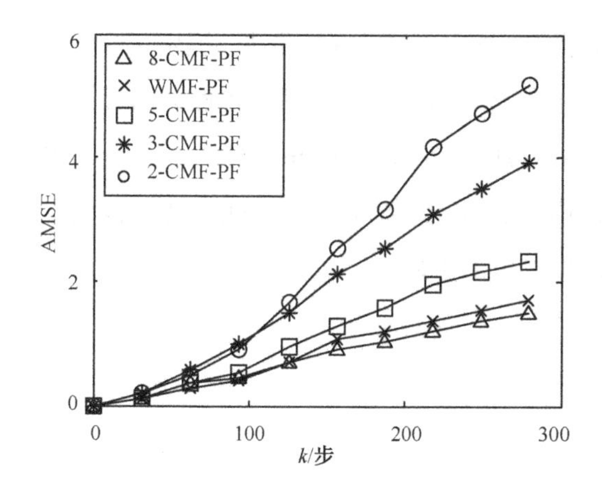

图 6-24　真实位置和估计之间的距离 AMSE 曲线

6.6 本章小结

本章首先提出了基于 Gauss-Hermite 逼近的加权观测融合算法，为了降低该算法的计算负担，本章采用了分段处理的方法，即将状态区间进行分段逼近，并离线计算每段的加权系数矩阵，形成数据库。该融合算法可对增广的高维观测系统进行压缩降维，有效减少实时估计算法的计算量。结合 UKF 滤波算法，提出了非线性系统加权观测融合 UKF（WMF-UKF）算法，该算法可处理非线性 Gauss 系统的融合估计问题。与集中式融合 UKF（CMF-UKF）算法相比，WMF-UKF 具有与之逼近的估计精度，但计算量明显降低，并且随着传感器数量的增加，该算法在计算量上的优势将更加明显。结合 CKF 滤波算法，提出了非线性系统加权观测融合 CKF（WMF-CKF）算法，该算法可处理非线性 Gauss 系统的融合估计问题。与集中式融合 CKF（CMF-CKF）算法相比，WMF-CKF 具有与之逼近的估计精度，但计算量明显降低，并且随着传感器数量的增加，该算法在计算量上的优势将更加明显。最后，结合 PF 算法，提出了非线性系统加权观测融合 PF（WMF-PF）算法，该算法可处理非线性 Gauss/非 Gauss 系统的融合估计问题。与集中式融合 PF（CMF-PF）算法相比，WMF-PF 具有与之逼近的估计精度，但计算量明显降低，并且随着传感器数量的增加，该算法在计算量上的优势将更加明显。

第 7 章

噪声相关的非线性系统加权观测融合估计算法

第 5 章和第 6 章分别介绍了基于 Taylor 级数逼近的非线性系统加权观测融合算法和基于 Gauss-Hermite 逼近的非线性系统加权观测融合算法，这两章内容均在假设系统噪声和观测噪声是相互独立的，并且得出加权观测融合滤波算法。而在实际应用中，由于对观测信息进行离散化处理和内外环境的影响，噪声相互独立的条件有时很难得到满足，当系统噪声与观测噪声相关时，非线性滤波算法将会产生较大的误差甚至发散。文献[131, 138, 139]给出的是带相关噪声的线性系统的估值器。文献[132, 137, 140, 141, 144]给出的是带相关噪声的非线性系统的估值器，但针对单传感器系统给出的滤波算法，并未考虑多传感器系统的融合估计问题。因此，讨论噪声相关情况下的非线性滤波问题是非常具有理论意义和现实意义的。

事实上，由于传感器的外部环境和其他因素，在多传感器系统中会出现各种干扰源干扰系统和传感器的工作。这在系统状态描述中显示为系统噪声和观测噪声之间的相关性。对于含有噪声相关性的融合滤波算法的研究一直受到国内外学者的关注，已经成为信息融合领域的热点问题之一[166-172]。

但在很多情况下，系统噪声和观测噪声是相互关联的，处理估计问题总是很困难的。基于贝叶斯估计框架，解决相关噪声估计问题有两个基本的方法。一种是去相关方法[173-177]，可以将相关噪声转换为不相关噪声；另一种是 Gauss 近似递归滤波器（GASF）框架[178-182]。本章将使用第一种方法去除系统噪声和观测噪声之间的相关性，将原系统转化为不相关噪声的非线性系统。

本章针对非线性系统，考虑了系统噪声和观测噪声的相关性，首先将系统噪声和观测噪声相关的非线性系统转化成噪声不相关的非线性系统；其次基于 Taylor 级数逼近，提出了基于 Taylor 级数逼近的噪声相关非线性系统加权观测融合 UKF 算法、基于 Taylor 级数逼近的噪声相关非线性系统加权观测融合 CKF 算法和基于 Taylor 级数逼近的噪声相关非线性系统加权观测融合 PF 算法；再次基于 Gauss-Hermite 逼近，提出了基于 Gauss-Hermite 逼近的噪声相关非线性系统加权观测融合 UKF 算法、基于 Gauss-Hermite 逼近的噪声相关非线性系统加权观测融合 CKF 算法和基于 Gauss-Hermite 逼近的噪声相关非线性系统加权观测融合 PF 算法。

7.1 基于 Taylor 级数逼近的噪声相关非线性系统 WMF-UKF 滤波算法

考虑一个非线性多传感器系统

$$\boldsymbol{x}(k+1)=\boldsymbol{f}(\boldsymbol{x}(k),k)+\boldsymbol{\Gamma}\boldsymbol{w}(k) \tag{7-1}$$

$$\boldsymbol{z}^{(j)}(k)=\boldsymbol{h}^{(j)}(\boldsymbol{x}(k),k)+\boldsymbol{v}^{(j)}(k),\ j=1,2,\cdots,L \tag{7-2}$$

式中，$\boldsymbol{f}(\cdot,\cdot)\in\boldsymbol{R}^n$ 为已知的状态函数，$\boldsymbol{x}(k)\in\boldsymbol{R}^n$ 为 k 时刻系统状态，

$\boldsymbol{h}^{(j)}(\cdot,\cdot)\in\boldsymbol{R}^{m_j}$ 为已知的第 j 个传感器的观测函数，$\boldsymbol{z}^{(j)}(k)\in\boldsymbol{R}^{m_j}$ 为第 j 个传感器的观测，$\boldsymbol{\Gamma}\in\boldsymbol{R}^{n\times p}$ 是噪声输入矩阵，L 是传感器的数量。$\boldsymbol{w}(k)\sim p_{\omega_k}(\cdot)$ 为系统噪声，$\boldsymbol{v}^{(j)}(k)\sim p_{v_k^{(j)}}(\cdot)$ 为第 j 个传感器的观测噪声。假设 $\boldsymbol{w}(k)$ 和 $\boldsymbol{v}^{(j)}(k)$ 是零均值、方差阵分别为 $\boldsymbol{Q}_w$ 和 $\boldsymbol{R}^{(j)}$ 且同时刻相关的噪声，即

$$\mathrm{E}\left\{\begin{bmatrix}\boldsymbol{w}(t)\\ \boldsymbol{v}^{(j)}(t)\end{bmatrix}\begin{bmatrix}\boldsymbol{w}(k)^{\mathrm{T}} & \left(\boldsymbol{v}^{(l)}(k)\right)^{\mathrm{T}}\end{bmatrix}\right\}=\begin{bmatrix}\boldsymbol{Q}_w & \boldsymbol{S}_l\\ \boldsymbol{S}_j^{\mathrm{T}} & \boldsymbol{R}^{(jl)}\end{bmatrix}\delta_{tk} \tag{7-3}$$

其中，E 为均值号，上标 T 为转置号，$\delta_{tt}=1$，$\delta_{tk}=0\ (t\neq k)$。

7.1.1　系统噪声和观测噪声的去相关

定理 7.1　对于系统式（7-1）和式（7-2），噪声不相关的集中式观测融合系统（CMFS）可以重写为

$$\boldsymbol{x}(k+1)=\bar{\boldsymbol{f}}(\boldsymbol{x}(k),k)+\bar{\boldsymbol{w}}(k) \tag{7-4}$$

$$\boldsymbol{z}^{(0)}(k)=\boldsymbol{h}^{(0)}(\boldsymbol{x}(k),k)+\boldsymbol{v}^{(0)}(k) \tag{7-5}$$

其中

$$\bar{\boldsymbol{f}}(\boldsymbol{x}(k),k)=\boldsymbol{f}(\boldsymbol{x}(k),k)-\boldsymbol{M}\boldsymbol{h}^{(0)}(\boldsymbol{x}(k),k)+\boldsymbol{M}\boldsymbol{z}^{(0)}(k) \tag{7-6}$$

$$\boldsymbol{M}=\boldsymbol{\Gamma}\boldsymbol{S}^{(0)}\left(\boldsymbol{R}^{(0)}\right)^{-1} \tag{7-7}$$

$$\bar{\boldsymbol{w}}(k)=\boldsymbol{\Gamma}\boldsymbol{w}(k)-\boldsymbol{M}\boldsymbol{v}^{(0)}(k) \tag{7-8}$$

$$\boldsymbol{z}^{(0)}(k)=[\boldsymbol{z}_1^{\mathrm{T}}(k),\boldsymbol{z}_2^{\mathrm{T}}(k),\cdots,\boldsymbol{z}_L^{\mathrm{T}}(k)]^{\mathrm{T}} \tag{7-9}$$

$$\boldsymbol{h}^{(0)}(\boldsymbol{x}(k),k)=[\boldsymbol{h}_1^{\mathrm{T}}(\boldsymbol{x}(k),k),\boldsymbol{h}_2^{\mathrm{T}}(\boldsymbol{x}(k),k),\cdots,\boldsymbol{h}_L^{\mathrm{T}}(\boldsymbol{x}(k),k)]^{\mathrm{T}} \tag{7-10}$$

$$\boldsymbol{v}^{(0)}(k)=[\boldsymbol{v}_1^{\mathrm{T}}(k),\boldsymbol{v}_2^{\mathrm{T}}(k),\cdots,\boldsymbol{v}_L^{\mathrm{T}}(k)]^{\mathrm{T}} \tag{7-11}$$

$\boldsymbol{v}^{(0)}(k)$ 的协方差矩阵为

$$\boldsymbol{R}^{(0)}=\left(\boldsymbol{R}_{ij}\right)_{m\times m},\quad m=\sum_{i=1}^{L}m_i \tag{7-12}$$

$\boldsymbol{w}(k)$ 和 $\boldsymbol{v}^{(0)}(k)$ 的互协方差矩阵可由下式给出

$$\boldsymbol{S}^{(0)}=[\boldsymbol{S}_1,\boldsymbol{S}_2,\cdots,\boldsymbol{S}_L] \tag{7-13}$$

新系统的系统噪声统计特性为

$$\mathrm{E}[\bar{\boldsymbol{w}}(k)]=0 \tag{7-14}$$

$$\bar{\boldsymbol{Q}}_w=\mathrm{E}[\bar{\boldsymbol{w}}(k)\bar{\boldsymbol{w}}^{\mathrm{T}}(k)]=\boldsymbol{\varGamma}[\boldsymbol{Q}_w-\boldsymbol{S}^{(0)}\left(\boldsymbol{R}^{(0)}\right)^{-1}\left(\boldsymbol{S}^{(0)}\right)^{\mathrm{T}}]\boldsymbol{\varGamma}^{\mathrm{T}} \tag{7-15}$$

证明：由式（7-2），合并 L 个观测方程，得到式（7-5）和式（7-9）～式（7-13）。由系统式（7-1）和式（7-2），式（7-1）可以写为

$$\boldsymbol{x}(k+1)=\boldsymbol{f}(\boldsymbol{x}(k),k)+\boldsymbol{\varGamma}\boldsymbol{w}(k)+\boldsymbol{M}[\boldsymbol{z}^{(0)}(k)-\boldsymbol{h}^{(0)}(\boldsymbol{x}(k),k)-\boldsymbol{v}^{(0)}(k)] \tag{7-16}$$

由此可以得到式（7-4）、式（7-6）和式（7-8）。新系统的系统噪声和观测噪声是不相关的，即

$$\mathrm{E}[\bar{\boldsymbol{w}}(k)\left(\boldsymbol{v}^{(0)}(k)\right)^{\mathrm{T}}]=0 \tag{7-17}$$

$\boldsymbol{M}$ 如式（7-7）所示。

对于多传感器系统，上述的集中式融合方法由于维数过高会带来巨大的计算成本，尤其是针对传感器网络这一系统而言。特别是噪声相关的非线性多传感器系统，在去相关的过程中需要将所有观测方程扩维，这使得计算量明显增加。下面将提出一种加权观测融合算法来处理具有相关噪声的非线性系统估计问题。

7.1.2　噪声相关非线性系统 WMF–UKF 滤波算法

基于第 5 章加权观测融合定理 5.1、Taylor 级数的近似观测融合定理 5.2、本章去相关定理 7.1，以及 UKF 算法，本节提出了噪声相关非线性系统 WMF-UKF 滤波算法。这里用 UKF 作为系统的滤波、预测工具，其中 Sigma 采样点定义如下。

$$\{\boldsymbol{\chi}_i\}=\left[\bar{\boldsymbol{x}},\bar{\boldsymbol{x}}+\sqrt{(n+\kappa)\boldsymbol{P}_{xx}},\bar{\boldsymbol{x}}-\sqrt{(n+\kappa)\boldsymbol{P}_{xx}}\right],\ i=0,\cdots,2n \quad (7\text{-}18)$$

$$W_i^m=\begin{cases}\lambda/(n+\kappa), & i=0\\ 1/[2(n+\kappa)], & i\neq 0\end{cases} \quad (7\text{-}19)$$

$$W_i^c=\begin{cases}\lambda/(n+\lambda)+(1-\alpha^2+\beta^2), & i=0\\ 1/[2(n+\lambda)], & i\neq 0\end{cases} \quad (7\text{-}20)$$

这里$\alpha>0$，$\lambda=\alpha^2(n+\kappa)-n$，$\kappa=0$或者$\kappa=3-n$，$\beta=2$。

对带有相关噪声的非线性系统式（7-1）和式（7-2），基于 Taylor 级数逼近的加权观测融合 WMF-UKF 算法如下。

第 1 步：初值

WMF 的 Sigma 点为

$$\{\boldsymbol{\chi}_i^{(\mathrm{I})}(k|k)\}=[\hat{\boldsymbol{x}}^{(\mathrm{I})}(k|k),\hat{\boldsymbol{x}}^{(\mathrm{I})}(k|k)+\sqrt{(n+\kappa)\boldsymbol{P}_{xx}^{(\mathrm{I})}(k|k)},$$
$$\hat{\boldsymbol{x}}^{(\mathrm{I})}(k|k)-\sqrt{(n+\kappa)\boldsymbol{P}_{xx}^{(\mathrm{I})}(k|k)}],\ i=0,\cdots,2n \quad (7\text{-}21)$$

初值为

$$\hat{\boldsymbol{x}}^{(\mathrm{I})}(0|0)=\mathrm{E}[\boldsymbol{x}(0)] \quad (7\text{-}22)$$

$$\boldsymbol{P}_{xx}^{(\mathrm{I})}(0|0)=\mathrm{E}\{[\boldsymbol{x}(0)-\hat{\boldsymbol{x}}^{(\mathrm{I})}(0|0)][\boldsymbol{x}(0)-\hat{\boldsymbol{x}}^{(\mathrm{I})}(0|0)]^{\mathrm{T}}\} \quad (7\text{-}23)$$

第 2 步：预测方程

预测的 Sigma 点为

$$\boldsymbol{\chi}_i^{(\mathrm{I})}(k+1|k)=\bar{\boldsymbol{f}}[\boldsymbol{\chi}_i^{(\mathrm{I})}(k|k),k],\quad i=0,\cdots,2n \tag{7-24}$$

预测均值为

$$\hat{\boldsymbol{x}}^{(\mathrm{I})}(k+1|k)=\sum_{i=0}^{2n}W_i^m\boldsymbol{\chi}_i^{(I)}(k+1|k) \tag{7-25}$$

$$\hat{\boldsymbol{z}}_i^{(\mathrm{I})}(k+1|k)=\tilde{\boldsymbol{H}}^{(\mathrm{I})}\left(1\quad(\Delta\boldsymbol{x})^{\mathrm{T}}\quad\left((\Delta\boldsymbol{x})^2\right)^{\mathrm{T}}\quad\cdots\quad\left((\Delta\boldsymbol{x})^{\gamma}\right)^{\mathrm{T}}\right)^{\mathrm{T}}\Bigg|_{\substack{\boldsymbol{x}=\boldsymbol{\chi}_i^{(\mathrm{I})}(k+1|k),\\ \hat{\boldsymbol{x}}=\hat{\boldsymbol{x}}^{(\mathrm{I})}(k+1|k)}},\quad i=0,\cdots,2n \tag{7-26}$$

其中 $\tilde{\boldsymbol{H}}^{(\mathrm{I})}$ 由定理 5.2 给出。

预测误差方差阵

$$\boldsymbol{P}^{(\mathrm{I})}(k+1|k)=\sum_{i=0}^{2n}W_i^c[\boldsymbol{\chi}_i^{(\mathrm{I})}(k+1|k)-\hat{\boldsymbol{x}}^{(\mathrm{I})}(k+1|k)][\boldsymbol{\chi}_i^{(\mathrm{I})}(k+1|k)-\hat{\boldsymbol{x}}^{(\mathrm{I})}(k+1|k)]^{\mathrm{T}}+\bar{\boldsymbol{Q}}_w \tag{7-27}$$

$$\hat{\boldsymbol{z}}^{(\mathrm{I})}(k+1|k)=\sum_{i=0}^{2n}W_i^m\hat{\boldsymbol{z}}_i^{(\mathrm{I})}(k+1|k) \tag{7-28}$$

$$\boldsymbol{P}_{zz}^{(\mathrm{I})}(k+1|k)=\sum_{i=0}^{2n}W_i^c[\hat{\boldsymbol{z}}_i^{(\mathrm{I})}(k+1|k)-\hat{\boldsymbol{z}}^{(\mathrm{I})}(k+1|k)][\hat{\boldsymbol{z}}_i^{(\mathrm{I})}(k+1|k)-\hat{\boldsymbol{z}}^{(\mathrm{I})}(k+1|k)]^{\mathrm{T}} \tag{7-29}$$

$$\boldsymbol{P}_{vv}^{(\mathrm{I})}(k+1|k)=\boldsymbol{P}_{zz}^{(\mathrm{I})}(k+1|k)+\tilde{\boldsymbol{R}}^{(\mathrm{I})}(k) \tag{7-30}$$

$$\boldsymbol{P}_{xz}^{(\mathrm{I})}(k+1|k)=\sum_{i=0}^{2n}W_i^c[\boldsymbol{\chi}_i^{(\mathrm{I})}(k+1|k)-\hat{\boldsymbol{x}}^{(\mathrm{I})}(k+1|k)][\hat{\boldsymbol{z}}_i^{(\mathrm{I})}(k+1|k)-\hat{\boldsymbol{z}}^{(\mathrm{I})}(k+1|k)]^{\mathrm{T}} \tag{7-31}$$

第 3 步：数据更新

滤波增益

$$\boldsymbol{W}^{(\mathrm{I})}(k+1)=\boldsymbol{P}_{xz}^{(\mathrm{I})}(k+1|k)\left(\boldsymbol{P}_{vv}^{(\mathrm{I})}(k+1|k)\right)^{-1} \tag{7-32}$$

$$\hat{\boldsymbol{x}}^{(\mathrm{I})}(k+1|k+1)=\hat{\boldsymbol{x}}^{(\mathrm{I})}(k+1|k)+\boldsymbol{W}^{(\mathrm{I})}(k+1)[\tilde{\boldsymbol{z}}^{(\mathrm{I})}(k+1)-\hat{\boldsymbol{z}}^{(\mathrm{I})}(k+1|k)] \tag{7-33}$$

$$\boldsymbol{P}^{(\mathrm{I})}(k+1|k+1)=\boldsymbol{P}^{(\mathrm{I})}(k+1|k)-\boldsymbol{W}^{(\mathrm{I})}(k+1)\boldsymbol{P}_{vv}^{(\mathrm{I})}(k+1|k)[\boldsymbol{W}^{(\mathrm{I})}(k+1)]^{\mathrm{T}} \tag{7-34}$$

其中

$$\tilde{\boldsymbol{z}}^{(\mathrm{I})}(k)=[\tilde{\boldsymbol{M}}^{\mathrm{T}}\left(\boldsymbol{R}^{(0)}\right)^{-1}\tilde{\boldsymbol{M}}]^{-1}\tilde{\boldsymbol{M}}^{\mathrm{T}}\left(\boldsymbol{R}^{(0)}\right)^{-1}\boldsymbol{z}^{(0)}(k) \tag{7-35}$$

$\tilde{\boldsymbol{M}}$ 由定理 5.2 给出。

噪声相关的 WMF-UKF 算法框架如图 7-1 所示。

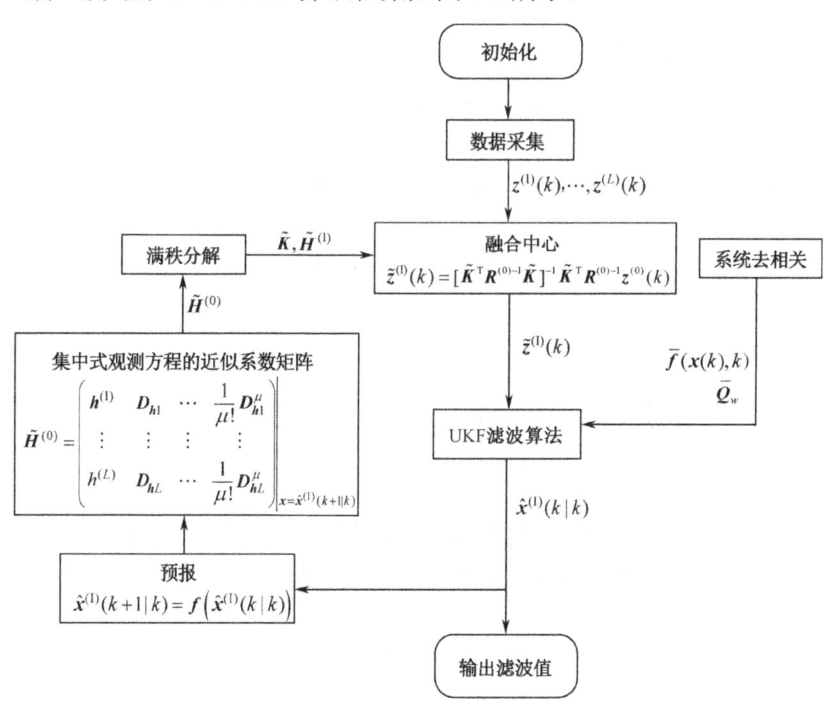

图 7-1　噪声相关的 WMF-UKF 算法框架

7.2 基于 Taylor 级数逼近的噪声相关非线性系统 WMF-CKF 滤波算法

基于第 5 章加权观测融合定理 5.1、Taylor 级数的近似观测融合定理 5.2、本章去相关定理 7.1，以及 CKF 算法，本节提出了噪声相关非线性系统 WMF-CKF 滤波算法。

对带有相关噪声的非线性系统式（7-1）和式（7-2），基于 Taylor 级数逼近的加权观测融合 WMF-CKF 算法如下。

第 1 步：初始化

$\hat{\boldsymbol{x}}^{(\mathrm{I})}(0|-1)=\mathrm{E}\{\boldsymbol{x}(0)\}$， $\hat{z}^{(\mathrm{I})}(-1|-2)=0$， $\boldsymbol{P}^{(\mathrm{I})}(-1|-1)=\boldsymbol{I}$， $\boldsymbol{P}_{zz}^{(\mathrm{I})}(-1|-2)=\boldsymbol{I}$

第 2 步：计算基本容积点和其对应的权值[116]

$$\boldsymbol{\xi}^{(i)}=\sqrt{\frac{m}{2}}[1]_i,\quad i=1,2,\cdots,m \tag{7-36}$$

式中，$\boldsymbol{\xi}^{(i)}$ 是第 i 个基本容积点；m 是容积点的总数，根据 3 阶容积积分法则，容积点的总数是系统状态维数的 2 倍，即 $m=2n$；n 是系统状态的维数；$[1]\in\boldsymbol{R}^n$ 是完全对称点集。

假设 $k+1$ 时刻的后验密度函数已知，初始状态误差方差矩阵 $\boldsymbol{P}^{(\mathrm{I})}(k-1|k-1)$ 正定，那么，对其进行因式分解有

$$\boldsymbol{P}^{(\mathrm{I})}(k-1|k-1)=\boldsymbol{S}^{(\mathrm{I})}(k-1|k-1)[\boldsymbol{S}^{(\mathrm{I})}(k-1|k-1)]^{\mathrm{T}} \tag{7-37}$$

估算容积点

$$\boldsymbol{\chi}^{(\mathrm{I})(i)}(k-1|k-1)=\boldsymbol{S}^{(\mathrm{I})}(k-1|k-1)\boldsymbol{\xi}^{(i)}+\hat{\boldsymbol{x}}^{(\mathrm{I})}(k-1|k-1) \tag{7-38}$$

估算传播容积点

$$\boldsymbol{X}^{(\mathrm{I})(i)}(k|k-1)=\boldsymbol{f}(\boldsymbol{\chi}^{(\mathrm{I})(i)}(k-1|k-1),k) \tag{7-39}$$

第 3 步：计算状态预测值和误差协方差矩阵

$$\hat{\boldsymbol{x}}^{(\mathrm{I})}(k|k-1)\approx\frac{1}{2n}\sum_{i=1}^{2n}\boldsymbol{X}^{(\mathrm{I})(i)}(k-1|k-1) \tag{7-40}$$

$$\begin{aligned}\boldsymbol{P}^{(\mathrm{I})}(k|k-1)\approx&\frac{1}{2n}\sum_{\mu=1}^{2n}\boldsymbol{X}^{(\mathrm{I})(i)}(k-1|k-1)[\boldsymbol{X}^{(\mathrm{I})(i)}(k-1|k-1)]^{\mathrm{T}}-\\&\hat{\boldsymbol{x}}^{(\mathrm{I})}(k|k-1)[\hat{\boldsymbol{x}}^{(\mathrm{I})}(k|k-1)]^{\mathrm{T}}+\boldsymbol{Q}_w\end{aligned} \tag{7-41}$$

第 4 步：估算预测容积点

因式分解

$$\boldsymbol{P}^{(\mathrm{I})}(k|k-1)=\boldsymbol{S}^{(\mathrm{I})}(k|k-1)[\boldsymbol{S}^{(\mathrm{I})}(k|k-1)]^{\mathrm{T}} \tag{7-42}$$

估算容积点

$$\boldsymbol{\chi}^{(\mathrm{I})(i)}(k|k-1)=\boldsymbol{S}^{(\mathrm{I})}(k|k-1)\boldsymbol{\xi}^{(i)}+\hat{\boldsymbol{x}}^{(\mathrm{I})}(k|k-1) \tag{7-43}$$

$$\boldsymbol{Z}^{(\mathrm{I})(i)}(k|k-1)=\boldsymbol{h}^{(\mathrm{I})}(\boldsymbol{x}(k),k)\Big|_{\boldsymbol{x}(k)=\boldsymbol{\chi}^{(\mathrm{I})(i)}(k|k-1)} \tag{7-44}$$

第 5 步：计算观测预报值和误差协方差矩阵

$$\hat{\boldsymbol{z}}^{(\mathrm{I})}(k|k-1)\approx\frac{1}{2n}\sum_{\mu=1}^{2n}\boldsymbol{Z}^{(\mathrm{I})(i)}(k|k-1) \tag{7-45}$$

$$\begin{aligned}\boldsymbol{P}_{zz}^{(\mathrm{I})}(k|k-1)\approx&\frac{1}{2n}\sum_{i=1}^{2n}\boldsymbol{Z}^{(\mathrm{I})(i)}(k|k-1)[\boldsymbol{Z}^{(\mathrm{I})(i)}(k|k-1)]^{\mathrm{T}}-\\&\hat{\boldsymbol{z}}^{(\mathrm{I})}(k|k-1)[\hat{\boldsymbol{z}}^{(\mathrm{I})}(k|k-1)]^{\mathrm{T}}+\boldsymbol{R}^{(\mathrm{I})}\end{aligned} \tag{7-46}$$

$$\boldsymbol{P}_{xz}^{(\mathrm{I})}(k|k-1) \approx \frac{1}{2n}\sum_{i=1}^{2n}\boldsymbol{\chi}^{(\mathrm{I})(i)}(k|k-1)[\boldsymbol{Z}^{(\mathrm{I})(i)}(k|k-1)]^{\mathrm{T}} - \hat{\boldsymbol{x}}^{(\mathrm{I})}(k|k-1)[\hat{\boldsymbol{z}}^{(\mathrm{I})}(k|k-1)]^{\mathrm{T}} \tag{7-47}$$

$$\boldsymbol{K}^{(\mathrm{I})}(k) = \boldsymbol{P}_{xz}^{(\mathrm{I})}(k|k-1)[\boldsymbol{P}_{zz}^{(\mathrm{I})}(k|k-1)]^{-1} \tag{7-48}$$

第 6 步：计算局部状态滤波和误差协方差矩阵

$$\hat{\boldsymbol{x}}^{(\mathrm{I})}(k|k) = \hat{\boldsymbol{x}}^{(\mathrm{I})}(k|k) + \boldsymbol{K}^{(\mathrm{I})}(k)[\boldsymbol{z}^{(\mathrm{I})}(k) - \hat{\boldsymbol{z}}^{(\mathrm{I})}(k|k-1)] \tag{7-49}$$

$$\boldsymbol{P}^{(\mathrm{I})}(k|k) = \boldsymbol{P}^{(\mathrm{I})}(k|k-1) - \boldsymbol{K}^{(\mathrm{I})}(k)\,\boldsymbol{P}_{zz}^{(\mathrm{I})}(k|k-1)[\boldsymbol{K}^{(\mathrm{I})}(k)]^{\mathrm{T}} \tag{7-50}$$

转到第 2 步迭代计算。

噪声相关的 WMF-CKF 算法框架如图 7-2 所示。

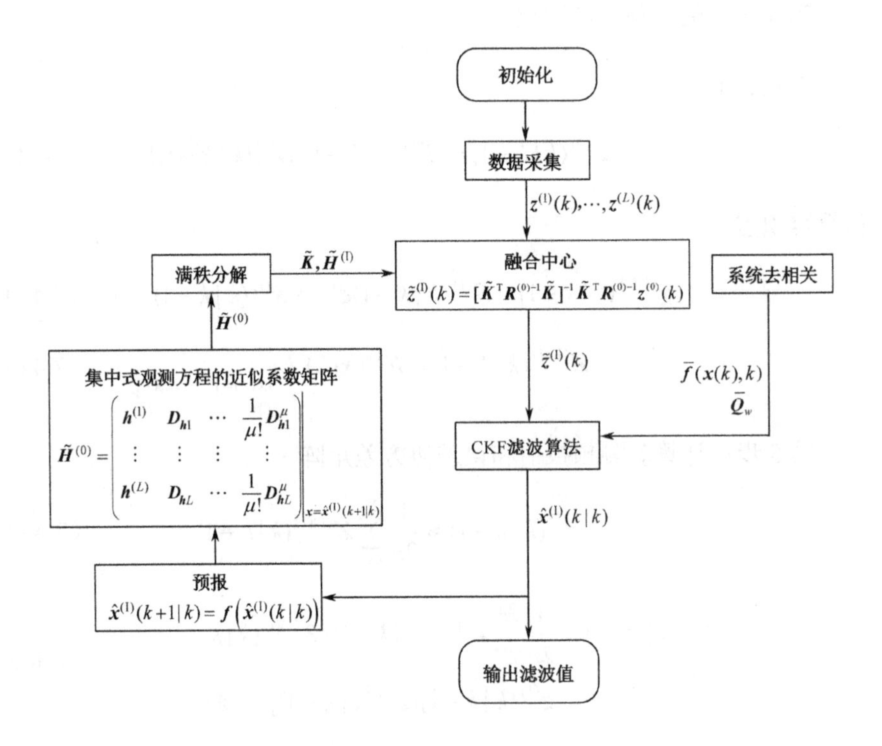

图 7-2　噪声相关的 WMF-CKF 算法框架

7.3 基于 Taylor 级数逼近的噪声相关非线性系统 WMF-PF 滤波算法

基于第 5 章加权观测融合定理 5.1、Taylor 级数的近似观测融合定理 5.2、本章去相关定理 7.1，以及 PF 算法，本节提出了噪声相关非线性系统加权观测融合粒子（WMF-PF）滤波算法。

第 1 步：设置初值

$$\hat{\boldsymbol{x}}^{(\mathrm{I})(i)}(0|0) \sim p_{x_0}(\boldsymbol{x}_0),\ i=1,\cdots,N_s \tag{7-51}$$

第 2 步：状态预报粒子

$$\hat{\boldsymbol{x}}^{(\mathrm{I})(i)}(k|k-1)=\bar{\boldsymbol{f}}(\hat{\boldsymbol{x}}^{(\mathrm{I})(i)}(k-1|k-1),k-1)+\boldsymbol{\xi}^{(\mathrm{I})(i)}(k-1) \tag{7-52}$$

其中随机数 $\boldsymbol{\xi}^{(\mathrm{I})(i)}(k-1)$ 具有与 $\bar{\boldsymbol{w}}(k-1)$ 相同的分布。

第 3 步：观测预报粒子

$$\hat{\boldsymbol{z}}^{(\mathrm{I})(i)}(k|k-1)=\tilde{\boldsymbol{H}}^{(\mathrm{I})}(k)\tilde{\boldsymbol{h}}(\hat{\boldsymbol{x}}^{(\mathrm{I})(i)}(k|k-1),k) \tag{7-53}$$

其中 $\tilde{\boldsymbol{H}}^{(\mathrm{I})}$ 由定理 5.2 给出。

第 4 步：重要性权值

$$\omega_k^{(\mathrm{I})(i)}=\frac{1}{N_s}p(\hat{\boldsymbol{z}}^{(\mathrm{I})(i)}(k|k-1)\,|\,\hat{\boldsymbol{x}}^{(\mathrm{I})(i)}(k|k-1)) \tag{7-54}$$

即

$$\omega_k^{(\mathrm{I})(i)}=\frac{1}{N_s}p_{v_k^{(\mathrm{I})}}(\tilde{\boldsymbol{z}}^{(\mathrm{I})}(k)-\hat{\boldsymbol{z}}^{(\mathrm{I})(i)}(k|k-1)) \tag{7-55}$$

其中$\tilde{z}^{(\mathrm{I})}(k)$为

$$\tilde{z}^{(\mathrm{I})}(k)=[\tilde{\boldsymbol{M}}^{\mathrm{T}}\left(\boldsymbol{R}^{(0)}\right)^{-1}\tilde{\boldsymbol{M}}]^{-1}\tilde{\boldsymbol{M}}^{\mathrm{T}}\left(\boldsymbol{R}^{(0)}\right)^{-1}\boldsymbol{z}^{(0)}(k) \quad (7\text{-}56)$$

$\tilde{\boldsymbol{M}}$由定理 5.2 给出，且$\bar{\omega}_k^{(\mathrm{I})(i)}$由下式给出

$$\bar{\omega}_k^{(\mathrm{I})(i)}=\frac{\omega_k^{(\mathrm{I})(i)}}{\sum_{i=1}^{N}\omega_k^{(\mathrm{I})(i)}} \quad (7\text{-}57)$$

第 5 步：滤波

$$\hat{\boldsymbol{x}}^{(\mathrm{I})}(k|k)=\sum_{i=1}^{N_s}\bar{\omega}_k^{(\mathrm{I})(i)}\hat{\boldsymbol{x}}^{(\mathrm{I})(i)}(k|k-1) \quad (7\text{-}58)$$

滤波误差协方差阵为

$$\boldsymbol{P}^{(\mathrm{I})}(k|k)\approx\sum_{i=1}^{N_s}\bar{\omega}_k^{(\mathrm{I})(i)}(\hat{\boldsymbol{x}}^{(\mathrm{I})(i)}(k|k-1)-\hat{\boldsymbol{x}}^{(\mathrm{I})(i)}(k|k))(\hat{\boldsymbol{x}}^{(\mathrm{I})(i)}(k|k-1)-\hat{\boldsymbol{x}}^{(\mathrm{I})(i)}(k|k))^{\mathrm{T}} \quad (7\text{-}59)$$

第 6 步：重采样

$$u_i=\frac{(i-1)+r}{N},\ r\sim U[0,1],\ i=1,\cdots,N_s \quad (7\text{-}60)$$

如果$\sum_{j=1}^{m-1}\bar{\omega}_k^{(\mathrm{I})(j)}<u_i\leqslant\sum_{j=1}^{m}\bar{\omega}_k^{(\mathrm{I})(j)}$，复制 m 个粒子直接作为重采样粒子$\hat{\boldsymbol{x}}^{(\mathrm{I})(i)}(k|k)$。

转到第 2 步迭代计算。

噪声相关的 WMF-PF 算法框架如图 7-3 所示。

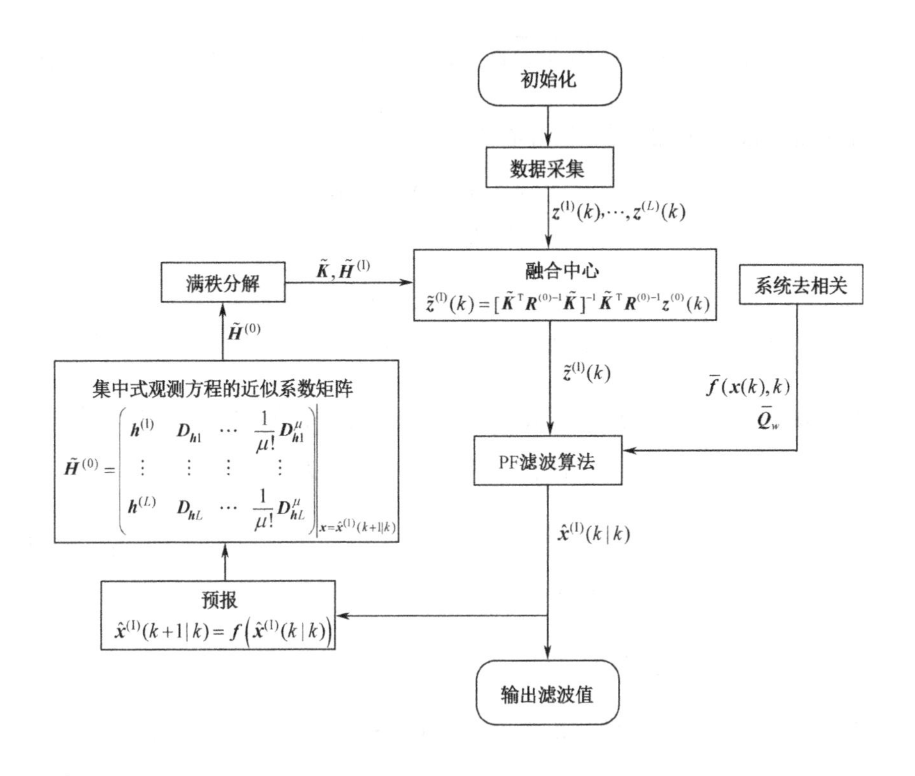

图 7-3 噪声相关的 WMF-PF 算法框架

7.4 基于 Gauss-Hermite 逼近的噪声相关非线性系统 WMF-UKF 滤波算法

基于第 5 章加权观测融合定理 5.1、Gauss-Hermite 逼近的近似观测融合定理 6.1、本章去相关定理 7.1，以及 UKF 算法，本节提出了噪声相关非线性系统 WMF-UKF 滤波算法。

这里 UKF 采样策略选用比例对称抽样，即 Sigma 采样点可由下式计算。

$$\{\boldsymbol{\chi}_i\} = [\overline{\boldsymbol{x}}, \overline{\boldsymbol{x}} + \sqrt{(n+\kappa)\boldsymbol{P}_{xx}}, \overline{\boldsymbol{x}} - \sqrt{(n+\kappa)\boldsymbol{P}_{xx}}],\ \ i = 0,\cdots,2n \tag{7-61}$$

且有权值如式（7-62）和式（7-63）所示。

$$W_i^m = \begin{cases} \lambda/(n+\kappa), & i = 0 \\ 1/[2(n+\kappa)], & i \neq 0 \end{cases} \tag{7-62}$$

$$W_i^c = \begin{cases} \lambda/(n+\lambda) + (1-\alpha^2+\beta^2), & i = 0 \\ 1/[2(n+\lambda)], & i \neq 0 \end{cases} \tag{7-63}$$

式中，$\alpha > 0$ 是比例因子，$\lambda = \alpha^2(n+\kappa) - n$，$\kappa$ 是比例参数，通常设置 $\kappa = 0$ 或者 $\kappa = 3 - n$，$\beta = 2$。下面给出 WMF-UKF 算法。

对带有相关噪声的非线性系统式（7-1）和式（7-2），基于 Gauss-Hermite 逼近的加权观测融合 WMF-UKF 算法如下。

第 1 步：设置初始值

基于第 j 个传感器的观测数据 $\boldsymbol{z}^{(j)}(0) \sim \boldsymbol{z}^{(j)}(k)$，$j = 1,2,\cdots,L$，Sigma 采样点可以计算为

$$\begin{aligned}\{\boldsymbol{\chi}_i^{(\mathrm{I})}(k|k)\} = [&\hat{\boldsymbol{x}}^{(\mathrm{I})}(k|k), \hat{\boldsymbol{x}}^{(\mathrm{I})}(k|k) + \sqrt{(n+\kappa)\boldsymbol{P}_{xx}^{(\mathrm{I})}(k|k)}, \\ &\hat{\boldsymbol{x}}^{(\mathrm{I})}(k|k) - \sqrt{(n+\kappa)\boldsymbol{P}_{xx}^{(\mathrm{I})}(k|k)}],\ \ i = 0,\cdots,2n\end{aligned} \tag{7-64}$$

其中初值条件为

$$\hat{\boldsymbol{x}}^{(\mathrm{I})}(0|0) = \mathrm{E}[\boldsymbol{x}(0)] \tag{7-65}$$

$$\boldsymbol{P}_{xx}^{(\mathrm{I})}(0|0) = \mathrm{E}\left\{[\boldsymbol{x}(0) - \hat{\boldsymbol{x}}^{(\mathrm{I})}(0|0)][\boldsymbol{x}(0) - \hat{\boldsymbol{x}}^{(\mathrm{I})}(0|0)]^{\mathrm{T}}\right\} \tag{7-66}$$

第 2 步：预测方程

预测 Sigma 采样点

$$\boldsymbol{\chi}_i^{(\mathrm{I})}(k+1|k) = \overline{\boldsymbol{f}}\left(\boldsymbol{\chi}_i^{(\mathrm{I})}(k|k), k\right),\ \ i = 0,\cdots,2n \tag{7-67}$$

状态预报

$$\hat{\boldsymbol{x}}^{(\mathrm{I})}(k+1|k)=\sum_{i=0}^{2n}W_i^m\boldsymbol{\chi}_i^{(\mathrm{I})}(k+1|k) \tag{7-68}$$

状态预测误差方差阵

$$\boldsymbol{P}^{(\mathrm{I})}(k+1|k)=\sum_{i=0}^{2n}W_i^c[\boldsymbol{\chi}_i^{(\mathrm{I})}(k+1|k)-\hat{\boldsymbol{x}}^{(\mathrm{I})}(k+1|k)][\boldsymbol{\chi}_i^{(\mathrm{I})}(k+1|k)-\hat{\boldsymbol{x}}^{(\mathrm{I})}(k+1|k)]^{\mathrm{T}}+\bar{\boldsymbol{Q}}_w \tag{7-69}$$

观测预报 Sigma 采样点

$$\tilde{\boldsymbol{z}}_i^{(\mathrm{I})}(k+1|k)=\tilde{\boldsymbol{H}}^{(\mathrm{I})}\tilde{\boldsymbol{h}}(\boldsymbol{\chi}_i^{(\mathrm{I})}(k+1|k),k+1)\text{，}\quad i=0,\cdots,2n \tag{7-70}$$

其中 $\tilde{\boldsymbol{H}}^{(\mathrm{I})}$ 由定理 6.1 给出。

观测预报

$$\hat{\boldsymbol{z}}^{(\mathrm{I})}(k+1|k)=\sum_{i=0}^{2n}W_i^m\tilde{\boldsymbol{z}}_i^{(\mathrm{I})}(k+1|k) \tag{7-71}$$

观测预报误差方差阵

$$\boldsymbol{P}_{zz}^{(\mathrm{I})}(k+1|k)=\sum_{i=0}^{2n}W_i^c[\tilde{\boldsymbol{z}}_i^{(\mathrm{I})}(k+1|k)-\hat{\boldsymbol{z}}^{(\mathrm{I})}(k+1|k)][\tilde{\boldsymbol{z}}_i^{(\mathrm{I})}(k+1|k)-\hat{\boldsymbol{z}}^{(\mathrm{I})}(k+1|k)]^{\mathrm{T}} \tag{7-72}$$

其中 $\tilde{\boldsymbol{z}}^{(\mathrm{I})}(k)$ 为

$$\tilde{\boldsymbol{z}}^{(\mathrm{I})}(k)=[\tilde{\boldsymbol{M}}^{\mathrm{T}}\left(\boldsymbol{R}^{(0)}\right)^{-1}\tilde{\boldsymbol{M}}]^{-1}\tilde{\boldsymbol{M}}^{\mathrm{T}}\left(\boldsymbol{R}^{(0)}\right)^{-1}\boldsymbol{z}^{(0)}(k) \tag{7-73}$$

$\tilde{\boldsymbol{M}}$ 由定理 6.1 给出。

$$\boldsymbol{P}_{vv}^{(\mathrm{I})}(k+1|k)=\boldsymbol{P}_{zz}^{(\mathrm{I})}(k+1|k)+\tilde{\boldsymbol{R}}^{(\mathrm{I})} \tag{7-74}$$

其中 $\tilde{\boldsymbol{R}}^{(\mathrm{I})}$ 由式（6-42）定义。协方差矩阵由下式计算

$$\boldsymbol{P}_{xz}^{(\mathrm{I})}(k+1|k)=\sum_{i=0}^{2n}W_i^c[\boldsymbol{\chi}_i^{(\mathrm{I})}(k+1|k)-\hat{\boldsymbol{x}}^{(\mathrm{I})}(k+1|k)][\tilde{\boldsymbol{z}}_i^{(\mathrm{I})}(k+1|k)-\hat{\boldsymbol{z}}^{(\mathrm{I})}(k+1|k)]^{\mathrm{T}} \tag{7-75}$$

第 3 步：更新方程

滤波增益由下式计算

$$\boldsymbol{W}^{(\mathrm{I})}(k+1)=\boldsymbol{P}_{xz}^{(\mathrm{I})}(k+1|k)[\boldsymbol{P}_{vv}^{(\mathrm{I})}(k+1|k)]^{-1} \tag{7-76}$$

并且$k+1$时刻的状态估计为

$$\hat{\boldsymbol{x}}^{(\mathrm{I})}(k+1|k+1)=\hat{\boldsymbol{x}}^{(\mathrm{I})}(k+1|k)+\boldsymbol{W}^{(\mathrm{I})}(k+1)[\tilde{\boldsymbol{z}}^{(\mathrm{I})}(k+1)-\hat{\boldsymbol{z}}^{(\mathrm{I})}(k+1|k)] \tag{7-77}$$

滤波误差协方差矩阵为

$$\boldsymbol{P}^{(\mathrm{I})}(k+1|k+1)=\boldsymbol{P}^{(\mathrm{I})}(k+1|k)-\boldsymbol{W}^{(\mathrm{I})}(k+1)\boldsymbol{P}_{vv}^{(\mathrm{I})}(k+1|k)[\boldsymbol{W}^{(\mathrm{I})}(k+1)]^{\mathrm{T}} \tag{7-78}$$

该算法可处理噪声相关的非线性多传感器系统的融合估计问题。噪声相关的 WMF-UKF 算法框架如图 7-4 所示。

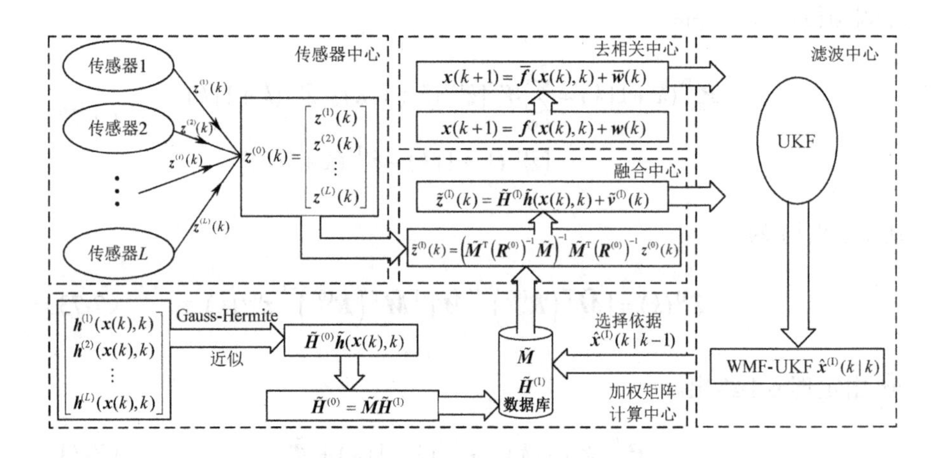

图 7-4　噪声相关的 WMF-UKF 算法框架

7.5 基于 Gauss-Hermite 逼近的噪声相关非线性系统 WMF-CKF 滤波算法

基于第 5 章加权观测融合定理 5.1、Gauss-Hermite 逼近的近似观测融合定理 6.1、本章去相关定理 7.1，以及 CKF 算法，本节提出了噪声相关非线性系统 WMF-CKF 滤波算法。

对带有相关噪声的非线性系统式（7-1）和式（7-2），基于 Gauss-Hermite 逼近的加权观测融合 WMF-CKF 算法如下。

第 1 步：初始化

$\hat{\boldsymbol{x}}^{(\mathrm{I})}(0|-1)=\mathrm{E}\{\boldsymbol{x}(0)\}$，$\hat{z}^{(\mathrm{I})}(-1|-2)=0$，$\boldsymbol{P}^{(\mathrm{I})}(-1|-1)=\boldsymbol{I}$，$\boldsymbol{P}_{zz}^{(\mathrm{I})}(-1|-2)=\boldsymbol{I}$

第 2 步：计算基本容积点和其对应的权值[116]

$$\boldsymbol{\xi}^{(i)}=\sqrt{\frac{m}{2}}[1]_i,\quad i=1,2,\cdots,m \tag{7-79}$$

式中，$\boldsymbol{\xi}^{(i)}$ 是第 i 个基本容积点，m 是容积点的总数，根据 3 阶容积积分法则，容积点的总数是系统状态维数的两倍，即 $m=2n$，n 是系统状态的维数，$[1]\in\mathfrak{R}^n$ 是完全对称点集。

假设 $k+1$ 时刻的后验密度函数已知，初始状态误差方差矩阵 $\boldsymbol{P}^{(\mathrm{I})}(k-1|k-1)$ 正定，那么，对其进行因式分解有

$$\boldsymbol{P}^{(\mathrm{I})}(k-1|k-1)=\boldsymbol{S}^{(\mathrm{I})}(k-1|k-1)[\boldsymbol{S}^{(\mathrm{I})}(k-1|k-1)]^{\mathrm{T}} \tag{7-80}$$

估算容积点

$$\boldsymbol{\chi}^{(\mathrm{I})(i)}(k-1|k-1)=\boldsymbol{S}^{(\mathrm{I})}(k-1|k-1)\boldsymbol{\xi}^{(i)}+\hat{\boldsymbol{x}}^{(\mathrm{I})}(k-1|k-1) \tag{7-81}$$

估算传播容积点

$$\boldsymbol{X}^{(\mathrm{I})(i)}(k|k-1)=\boldsymbol{f}(\boldsymbol{\chi}^{(\mathrm{I})(i)}(k-1|k-1),k) \tag{7-82}$$

第 3 步：计算状态预测值和误差协方差矩阵

$$\hat{\boldsymbol{x}}^{(\mathrm{I})}(k|k-1)\approx\frac{1}{2n}\sum_{i=1}^{2n}\boldsymbol{X}^{(\mathrm{I})(i)}(k-1|k-1) \tag{7-83}$$

$$\begin{aligned}\boldsymbol{P}^{(\mathrm{I})}(k|k-1)\approx\frac{1}{2n}\sum_{\mu=1}^{2n}\boldsymbol{X}^{(\mathrm{I})(i)}(k-1|k-1)[\boldsymbol{X}^{(\mathrm{I})(i)}(k-1|k-1)]^{\mathrm{T}}-\\ \hat{\boldsymbol{x}}^{(\mathrm{I})}(k|k-1)[\hat{\boldsymbol{x}}^{(\mathrm{I})}(k|k-1)]^{\mathrm{T}}+\boldsymbol{Q}_w\end{aligned} \tag{7-84}$$

第 4 步：估算预测容积点

因式分解

$$\boldsymbol{P}^{(\mathrm{I})}(k|k-1)=\boldsymbol{S}^{(\mathrm{I})}(k|k-1)[\boldsymbol{S}^{(\mathrm{I})}(k|k-1)]^{\mathrm{T}} \tag{7-85}$$

估算容积点

$$\boldsymbol{\chi}^{(\mathrm{I})(i)}(k|k-1)=\boldsymbol{S}^{(\mathrm{I})}(k|k-1)\boldsymbol{\xi}^{(i)}+\hat{\boldsymbol{x}}^{(\mathrm{I})}(k|k-1) \tag{7-86}$$

$$\boldsymbol{Z}^{(\mathrm{I})(i)}(k|k-1)=\boldsymbol{h}^{(\mathrm{I})}(\boldsymbol{x}(k),k)\Big|_{\boldsymbol{x}(k)=\boldsymbol{\chi}^{(\mathrm{I})(i)}(k|k-1)} \tag{7-87}$$

第 5 步：计算观测预报值和误差协方差矩阵

$$\hat{\boldsymbol{z}}^{(\mathrm{I})}(k|k-1)\approx\frac{1}{2n}\sum_{\mu=1}^{2n}\boldsymbol{Z}^{(\mathrm{I})(i)}(k|k-1) \tag{7-88}$$

$$\boldsymbol{P}_{zz}^{(\mathrm{I})}(k|k-1) \approx \frac{1}{2n}\sum_{i=1}^{2n}\boldsymbol{Z}^{(\mathrm{I})(i)}(k|k-1)[\boldsymbol{Z}^{(\mathrm{I})(i)}(k|k-1)]^{\mathrm{T}} - \hat{\boldsymbol{z}}^{(\mathrm{I})}(k|k-1)[\hat{\boldsymbol{z}}^{(\mathrm{I})}(k|k-1)]^{\mathrm{T}} + \boldsymbol{R}^{(\mathrm{I})} \tag{7-89}$$

$$\boldsymbol{P}_{xz}^{(\mathrm{I})}(k|k-1) \approx \frac{1}{2n}\sum_{i=1}^{2n}\boldsymbol{\chi}^{(\mathrm{I})(i)}(k|k-1)[\boldsymbol{Z}^{(\mathrm{I})(i)}(k|k-1)]^{\mathrm{T}} - \hat{\boldsymbol{x}}^{(\mathrm{I})}(k|k-1)[\hat{\boldsymbol{z}}^{(\mathrm{I})}(k|k-1)]^{\mathrm{T}} \tag{7-90}$$

$$\boldsymbol{K}^{(\mathrm{I})}(k) = \boldsymbol{P}_{xz}^{(\mathrm{I})}(k|k-1)[\boldsymbol{P}_{zz}^{(\mathrm{I})}(k|k-1)]^{-1} \tag{7-91}$$

第 6 步：计算局部状态滤波和误差协方差矩阵

$$\hat{\boldsymbol{x}}^{(\mathrm{I})}(k|k) = \hat{\boldsymbol{x}}^{(\mathrm{I})}(k|k) + \boldsymbol{K}^{(\mathrm{I})}(k)[\boldsymbol{z}^{(\mathrm{I})}(k) - \hat{\boldsymbol{z}}^{(\mathrm{I})}(k|k-1)] \tag{7-92}$$

$$\boldsymbol{P}^{(\mathrm{I})}(k|k) = \boldsymbol{P}^{(\mathrm{I})}(k|k-1) - \boldsymbol{K}^{(\mathrm{I})}(k)\,\boldsymbol{P}_{zz}^{(\mathrm{I})}(k|k-1)[\boldsymbol{K}^{(\mathrm{I})}(k)]^{\mathrm{T}} \tag{7-93}$$

转到第 2 步迭代计算。

该算法可处理噪声相关的非线性多传感器系统的融合估计问题。噪声相关的 WMF-CKF 算法框架如图 7-5 所示。

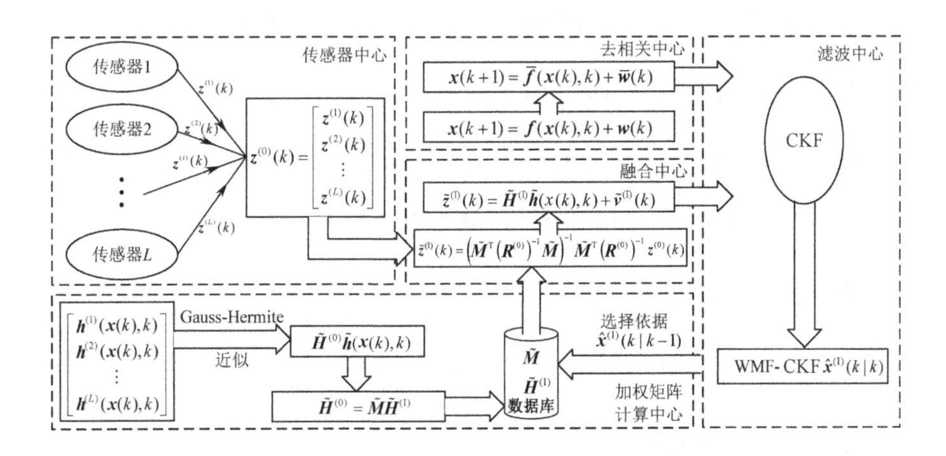

图 7-5　噪声相关的 WMF-CKF 算法框架

7.6 基于 Gauss-Hermite 逼近的噪声相关非线性系统 WMF-PF 滤波算法

基于第 5 章加权观测融合定理 5.1、Gauss-Hermite 逼近的近似观测融合定理 6.1、本章去相关定理 7.1，以及 PF 算法，本节提出了噪声相关非线性系统 WMF-PF 滤波算法。

第 1 步：设置初值

$$\hat{\boldsymbol{x}}^{(\mathrm{I})(i)}(0|0)\sim p_{x_0}(\boldsymbol{x}_0),\ i=1,\cdots,N_s \tag{7-94}$$

预报的初值为$\hat{\boldsymbol{x}}^{(\mathrm{I})}(1|0)$。

第 2 步：状态预报粒子

$$\hat{\boldsymbol{x}}^{(\mathrm{I})(i)}(k|k-1)=\overline{\boldsymbol{f}}(\hat{\boldsymbol{x}}^{(\mathrm{I})(i)}(k-1|k-1),k-1)+\boldsymbol{\xi}^{(\mathrm{I})(i)}(k-1) \tag{7-95}$$

随机数$\boldsymbol{\xi}^{(\mathrm{I})(i)}(k-1)$具有与$\overline{\boldsymbol{w}}(k-1)$相同的分布。

第 3 步：根据预报$\hat{\boldsymbol{x}}^{(\mathrm{I})}(k|k-1)$，选取分段，然后在加权计算中心选择$\tilde{\boldsymbol{H}}^{(\mathrm{I})}$、$\tilde{\boldsymbol{M}}$和$\tilde{\boldsymbol{h}}(\boldsymbol{x}(k),k)$，其中$\tilde{\boldsymbol{H}}^{(\mathrm{I})}$、$\tilde{\boldsymbol{M}}$和$\tilde{\boldsymbol{h}}(\boldsymbol{x}(k),k)$由定理 7.1 给出。

第 4 步：融合观测

$$\tilde{\boldsymbol{z}}^{(\mathrm{I})}(k)=[\tilde{\boldsymbol{M}}^{\mathrm{T}}\left(\boldsymbol{R}^{(0)}\right)^{-1}\tilde{\boldsymbol{M}}]^{-1}\tilde{\boldsymbol{M}}^{\mathrm{T}}\left(\boldsymbol{R}^{(0)}\right)^{-1}\boldsymbol{z}^{(0)}(k) \tag{7-96}$$

第 5 步：观测预报粒子

$$\hat{\boldsymbol{z}}^{(\mathrm{I})(i)}(k|k-1)=\tilde{\boldsymbol{H}}^{(\mathrm{I})}\tilde{\boldsymbol{h}}(\hat{\boldsymbol{x}}^{(\mathrm{I})(i)}(k|k-1),k) \tag{7-97}$$

第 6 步：重要性权值

$$\omega_k^{(\mathrm{I})(i)} = \frac{1}{N_s} p_{v_k^{(\mathrm{I})}}(\tilde{z}^{(\mathrm{I})}(k) - \hat{z}^{(\mathrm{I})(i)}(k|k-1)) \tag{7-98}$$

$\bar{\omega}_k^{(\mathrm{I})(i)}$ 由下式给出

$$\bar{\omega}_k^{(\mathrm{I})(i)} = \frac{\omega_k^{(\mathrm{I})(i)}}{\sum_{i=1}^{N} \omega_k^{(\mathrm{I})(i)}} \tag{7-99}$$

第 7 步：滤波

$$\hat{\boldsymbol{x}}^{(\mathrm{I})}(k|k) = \sum_{i=1}^{N_s} \bar{\omega}_k^{(\mathrm{I})(i)} \hat{\boldsymbol{x}}^{(\mathrm{I})(i)}(k|k-1) \tag{7-100}$$

滤波误差协方差阵为

$$\boldsymbol{P}^{(\mathrm{I})}(k|k) \approx \sum_{i=1}^{N_s} \bar{\omega}_k^{(\mathrm{I})(i)} (\hat{\boldsymbol{x}}^{(\mathrm{I})(i)}(k|k-1) - \hat{\boldsymbol{x}}^{(\mathrm{I})(i)}(k|k))[\hat{\boldsymbol{x}}^{(\mathrm{I})(i)}(k|k-1] - \hat{\boldsymbol{x}}^{(\mathrm{I})(i)}(k|k))^{\mathrm{T}} \tag{7-101}$$

第 8 步：预报

$$\hat{\boldsymbol{x}}^{(\mathrm{I})}(k+1|k) = \bar{\boldsymbol{f}}(\hat{\boldsymbol{x}}^{(\mathrm{I})}(k|k), k) \tag{7-102}$$

第 9 步：重采样

在本章中采用的重采样方法为系统采样法，即

$$u_i = \frac{(i-1)+r}{N}, r \sim U[0,1], i = 1,\cdots,N_s \tag{7-103}$$

如果 $\sum_{j=1}^{m-1} \bar{\omega}_k^{(\mathrm{I})(j)} < u_i \leqslant \sum_{j=1}^{m} \bar{\omega}_k^{(\mathrm{I})(j)}$，复制 m 个粒子直接作为重采样粒子 $\hat{\boldsymbol{x}}^{(\mathrm{I})(i)}(k|k)$。

转到第 2 步迭代计算。

噪声相关的 WMF-PF 算法框架如图 7-6 所示。

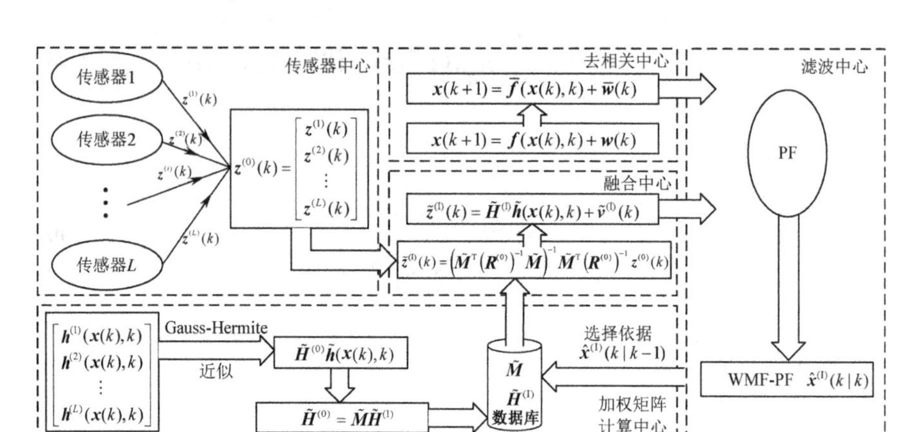

图 7-6　噪声相关的 WMF-PF 算法框架

7.7　仿真研究

例 7.1（基于 Taylor 级数的相关噪声加权观测融合 UKF 算法仿真）考虑一个带有 4 传感器的非线性系统[159]：

$$x(k)=0.5x(k-1)+25x(k-1)\big/(1+x(k-1)^2)+8\cos(1.2(k-1))+w(k) \tag{7-104}$$

$$z^{(j)}(k)=h^{(j)}\left(x(k),k\right)+v^{(j)}(k),\quad j=1,\cdots,4 \tag{7-105}$$

式中，$w(k)=\alpha\xi(k)+w_e(k)$，$v^{(j)}(k)=\beta^{(j)}\xi(k)+v_e^{(j)}(k)$，$\xi(k)$ 为公共噪声，且 $\xi(k)\sim N(0,\sigma_\xi^2)$，$w_e(k)\sim N(0,\sigma_{we}^2)$，$v_e^{(j)}(k)\sim N(0,\sigma_{vej}^2)$，$v^{(j)}(k)\sim N(0,\beta^{(j)}\sigma_\xi^2\left(\beta^{(j)}\right)^{\mathrm{T}}+\sigma_{vej}^2)$，因此

$$S_j=\alpha\sigma_\xi^2\left(\beta^{(j)}\right)^{\mathrm{T}},\quad R_{ji}=\beta^{(j)}\sigma_\xi^2\left(\beta^{(i)}\right)^{\mathrm{T}},\quad i,j=1,\cdots,4 \tag{7-106}$$

仿真中令 $\sigma_{\xi}^2=0.4^2$，$\sigma_{we}^2=0.5^2$，$\sigma_{ve1}^2=0.6^2$，$\sigma_{ve2}^2=0.7^2$，$\sigma_{ve3}^2=0.8^2$，$\sigma_{ve4}^2=0.9^2$，$\alpha=0.8$，$\beta^{(1)}=1.5$，$\beta^{(2)}=1.2$，$\beta^{(3)}=1.4$，$\beta^{(4)}=1.3$。考虑到系统的可观性，传感器选择在状态 $x(k)$ 的范围内的单值函数，即

$$
\begin{aligned}
&h^{(1)}\left(x(k),k\right)=x(k)\\
&h^{(2)}\left(x(k),k\right)=x(k)^3/30\\
&h^{(3)}\left(x(k),k\right)=10\exp(x(k)/10)\\
&h^{(4)}\left(x(k),k\right)=10\sin(\pi x(k)/40)
\end{aligned}
\tag{7-107}
$$

由去相关定理 7.1 有

$$\bar{f}(x(k),k)=f(x(k),k)-\boldsymbol{M}\boldsymbol{h}^{(0)}(x(k),k)+\boldsymbol{M}\boldsymbol{z}^{(0)}(k) \tag{7-108}$$

其中

$$f(x(k),k)=0.5x(k-1)+25x(k-1)/(1+x(k-1)^2)+8\cos(1.2(k-1)) \tag{7-109}$$

$$\boldsymbol{h}^{(0)}(\boldsymbol{x}(k),k)=[h_1^{\mathrm{T}}(x(k),k),\cdots,h_4^{\mathrm{T}}(x(k),k)]^{\mathrm{T}} \tag{7-110}$$

$$\boldsymbol{z}^{(0)}(k)=[z_1^{\mathrm{T}}(k),\cdots,z_4^{\mathrm{T}}(k)]^{\mathrm{T}} \tag{7-111}$$

$\boldsymbol{v}^{(0)}(k)$ 的协方差矩阵为

$$\boldsymbol{R}^{(0)}=\begin{bmatrix}0.7200 & 0.2880 & 0.3360 & 0.3120\\ 0.2880 & 0.7204 & 0.2688 & 0.2496\\ 0.3360 & 0.2688 & 0.9536 & 0.2912\\ 0.3120 & 0.2496 & 0.2912 & 1.0804\end{bmatrix} \tag{7-112}$$

$\boldsymbol{w}(k)$ 和 $\boldsymbol{v}^{(0)}(k)$ 的互协方差矩阵可由下式给出

$$\boldsymbol{S}^{(0)}=\begin{bmatrix}0.1920 & 0.1536 & 0.1792 & 0.1664\end{bmatrix} \tag{7-113}$$

$$\boldsymbol{M}=\begin{bmatrix}0.1619 & 0.0952 & 0.0850 & 0.0624\end{bmatrix} \tag{7-114}$$

新系统的系统噪声方差为

$$\bar{Q}_w=0.2811 \tag{7-115}$$

使用1阶Taylor级数展开方法近似，观测方程的系数矩阵$\boldsymbol{H}^{(0)}$如式(5-103)所示，相应的中介函数$\boldsymbol{h}(\boldsymbol{x}(k),k)$如式（5-104）所示。对去相关系统式（7-108）和式（7-105），应用加权观测融合定理 5.1、Taylor 级数的近似观测融合定理5.2及UKF算法，得到1阶Taylor级数展开WMF-UKF（WMF-UKF1）的估计曲线如图7-7所示。从图中可以看到估计效果良好。

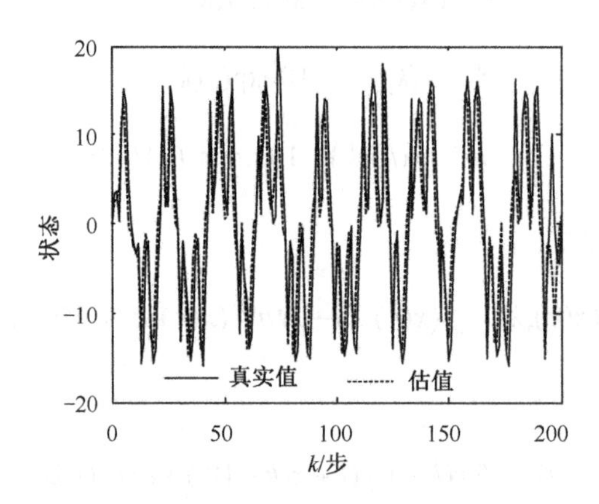

图 7-7　状态真值和 WMF-UKF1 估计曲线

另外，使用2阶Taylor级数展开方法的系数矩阵$\boldsymbol{H}^{(0)}$如式（5-105）所示，并且中介函数$\boldsymbol{h}(\boldsymbol{x}(k),k)$如式（5-106）所示。2阶Taylor级数展开WMF-UKF（WMF-UKF2）的估计曲线如图7-8所示。从图中可以看到估计效果良好。

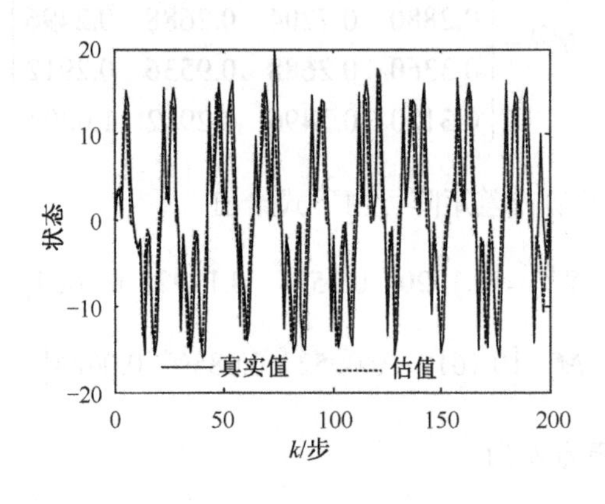

图 7-8　状态真值和 WMF-UKF2 估计曲线

CMF-UKF 的估计曲线如图 7-9 所示。从图中可以看到估计效果良好。

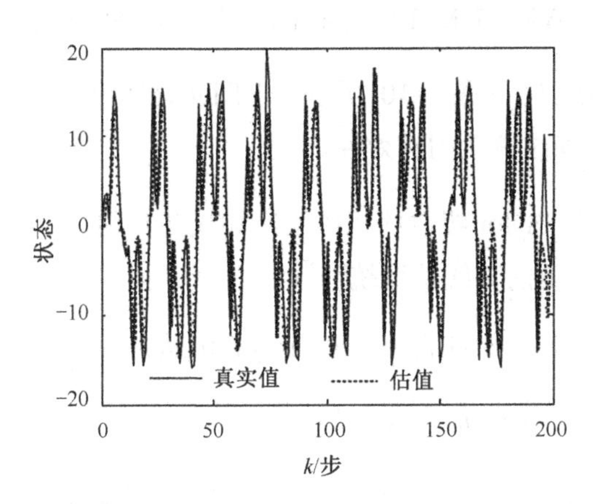

图 7-9　状态真值和 CMF-UKF 估计曲线

本例采用累积均方误差（AMSE），作为衡量系统准确性的指标函数，如式（6-97）所示，得到的 AMSE 曲线如图 7-10 所示。

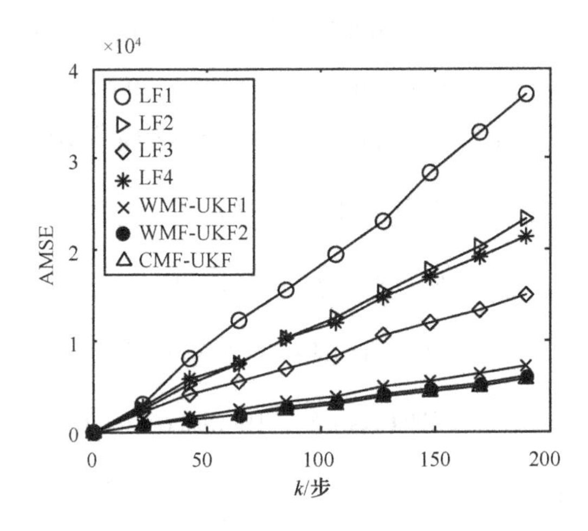

图 7-10　局部 UKF、WMF-UKF1、WMF-UKF2 及 CMF-UKF 的 AMSE 曲线

由图 7-10 可以看出，估计精度由高到低依次为：集中式融合 UKF（CMF-UKF）、基于 2 阶 Taylor 级数展开的加权观测融合 UKF 算法

WMF-UKF（WMF-UKF2）、基于 1 阶 Taylor 级数展开的加权观测融合 UKF 算法 WMF-UKF（WMF-UKF1）及 4 个局部 UKF 估计算法（LF1～LF4）。

仿真结果如图 7-7～图 7-10 所示，上图充分说明本章提出的去相关加权观测融合 UKF 滤波算法的有效性。

例 7. 2 （基于 Taylor 级数的相关噪声加权观测融合 CKF 算法仿真）考虑一个带有 4 传感器的非线性系统[159]：

$$x(k)=0.5x(k-1)+25x(k-1)/(1+x(k-1)^2)+8\cos(0.5(k-1))+w(k) \tag{7-116}$$

$$z^{(j)}(k)=h^{(j)}\left(x(k),k\right)+v^{(j)}(k)，\quad j=1,\cdots,4 \tag{7-117}$$

式中，$w(k)=\alpha\xi(k)+w_e(k)$，$v^{(j)}(k)=\beta^{(j)}\xi(k)+v_e^{(j)}(k)$，$\xi(k)$ 为公共噪声，且 $\xi(k)\sim N(0,\sigma_\xi^2)$，$w_e(k)\sim N(0,\sigma_{we}^2)$，$v_e^{(j)}(k)\sim N(0,\sigma_{vej}^2)$，$v^{(j)}(k)\sim N(0,\beta^{(j)}\sigma_\xi^2\left(\beta^{(j)}\right)^{\mathrm{T}}+\sigma_{vej}^2)$，因此

$$S_j=\alpha\sigma_\xi^2\left(\beta^{(j)}\right)^{\mathrm{T}}，\quad R_{ji}=\beta^{(j)}\sigma_\xi^2\left(\beta^{(i)}\right)^{\mathrm{T}}，\quad i,j=1,\cdots,4 \tag{7-118}$$

仿真中令 $\sigma_\xi^2=0.3^2$，$\sigma_{we}^2=0.8^2$，$\sigma_{ve1}^2=0.7^2$，$\sigma_{ve2}^2=0.6^2$，$\sigma_{ve3}^2=0.5^2$，$\sigma_{ve4}^2=0.4^2$，$\alpha=1$，$\beta^{(1)}=0.5$，$\beta^{(2)}=0.2$，$\beta^{(3)}=0.4$，$\beta^{(4)}=0.3$。考虑到系统的可观性，传感器选择在状态 $x(k)$ 的范围内的单值函数，即

$$\begin{aligned}
&h^{(1)}\left(x(k),k\right)=x(k)\\
&h^{(2)}\left(x(k),k\right)=x(k)^3/30\\
&h^{(3)}\left(x(k),k\right)=\cos(x(k))/10\\
&h^{(4)}\left(x(k),k\right)=10\sin(\pi x(k)/40)
\end{aligned} \tag{7-119}$$

由去相关定理 7.1 有

$$\bar{f}(x(k),k)=f(x(k),k)-\boldsymbol{M}\boldsymbol{h}^{(0)}(x(k),k)+\boldsymbol{M}\boldsymbol{z}^{(0)}(k) \tag{7-120}$$

其中

$$f(x(k),k)=0.5x(k-1)+25x(k-1)/(1+x(k-1)^2)+8\cos(0.5(k-1)) \tag{7-121}$$

$$h^{(0)}(x(k),k)=[h_1^{\mathrm{T}}(x(k),k),\cdots,h_4^{\mathrm{T}}(x(k),k)]^{\mathrm{T}} \tag{7-122}$$

$$z^{(0)}(k)=[z_1^{\mathrm{T}}(k),\cdots,z_4^{\mathrm{T}}(k)]^{\mathrm{T}} \tag{7-123}$$

$\boldsymbol{v}^{(0)}(k)$ 的协方差矩阵为

$$\boldsymbol{R}^{(0)}=\begin{bmatrix} 0.5125 & 0.0090 & 0.0180 & 0.0135 \\ 0.0090 & 0.3636 & 0.0072 & 0.0054 \\ 0.0180 & 0.0072 & 0.2644 & 0.0108 \\ 0.0135 & 0.0054 & 0.0108 & 0.1681 \end{bmatrix} \tag{7-124}$$

$\boldsymbol{w}(k)$ 和 $\boldsymbol{v}^{(0)}(k)$ 的互协方差矩阵可由下式给出

$$\boldsymbol{S}^{(0)}=\begin{bmatrix} 0.0450 & 0.0180 & 0.0360 & 0.0270 \end{bmatrix} \tag{7-125}$$

$$\boldsymbol{M}=\begin{bmatrix} 0.0789 & 0.0430 & 0.1237 & 0.1450 \end{bmatrix} \tag{7-126}$$

新系统的系统噪声方差为

$$\bar{Q}_w=0.73 \tag{7-127}$$

使用 1 阶 Taylor 级数展开方法近似，观测方程的系数矩阵 $\boldsymbol{H}^{(0)}$ 如式（5-103）所示，相应的中介函数 $\boldsymbol{h}(\boldsymbol{x}(k),k)$ 如式（5-104）所示。对去相关系统式（7-108）和式（7-105），应用加权观测融合定理 5.1、Taylor 级数的近似观测融合定理 5.2 及 CKF 算法，得到 1 阶 Taylor 级数展开 WMF-CKF（WMF-CKF1）的估计曲线如图 7-11 所示。从图中可以看到估计效果良好。

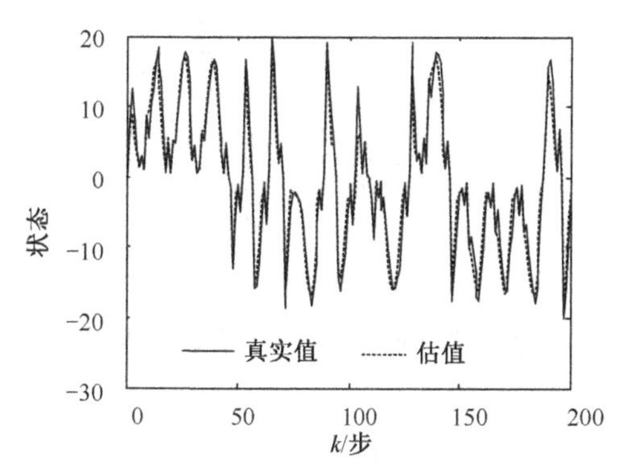

图 7-11　状态真值和 WMF-CKF1 估计曲线

另外，使用 2 阶 Taylor 级数展开方法的系数矩阵 $\boldsymbol{H}^{(0)}$ 如式（5-105）所示，并且中介函数 $\boldsymbol{h}(\boldsymbol{x}(k),k)$ 如式（5-106）所示。2 阶 Taylor 级数展开 WMF-CKF（WMF-CKF2）的估计曲线如图 7-12 所示。从图中可以看到估计效果良好。

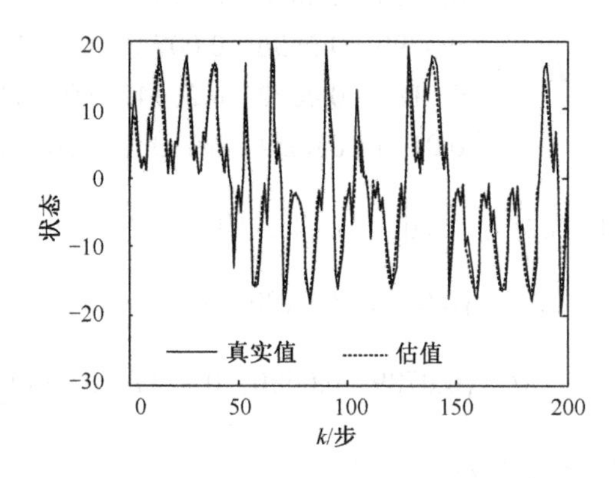

图 7-12　状态真值和 WMF-CKF2 估计曲线

CMF-CKF 的估计曲线如图 7-13 所示。从图中可以看到估计效果良好。

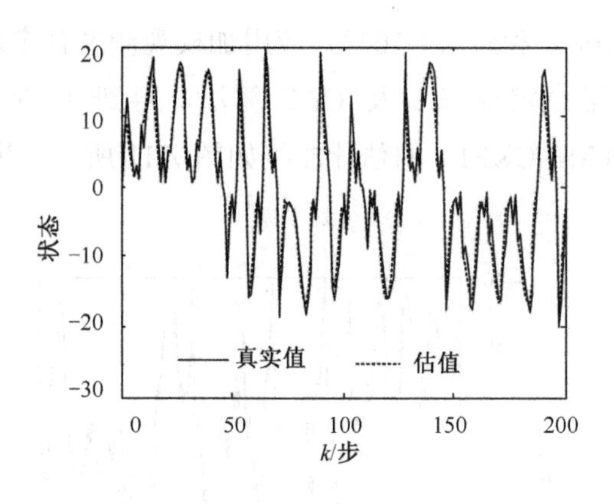

图 7-13　状态真值和 CMF-CKF 估计曲线

本例采用累积均方误差（AMSE），作为衡量系统准确性的指标函数，如式（6-97）所示，得到的 AMSE 曲线如图 7-14 所示。

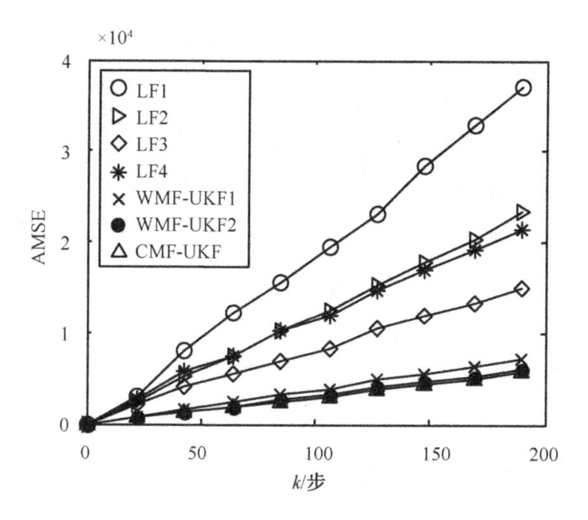

图 7-14　局部 CKF、WMF-CKF1、WMF-CKF2 及 CMF-CKF 的 AMSE 曲线

由图 7-14 可以看出，估计精度由高到低依次为：集中式融合 CKF（CMF-CKF）、基于 2 阶 Taylor 级数展开的加权观测融合 CKF 算法 WMF-CKF（WMF-CKF2）、基于 1 阶 Taylor 级数展开的加权观测融合 CKF 算法 WMF-CKF（WMF-CKF1）及 4 个局部 CKF 估计算法（LF1～LF4）。

仿真结果图 7-11～图 7-14 充分说明，本章提出的去相关加权观测融合 CKF 滤波算法的有效性。

例 7.3（基于 Taylor 级数的相关噪声加权观测融合 PF 算法仿真）考虑一个带有 4 传感器的非线性系统，如式（7-104）和式（7-105）所示[159]。

其中系统参数和设置如例 7.1。应用去相关定理 7.1、加权观测融合定理 5.1、基于 Taylor 级数的近似观测融合定理 5.2 及 PF 算法，得到 1 阶 Taylor 级数展开 WMF-PF（WMF-PF1）的估计曲线如图 7-15 所示。从图中可以看到估计效果良好。

另外，使用 2 阶 Taylor 级数展开方法得到 WMF-PF（WMF-PF2）的估计曲线如图 7-16 所示。从图中可以看到估计效果良好。

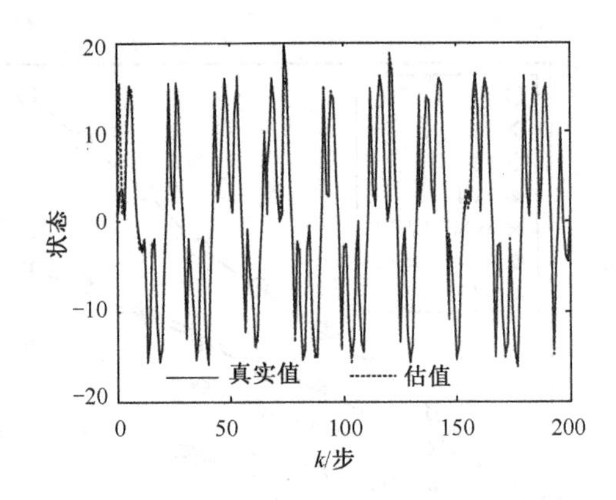

图 7-15　状态真值和 WMF-PF1 估计曲线

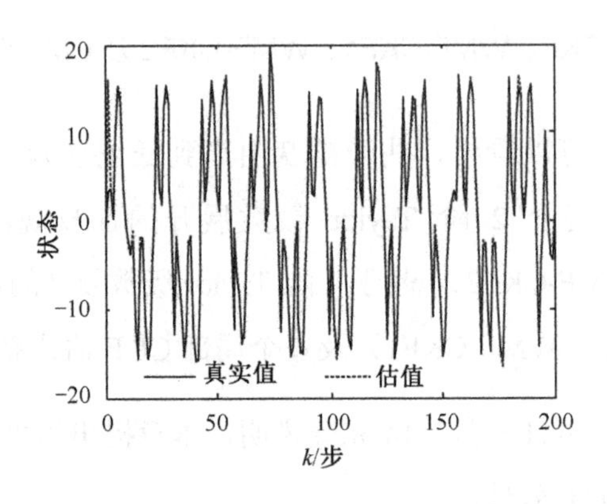

图 7-16　状态真值和 WMF-PF2 估计曲线

CMF-PF 的估计曲线如图 7-17 所示。从图中可以看到估计效果良好。

本例采用累积均方误差（AMSE）作为衡量系统准确性的指标函数，如式（6-97）所示，得到的 AMSE 曲线如图 7-18 所示。

由图 7-18 可以看出，估计精度由高到低依次为：集中式融合 PF（CMF-PF）、基于 2 阶 Taylor 级数展开的加权观测融合 PF 算法 WMF-PF（WMF-PF2）、基于 1 阶 Taylor 级数展开的加权观测融合 PF 算法 WMF-PF（WMF-PF1）及 4 个局部 PF 估计算法（LF1～LF4）。

仿真结果图 7-15～图 7-18 充分说明，本章提出的去相关加权观测融合 PF 滤波算法的有效性。

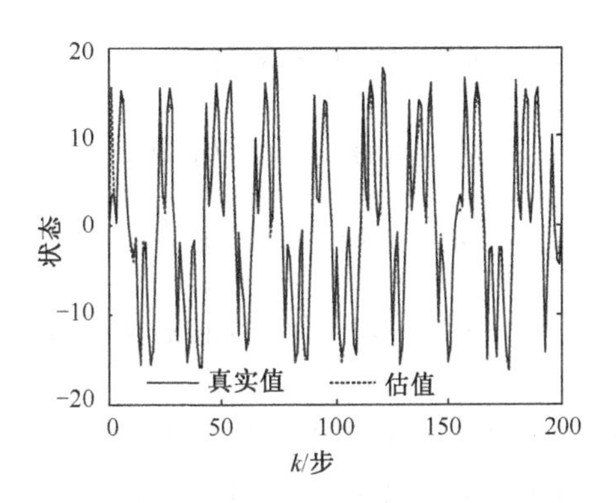

图 7-17　状态真值和 CMF-PF 估计曲线

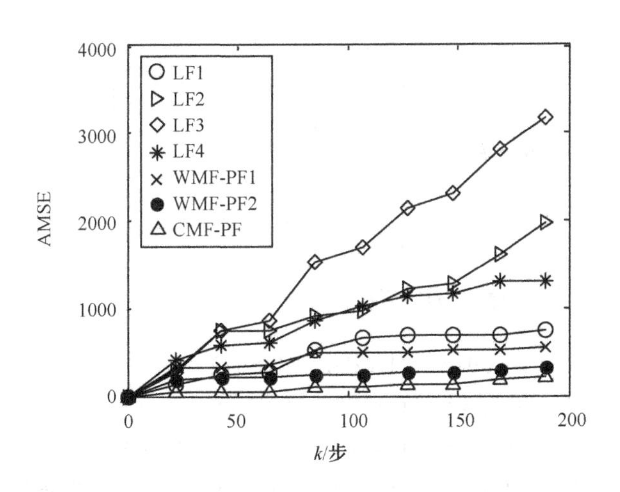

图 7-18　局部 PF、WMF-PF1、WMF-PF2 及 CMF-PF 的 AMSE 曲线

例 7.4　（基于 Gauss-Hermite 逼近的相关噪声加权观测融合 UKF 算法仿真）考虑一个带有 4 传感器的非线性系统[159]：

$$x(k)=\frac{x(k-1)}{4}+x(k-1)\big/(1+x(k-1)^2)+2\cos(0.5(k-1))+w(k) \quad (7\text{-}128)$$

$$z^{(j)}(k)=h^{(j)}\left(x(k),k\right)+v^{(j)}(k)\text{，}\quad j=1,\cdots,10 \tag{7-129}$$

其中

$$\begin{aligned} &h^{(1)}\left(x(k),k\right)=x(k) \\ &h^{(2)}\left(x(k),k\right)=x^2(k)/20 \\ &h^{(3)}\left(x(k),k\right)=x^3(k)/18 \\ &h^{(4)}\left(x(k),k\right)=15\sin(\pi x(k)/40) \end{aligned} \tag{7-130}$$

其他参数如例 7.1。由于状态 $x(k)$ 介于 -4 到 4 之间，这里选择 8 个点（$x_i=-2,-1,\cdots,5$）作为 Gauss-Hermite 逼近的采样点，采用 2 阶 Hermite 多项式近似（$p=2$），并且选择 $\gamma=1$，$\Delta x_i=1$，则由式（6-30）和式（6-31）有

$$\tilde{\boldsymbol{h}}(x(k),k)=\begin{bmatrix} \mathrm{e}^{-(x-x_1)^2}(1.5-(x-x_1)^2) \\ \mathrm{e}^{-(x-x_2)^2}(1.5-(x-x_2)^2) \\ \vdots \\ \mathrm{e}^{-(x-x_{10})^2}(1.5-(x-x_{10})^2) \end{bmatrix} \tag{7-131}$$

系数矩阵 $\tilde{\boldsymbol{H}}^{(0)}$、$\tilde{\boldsymbol{M}}$、$\tilde{\boldsymbol{H}}^{(1)}$ 为

$$\tilde{\boldsymbol{H}}^{(0)}=\begin{bmatrix} -2.2568 & -1.6926 & -1.1284 & -0.5642 & 0 & 0.5642 & 1.1284 & 1.6926 & 2.2568 & 2.8209 \\ 0.4514 & 0.2539 & 0.1128 & 0.0282 & 0 & 0.0282 & 0.1128 & 0.2539 & 0.4514 & 0.7052 \\ 0.3782 & 0.4180 & 0.4619 & 0.5105 & 0.5642 & 0.6235 & 0.6891 & 0.7616 & 0.8417 & 0.9302 \\ -2.6152 & -1.9756 & -1.3239 & -0.6640 & 0 & 0.6640 & 1.3239 & 1.9756 & 2.6152 & 3.2386 \end{bmatrix} \tag{7-132}$$

$$\tilde{\boldsymbol{M}}=\begin{bmatrix} -2.2568 & -1.6926 & -1.1284 & -0.5642 \\ 0.4514 & 0.2539 & 0.1128 & 0.0282 \\ 0.3782 & 0.4180 & 0.4619 & 0.5105 \\ -2.6152 & -1.9756 & -1.3239 & -0.6640 \end{bmatrix} \tag{7-133}$$

$$\tilde{\boldsymbol{H}}^{(\mathrm{I})}=\begin{bmatrix} 1 & 0 & 0 & 0 & -1.0126 & -4.0568 & -10.1515 & -20.3099 & -35.5322 & -56.8006 \\ 0 & 1 & 0 & 0 & 4.0379 & 15.1706 & 36.4558 & 70.9324 & 121.6025 & 191.4127 \\ 0 & 0 & 1 & 0 & -6.0380 & -20.1714 & -45.4581 & -84.9380 & -141.6142 & -218.4345 \\ 0 & 0 & 0 & 1 & 4.0128 & 10.0579 & 20.1550 & 35.3183 & 56.5497 & 84.8333 \end{bmatrix} \tag{7-134}$$

基于以上设置，得到基于 Gauss-Hermite 逼近的 WMF-UKF 算法的估计曲线如图 7-19 所示，基于 Gauss-Hermite 逼近的 CMF-UKF 算法的估计曲线如图 7-20 所示。从图中可以看到估计效果良好。

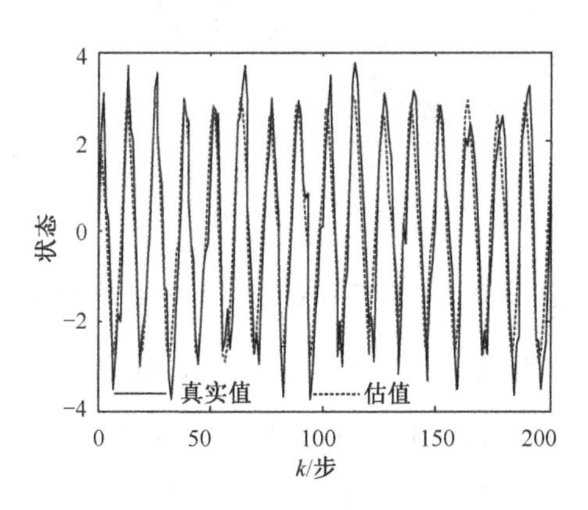

图 7-19　WMF-UKF 估计曲线

本例采用累积均方误差（AMSE），作为衡量系统准确性的指标函数，如式（6-97）所示，得到的 AMSE 曲线如图 7-21 所示。

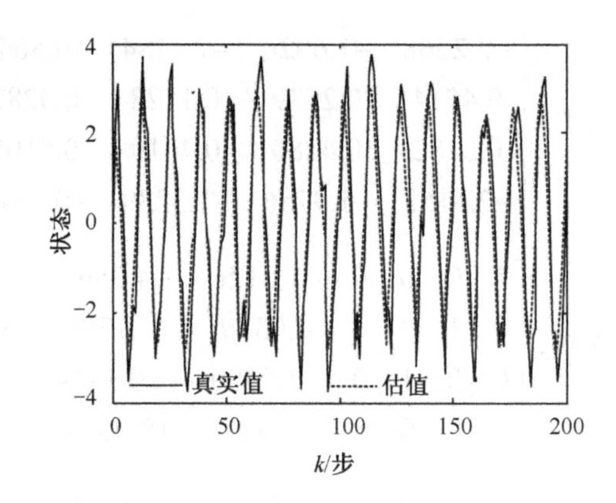

图 7-20　CMF-UKF 估计曲线

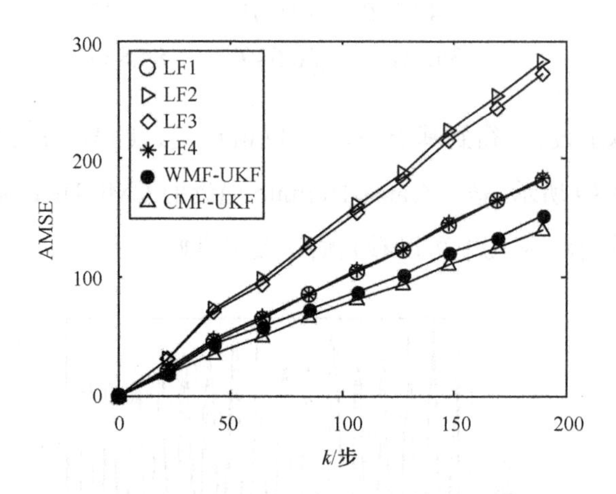

图 7-21　局部 UKF、WMF-UKF 及 CMF-UKF 的 AMSE 曲线

由图 7-21 可以看出，估计精度由高到低依次为：集中式融合 UKF（CMF-UKF）、基于 Gauss-Hermite 逼近的加权观测融合 UKF 算法（WMF-UKF）及 4 个局部 UKF 估计算法（LF1～LF4）。

仿真结果图 7-19～图 7-21 充分说明，本章提出的去相关加权观测融合 UKF 滤波算法的有效性。

例 7.5　（基于 Gauss-Hermite 逼近的相关噪声加权观测融合 CKF 算法仿真）考虑一个带有 4 传感器的非线性系统[159]：

$$x(k)=0.25x(k-1)+x(k-1)/(1+x(k-1)^2)+2\cos(0.5(k-1))+w(k) \quad (7\text{-}135)$$

$$z^{(j)}(k)=h^{(j)}\left(x(k),k\right)+v^{(j)}(k)\,,\quad j=1,\cdots,4 \quad (7\text{-}136)$$

式中，$w(k)=\alpha\xi(k)+w_e(k)$，$v^{(j)}(k)=\beta^{(j)}\xi(k)+v_e^{(j)}(k)$，$\xi(k)$ 为公共噪声，且 $\xi(k)\sim N(0,\sigma_\xi^2)$，$w_e(k)\sim N(0,\sigma_{we}^2)$，$v_e^{(j)}(k)\sim N(0,\sigma_{vej}^2)$，$v^{(j)}(k)\sim N(0,\beta^{(j)}\sigma_\xi^2\left(\beta^{(j)}\right)^{\mathrm{T}}+\sigma_{vej}^2)$，因此

$$S_j=\alpha\sigma_\xi^2\left(\beta^{(j)}\right)^{\mathrm{T}},\quad R_{ji}=\beta^{(j)}\sigma_\xi^2\left(\beta^{(i)}\right)^{\mathrm{T}},\quad i,j=1,\cdots,4 \quad (7\text{-}137)$$

仿真中令 $\sigma_\xi^2=0.3^2$，$\sigma_{we}^2=0.8^2$，$\sigma_{ve1}^2=0.7^2$，$\sigma_{ve2}^2=0.6^2$，$\sigma_{ve3}^2=0.5^2$，$\sigma_{ve4}^2=0.4^2$，$\alpha=0.2$，$\beta^{(1)}=0.5$，$\beta^{(2)}=0.3$，$\beta^{(3)}=0.4$，$\beta^{(4)}=0.2$。考虑到系统的可观性，传感器选择在状态 $x(k)$ 的范围内的单值函数，即

$$\begin{aligned}
&h^{(1)}\left(x(k),k\right)=x(k)\\
&h^{(2)}\left(x(k),k\right)=x(k)^2/20\\
&h^{(3)}\left(x(k),k\right)=x(k)^3/18\\
&h^{(4)}\left(x(k),k\right)=15\sin(\pi x(k)/40)
\end{aligned} \quad (7\text{-}138)$$

由去相关定理 7.1 有

$$\overline{f}(x(k),k)=f(x(k),k)-\boldsymbol{M}\boldsymbol{h}^{(0)}(x(k),k)+\boldsymbol{M}\boldsymbol{z}^{(0)}(k) \quad (7\text{-}139)$$

其中

$$f(x(k),k)=0.25x(k-1)+x(k-1)/(1+x(k-1)^2)+2\cos(0.5(k-1)) \quad (7\text{-}140)$$

$$\boldsymbol{h}^{(0)}(\boldsymbol{x}(k),k)=[h_1^{\mathrm{T}}(x(k),k),\cdots,h_4^{\mathrm{T}}(x(k),k)]^{\mathrm{T}} \quad (7\text{-}141)$$

$$\boldsymbol{z}^{(0)}(k)=[z_1^{\mathrm{T}}(k),\cdots,z_4^{\mathrm{T}}(k)]^{\mathrm{T}} \quad (7\text{-}142)$$

$\boldsymbol{v}^{(0)}(k)$ 的协方差矩阵为

$$\boldsymbol{R}^{(0)}=\begin{bmatrix}0.5125 & 0.0135 & 0.0180 & 0.0090\\ 0.0135 & 0.3681 & 0.0180 & 0.0054\\ 0.0180 & 0.0180 & 0.2644 & 0.0072\\ 0.0090 & 0.0054 & 0.0072 & 0.1636\end{bmatrix} \tag{7-143}$$

$\boldsymbol{w}(k)$ 和 $\boldsymbol{v}^{(0)}(k)$ 的互协方差矩阵可由下式给出

$$\boldsymbol{S}^{(0)}=\begin{bmatrix}0.0090 & 0.0054 & 0.0072 & 0.0036\end{bmatrix} \tag{7-144}$$

$$\boldsymbol{M}=\begin{bmatrix}0.0160 & 0.0131 & 0.0251 & 0.0196\end{bmatrix} \tag{7-145}$$

新系统的系统噪声方差为

$$\bar{Q}_w=0.6436 \tag{7-146}$$

由于状态 $x(k)$ 介于-4到 4 之间，这里选择 8 个点（$x_i=-2,-1,\cdots,5$）作为 Gauss-Hermite 逼近的采样点，采用 2 阶 Hermite 多项式近似（$p=2$），并且选择 $\gamma=1$，$\Delta x_i=1$，则由式（6-30）～式（6-31）有

$$\tilde{\boldsymbol{h}}(\boldsymbol{x}(k),k)=\begin{bmatrix}\mathrm{e}^{-(x-x_1)^2}(1.5-(x-x_1)^2)\\ \mathrm{e}^{-(x-x_2)^2}(1.5-(x-x_2)^2)\\ \vdots\\ \mathrm{e}^{-(x-x_{10})^2}(1.5-(x-x_{10})^2)\end{bmatrix} \tag{7-147}$$

系数矩阵 $\tilde{\boldsymbol{H}}^{(0)}$、$\tilde{\boldsymbol{M}}$、$\tilde{\boldsymbol{H}}^{(\mathrm{I})}$ 为

$$\tilde{\boldsymbol{H}}^{(0)}=\begin{bmatrix}-2.2568 & -1.6926 & -1.1284 & -0.5642 & 0 & 0.5642 & 1.1284 & 1.6926 & 2.2568 & 2.8209\\ 0.4514 & 0.2539 & 0.1128 & 0.0282 & 0 & 0.0282 & 0.1128 & 0.2539 & 0.4514 & 0.7052\\ 0.3782 & 0.4180 & 0.4619 & 0.5105 & 0.5642 & 0.6235 & 0.6891 & 0.7616 & 0.8417 & 0.9302\\ -2.6152 & -1.9756 & -1.3239 & -0.6640 & 0 & 0.6640 & 1.3239 & 1.9756 & 2.6152 & 3.2386\end{bmatrix} \tag{7-148}$$

$$\tilde{\boldsymbol{M}}=\begin{bmatrix}-2.2568 & -1.6926 & -1.1284 & -0.5642\\ 0.4514 & 0.2539 & 0.1128 & 0.0282\\ 0.3782 & 0.4180 & 0.4619 & 0.5105\\ -2.6152 & -1.9756 & -1.3239 & -0.6640\end{bmatrix} \tag{7-149}$$

$$\tilde{\boldsymbol{H}}^{(\mathrm{I})}=\begin{bmatrix}1 & 0 & 0 & 0 & -1.0126 & -4.0568 & -10.1515 & -20.3099 & -35.5322 & -56.8006\\ 0 & 1 & 0 & 0 & 4.0379 & 15.1706 & 36.4558 & 70.9324 & 121.6025 & 191.4127\\ 0 & 0 & 1 & 0 & -6.0380 & -20.1714 & -45.4581 & -84.9380 & -141.6142 & -218.4345\\ 0 & 0 & 0 & 1 & 4.0128 & 10.0579 & 20.1550 & 35.3183 & 56.5497 & 84.8333\end{bmatrix} \tag{7-150}$$

基于以上设置，得到基于 Gauss-Hermite 逼近的 WMF-CKF 算法的估计曲线如图 7-22 所示，基于 Gauss-Hermite 逼近的 CMF-CKF 算法的估计曲线如图 7-23 所示。从图中可以看到估计效果良好。

本例采用累积均方误差（AMSE），作为衡量系统准确性的指标函数如式（6-97）所示，得到的 AMSE 曲线如图 7-24 所示。

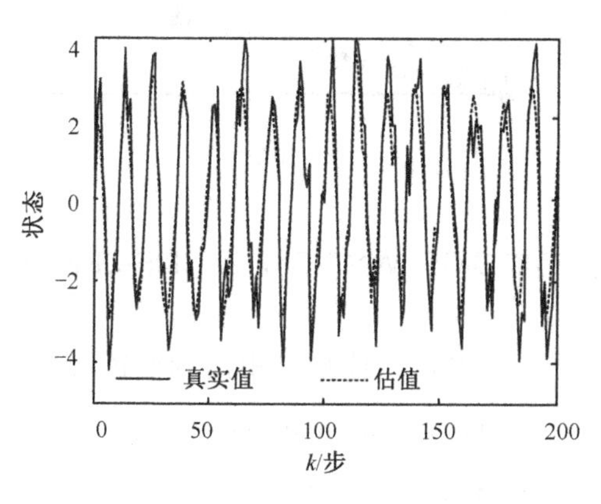

图 7-22　WMF-CKF 估计曲线

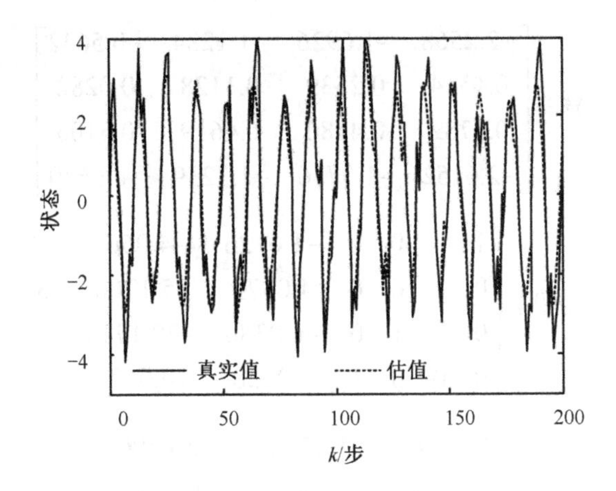

图 7-23　CMF-CKF 估计曲线

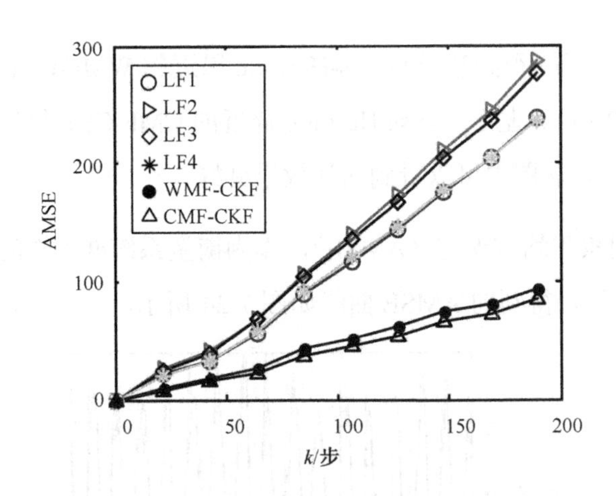

图 7-24　局部 CKF、WMF-CKF 及 CMF-CKF 的 AMSE 曲线

由图 7-24 可以看出，估计精度由高到低依次为：集中式融合 CKF（CMF-CKF）、基于 Gauss-Hermite 逼近的加权观测融合 CKF 算法（WMF-CKF）及 4 个局部 CKF 估计算法（LF1～LF4）。

仿真结果图 7-22～图 7-24 充分说明，本章提出的去相关加权观测融合 CKF 滤波算法的有效性。

例 7.6　（基于 Gauss-Hermite 逼近的相关噪声加权观测融合 PF 算法仿真）考虑一个带有 4 传感器的非线性系统[159]。

其参数和设置如例 7.4 所示。应用去相关定理 7.1、加权观测融合定理 5.1、基于 Gauss-Hermite 逼近的近似观测融合定理 6.1 及 PF 算法，得到基于 Gauss-Hermite 逼近的 WMF-PF 估计曲线如图 7-25 所示，基于 Gauss-Hermite 逼近的 CMF-PF 估计曲线如图 7-26 所示。图中可以看到估计效果良好。

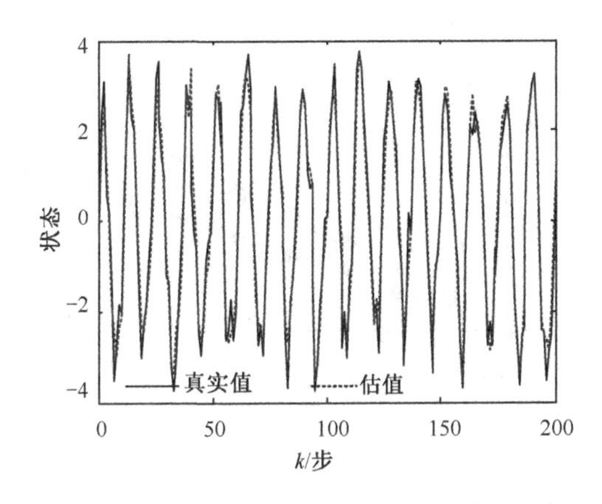

图 7-25　状态真值和 WMF-PF 估计曲线

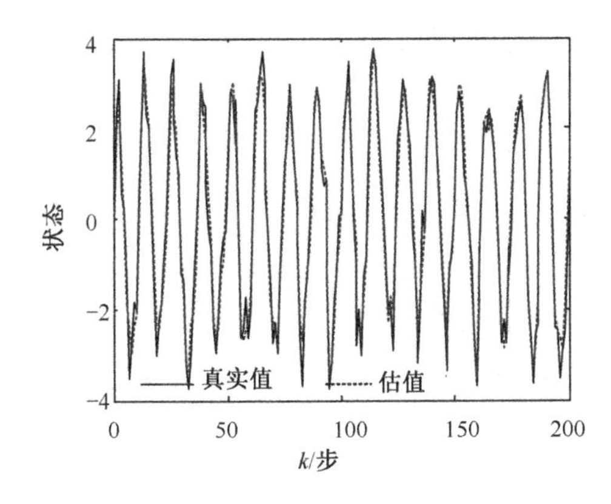

图 7-26　状态真值和 CMF-PF 估计曲线

本例采用累积均方误差（AMSE），作为衡量系统准确性的指标函数，如式（6-97）所示，得到的AMSE曲线如图7-27所示，放大曲线如图7-28所示。由图7-27和图7-28可以看出，估计精度由高到低依次为：集中式融合PF（CMF-PF）、基于Gauss-Hermite逼近的加权观测融合PF算法（WMF-PF）及4个局部PF估计算法（LF1～LF4）。

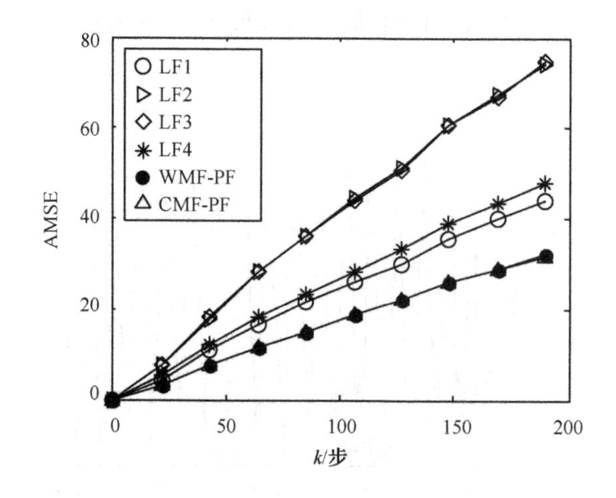

图7-27　局部PF、WMF-PF及CMF-PF的AMSE曲线

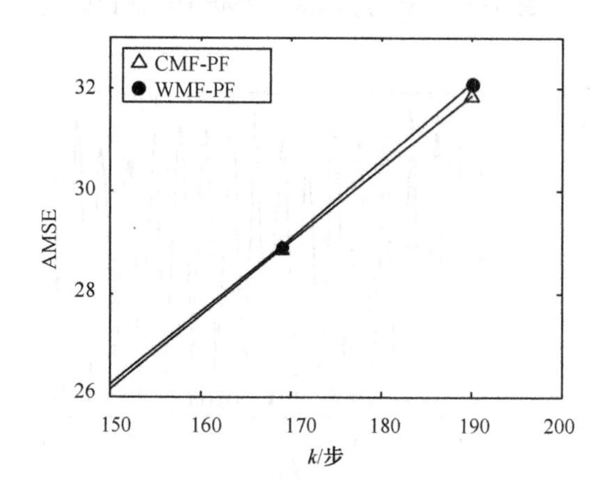

图7-28　WMF-PF和CMF-PF的AMSE放大曲线

仿真结果图 7-25～图 7-28 充分说明，本章提出的去相关加权观测融合 PF 滤波算法的有效性。

7.8　本章小结

本章针对非线性多传感器系统，考虑了系统噪声和观测噪声的相关性，首先将系统噪声和观测噪声相关的非线性系统转化成不相关的非线性系统，然后基于 Taylor 级数逼近，提出了基于 Taylor 级数逼近的噪声相关非线性系统加权观测融合 UKF 算法、CKF 算法和 PF 算法。该算法具有渐近的全局最优性，即随着 Taylor 级数展开项的增加，其精度渐近于集中式观测融合滤波算法。该算法可以通过 Taylor 级数展开项的阶数来调整融合精度和算法复杂度，因而具有使用灵活的特点。与集中式观测融合滤波算法相比，该算法可以大大降低计算负担。

本章进一步通过 Gauss-Hermite 逼近方法，提出了基于 Gauss-Hermite 逼近的噪声相关非线性系统加权观测融合 UKF 算法、CKF 算法和 PF 算法。该算法可以处理带有相关噪声的非线性多传感器系统的融合估计问题，融合系数矩阵可离线计算，避免了在线计算融合系数矩阵带来的计算负担。

第 8 章

08

多传感器加权观测融合 Kalman 滤波器的预测控制算法

8.1 加权观测融合 Kalman 滤波器的预测控制系统

预测控制是近年来发展起来的一类新型计算机控制算法。预测控制自从 20 世纪问世以来，因其控制机理对复杂工业过程的适应性，在工业领域得到了广泛应用。与此同时，其理论研究也受到了工业界和学术界的广泛重视[183]。由于它采用多步预测、滚动优化和反馈校正等控制策略，因而控制效果好、鲁棒性强[184]，适用于控制不易建立精确数学模型且比较复杂的工业生产过程，受到了国内外工程界和控制界的重视，并在石油、化工、冶金、机械等工业部门的控制系统中得到了广泛应用[185]，尤其是在网络控制系统中的应用引起了学术界的重视[186-188]。目前，预测控制通常可分为以下两大类[189]。

第一类：基于非参数模型的预测控制算法。

这类预测控制主要采用有限脉冲响应模型和有限阶跃响应模型，包括模型算法控制（MAC）[190]和动态矩阵控制（DMC）[191,192]。这类预测控制方法的特点是[193]：脉冲响应和阶跃响应在工业现场易于获得，不再需要复杂的系统辨识建模；采用反馈校正基础上的在线滚动优化取代传统最优控制，因而可以克服各种不确定性的影响。其优点是预测模型物理意义明确、获取简单，脉冲响应和阶跃响应在工业现场易于获得，不需要复杂的系统辨识建模；缺点是预测模型只能表示稳定的被控对象，模型是通过一定范围内各采样点上的脉冲响应或阶跃响应值来表示的，存在模型截断误差，并且不便于在线辨识，不能及时适应慢时变系统的要求。

第二类：基于参数化的模型预测控制算法。

基于参数化的模型预测控制算法的预测模型采用的是回归滑动平均（ARMA）和受控自回归滑动平均（CARMA）或受控自回归积分滑动平均（CARIMA）等输入输出模型，包括广义最小方差控制（GMVC）的自校正算法[194]、Clarke 等人提出的广义预测控制（GPC）[195]和扩展时域自适应控制（EHAC）[196]。

因为参数模型是最小化模型，需要模型结构已知，因此引入 Diophantine 方程来得到输出的最优预测值，但是需要确定的模型参数比非参数模型明显减少，减少了预测控制的计算量。为了克服模型参数失配对输出预测误差的影响，引入了自适应控制或自校正机制在线递推算法估计模型参数更新原来的模型参数。与非参数模型的预测控制算法相比，由于将自适应控制和自校正机制与预测控制相结合，因而过程参数慢时变所引起预测模型输出误差得以及时修正，从而改善了系统的动态性能[197]。在众多基于参数化的模型预测控制算法中，GPC 使用范围较广，可用于不稳定、非逆稳系统，对随机干扰作用下的变参数、变阶次、变时滞的自适应控制也适用，具有较强的鲁棒性和自适应性。

本章提出的基于状态空间模型的预测控制算法，仍然保留了基于非参数和参数化模型预测控制算法的预测模型、滚动优化和反馈校正 3 个基本特征[198,199]，但是由于采用了 Kalman 滤波算法，利用系统噪声和观测噪声的统计特性，以系统观测量为输入来进行估计状态，避免了求解 Diophantine 方程，明显减小了计算负担。

随着传感器、计算机和通信技术的发展，各种面向复杂应用背景的多传感器系统的研究越来越受人们的关注。在多传感器系统中，信息表现形式的多样性、信息数量的巨大性、信息关系的复杂性及要求信息处理的及时性，都大大超出人脑的信息综合处理能力，多传感器信息融合理论应运而生[200]。例如，精确制导武器、远程打击和导弹拦截武器的出现，使得仅依靠单传感器提供的信息很难满足目标跟踪或状态与信号估计的精度要求，必须对单个传感器提供的信息按照某种最优融合准则进行融合，才能提高目标跟踪或状态与信号估计的精度。

基于状态空间模型的广义预测控制算法，其控制精度和稳定性取决于系统输出的预测精度。对于单传感器系统，只能得到部分信息，如果传感器受到突然干扰或发生故障则会影响估计精度，严重时甚至会造成系统瘫痪[201]。因此许多高级和复杂的系统需要使用多个传感器来弥补单传感器系统的不足。文献[188]提出了基于状态空间模型的网络化广义预测控制算法，避免了求解复杂的 Diophantine 方程，但是没有考虑到融合问题。

本章提出了基于状态空间模型的多传感器加权观测融合预测控制算法。该方法避免了求解复杂的 Diophantine 方程，利用 Kalman 滤波算法得到系统状态的预测，减小了计算负担。而分布式的加权观测信息融合则提高了控制系统的稳定性和精度。

考虑带多传感器线性离散时不变控制系统

$$\boldsymbol{x}(k+1)=\boldsymbol{\Phi x}(k)+\boldsymbol{C u}(k)+\boldsymbol{\Gamma w}(k) \tag{8-1}$$

$$\boldsymbol{z}^{(j)}(k)=\boldsymbol{H}^{(j)}\boldsymbol{x}(k)+\boldsymbol{v}^{(j)}(k),\ j=1,\cdots,L \tag{8-2}$$

式中，k 为离散时间，$\boldsymbol{x}(k)\in\boldsymbol{R}^n$ 为状态，$u(k)$ 为控制标量，$\boldsymbol{z}^{(j)}(k)\in\boldsymbol{R}^{mj}$ 为第 j 传感器的观测输出，$\boldsymbol{v}^{(j)}(k)\in\boldsymbol{R}^{mj}$ 为观测噪声，$\boldsymbol{w}(k)\in\boldsymbol{R}^r$ 为输入噪声，$\boldsymbol{\Phi}$、$\boldsymbol{C}$、$\boldsymbol{\Gamma}$、$\boldsymbol{H}^{(j)}$ 为已知的适当维常阵。

假设 1 $\boldsymbol{w}(k)\in\boldsymbol{R}^r$ 和 $\boldsymbol{v}^{(j)}(k)\in\boldsymbol{R}^{mj}$ 是零均值、方差阵分别为 $\boldsymbol{Q}_w$ 和 $\boldsymbol{R}^{(j)}$ 的相互独立的白噪声

$$\mathrm{E}\left\{\begin{bmatrix}\boldsymbol{w}(t)\\ \boldsymbol{v}^{(j)}(t)\end{bmatrix}\begin{bmatrix}\boldsymbol{w}^{\mathrm{T}}(k) & \boldsymbol{v}^{(l)\mathrm{T}}(k)\end{bmatrix}\right\}=\begin{bmatrix}\boldsymbol{Q}_w & \boldsymbol{0}\\ \boldsymbol{0} & \boldsymbol{R}^{(j)}\end{bmatrix}\delta_{tk} \tag{8-3}$$

式中，E 为均值号，T 为转置号，$\delta_{tt}=1$，$\delta_{tk}=0(t\neq k)$。

假设 2 控制 $u(k)$ 是已知的时间序列，或者是 $(z(t),\ z(t-1),\cdots)$ 的线性函数（反馈控制）。

假设 3 初始状态 $\boldsymbol{x}(0)$ 独立于 $\boldsymbol{w}(k)$ 和 $\boldsymbol{v}^{(j)}(k)$，且

$$\mathrm{E}[\boldsymbol{x}(0)]=\boldsymbol{\mu}_0,\quad \mathrm{cov}[\boldsymbol{x}(0)]=\boldsymbol{P}_0 \tag{8-4}$$

其中 cov 为协方差号。

本章基于观测 $\boldsymbol{Z}_{0\sim k}$，应用加权观测融合 Kalman 估值器，提出超前 N 步的状态最优预测控制算法。

8.2 加权观测融合预测控制算法

应用引理 3.2，得到基于加权观测融合算法[202]的观测融合方程，记为

$$\boldsymbol{z}^{(\mathrm{I})}(k)=\boldsymbol{H}^{(\mathrm{I})}(k)\boldsymbol{x}(k)+\boldsymbol{v}^{(\mathrm{I})}(k) \tag{8-5}$$

式中，$z^{(\mathrm{I})}(k)\in \boldsymbol{R}^{m}$为加权观测值，$\boldsymbol{H}^{(\mathrm{I})}(k)\in \boldsymbol{R}^{m\times n}$为加权观测融合观测阵。

对式（8-1）和式（8-5）组成的新系统，应用被控系统经典 Kalman 滤波方程组，得到加权观测融合 Kalman 滤波器。

$$\hat{\boldsymbol{x}}^{(\mathrm{I})}(k+1|k+1)=\boldsymbol{\varPsi}_f^{(\mathrm{I})}(k+1)\hat{\boldsymbol{x}}^{(\mathrm{I})}(k|k)+\boldsymbol{C}u(k)+\boldsymbol{K}^{(\mathrm{I})}(k+1)\boldsymbol{z}^{(\mathrm{I})}(k+1) \quad (8\text{-}6)$$

$$\boldsymbol{\varPsi}_f^{(\mathrm{I})}(k+1)=[\boldsymbol{I}_n-\boldsymbol{K}^{(\mathrm{I})}(k+1)\boldsymbol{H}^{(\mathrm{I})}(k+1)]\boldsymbol{\varPhi} \quad (8\text{-}7)$$

$$\boldsymbol{K}^{(\mathrm{I})}(k+1)=\boldsymbol{P}^{(\mathrm{I})}(k+1|k)\boldsymbol{H}^{(\mathrm{I})\mathrm{T}}(k+1)[\boldsymbol{H}^{(\mathrm{I})}(k+1)\boldsymbol{P}^{(\mathrm{I})}(k+1|k)\boldsymbol{H}^{(\mathrm{I})\mathrm{T}}(k+1)+\boldsymbol{R}^{(j)}]^{-1} \quad (8\text{-}8)$$

$$\boldsymbol{P}^{(\mathrm{I})}(k+1|k)=\boldsymbol{\varPhi}\boldsymbol{P}^{(\mathrm{I})}(k|k)\boldsymbol{\varPhi}^{\mathrm{T}}+\boldsymbol{\varGamma}\boldsymbol{Q}_w\boldsymbol{\varGamma}^{\mathrm{T}} \quad (8\text{-}9)$$

$$\boldsymbol{P}^{(\mathrm{I})}(k+1|k+1)=[\boldsymbol{I}_n-\boldsymbol{K}^{(\mathrm{I})}(k+1)\boldsymbol{H}^{(\mathrm{I})}(k+1)]\boldsymbol{P}^{(\mathrm{I})}(k+1|k) \quad (8\text{-}10)$$

定理 8.1 多传感器线性时不变控制系统［式（8-1）和式（8-2）］，选取某一状态$\boldsymbol{e}_i^{\mathrm{T}}\boldsymbol{x}_0(k)$（$\boldsymbol{e}_i^{\mathrm{T}}=[\underbrace{0\cdots0}_{i-1}1\underbrace{0\cdots0}_{m-i}]$）作为被控量，则有超前$N$步预测控制增量

$$\boldsymbol{\Delta U}=[(\boldsymbol{e}^{\mathrm{T}}\boldsymbol{H}_N)^{\mathrm{T}}\boldsymbol{Q}_z(\boldsymbol{e}^{\mathrm{T}}\boldsymbol{H}_N)+\boldsymbol{\varLambda}]^{-1}(\boldsymbol{e}^{\mathrm{T}}\boldsymbol{H}_N)^{\mathrm{T}}\boldsymbol{Q}_z\cdot\{\boldsymbol{X}_r-\boldsymbol{e}^{\mathrm{T}}[\boldsymbol{\varGamma}_N\hat{\boldsymbol{x}}(k|k)-\boldsymbol{\varGamma}_{\mu}u(k-1)]\} \quad (8\text{-}11)$$

式中，$\boldsymbol{X}_r=[x_r(k+1)\quad x_r(k+2)\quad\cdots\quad x_r(k+N)]^{\mathrm{T}}$为状态的参考轨迹，设$\boldsymbol{e}^{\mathrm{T}}=[\boldsymbol{e}_i^{\mathrm{T}}\quad\cdots\quad\boldsymbol{e}_i^{\mathrm{T}}]^{\mathrm{T}}$，称$\hat{\boldsymbol{X}}=\boldsymbol{e}^{\mathrm{T}}[\hat{\boldsymbol{x}}^{\mathrm{T}}(k+1|k)\quad\hat{\boldsymbol{x}}^{\mathrm{T}}(k+2|k)\cdots\hat{\boldsymbol{x}}^{\mathrm{T}}(k+N|k)]^{\mathrm{T}}$为系统的被控状态预测，$\boldsymbol{Q}_z=\mathrm{diag}(q_1,\cdots,q_N)$为误差加权矩阵，$\boldsymbol{\varLambda}=\mathrm{diag}(\lambda_1,\cdots,\lambda_{N_\mu})$为控制作用加权矩阵。

$$\boldsymbol{\varGamma}_x=\begin{bmatrix}\boldsymbol{\varPhi}\\\boldsymbol{\varPhi}^2\\\cdots\\\boldsymbol{\varPhi}^N\end{bmatrix},\quad\boldsymbol{\Delta U}=\begin{bmatrix}\Delta u(k)\\\Delta u(k+1)\\\cdots\\\Delta u(k+N_\mu-1)\end{bmatrix},\quad\boldsymbol{\varGamma}_\mu=\begin{bmatrix}\boldsymbol{C}\\(\boldsymbol{\varPhi}+\boldsymbol{I})\boldsymbol{C}\\\cdots\\(\boldsymbol{\varPhi}^{N-1}+\cdots+\boldsymbol{\varPhi}+\boldsymbol{I})\boldsymbol{C}\end{bmatrix}$$

$$\boldsymbol{H}_N = \begin{bmatrix} \boldsymbol{C} & \boldsymbol{0} & \cdots & \boldsymbol{0} \\ (\boldsymbol{\Phi}+\boldsymbol{I})\boldsymbol{C} & \boldsymbol{C} & \cdots & \boldsymbol{0} \\ \vdots & \vdots & \vdots & \vdots \\ (\boldsymbol{\Phi}^{N-1}+\cdots+\boldsymbol{\Phi}+\boldsymbol{I})\boldsymbol{B} & (\boldsymbol{\Phi}^{N-2}+\cdots+\boldsymbol{\Phi}+\boldsymbol{I})\boldsymbol{C} & \cdots & \boldsymbol{C} \end{bmatrix} \tag{8-12}$$

超前 N 步预测控制量计算为

$$u(k) = u(k-1) + \boldsymbol{e}_1 \boldsymbol{\Delta U}(k) \tag{8-13}$$

其中 $\boldsymbol{e}_1 = [1\,0 \cdots 0]$，滤波器 $\hat{\boldsymbol{x}}(k|k)$ 可由 Kalman 滤波器［式（2-65）～式（2-71）］得到。

证明：

由式（8-1）和式（8-5）组成的被控融合系统，选取某一状态 $\boldsymbol{e}_i^{\mathrm{T}}\boldsymbol{x}_0(k)$ 作为被控量，选取 $x_r(k)$ 为 k 时刻参考轨迹。对于每个时刻 k，需要确定从该时刻起的 N_μ 个控制作用增量 $\Delta u(k), \Delta u(k+1), \cdots$，$\Delta u(k+N_\mu-1)$，使得未来 N 个时刻的被控状态预测值 $\boldsymbol{e}_i^{\mathrm{T}}\hat{\boldsymbol{x}}(k+j|k)(j=1,\cdots,N)$，尽可能接近给定的参考轨迹 $x_r(k+j)$。N_μ 称为控制时域，N 称为优化时域。

定义如下代价函数[158, 203, 204]

$$J = (\hat{\boldsymbol{X}} - \boldsymbol{X}_r)^{\mathrm{T}} \boldsymbol{Q}_y (\hat{\boldsymbol{X}} - \boldsymbol{X}_r) + \boldsymbol{\Delta U}^{\mathrm{T}} \boldsymbol{\Lambda} \boldsymbol{\Delta U} \tag{8-14}$$

由式（8-1）取射影运算有

$$\hat{\boldsymbol{x}}(k+j|k) = \boldsymbol{\Phi}^j \hat{\boldsymbol{x}}(k|k) + \boldsymbol{\Phi}^{j-1}\boldsymbol{C}u(k) + \cdots + \boldsymbol{C}u(k+j-1) \tag{8-15}$$

定义

$$\Delta u(k) = u(k) - u(k-1) \tag{8-16}$$

有

$$u(k+j-1) = \Delta u(k+j-1) + \Delta u(k+j-2) + \cdots + \Delta u(k) + u(k-1) \tag{8-17}$$

将式（8-17）代入式（8-15）整理得到

$$\hat{\boldsymbol{x}}(k+j|k)=\boldsymbol{\Phi}^j\hat{\boldsymbol{x}}(k|k)+(\boldsymbol{\Phi}^{j-1}+\cdots+\boldsymbol{\Phi}+\boldsymbol{I})\boldsymbol{C}\Delta u(k)+(\boldsymbol{\Phi}^{j-2}+\cdots+\boldsymbol{\Phi}+\boldsymbol{I})\cdot$$

$$\boldsymbol{C}\Delta u(k+1)+\cdots+\boldsymbol{C}\Delta u(k+j-1)+(\boldsymbol{\Phi}^{j-1}+\cdots+\boldsymbol{\Phi}+\boldsymbol{I})\boldsymbol{C}u(k-1) \tag{8-18}$$

则有

$$\hat{\boldsymbol{X}}=\boldsymbol{e}^{\mathrm{T}}[\boldsymbol{\Gamma}_x\hat{\boldsymbol{x}}(k|k)+\boldsymbol{H}_N\boldsymbol{\Delta U}+\boldsymbol{\Gamma}_\mu\boldsymbol{u}(k-1)] \tag{8-19}$$

将式（8-19）代入式（8-14），有

$$J=\{\boldsymbol{e}^{\mathrm{T}}[\boldsymbol{\Gamma}_x\hat{\boldsymbol{x}}(k|k)+\boldsymbol{H}_N\boldsymbol{\Delta U}+\boldsymbol{\Gamma}_\mu\boldsymbol{u}(k-1)]-\boldsymbol{X}_r\}^{\mathrm{T}}\boldsymbol{Q}_y\{\cdot\}^{\mathrm{T}}+\boldsymbol{\Delta U}^{\mathrm{T}}\boldsymbol{\Lambda}\boldsymbol{\Delta U}$$

$$=\{\boldsymbol{e}^{\mathrm{T}}[\boldsymbol{\Gamma}_x\hat{\boldsymbol{x}}(k|k)+\boldsymbol{\Gamma}_\mu\boldsymbol{u}(k-1)]-\boldsymbol{X}_r+\boldsymbol{e}^{\mathrm{T}}\boldsymbol{H}_N\boldsymbol{\Delta U}\}^{\mathrm{T}}\boldsymbol{Q}_y\{\cdot\}^{\mathrm{T}}+\boldsymbol{\Delta U}^{\mathrm{T}}\boldsymbol{\Lambda}\boldsymbol{\Delta U}$$

$$=\{\boldsymbol{e}^{\mathrm{T}}[\boldsymbol{\Gamma}_x\hat{\boldsymbol{x}}(k|k)+\boldsymbol{\Gamma}_\mu\boldsymbol{u}(k-1)]-\boldsymbol{X}_r\}^{\mathrm{T}}\boldsymbol{Q}_y\{\cdot\}+\{\boldsymbol{e}^{\mathrm{T}}[\boldsymbol{\Gamma}_x\hat{\boldsymbol{x}}(k|k)+\boldsymbol{\Gamma}_\mu\boldsymbol{u}(k-1)]-\boldsymbol{X}_r\}^{\mathrm{T}}\cdot$$

$$\boldsymbol{Q}_y\{\boldsymbol{e}^{\mathrm{T}}\boldsymbol{H}_N\boldsymbol{\Delta U}\}+\{\boldsymbol{e}^{\mathrm{T}}\boldsymbol{H}_N\boldsymbol{\Delta U}\}^{\mathrm{T}}\boldsymbol{Q}_y\{\boldsymbol{e}^{\mathrm{T}}[\boldsymbol{\Gamma}_x\hat{\boldsymbol{x}}(k|k)+\boldsymbol{\Gamma}_\mu\boldsymbol{u}(k-1)]-\boldsymbol{X}_r\}+$$

$$\{\boldsymbol{e}^{\mathrm{T}}\boldsymbol{H}_N\boldsymbol{\Delta U}\}^{\mathrm{T}}\boldsymbol{Q}_y\{\cdot\}+\boldsymbol{\Delta U}^{\mathrm{T}}\boldsymbol{\Lambda}\boldsymbol{\Delta U} \tag{8-20}$$

并且令 $\dfrac{\partial J}{\partial \boldsymbol{\Delta U}}=0$，利用矩阵求导公式 $\dfrac{\partial \boldsymbol{AX}}{\partial \boldsymbol{X}}=\boldsymbol{A}^{\mathrm{T}}$，$\dfrac{\partial \boldsymbol{XA}}{\partial \boldsymbol{X}}=\boldsymbol{A}$，$\dfrac{\partial \boldsymbol{X}^{\mathrm{T}}\boldsymbol{AX}}{\partial \boldsymbol{X}}=\boldsymbol{AX}+\boldsymbol{A}^{\mathrm{T}}\boldsymbol{X}$，有

$$\boldsymbol{H}_N^{\mathrm{T}}\boldsymbol{e}\boldsymbol{Q}_y\{\boldsymbol{e}^{\mathrm{T}}[\boldsymbol{\Gamma}_x\hat{\boldsymbol{x}}(k|k)+\boldsymbol{\Gamma}_\mu\boldsymbol{u}(k-1)]-\boldsymbol{X}_r\}+\boldsymbol{H}_N^{\mathrm{T}}\boldsymbol{e}\boldsymbol{Q}_y\boldsymbol{e}^{\mathrm{T}}\boldsymbol{H}_N\boldsymbol{\Delta U}+\boldsymbol{\Lambda}\boldsymbol{\Delta U}=0 \tag{8-21}$$

则可以得到控制增量$\boldsymbol{\Delta U}$如式（8-11）所示。根据式（8-16）和式（8-11）可得到预测控制量如式（8-13）所示。证毕。

多传感器加权观测融合预测控制器结构如图 8-1 所示。

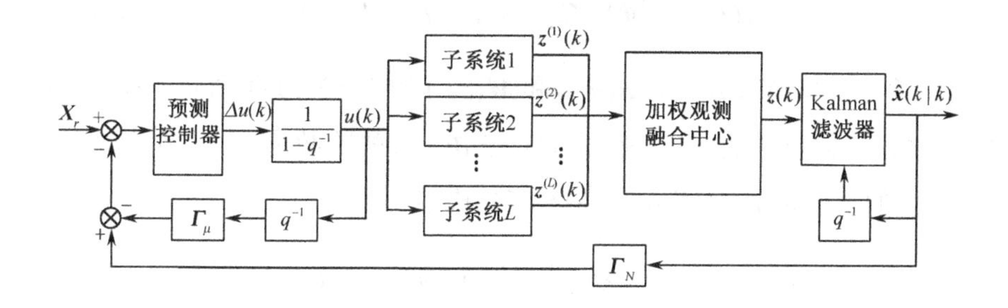

图 8-1　多传感器加权观测融合预测控制器结构

8.3　自校正加权观测融合预测控制算法

8.3.1　带相同观测矩阵和不相关观测噪声的情形

考虑多传感器定常离散线性系统［式（8-1）和式（8-2)］并有假设 1～假设 3，且在假设 1 中 $\boldsymbol{R}^{(jl)}=0(j\neq l)$， $\boldsymbol{H}^{(j)}=\boldsymbol{H}(j=1,\cdots,L)$。

（1）求解 $\boldsymbol{R}^{(j)}$ 的估值 $\hat{\boldsymbol{R}}^{(j)}$ 的算法。

求解 $\boldsymbol{R}^{(j)}$ 的估值 $\hat{\boldsymbol{R}}^{(j)}$ 的算法同 3.3.1 节中的式（3-56）。

（2）求解 $\boldsymbol{Q}_w$ 的估值 $\hat{\boldsymbol{Q}}_w$ 的方法如下：

由式（8-1）和式（8-2）有

$$\boldsymbol{z}^{(j)}(k)=\boldsymbol{H}(\boldsymbol{I}_n-q^{-1}\boldsymbol{\Phi})^{-1}\boldsymbol{\Gamma}\boldsymbol{w}(k-1)+\boldsymbol{H}(\boldsymbol{I}_n-q^{-1}\boldsymbol{\Phi})^{-1}\boldsymbol{C}u(k-1)+\boldsymbol{v}^{(j)}(k) \quad (8\text{-}22)$$

其中 $u(k)$ 为 k 时刻系统的控制输出，引入左素分解

$$\boldsymbol{H}(\boldsymbol{I}_n-q^{-1}\boldsymbol{\Phi})^{-1}\boldsymbol{\Gamma}q^{-1}=\boldsymbol{A}^{-1}(q^{-1})\boldsymbol{B}(q^{-1}) \quad (8\text{-}23)$$

$$H(I_n - q^{-1}\Phi)^{-1}Cq^{-1} = A^{-1}(q^{-1})M(q^{-1}) \tag{8-24}$$

式中，多项式矩阵 $A(q^{-1})$、$B(q^{-1})$ 和 $M(q^{-1})$ 如式（2-105）所示，且多项式矩阵 $A(q^{-1})$ 的阶数为 n_A，多项式矩阵 $B(q^{-1})$ 的阶数为 n_B，多项式矩阵 $M(q^{-1})$ 的阶数为 n_M。引入 ARMA 新息模型

$$A(q^{-1})y^{(j)}(t) = D(q^{-1})\varepsilon^{(j)}(t) + M(q^{-1})u(t) \tag{8-25}$$

$$D(q^{-1})\varepsilon^{(j)}(t) = B(q^{-1})w(t) + A(q^{-1})v^{(j)}(t) \tag{8-26}$$

令 $y^{(j)}(k) = A(q^{-1})z^{(j)}(k) - M(q^{-1})u(k)$，选择两个不同传感器的观测 $y^{(j)}(k)$、$y^{(l)}(k)$，得到 $z^{(j)}(k)$、$z^{(l)}(k)$，计算 $y^{(j)}(k)$ 和 $y^{(l)}(k)$ 的相关函数，由假设得到

$$R_y^{(jl)\tau} = \sum_{l=0}^{n_B-\tau} B_{l+\tau}Q_w B_l^{\mathrm{T}} \tag{8-27}$$

相关数 $R_y^{(jl)\tau}$ 在 k 时刻的估值 $\hat{R}_y^{(jl)\tau}(k)$ 可按式（3-52）～式（3-53）计算，进而由式（8-27）可解得 k 时刻 Q_w 的估值 $\hat{Q}_w(k)$。

由于对于每个 $\tau = 0,1,2,\cdots,n_B$，都可以建立 C_n^2（n 为传感器个数）个线性方程，它们是相容的，因而有足够多的线性方程可以解得 Q_w 中的参数。

定理 8.2 多传感器系统［式（8-1）和式（8-2）］在假设条件下，由式（3-56）和式（8-27）计算得到的 $R^{(j)}$ 和 Q_w 的估值 $\hat{R}^{(j)}$ 和 $\hat{Q}_w(k)$ 以概率 1 收敛于真实值，即

$$\hat{R}^{(j)}(k) \to R^{(j)}, \quad \hat{Q}_w(t) \to Q_w, \quad k \to \infty, \quad \text{w.p.1} \tag{8-28}$$

证明： 同定理 3.1。

协同辨识自校正加权观测融合预测控制器可分以下 3 步实现。

第 1 步：由式（3-56）～式（3-62）可得观测噪声方差 $R^{(j)}$ 的估值 $\hat{R}^{(j)}$。由式（8-27）可得系统噪声方差 Q_w 的估值 $\hat{Q}_w$。

第 2 步：将估值 $\hat{\boldsymbol{R}}^{(j)}$ 取代 $\boldsymbol{R}^{(j)}$ 代入引理 3.2，由式（3-10），可得在时刻 k 处融合系统观测估计 $\hat{z}(t)$，融合系统观测噪声方差 $\boldsymbol{R}$ 的估计 $\hat{\boldsymbol{R}}$ 如式(3-12)定义。由式（8-27）得到时刻 k 处估值 $\boldsymbol{\Gamma}\hat{\boldsymbol{Q}}_w^k\boldsymbol{\Gamma}^{\mathrm{T}}$ 。

第 3 步：根据由式（8-1）与式（3-10）组成的加权融合系统，应用定理 8.1 得到 k 时刻预测控制量 $u(k)$，如式（8-13）所示，其中 $\hat{\boldsymbol{x}}(k\,|\,k)$ 由式（8-6）～式（8-10）定义的经典 Kalman 滤波算法得到，进而得到自校正加权观测融合预测控制器。

上述 3 步在每时刻 k 重复进行。

协同辨识加权观测融合自校正预测控制器流程如图 8-2 所示。

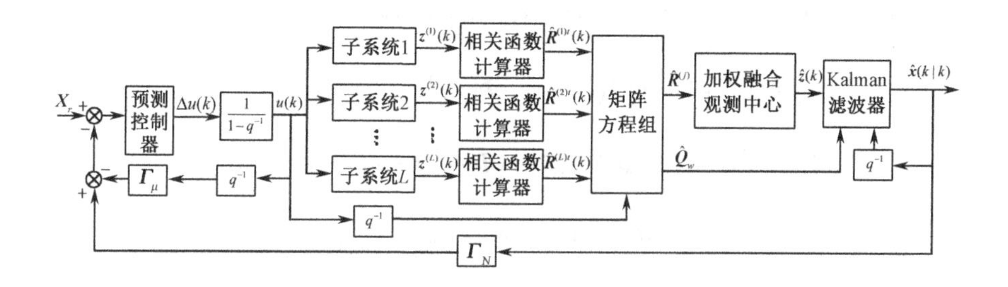

图 8-2　协同辨识加权观测融合自校正预测控制器流程

8.3.2　带不同观测矩阵和不相关观测噪声的情形

考虑多传感器定常离散线性系统［式（8-1）和式（8-2）］并有假设 1～假设 4，且在假设 1 中 $\boldsymbol{R}^{(jl)}=0(j\neq l)$， $\boldsymbol{H}^{(j)}$ 列满秩。

（1）求解 $\boldsymbol{R}^{(j)}$ 的估值 $\hat{\boldsymbol{R}}^{(j)}$ 的算法。

求解 $\boldsymbol{R}^{(j)}$ 的估值 $\hat{\boldsymbol{R}}^{(j)}$ 的算法同 3.3.2 节中的式（3-78）。

（2）求解$\boldsymbol{\Gamma Q}_w\boldsymbol{\Gamma}^{\mathrm{T}}$的估值$\boldsymbol{\Gamma}\hat{\boldsymbol{Q}}_w\boldsymbol{\Gamma}^{\mathrm{T}}$的算法如下。

首先，利用最小二乘法构造新的观测方程，如式（3-66）所示，得到$\boldsymbol{y}^{(j)}(k)$。令

$$\boldsymbol{r}^{(j)}(k+1)=\boldsymbol{y}^{(j)}(k+1)-\boldsymbol{C}\boldsymbol{u}(k) \tag{8-29}$$

注意到式（8-2），有

$$\boldsymbol{\Gamma w}(k)=\boldsymbol{x}(k+1)-\boldsymbol{\Phi x}(k)-\boldsymbol{C}\boldsymbol{u}(k) \tag{8-30}$$

对式（8-30）两边取相关性函数，有

$$\boldsymbol{\Gamma Q}_w\boldsymbol{\Gamma}^{\mathrm{T}}=\mathrm{E}[\boldsymbol{x}(k+1)-\boldsymbol{\Phi x}(k)-\boldsymbol{C}\boldsymbol{u}(k)][\boldsymbol{x}(k+1)-\boldsymbol{\Phi x}(k)-\boldsymbol{C}\boldsymbol{u}(k)]^{\mathrm{T}} \tag{8-31}$$

$$\begin{aligned}\boldsymbol{\Gamma Q}_w\boldsymbol{\Gamma}^{\mathrm{T}}=&\mathrm{E}\{[\boldsymbol{y}^{(j)}(k+1)-\boldsymbol{v}_y^{(j)}(k+1)]-\boldsymbol{\Phi}[\boldsymbol{y}^{(j)}(k)-\boldsymbol{v}_y^{(j)}(k)]-\boldsymbol{C}\boldsymbol{u}(k)\}\cdot\\&\{[\boldsymbol{y}^{(j)}(k+1)-\boldsymbol{v}_y^{(j)}(k+1)]-\boldsymbol{\Phi}[\boldsymbol{y}^{(j)}(k)-\boldsymbol{v}_y^{(j)}(k)]-\boldsymbol{C}\boldsymbol{u}(k)\}^{\mathrm{T}}\\=&\mathrm{E}\{[\boldsymbol{r}^{(j)}(k+1)-\boldsymbol{\Phi y}^{(j)}(k)]+[\boldsymbol{\Phi v}_y^{(j)}(k)-\boldsymbol{v}_y^{(j)}(k+1)]\}\cdot\\&\{[\boldsymbol{r}^{(j)}(k+1)-\boldsymbol{\Phi z}^{(j)}(k)]+[\boldsymbol{\Phi v}_y^{(j)}(k)-\boldsymbol{v}_y^{(j)}(k+1)]\}^{\mathrm{T}}\end{aligned} \tag{8-32}$$

引入$\boldsymbol{y}^{(j)*}(k+1)=\boldsymbol{r}^{(j)}(k+1)-\boldsymbol{\Phi y}^{(j)}(k)$，式（8-32）变为

$$\begin{aligned}\boldsymbol{\Gamma Q}_w\boldsymbol{\Gamma}^{\mathrm{T}}=&\mathrm{E}\{\boldsymbol{y}^{(j)*}(k+1)+[\boldsymbol{\Phi v}_y^{(j)}(k)-\boldsymbol{v}_y^{(j)}(k+1)]\}\cdot\\&\{\boldsymbol{y}^{(j)*\mathrm{T}}(k+1)+[\boldsymbol{v}_y^{(j)\mathrm{T}}(k)\boldsymbol{\Phi}^{\mathrm{T}}-\boldsymbol{v}_y^{(j)\mathrm{T}}(k+1)]\}\\=&\mathrm{E}\{\boldsymbol{y}^{(j)*}(k+1)\boldsymbol{y}^{(j)*\mathrm{T}}(k+1)\}+\mathrm{E}\{\boldsymbol{y}^{(j)*}(k+1)[\boldsymbol{v}_y^{(j)\mathrm{T}}(k)\boldsymbol{\Phi}^{\mathrm{T}}-\\&\boldsymbol{v}_y^{(j)\mathrm{T}}(k+1)]\}+\mathrm{E}\{[\boldsymbol{\Phi v}_y^{(j)}(k)-\boldsymbol{v}_y^{(j)}(k+1)]\cdot\boldsymbol{y}^{(j)*\mathrm{T}}(k+1)\}+\\&\mathrm{E}\{[\boldsymbol{\Phi v}_y^{(j)}(k)-\boldsymbol{v}_y^{(j)}(k+1)][\boldsymbol{v}_y^{(j)\mathrm{T}}(k)\boldsymbol{\Phi}^{\mathrm{T}}-\boldsymbol{v}_y^{(j)\mathrm{T}}(k+1)]\}\end{aligned} \tag{8-33}$$

式中，$\boldsymbol{y}^{(j)*\mathrm{T}}(k+1)=[\boldsymbol{y}^{(j)*}(k+1)]^{\mathrm{T}}$，式（8-33）中的第2项可计算为

$$\mathrm{E}\{\boldsymbol{y}^{(j)*}(k+1)[\boldsymbol{v}_y^{(j)\mathrm{T}}(k)\boldsymbol{\Phi}^{\mathrm{T}}-\boldsymbol{v}_y^{(j)\mathrm{T}}(k+1)]\}=\mathrm{E}\{[\boldsymbol{x}(k+1)+\boldsymbol{v}_y^{(j)}(k+1)-\boldsymbol{\Phi}\boldsymbol{x}(k)-\boldsymbol{\Phi}\boldsymbol{v}_y^{(j)}(k)+\boldsymbol{C}u(k)]\cdot[\boldsymbol{v}_y^{(j)\mathrm{T}}(k)\boldsymbol{\Phi}^{\mathrm{T}}-\boldsymbol{v}_y^{(j)\mathrm{T}}(k+1)]\} \tag{8-34}$$

由于 $\boldsymbol{x}(k)\in L(\boldsymbol{w}(k-1),\cdots,\boldsymbol{w}(0),\boldsymbol{x}(0))$ 张成的线性流形，$\boldsymbol{x}(k+1)\in L(\boldsymbol{w}(k),\cdots,\boldsymbol{w}(0),\boldsymbol{x}(0))$ 张成的线性流形，因此有 $\boldsymbol{v}^{(j)}(k)$、$\boldsymbol{v}^{(j)}(k+1)$ 与 $\boldsymbol{x}(k)$、$\boldsymbol{x}(k+1)$ 相互垂直；$\boldsymbol{v}_y^{(j)}(k)$、$\boldsymbol{v}_y^{(j)}(k+1)$ 与 $\boldsymbol{x}(k)$、$\boldsymbol{x}(k+1)$ 相互垂直。式（8-34）可写为

$$\mathrm{E}\{\boldsymbol{y}^{(j)*}(k+1)[\boldsymbol{v}_y^{(j)\mathrm{T}}(k)\boldsymbol{\Phi}^{\mathrm{T}}-\boldsymbol{v}_y^{(j)\mathrm{T}}(k+1)]\}=-\boldsymbol{R}_y^{(j)}-\boldsymbol{\Phi}\boldsymbol{R}_y^{(j)}\boldsymbol{\Phi}^{\mathrm{T}} \tag{8-35}$$

式（8-33）中的第 3 项可计算为

$$\mathrm{E}\{[\boldsymbol{\Phi}\boldsymbol{v}_y^{(j)}(t)-\boldsymbol{v}_y^{(j)}(t+1)]\boldsymbol{y}^{(j)*\mathrm{T}}(t+1)\}=-\boldsymbol{R}_y^{(j)}-\boldsymbol{\Phi}\boldsymbol{R}_y^{(j)}\boldsymbol{\Phi}^{\mathrm{T}} \tag{8-36}$$

式（8-33）中的第 4 项可计算为

$$\mathrm{E}\{[\boldsymbol{\Phi}\boldsymbol{v}_y^{(j)}(k)-\boldsymbol{v}_y^{(j)}(k+1)][\boldsymbol{v}_y^{(j)\mathrm{T}}(k)\boldsymbol{\Phi}^{\mathrm{T}}-\boldsymbol{v}_y^{(j)\mathrm{T}}(k+1)]\}=\boldsymbol{\Phi}\boldsymbol{R}_y^{(j)}\boldsymbol{\Phi}^{\mathrm{T}}+\boldsymbol{R}_y^{(j)} \tag{8-37}$$

将式（8-35）、式（8-36）、式（8-37）代入式（8-33），有

$$\boldsymbol{\Gamma}\boldsymbol{Q}_w\boldsymbol{\Gamma}^{\mathrm{T}}=\mathrm{E}\{\boldsymbol{y}^{(j)*}(k+1)\boldsymbol{y}^{(j)*\mathrm{T}}(k+1)\}-\boldsymbol{\Phi}\boldsymbol{R}_y^{(j)}\boldsymbol{\Phi}^{\mathrm{T}}-\boldsymbol{R}_y^{(j)} \tag{8-38}$$

由于

$$\begin{aligned}\boldsymbol{y}^{(j)*}(k+1)&=\boldsymbol{r}_y^{(j)}(k+1)-\boldsymbol{\Phi}\boldsymbol{y}_y^{(j)}(k)\\&=\boldsymbol{y}^{(j)}(k+1)-\boldsymbol{C}u(k)-\boldsymbol{\Phi}\boldsymbol{y}^{(j)}(k)\\&=\boldsymbol{x}(k+1)+\boldsymbol{v}_y^{(j)}(k+1)-\boldsymbol{\Phi}[\boldsymbol{x}(k)+\boldsymbol{v}_y^{(j)}(k)]\\&=[\boldsymbol{\Phi}\boldsymbol{x}(k)+\boldsymbol{C}u(k)+\boldsymbol{\Gamma}\boldsymbol{w}(k)]+\boldsymbol{v}_y^{(j)}(k+1)-\boldsymbol{C}u(k)-\boldsymbol{\Phi}\boldsymbol{x}(k)-\boldsymbol{\Phi}\boldsymbol{v}_y^{(j)}(k)\\&=\boldsymbol{\Phi}\boldsymbol{x}(k)+\boldsymbol{\Gamma}\boldsymbol{w}(k)+\boldsymbol{v}_y^{(j)}(k+1)-\boldsymbol{\Phi}\boldsymbol{x}(k)-\boldsymbol{\Phi}\boldsymbol{v}_y^{(j)}(k)\end{aligned} \tag{8-39}$$

因此 $\boldsymbol{y}^{(j)*}(k)$ 为平稳随机序列，设 $\boldsymbol{y}^{(j)*}(k)$ 的自相关函数为 $\boldsymbol{R}_{ey^{(j)*}}$，则 k 时刻 $\boldsymbol{R}_{ey^{(j)*}}$ 的估值 $\hat{\boldsymbol{R}}_{ey^{(j)*}}(k)$ 可计算为

$$\hat{\boldsymbol{R}}_{ey^{(j)*}}(k)=\mathrm{E}\{\boldsymbol{y}^{(j)*}(k)\boldsymbol{y}^{(j)*\mathrm{T}}(k)\}=\frac{1}{k}\sum_{n=1}^{k}\boldsymbol{y}^{(j)*}(t)\boldsymbol{y}^{(j)*\mathrm{T}}(k) \tag{8-40}$$

进而可递推计算为

$$\hat{\boldsymbol{R}}_{ey^{(j)*}}(k)=\hat{\boldsymbol{R}}_{ey^{(j)*}}(k-1)+\frac{1}{k}[\boldsymbol{y}^{(j)*}(k)\boldsymbol{y}^{(j)*\mathrm{T}}(k)-\hat{\boldsymbol{R}}_{ey^{(j)*}}(k-1)] \tag{8-41}$$

因此k时刻$\boldsymbol{\Gamma Q}_w\boldsymbol{\Gamma}^{\mathrm{T}}$的估值$\boldsymbol{\Gamma}\hat{\boldsymbol{Q}}_w^k\boldsymbol{\Gamma}^{\mathrm{T}}$可计算为

$$\boldsymbol{\Gamma}\hat{\boldsymbol{Q}}_w^k\boldsymbol{\Gamma}^{\mathrm{T}}=\hat{\boldsymbol{R}}_{ey^{(j)*}}(k)-\boldsymbol{\Phi}\hat{\boldsymbol{R}}_y^{(j)}(k)\boldsymbol{\Phi}^{\mathrm{T}}-\hat{\boldsymbol{R}}_y^{(j)}(k) \tag{8-42}$$

定理 8.3 带未知定常噪声统计的系统［式（8-1）和式（8-2）］，由式（8-38）和式（8-42）得到的$\boldsymbol{R}_y^{(j)}$和$\boldsymbol{\Gamma Q}_w\boldsymbol{\Gamma}^{\mathrm{T}}$的估值$\hat{\boldsymbol{R}}_y^{(j)}$和$\boldsymbol{\Gamma}\hat{\boldsymbol{Q}}_w\boldsymbol{\Gamma}^{\mathrm{T}}$以概率 1 收敛，即

$$\hat{\boldsymbol{R}}_y^{(j)}(k)\to\boldsymbol{R}_y^{(j)},\quad k\to\infty,\quad \text{w.p.1} \tag{8-43}$$

$$\boldsymbol{\Gamma}\hat{\boldsymbol{Q}}_w^k\boldsymbol{\Gamma}^{\mathrm{T}}\to\boldsymbol{\Gamma Q}_w\boldsymbol{\Gamma}^{\mathrm{T}},\quad k\to\infty,\quad \text{w.p.1} \tag{8-44}$$

证明：同定理 3.2。

自校正加权观测融合 Kalman 估值器可分以下 3 步实现。

第 1 步：将系统观测方程式（8-2）进行变换得到新的观测方程，如式（3-66）所示，以及$\boldsymbol{y}^{(j)}(k)$。

第 2 步：由式（3-77）得到时刻k处估值$\hat{\boldsymbol{R}}_y^{(j)}(k)$，代入式（3-10），可得在时刻$k$处加权融合观测$\boldsymbol{z}(k)$的估值$\hat{\boldsymbol{z}}(k)$，再将估值$\hat{\boldsymbol{R}}_y^{(j)}(k)$代入式（3-12），得到时刻$k$处加权观测融合系统的观测误差方差阵$\boldsymbol{R}$的估值$\hat{\boldsymbol{R}}(k)$。由式（8-42）得到时刻$k$处估值$\boldsymbol{\Gamma}\hat{\boldsymbol{Q}}_w^k\boldsymbol{\Gamma}^{\mathrm{T}}$。

第 3 步：将式（8-1）与式（3-10）组成加权融合系统，应用定理 8.1 得到k时刻预测控制量$u(k)$，如式（8-13）所示，其中$\hat{\boldsymbol{x}}(k|k)$由式（8-6）～式（8-10）定义的经典 Kalman 滤波算法得到，进而得到自校正加权观测融合预测控制器。

上述 3 步在每时刻 k 重复进行。滤波算法的协同辨识自校正加权观测融合 Kalman 滤波器的流程如图 8-2 所示。

8.3.3　带不同观测矩阵和相关观测噪声的情形

对于由式（8-1）和式（8-2）定义的系统，带有假设 1～假设 4，且 $\boldsymbol{H}^{(j)}$ 列满秩。

首先仿照 3.3.2 节，利用最小二乘法构造新的观测方程

$$\boldsymbol{y}^{(j)}(k)=\boldsymbol{H}^{(j)+}\boldsymbol{z}^{(j)}(k)=\boldsymbol{x}(k)+\boldsymbol{H}^{(j)+}\boldsymbol{v}^{(j)}(k)=\boldsymbol{x}(k)+\boldsymbol{v}_y^{(j)}(k) \tag{8-45}$$

$\boldsymbol{v}_y^{(j)}(k)$ 为白噪声序列，且方差阵 $\boldsymbol{R}_y^{(jl)}$ 为

$$\boldsymbol{R}_y^{(jl)}=\mathrm{E}\{\boldsymbol{H}^{(j)+}\boldsymbol{v}^{(j)}(k)\boldsymbol{v}^{(j)\mathrm{T}}(k)\boldsymbol{H}^{(j)+\mathrm{T}}\}=\boldsymbol{H}^{(j)+}\boldsymbol{R}^{(jl)}\boldsymbol{H}^{(j)+\mathrm{T}} \tag{8-46}$$

对式（8-1）和式（8-45）组成的新系统，估计观测误差方差阵 $\boldsymbol{R}_y^{(jl)}$ 及 $\boldsymbol{\Gamma}\boldsymbol{Q}_w\boldsymbol{\Gamma}^{\mathrm{T}}$ 的估值，进而求得自校正加权观测融合预测控制器。

（1）求解 $\boldsymbol{R}_y^{(j)}$ 的估值 $\hat{\boldsymbol{R}}_y^{(j)}$ 的算法。

将式（8-1）代入式（8-45）有

$$\boldsymbol{y}^{(j)}(k)=(\boldsymbol{I}_n-q^{-1}\boldsymbol{\Phi})^{-1}\boldsymbol{\Gamma}\boldsymbol{w}(k-1)+(\boldsymbol{I}_n-q^{-1}\boldsymbol{\Phi})^{-1}\boldsymbol{C}\boldsymbol{u}(k-1)+\boldsymbol{v}_y^{(j)}(k),\ \ j=1,\cdots,L \tag{8-47}$$

进而有

$$(\boldsymbol{I}_n-q^{-1}\boldsymbol{\Phi})\boldsymbol{z}^{(j)}(k)=\boldsymbol{\Gamma}\boldsymbol{w}(k-1)+\boldsymbol{C}\boldsymbol{u}(k-1)+(\boldsymbol{I}_n-q^{-1}\boldsymbol{\Phi})\boldsymbol{v}_y^{(j)}(k),\ \ j=1,\cdots,L \tag{8-48}$$

令式（8-48）右端 $(\boldsymbol{I}_n-q^{-1}\boldsymbol{\Phi})\boldsymbol{z}^{(j)}(k)=\boldsymbol{z}^{(j)\Delta}(k)$，有

$$\boldsymbol{z}^{(j)\Delta}(k)=\boldsymbol{\Gamma}\boldsymbol{w}(k-1)+\boldsymbol{C}\boldsymbol{u}(k-1)+(\boldsymbol{I}_n-q^{-1}\boldsymbol{\Phi})\boldsymbol{v}_y^{(j)}(k),\ \ j=1,\cdots,L \tag{8-49}$$

易知 $z^{(j)\Delta}(k)$ 为平稳随机序列，设 $z^{(j)\Delta}(k)$ 和 $z^{(l)\Delta}(k-1)$ 的相关函数为 $R_y^{(jl)1}$，则

$$
\begin{aligned}
R_y^{(jl)1} &= \mathrm{E}[z^{(j)\Delta}(k)\cdot z^{(l)\Delta\mathrm{T}}(k-1)] \\
&= \mathrm{E}\{[\Gamma w(k-1)+Cu(k-1)+(I_n-q^{-1}\Phi)v_y^{(j)}(k)]\cdot[\Gamma w(k-2)+ \\
&\quad Cu(k-2)+(I_n-q^{-1}\Phi)v_y^{(j)}(k-1)]^{\mathrm{T}}\} \\
&= -\Phi\cdot R_y^{(jl)}+C^2(k-1)C^{\mathrm{T}}
\end{aligned} \tag{8-50}
$$

其中，定义 $z^{(l)\Delta}(k-1)=[z^{(l)\Delta}(k-1)]^{\mathrm{T}}$，而 k 时刻 $R_y^{(jl)1}$ 的估值 $\hat{R}_y^{(jl)1}(k)$ 可计算为

$$
\hat{R}_y^{(jl)1}(k)=\mathrm{E}\{z^{(j)\Delta}(k)\cdot z^{(l)\Delta\mathrm{T}}(k-1)\}=\frac{1}{k}\sum_{n=1}^{k}z^{(j)\Delta}(k)z^{(l)\Delta\mathrm{T}}(k-1) \tag{8-51}
$$

进而可递推计算为

$$
\hat{R}_y^{(jl)1}(k)=\hat{R}_y^{(jl)1}(k-1)+\frac{1}{k}\left[z^{(j)\Delta}(k)\cdot z^{(l)\Delta\mathrm{T}}(k-1)-\hat{R}_y^{(jl)1}(k-1)\right] \tag{8-52}
$$

于是由式（3-118）和式（3-120）有 k 时刻 $R_y^{(jl)}$ 的估值 $\hat{R}_y^{(jl)}(k)$ 为

$$
\hat{R}_y^{(jl)}(k)=-\Phi^{-1}\cdot[\hat{R}_y^{(jl)1}(k)-Cu(k-1)u(k-2)C^{\mathrm{T}}] \tag{8-53}
$$

（2）求解 $\Gamma Q_w\Gamma^{\mathrm{T}}$ 的估值 $\Gamma\hat{Q}_w\Gamma^{\mathrm{T}}$ 的算法。

$z^{(j)\Delta}(k)$ 的自相关函数为 $R_y^{(jj)0}$ 可以计算为

$$
\begin{aligned}
R_y^{(jj)0} &= \mathrm{E}[z^{(j)\Delta}(k)\cdot z^{(j)\Delta\mathrm{T}}(k)] \\
&= \mathrm{E}\{[\Gamma w(k-1)+Cu(k-1)+(I_n-q^{-1}\Phi)v_y^{(j)}(k)]\cdot[\Gamma w(k-1)+ \\
&\quad Cu(k-1)+(I_n-q^{-1}\Phi)v_y^{(j)}(k)]^{\mathrm{T}}\} \\
&= \Gamma Q_w\Gamma^{\mathrm{T}}+R_y^{(jj)}+\Phi R_y^{(jj)}\Phi^{\mathrm{T}}+Cu(k-1)u^2(k-1)C^{\mathrm{T}}
\end{aligned} \tag{8-54}
$$

而 k 时刻 $R^{(jj)0}$ 的估值 $\hat{R}^{(jj)0}(k)$ 可计算为

$$\hat{\boldsymbol{R}}^{(jj)0}(k)=\mathrm{E}\{\boldsymbol{z}^{(j)\Delta}(k)\cdot\boldsymbol{z}^{(j)\Delta\mathrm{T}}(k)\}=\frac{1}{k}\sum_{n=1}^{k}\boldsymbol{z}^{(j)\Delta}(k)\cdot\boldsymbol{z}^{(j)\Delta\mathrm{T}}(k) \tag{8-55}$$

进而可推计算为

$$\hat{\boldsymbol{R}}^{(jj)0}(k)=\hat{\boldsymbol{R}}^{(jj)0}(k-1)+\frac{1}{k}[\boldsymbol{z}^{(j)\Delta}(k)\cdot\boldsymbol{z}^{(j)\Delta\mathrm{T}}(k)-\hat{\boldsymbol{R}}^{(jj)0}(k-1)] \tag{8-56}$$

于是由式（8-54）和式（8-56）有 k 时刻 $\boldsymbol{\Gamma Q}_w\boldsymbol{\Gamma}^{\mathrm{T}}$ 的估值 $\boldsymbol{\Gamma}\hat{\boldsymbol{Q}}_w^k\boldsymbol{\Gamma}^{\mathrm{T}}$ 为

$$\boldsymbol{\Gamma}\hat{\boldsymbol{Q}}_w^k\boldsymbol{\Gamma}^{\mathrm{T}}=\hat{\boldsymbol{R}}^{(jj)0}(k)-\boldsymbol{R}_y^{(jj)}(k)-\boldsymbol{\Phi}\hat{\boldsymbol{R}}_y^{(jj)}(k)\boldsymbol{\Phi}^{\mathrm{T}}-\boldsymbol{C}u(k-1)u^2(k-1)\boldsymbol{C}^{\mathrm{T}} \tag{8-57}$$

定理 8.4　带未知定常噪声统计的系统［式（8-1）和式（8-2）］，由式（3-121）和式（8-57）得到的 $\boldsymbol{R}_y^{(jl)}$ 和 $\boldsymbol{\Gamma Q}_w\boldsymbol{\Gamma}^{\mathrm{T}}$ 的估值 $\hat{\boldsymbol{R}}_y^{(jl)}(k)$ 和 $\boldsymbol{\Gamma}\hat{\boldsymbol{Q}}_w^k\boldsymbol{\Gamma}^{\mathrm{T}}$ 以概率 1 收敛，即

$$\hat{\boldsymbol{R}}_y^{(jl)}(k)\to\boldsymbol{R}_y^{(jl)},\quad k\to\infty,\quad \text{w.p.1} \tag{8-58}$$

$$\boldsymbol{\Gamma}\hat{\boldsymbol{Q}}_w^k\boldsymbol{\Gamma}^{\mathrm{T}}\to\boldsymbol{\Gamma Q}_w\boldsymbol{\Gamma}^{\mathrm{T}},\quad k\to\infty,\quad \text{w.p.1} \tag{8-59}$$

证明：同定理 3.3。

观测噪声相关情况下，自校正加权观测融合 Kalman 估值器可分以下 3 步实现。

第 1 步：将系统观测方程式（8-2）进行变换得到由式（8-1）和式（3-113）组成的新系统。

第 2 步：由式（3-77）得到时刻 k 处估值 $\hat{\boldsymbol{R}}_y^{(jl)}(k)$，以及用式（3-8）定义的 $\boldsymbol{R}^{(0)}$ 代入式（3-10），可得到时刻 k 处加权融合观测 $\boldsymbol{y}(k)$ 的估值 $\hat{\boldsymbol{y}}(k)$，再将估值 $\hat{\boldsymbol{R}}_y^{(jl)}(k)$ 和 $\boldsymbol{R}^{(0)}$ 代入式（3-12），得到时刻 k 处加权观测融合系统的观测误差方差阵 $\boldsymbol{R}$ 的估值 $\hat{\boldsymbol{R}}(k)$。

第 3 步：将式（8-1）与式（3-10）组成加权融合系统，应用定理 8.1 得到 k 时刻预测控制量 $u(k)$，如式（8-13）所示，其中 $\hat{\boldsymbol{x}}(k|k)$ 由式（8-6）～式（8-10）定义的经典 Kalman 滤波算法得到，进而得到自校正加权观测

融合预测控制器。

上述 3 步在每时刻k重复进行。观测噪声相关情况下的协同辨识自校正加权观测融合 Kalman 滤波器的流程如图 8-2 所示。

8.4 仿真

8.4.1 带相同观测矩阵和不相关观测噪声的系统仿真

例8.1 考虑如下带相同观测矩阵和不相关观测噪声的3传感器受控的雷达跟踪系统

$$\boldsymbol{x}(k+1)=\boldsymbol{\Phi x}(k)+\boldsymbol{C}u(k)+\boldsymbol{\Gamma w}(k) \tag{8-60}$$

$$\boldsymbol{z}^{(j)}(k)=\boldsymbol{H}^{(j)}\boldsymbol{x}(k)+\boldsymbol{v}^{(j)}(k),\quad j=1,2,3 \tag{8-61}$$

式中，$\boldsymbol{x}(k)=\begin{bmatrix}x_1(k)\\x_2(k)\end{bmatrix}=\begin{bmatrix}\text{位置}\\\text{速度}\end{bmatrix}$，$\boldsymbol{z}^{(j)}(k)$为系统观测信号，$\boldsymbol{\Phi}=\begin{bmatrix}1 & T_0\\0 & 1\end{bmatrix}$，$\boldsymbol{\Gamma}=\begin{bmatrix}0.5T_0^2\\T_0^2\end{bmatrix}$，$T_0$为采样周期，$\boldsymbol{H}^{(j)}=[1\quad 0]$，$j=1,2,3$。假设$\boldsymbol{w}(t)$和$\boldsymbol{v}^{(j)}(k)$是零均值、方差分别为$\boldsymbol{Q}_w$和$\boldsymbol{R}^{(j)}$的相互独立的白噪声，且$\boldsymbol{Q}_w=\sigma_w^2$，$\boldsymbol{R}^{(1)}=\sigma_{v1}^2$，$\boldsymbol{R}^{(2)}=\sigma_{v2}^2$，$\boldsymbol{R}^{(3)}=\sigma_{v3}^2$是已知的。系统被控状态为位置$x_1(t)$，问题是求解加权观测融合预测控制器。

仿真中取$Q_w=0.4$，$R^{(1)}=1$，$R^{(2)}=0.7^2$，$R^{(3)}=0.8^2$，$R^{(4)}=0.9^2$。融合算法采用加权观测融合算法，见引理 3.2。控制时域$N_\mu=3$，优化时域$N=3$，参考轨迹$x_r(k)$为在时刻$k=100$时出现的 20 个单位的阶跃信号，误差加权矩阵$\boldsymbol{Q}_z=\text{diag}(3,2,1)$，控制作用加权矩阵$\boldsymbol{\Lambda}=\text{diag}(3,2,1)\times 0.1$。仿真结果如图 8-3～图 8-6 所示。其中，图 8-3 为控制器输出$u(k)$的变化曲线。

图 8-4 为被控状态真值 $x_1(k)$ 与参考轨迹 $x_r(k)$，实线表示参考轨迹，虚线表示当前被控状态真值。曲线显示被控状态 $x_1(k)$ 可以紧跟参考轨迹 $x_r(k)$，且超调量和调解时间小，说明系统受控具有良好的稳定性和准确性。图 8-5 为融合系统和子系统累积误差平方曲线，从图中可以看出，融合系统的累积误差平方小于各子系统。这说明融合系统较单传感器系统更加准确、稳定。

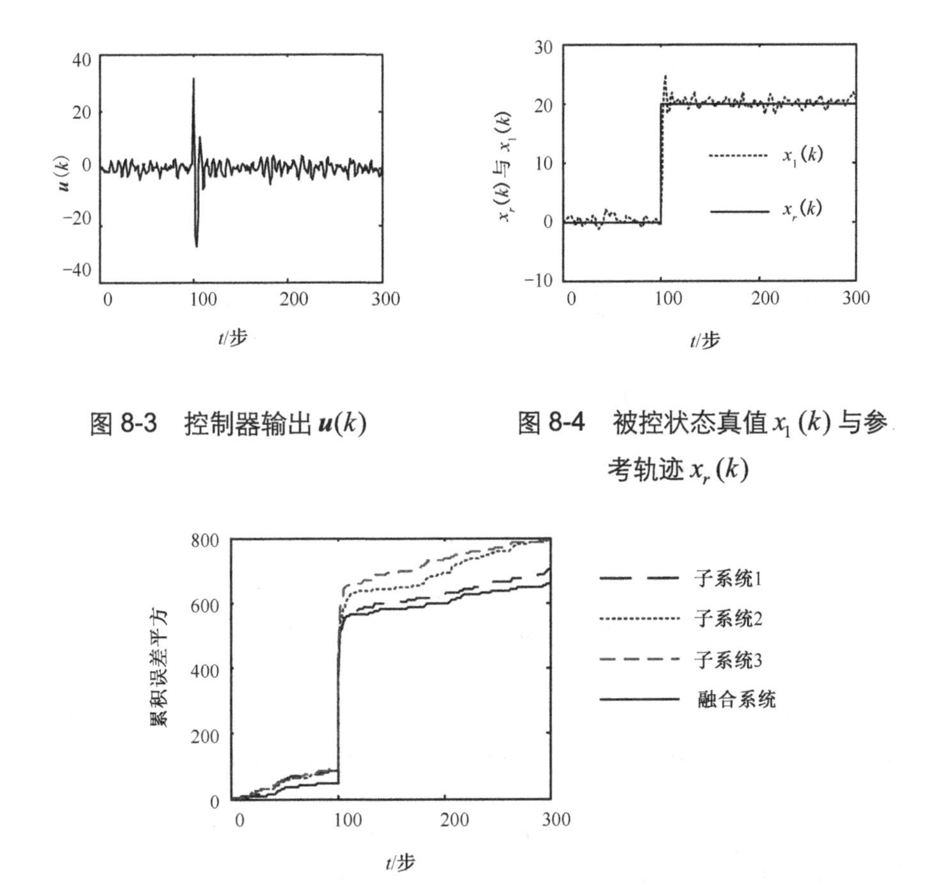

图 8-3　控制器输出 $\boldsymbol{u}(k)$

图 8-4　被控状态真值 $x_1(k)$ 与参考轨迹 $x_r(k)$

图 8-5　融合系统和子系统累积误差平方曲线

被控系统评价准则函数定义为：状态参考轨迹 $x_r(k)$ 与加权观测融合被控状态真值 $\boldsymbol{e}_i^{\mathrm{T}}\boldsymbol{x}(k)$ 的累积均方误差函数（Accumulation Mean Square Error，AMSE）

$$\text{AMSE}(t)=\sum_{k=0}^{t}\frac{1}{L}\sum_{j=1}^{L}[\boldsymbol{e}_i^{\mathrm{T}}\boldsymbol{x}^{(j)}(k)-x_r(k)]^2 \tag{8-62}$$

式中，$\boldsymbol{x}^{(j)}(k)$表示第j次 Monte Carlo 仿真系统状态真值。

图 8-6 为 Monte Carlo 累积均方误差曲线 SMSE，该曲线表明：融合系统的控制精度明显较单传感器高，说明加权观测信息融合的引入提高了受控系统的控制精度。

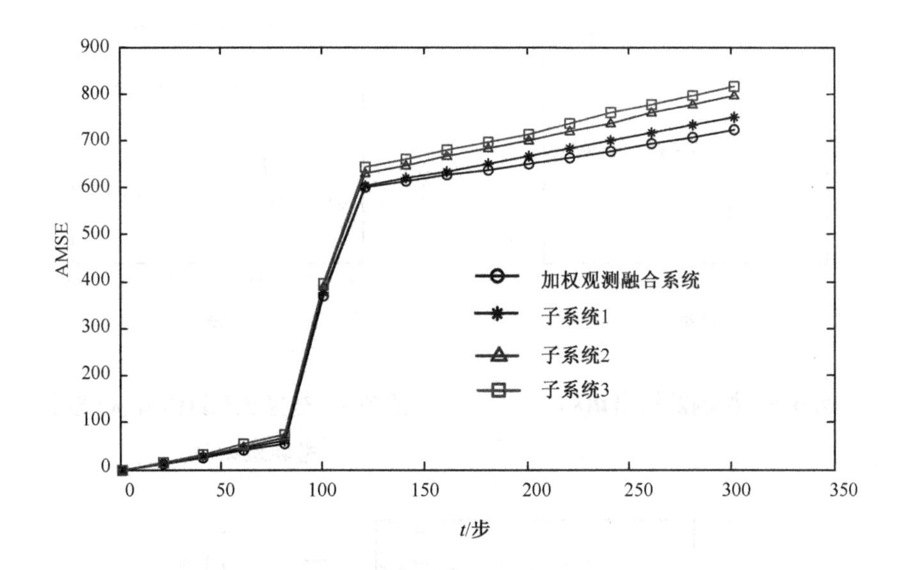

图 8-6　Monte Carlo 累积均方误差曲线 AMSE

例 8.2　多传感器系统［式（8-60）和式（8-61）］，当系统噪声统计$\boldsymbol{Q}_w$、$\boldsymbol{R}^{(1)}$、$\boldsymbol{R}^{(2)}=\sigma_{v2}^2$、$\boldsymbol{R}^{(3)}$未知时，求解系统的自适应加权观测融合预测控制器。

仿真中取$T_0=1$，$Q_w=1$，$R^{(1)}=0.7^2$，$R^{(2)}=0.8^2$，$R^{(3)}=0.9^2$。融合算法采用加权观测融合算法，见引理 3.2。控制时域$N_\mu=3$，优化时域$N=3$，参考轨迹$x_r(k)$为在时刻$k=300$时出现的 50 个单位的阶跃信号，误差加权矩阵$\boldsymbol{Q}_z=\text{diag}(3,2,1)$，控制作用加权矩阵$\boldsymbol{\Lambda}=\text{diag}(3,2,1)\times 0.1$。仿真结果如图 8-7～图 8-13 所示。图 8-7～图 8-10 为噪声统计估计曲线，实线为噪声方

差真实值，虚线为估值。仿真曲线表明，系统的未知噪声方差辨识具有良好的准确性和稳定性。图 8-11 为控制器输出 $u(k)$ 的变化曲线。图 8-12 为被控状态真值 $x_1(k)$ 与参考轨迹 $x_r(k)$，其中实线表示参考轨迹，虚线表示当前被控状态真值。曲线表明：被控系统的受控状态 $x_1(k)$ 可以紧跟参考轨迹 $x_r(k)$，且超调量和调解时间很少，说明被控系统稳定性和准确性高。图 8-13 为加权观测融合自校正预测控制算法作用下与最优加权观测融合预测控制算法（参见例 8.1）作用下状态 $x_1(k)$ 的差，该曲线呈收敛状态，说明自校正预测控制算法收敛于噪声方差已知情况下的加权观测融合预测控制算法，因而具有渐近最优性。

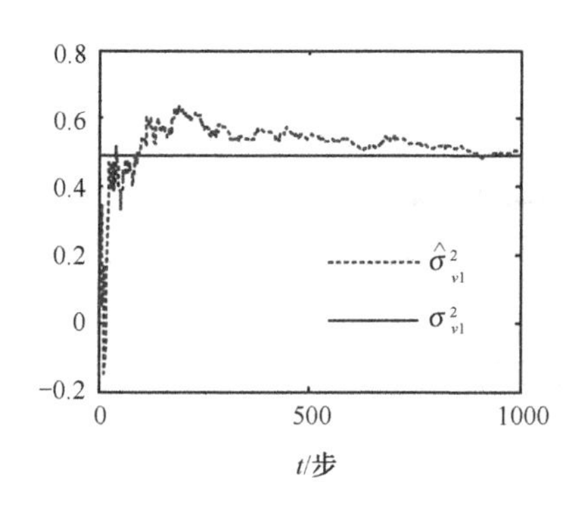

图 8-7　σ^2_{v1} 与估值 $\hat{\sigma}^2_{v1}$

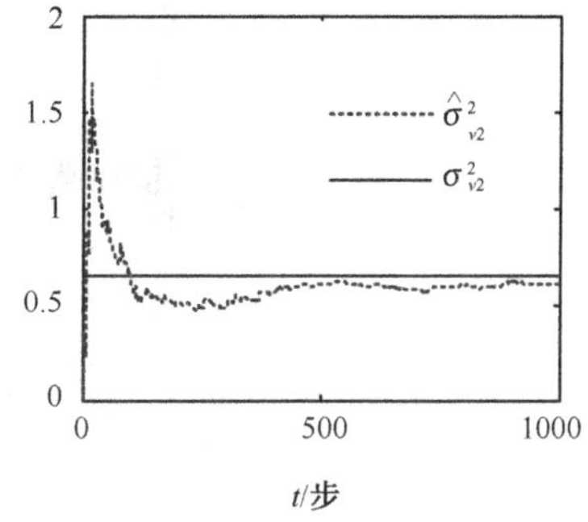

图 8-8　σ^2_{v2} 与估值 $\hat{\sigma}^2_{v2}$

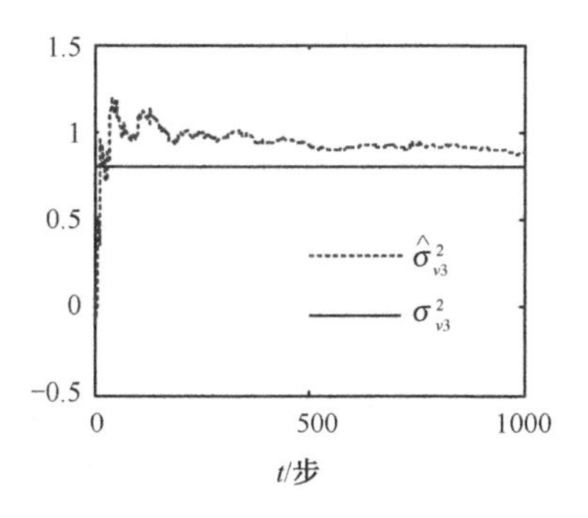

图 8-9　σ^2_{v3} 与估值 $\hat{\sigma}^2_{v3}$

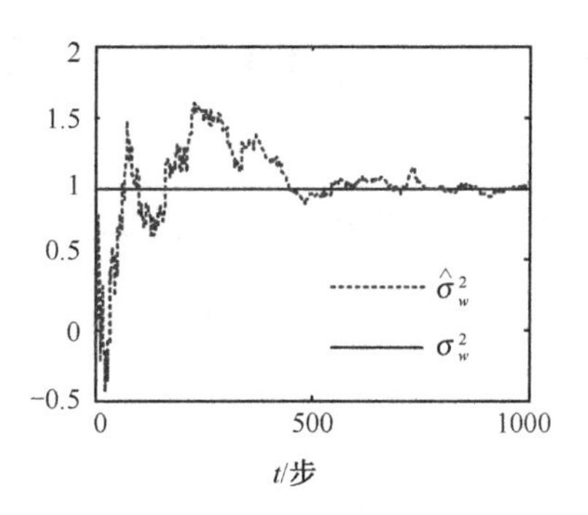

图 8-10　σ^2_{w} 与估值 $\hat{\sigma}^2_{w}$

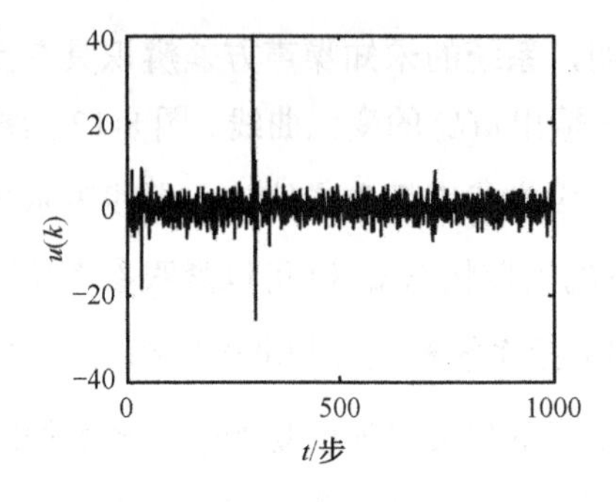

图 8-11　控制器输出 $u(k)$

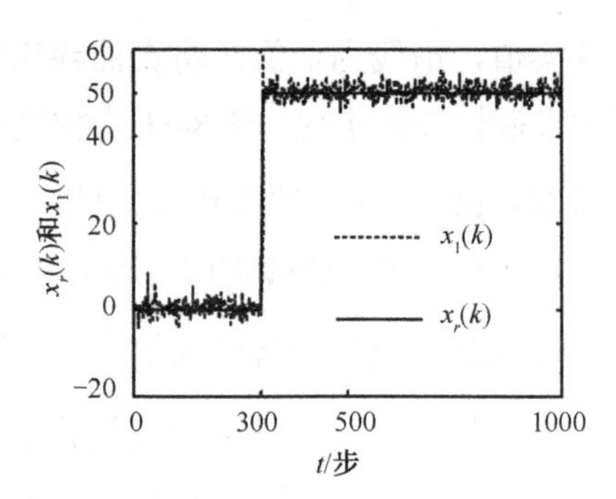

图 8-12　被控状态真值 $x_1(k)$ 与参考轨迹 $x_r(k)$

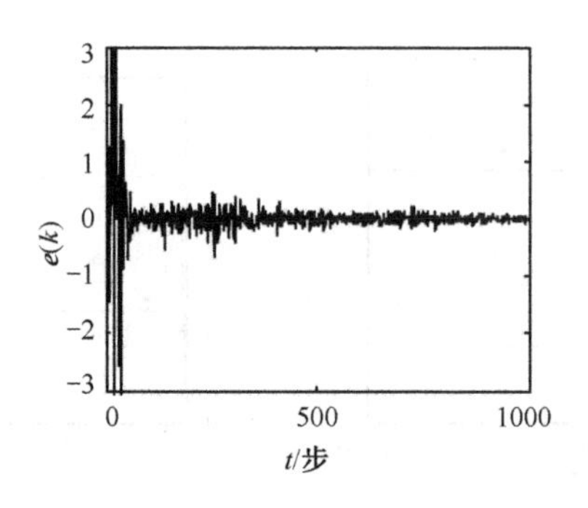

图 8-13　自校正与最优加权观测融合预测控制算法状态差值 $\boldsymbol{e}(k)$

8.4.2　带不同观测矩阵和不相关观测噪声的系统仿真

例 8.3　考虑如下带相同观测矩阵和相关观测噪声的 3 传感器系统

$$\boldsymbol{x}(k+1)=\boldsymbol{\Phi}\boldsymbol{x}(k)+\boldsymbol{C}u(k)+\boldsymbol{\Gamma}\boldsymbol{w}(k) \tag{8-63}$$

$$\boldsymbol{z}^{(j)}(k)=\boldsymbol{H}^{(j)}\boldsymbol{x}(k)+\boldsymbol{v}^{(j)}(k),\quad j=1,2,3 \tag{8-64}$$

式中，$\boldsymbol{x}(k)=\begin{bmatrix}x_1(k)\\x_2(k)\end{bmatrix}=\begin{bmatrix}\text{位置}\\\text{速度}\end{bmatrix}$，$\boldsymbol{z}^{(j)}(k)$ 为系统观测信号，$\boldsymbol{\Phi}=\begin{bmatrix}1 & T_0\\0 & 1\end{bmatrix}$，

$\boldsymbol{\Gamma}=\begin{bmatrix}0.5T_0^2\\T_0^2\end{bmatrix}$，$T_0$ 为采样周期。$\boldsymbol{H}^{(1)}=\begin{bmatrix}-0.8 & 0\\0 & 1.1\end{bmatrix}$，$\boldsymbol{H}^{(2)}=\begin{bmatrix}0.8 & 0\\0 & -1\end{bmatrix}$，$\boldsymbol{H}^{(3)}=\begin{bmatrix}0.9 & 0\\0 & -1\end{bmatrix}$。$\boldsymbol{v}^{(j)}(k)(j=1,\cdots,3)$ 是零均值、方差为 $\boldsymbol{R}^{(j)}$ 的白噪声，$\boldsymbol{R}^{(1)}=\mathrm{diag}(\sigma_{v11}^2,\sigma_{v12}^2)$，$\boldsymbol{R}^{(2)}=\mathrm{diag}(\sigma_{v21}^2,\sigma_{v22}^2)$，$\boldsymbol{R}^{(3)}=\mathrm{diag}(\sigma_{v31}^2,\sigma_{v32}^2)$ 是已知的。系统被控状态为位置 $x_1(k)$，问题是求解加权观测融合预测控制器。

仿真中取 $T_0=1$，$\boldsymbol{R}^{(1)}=\begin{bmatrix}0.9^2 & 0\\0 & 0.7^2\end{bmatrix}$，$\boldsymbol{R}^{(2)}=\begin{bmatrix}0.8^2 & 0\\0 & 0.75^2\end{bmatrix}$，$\boldsymbol{R}^{(3)}=\begin{bmatrix}0.7^2 & 0\\0 & 0.9^2\end{bmatrix}$。采用加权观测融合算法，选择控制时域 $N_\mu=3$，优化时域 $N=3$，参考轨迹 $x_r(k)$ 为时刻 $k=100$ 时出现的 50 个单位的阶跃信号，误差加权矩阵 $\boldsymbol{Q}_z=\mathrm{diag}(3,2,1)$，控制作用加权矩阵 $\boldsymbol{\Lambda}=\mathrm{diag}(3,2,1)\times 0.1$。仿真结果如图 8-14～图 8-17 所示。图 8-14 为控制器输出 $u(k)$ 的变化曲线。图 8-15 为被控状态真值 $x_1(k)$ 与参考轨迹 $x_r(k)$，其中实线表示参考轨迹，虚线表示当前被控状态真值。曲线显示被控状态 $x_1(k)$ 可以紧跟参考轨迹 $x_r(k)$，且超调量和调解时间小，说明系统受控具有良好的稳定性和准确性。图 8-16 为融合系统和子系统累积误差平方曲线，图 8-17 为 Monte Carlo 累积均方误差曲线 SMSE，从图中可以看出，融合系统的累积误差平方及 SMSE 小于各子系统，说明融合系统较单传感器系统更加准确、稳定。

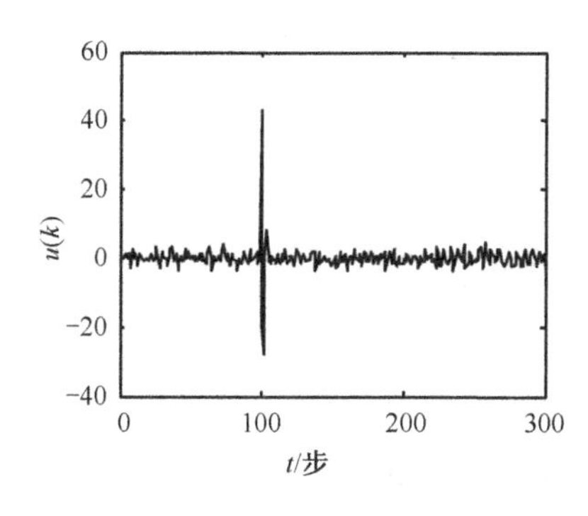

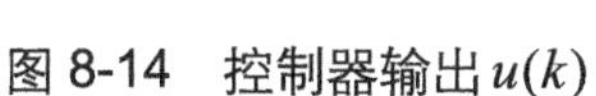
图 8-14　控制器输出 $u(k)$

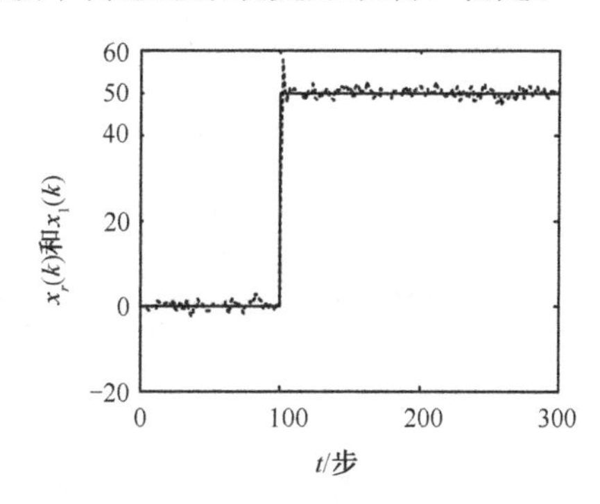

图 8-15　被控状态真值 $x_1(k)$ 与参考轨迹 $x_r(k)$

例 8.4 多传感器系统[式(8-60)和式(8-61)]。其中，$\boldsymbol{x}(k)$，$\boldsymbol{z}^{(j)}(k)$，$\boldsymbol{\Phi}$，$\boldsymbol{\Gamma}$，$\boldsymbol{H}^{(j)}(j=1,\cdots,3)$，$w(t)$，$\boldsymbol{v}^{(j)}(k)$，$T_0$ 如例 8.3 所示，但是 $\boldsymbol{v}^{(j)}(k)$ 的方差 $\boldsymbol{R}^{(j)}$ 和 $w(k)$ 的方差 σ_w^2 是未知的。系统被控状态为位置 $x_1(k)$，问题是求解自校正加权观测融合预测控制器。

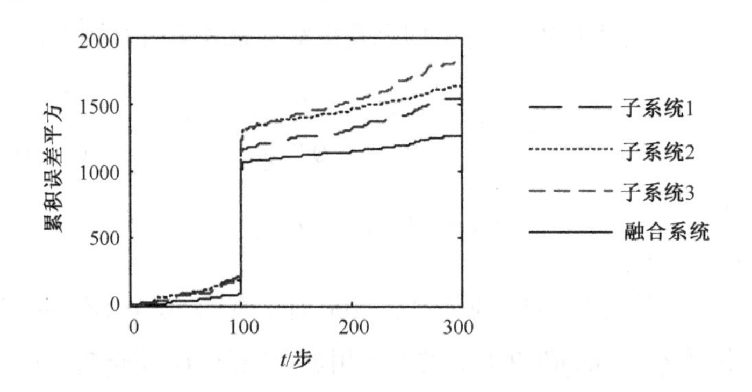

图 8-16 融合系统和子系统累积误差平方曲线

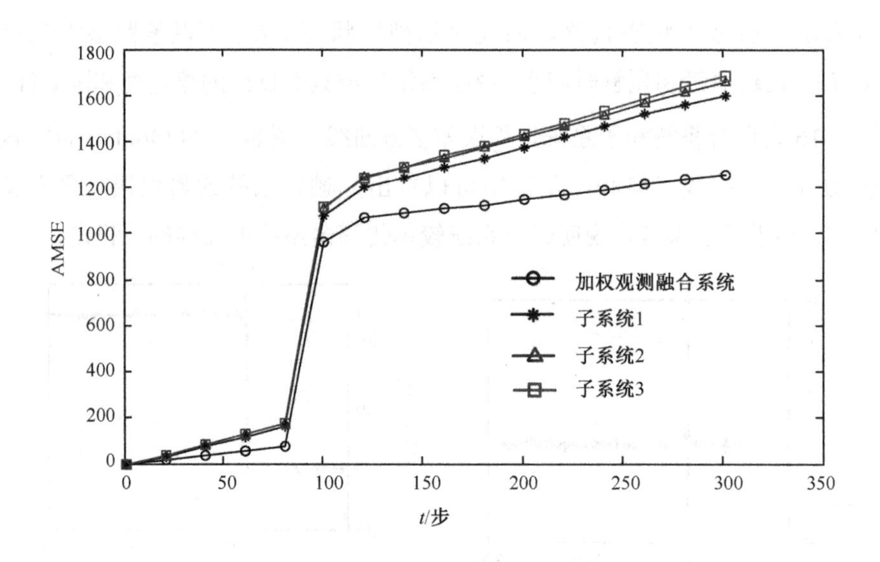

图 8-17 Monte Carlo 累积均方误差曲线 AMSE

仿真中 $\boldsymbol{R}^{(j)}$（$j=1,\cdots,3$）和 σ_w^2 如例 8.3。采用 8.4.2 节叙述的辨识方法。

其中利用最小二乘法构造新的观测方程为

$$\boldsymbol{y}_i(t)=\boldsymbol{x}(t)+\boldsymbol{v}_y^{(j)}(k),\ j=1,\cdots,3 \tag{8-65}$$

$\boldsymbol{v}_y^{(j)}(k)$ 为白噪声序列，且方差 $\boldsymbol{R}_y^{(j)}$ 为 $\boldsymbol{R}_y^{(1)}=\begin{bmatrix}1.2656 & 0\\ 0 & 0.40496\end{bmatrix}$，$\boldsymbol{R}_y^{(2)}=\begin{bmatrix}1 & 0\\ 0 & 0.5625\end{bmatrix}$，$\boldsymbol{R}_y^{(3)}=\begin{bmatrix}0.60494 & 0\\ 0 & 0.81\end{bmatrix}$；$\boldsymbol{\Gamma}\boldsymbol{Q}_w\boldsymbol{\Gamma}=\begin{bmatrix}0.25 & 0.5\\ 0.5 & 1\end{bmatrix}$。

辨识结果如图 8-18～图 8-21 所示，实线为噪声方差真实值，虚线为估值。仿真曲线表明：系统的未知噪声方差辨识具有良好的准确性和稳定性。

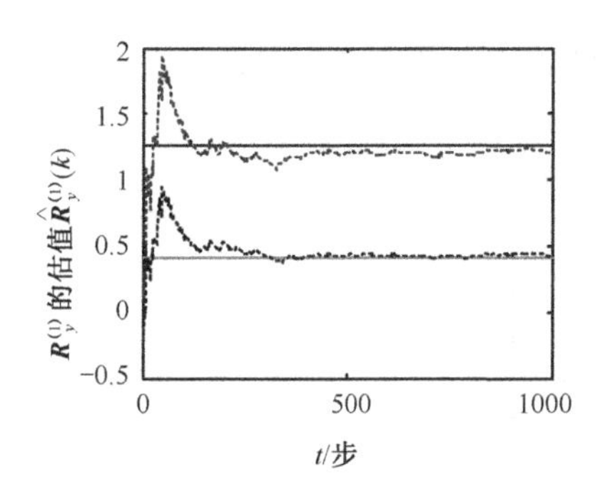

图 8-18　$\boldsymbol{R}_y^{(1)}$ 与估值 $\hat{\boldsymbol{R}}_y^{(1)}$

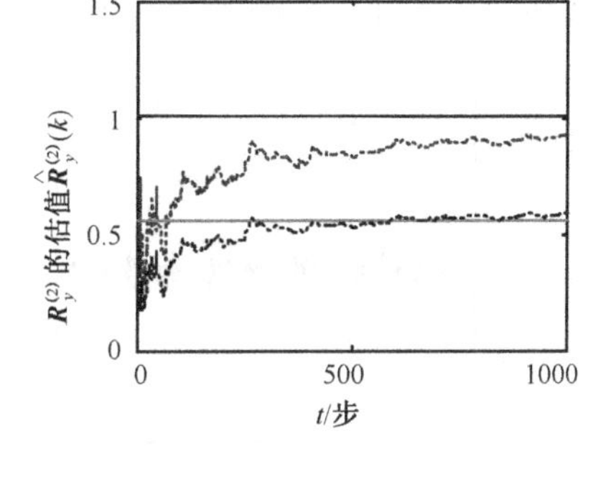

图 8-19　$\boldsymbol{R}_y^{(2)}$ 与估值 $\hat{\boldsymbol{R}}_y^{(2)}$

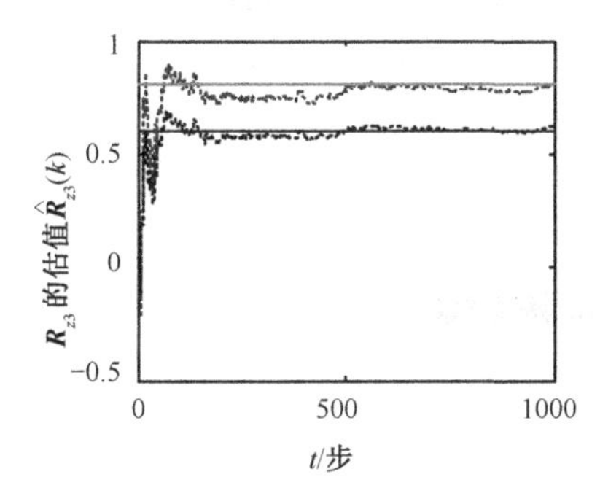

图 8-20　$\boldsymbol{R}_{z3}$ 与估值 $\hat{\boldsymbol{R}}_{z3}$

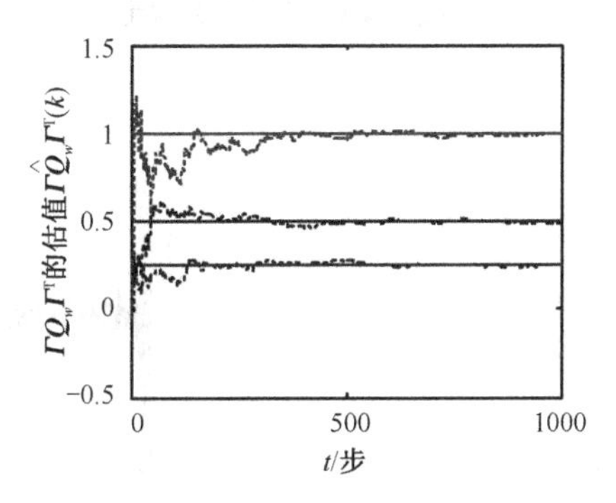

图 8-21　$\boldsymbol{\Gamma}\boldsymbol{Q}_w\boldsymbol{\Gamma}^{\mathrm{T}}$ 与估值 $\boldsymbol{\Gamma}\hat{\boldsymbol{Q}}_w\boldsymbol{\Gamma}^{\mathrm{T}}$

选择控制时域 $N_\mu=3$，优化时域 $N=3$，参考轨迹 $x_r(k)$ 为在时刻 $k=300$ 时出现的 50 个单位的阶跃信号，误差加权矩阵 $\boldsymbol{Q}_z=\text{diag}(3,2,1)$，控制作用加权矩阵 $\boldsymbol{\Lambda}=\text{diag}(3,2,1)\times 0.1$。仿真结果如图 8-22～图 8-24 所示。图 8-22 为控制器输出 $u(k)$ 的变化曲线。图 8-23 为被控状态真值 $x_1(k)$ 与参考轨迹 $x_r(k)$，其中实线表示参考轨迹，虚线表示当前被控状态真值。曲线表明：被控系统的受控状态 $x_1(k)$ 可以紧跟参考轨迹 $x_r(k)$，且超调量和调解时间很少，说明被控系统稳定性和准确性高。图 8-24 为加权观测融合自校正预测控制算法作用下与最优加权观测融合预测控制算法作用下状态 $x_1(k)$ 的差，该曲线呈收敛状态，说明自校正预测控制算法收敛于噪声方差已知情况下的加权观测融合预测控制算法，因而具有渐近最优性。

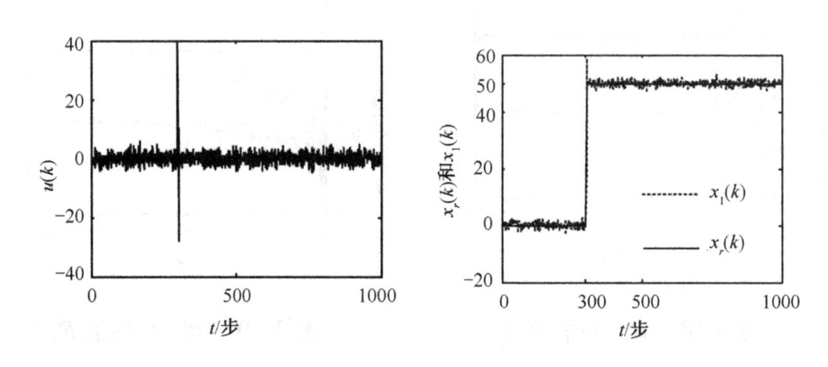

图 8-22　控制器输出 $u(k)$　　图 8-23　被控状态真值 $x_1(k)$ 与参考轨迹 $x_r(k)$

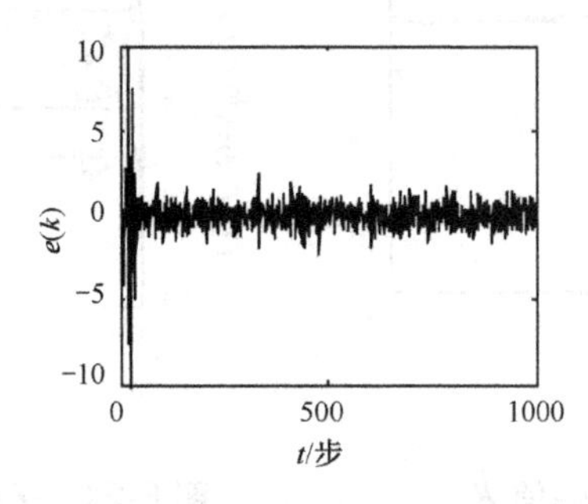

图 8-24　自校正与最优加权观测融合预测控制算法状态差值 $\boldsymbol{e}(k)$

8.4.3 带不同观测矩阵和相关观测噪声的系统仿真

例 8.5　考虑如下带不同观测矩阵和相关观测噪声的 3 传感器系统

$$\boldsymbol{x}(t+1)=\boldsymbol{\Phi}\boldsymbol{x}(t)+\boldsymbol{\Gamma}w(t) \tag{8-66}$$

$$\boldsymbol{z}^{(j)}(k)=\boldsymbol{H}^{(j)}\boldsymbol{x}(k)+\boldsymbol{v}^{(j)}(k),\quad j=1,2,3 \tag{8-67}$$

式中，$\boldsymbol{x}(k)$、$\boldsymbol{y}^{(j)}(k)$、$\boldsymbol{\Phi}$、$\boldsymbol{\Gamma}$ 如例 8.1 所示，$T_0=0.5$，$\boldsymbol{H}^{(1)}=\begin{bmatrix}1 & 0\\ 0 & 1\end{bmatrix}$，$\boldsymbol{H}^{(2)}=\begin{bmatrix}1.5 & 0\\ 0 & 0.5\end{bmatrix}$，$\boldsymbol{H}^{(3)}=\begin{bmatrix}0.5 & 0\\ 0 & 1.5\end{bmatrix}$。$w(t)$ 和 $\boldsymbol{v}^{(j)}(k)$ 是零均值、方差分别为 $\boldsymbol{Q}_w$ 和 $\boldsymbol{R}^{(j)}$ 的相互独立的白噪声，且

$$\boldsymbol{v}^{(j)}(k)=\begin{bmatrix}\xi(k)+e_1^{(j)}(k)\\ \xi(k)+e_2^{(j)}(k)\end{bmatrix},\ j=1,2,3 \tag{8-68}$$

式中，$\xi(k)e_l^{(j)}(k)(l=1,2)$ 是零均值、方差阵各为 σ_ξ^2、σ_{ejl}^2 的不相关白噪声，可见 $v^{(j)}(k)$, $v^{(l)}(k)(j\neq l)$ 是相关噪声，且

$$\boldsymbol{R}^{(jj)}=\begin{bmatrix}\sigma_\xi^2+\sigma_{ej1}^2 & \sigma_\xi^2\\ \sigma_\xi^2 & \sigma_\xi^2+\sigma_{ej2}^2\end{bmatrix},\ j=1,2,3 \tag{8-69}$$

$$\boldsymbol{R}^{(jl)}=\begin{bmatrix}\sigma_\xi^2 & \sigma_\xi^2\\ \sigma_\xi^2 & \sigma_\xi^2\end{bmatrix},\ j\neq l \tag{8-70}$$

问题是，当 $\boldsymbol{Q}_w$、$\boldsymbol{R}^{(jj)}$ 和 $\boldsymbol{R}^{(jl)}$ 已知时，求解最优加权观测融合预测控制器。

仿真中取 $\sigma_w^2=1$，$\sigma_\xi^2=0.4^2$，$\boldsymbol{R}^{(11)}=\begin{bmatrix}1^2+\sigma_\xi^2 & \sigma_\xi^2\\ \sigma_\xi^2 & 1^2+\sigma_\xi^2\end{bmatrix}$，$\boldsymbol{R}^{(22)}=\begin{bmatrix}1.5^2+\sigma_\xi^2 & \sigma_\xi^2\\ \sigma_\xi^2 & 0.5^2+\sigma_\xi^2\end{bmatrix}$，$\boldsymbol{R}^{(33)}=\begin{bmatrix}0.5^2+\sigma_\xi^2 & \sigma_\xi^2\\ \sigma_\xi^2 & 1.5^2+\sigma_\xi^2\end{bmatrix}$，则 $\boldsymbol{R}^{(jl)}=\begin{bmatrix}\sigma_\xi^2 & \sigma_\xi^2\\ \sigma_\xi^2 & \sigma_\xi^2\end{bmatrix}$（$j\neq l$）。

选择控制时域 $N_{\mu}=3$，优化时域 $N=3$，参考轨迹 $x_r(k)$ 为在时刻 $k=300$ 时出现的 50 个单位的阶跃信号，误差加权矩阵 $\boldsymbol{Q}_y=\text{diag}(3,2,1)$，控制作用加权矩阵 $\boldsymbol{\Lambda}=\text{diag}(3,2,1)\times 0.1$。仿真结果如图 8-25～图 8-28 所示。图 8-25 为控制器输出 $u(k)$ 的变化曲线。图 8-26 为被控状态真值 $x_1(k)$ 与参考轨迹 $x_r(k)$，其中实线表示参考轨迹，虚线表示当前被控状态真值。曲线表明：被控系统的受控状态 $x_1(k)$ 可以紧跟参考轨迹 $x_r(k)$，且超调量和调解时间很少，说明被控系统稳定性和准确性高。图 8-27 为融合系统和子系统累积误差平方曲线，图 8-28 为 Monte Carlo 累积均方误差曲线 AMSE，从图中可以看出，融合系统的累积误差平方及 AMSE 小于各子系统，说明融合系统较单传感器系统更加准确、稳定。

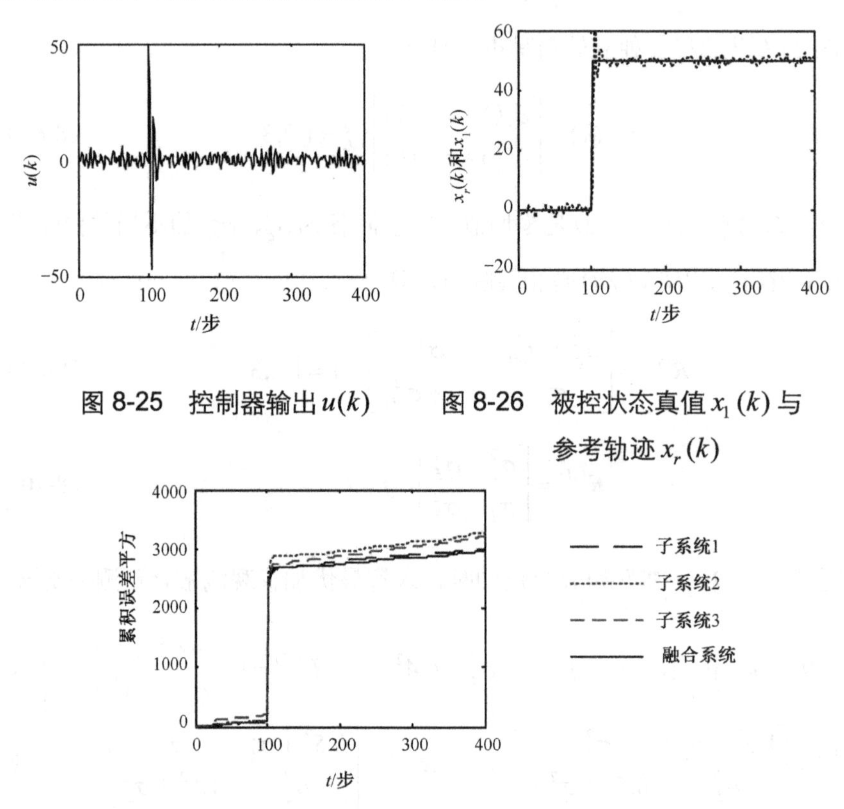

图 8-25　控制器输出 $u(k)$

图 8-26　被控状态真值 $x_1(k)$ 与参考轨迹 $x_r(k)$

图 8-27　融合系统和子系统累计误差平方曲线

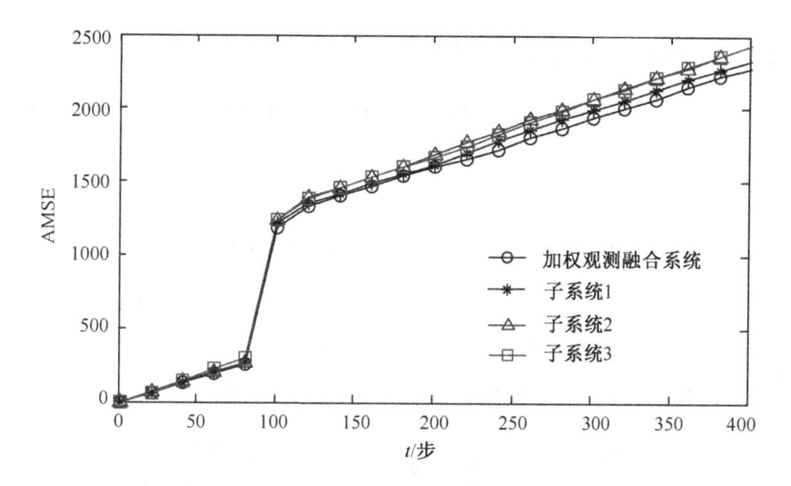

图 8-28　Monte Carlo 累积均方误差曲线 AMSE

例 8.6　考虑如下带不同观测矩阵和相关观测噪声的 3 传感器系统

$$\boldsymbol{x}(k+1)=\boldsymbol{\Phi}\boldsymbol{x}(k)+\boldsymbol{\Gamma}w(k) \tag{8-71}$$

$$\boldsymbol{z}^{(j)}(k)=\boldsymbol{H}^{(j)}\boldsymbol{x}(k)+\boldsymbol{v}^{(j)}(k),\quad j=1,2,3 \tag{8-72}$$

式中，$\boldsymbol{x}(k)$，$\boldsymbol{z}^{(j)}(k)$，$\boldsymbol{\Phi}$，$\boldsymbol{\Gamma}$，$w(k)$，$\boldsymbol{v}^{(j)}(k)(j=1,2,3)$，$\boldsymbol{Q}_w$，$\boldsymbol{R}^{(jj)}$，$\boldsymbol{R}^{(jl)}(j\neq l)$，如例 8.5 定义，$T_0=1$，$\boldsymbol{H}^{(1)}=\begin{bmatrix}1&0\\0&1\end{bmatrix}$，$\boldsymbol{H}^{(2)}=\begin{bmatrix}1.3&0\\0&0.7\end{bmatrix}$，$\boldsymbol{H}^{(3)}=\begin{bmatrix}0.6&0\\0&1.5\end{bmatrix}$。

问题是，当$\boldsymbol{Q}_w$、$\boldsymbol{R}^{(jj)}$和$\boldsymbol{R}^{(jl)}$未知时，求解自校正加权观测融合预测控制器。

仿真中取 $\sigma_w^2=1$，$\sigma_\xi^2=0.5^2$，$\boldsymbol{R}^{(11)}=\begin{bmatrix}0.8^2+\sigma_\xi^2&\sigma_\xi^2\\\sigma_\xi^2&0.7^2+\sigma_\xi^2\end{bmatrix}$，$\boldsymbol{R}^{(22)}=\begin{bmatrix}1.1^2+\sigma_\xi^2&\sigma_\xi^2\\\sigma_\xi^2&0.8^2+\sigma_\xi^2\end{bmatrix}$，$\boldsymbol{R}^{(33)}=\begin{bmatrix}0.6^2+\sigma_\xi^2&\sigma_\xi^2\\\sigma_\xi^2&1.2^2+\sigma_\xi^2\end{bmatrix}$，则 $\boldsymbol{R}^{(jl)}=\begin{bmatrix}\sigma_\xi^2&\sigma_\xi^2\\\sigma_\xi^2&\sigma_\xi^2\end{bmatrix}(j\neq l)$。

由式（8-45）形成新的观测方程

$$y^{(j)}(k)=x(k)+v_y^{(j)}(k),\ j=1,2,3 \tag{8-73}$$

其中

$$\begin{aligned}
&R_y^{(11)}=\begin{bmatrix}0.89 & 0.25\\ 0.25 & 0.74\end{bmatrix}, \quad R_y^{(22)}=\begin{bmatrix}0.86391 & 0.27473\\ 0.27473 & 1.8163\end{bmatrix}\\
&R_y^{(33)}=\begin{bmatrix}1.6944 & 0.27778\\ 0.27778 & 0.75111\end{bmatrix}, \quad R_y^{(12)}=\begin{bmatrix}0.19231 & 0.35714\\ 0.19231 & 0.35714\end{bmatrix}\\
&R_y^{(13)}=\begin{bmatrix}0.41667 & 0.16667\\ 0.41667 & 0.16667\end{bmatrix}, \quad R_y^{(23)}=\begin{bmatrix}0.32051 & 0.12821\\ 0.59524 & 0.2381\end{bmatrix}\\
&\Gamma Q_w\Gamma^{\mathrm{T}}=\begin{bmatrix}0.25 & 0.5\\ 0.5 & 1\end{bmatrix}
\end{aligned} \tag{8-74}$$

仿真中选择控制时域 $N_\mu=3$，优化时域 $N=3$，参考轨迹 $x_r(k)$ 为在时刻 $k=300$ 时出现的 50 个单位的阶跃信号，误差加权矩阵 $Q_y=\mathrm{diag}(3,2,1)$，控制作用加权矩阵 $\Lambda=\mathrm{diag}(3,2,1)\times 0.1$。仿真结果如图 8-29～图 8-36 所示。图 8-29～图 8-35 为系统未知参数辨识结果，实线为噪声方差真实值，虚线为估值。仿真曲线表明：系统的未知噪声方差辨识具有良好的准确性和稳定性。图 8-36 为控制器输出 $u(k)$ 的变化曲线。图 8-37 为被控状态真值 $x_1(k)$ 与参考轨迹 $x_r(k)$，其中实线表示参考轨迹，虚线表示当前被控状态真值。曲线表明：被控系统的受控状态 $x_1(k)$ 可以紧跟参考轨迹 $x_r(k)$，且超调

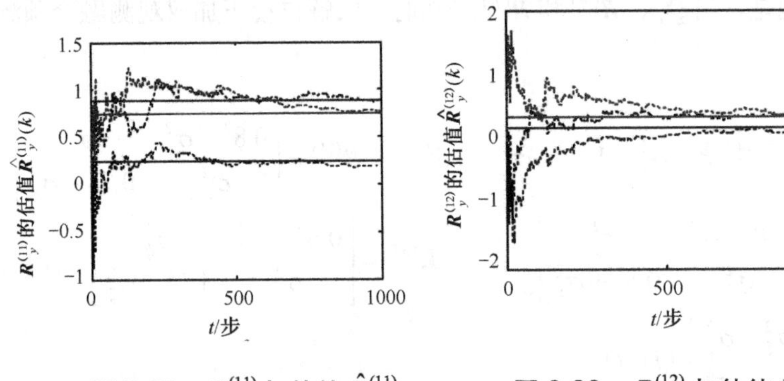

图 8-29　$R_y^{(11)}$ 与估值 $\hat{R}_y^{(11)}$　　　图 8-30　$R_y^{(12)}$ 与估值 $\hat{R}_y^{(12)}$

量和调解时间很少，说明被控系统稳定性和准确性高。图 8-38 为加权观测融合自校正预测控制算法作用下与最优加权观测融合预测控制算法作用下状态 $x_1(k)$ 的差，该曲线呈收敛状态，说明自校正预测控制算法收敛于噪声方差已知情况下的加权观测融合预测控制算法，因而具有渐近最优性。

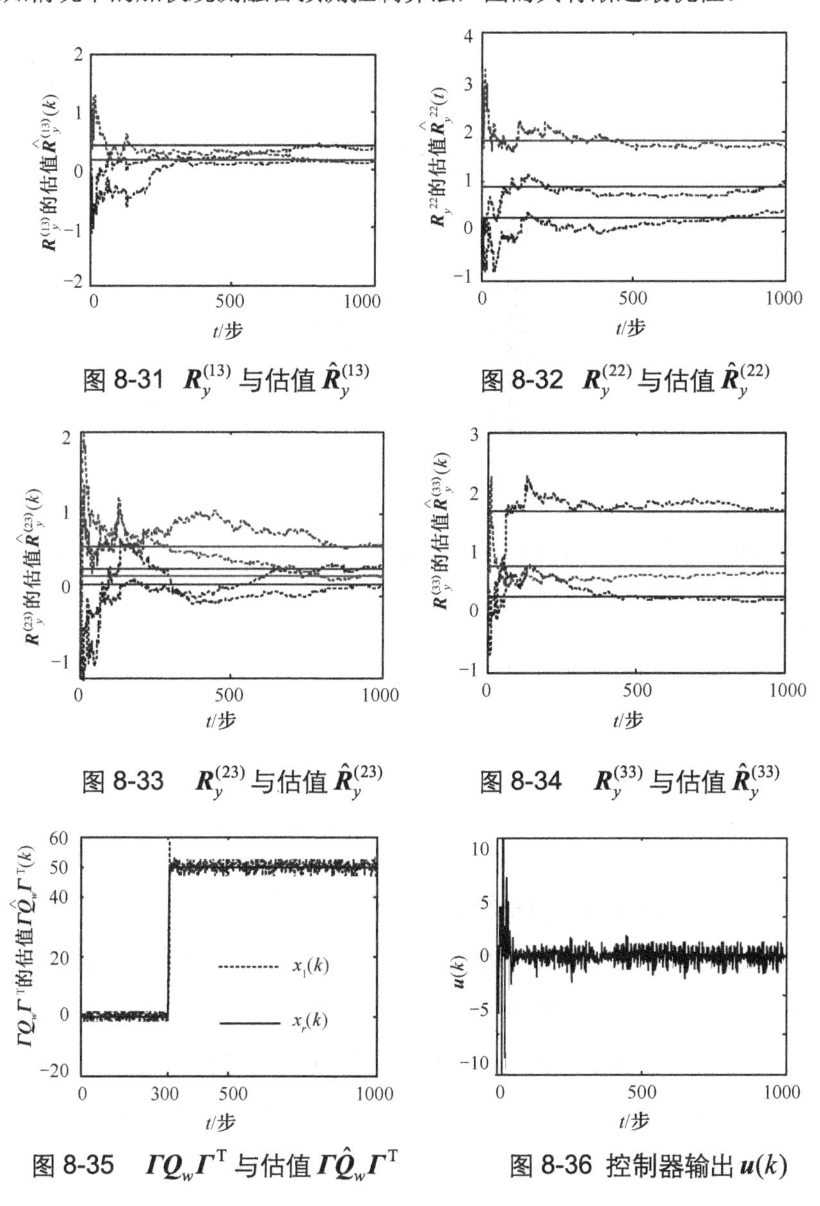

图 8-31　$\boldsymbol{R}_y^{(13)}$ 与估值 $\hat{\boldsymbol{R}}_y^{(13)}$

图 8-32　$\boldsymbol{R}_y^{(22)}$ 与估值 $\hat{\boldsymbol{R}}_y^{(22)}$

图 8-33　$\boldsymbol{R}_y^{(23)}$ 与估值 $\hat{\boldsymbol{R}}_y^{(23)}$

图 8-34　$\boldsymbol{R}_y^{(33)}$ 与估值 $\hat{\boldsymbol{R}}_y^{(33)}$

图 8-35　$\boldsymbol{\Gamma Q}_w\boldsymbol{\Gamma}^{\mathrm{T}}$ 与估值 $\boldsymbol{\Gamma}\hat{\boldsymbol{Q}}_w\boldsymbol{\Gamma}^{\mathrm{T}}$

图 8-36 控制器输出 $\boldsymbol{u}(k)$

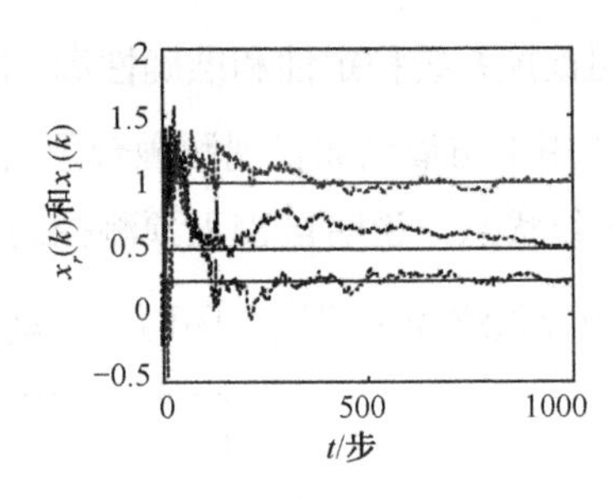

图 8-37　被控状态真值 $\boldsymbol{x}_1(k)$ 与参考轨迹 $\boldsymbol{x}_r(k)$

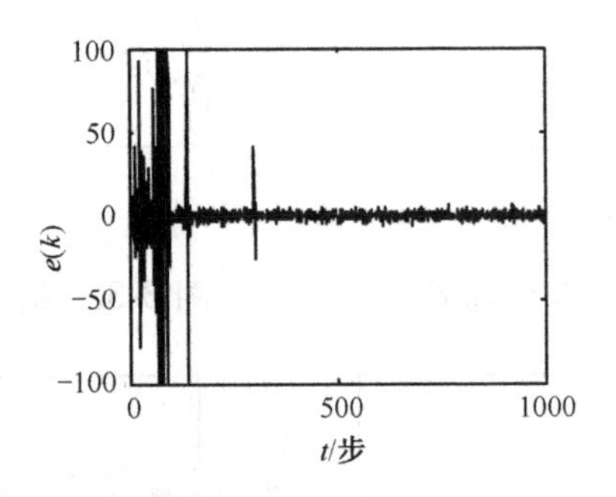

图 8-38　自校正与最优加权观测融合预测控制算法状态差值 $\boldsymbol{e}(k)$

8.5　本章小结

本章介绍了加权观测新系统融合预测控制算法及自校正加权观测信息融合预测控制算法。该方法继承了参数化的模型预测控制算法的优点：最小化模型减少了预测控制的计算量，改善了系统的动态性能使之能够适应模型参数缓慢变化时给系统带来的参数失配问题。另外，该方法避免了求解复杂的 Diophantine 方程，利用 Kalman 滤波算法得到系统状态的预测，进一步减小了计算负担。而分布式的加权观测信息融合则提高了控制系统的稳定性和精度。

考虑到系统噪声在统计未知或失配时给 Kalman 滤波带来的误差影响，本章进一步讨论了带参数辨识器的自校正加权观测信息融合预测控制算法。辨识器采用本章提出的协同辨识算法，具体分 3 种不同的情形推导并分析了该方法对各类系统的适应能力。

最后本章利用了 6 个例子说明了该算法对各类系统的有效性。

参考文献

[1] A. Farina. Target tracking with bearings only measurements[J]. Signal Processing，1999: 61-78.

[2] 何友，王国宏，陆大金，彭金宁. 多传感器信息融合及应用[M]. 北京: 电子工业出版社，2000.

[3] 马平，吕锋，等. 多传感器信息融合基本原理及应用[J]. 控制工程，2006: 13(1).

[4] Llinas J, Waltz E. Multisensor Data Fusion[M]. Norwood, MA: Artech House, 1990.

[5] Malcolm D, Shuster. Effective direction measurements for spacecraft attitude[J]. The Journal of the Astronautical Sciences, 2007, 55(4): 489-497.

[6] Kailath T, Sayed A H, Hassibi B. Linear estimation[M]. Upper Saddle River, New Jersey: Prentice-Hall, 2000.

[7] Deng Zili et al. New approach to information fusion steady-state Kalman filitering[J]. Automatica. 41(2005): 1695-1707.

[8] R. E. Kalman. A new approach to linear filtering and prediction problems[J]. Journal of Basic Engineering Transactions, 1960, 82(1): 34-35.

[9] A. H. Jazwinski. Stochastic processes and filtering theory[M]. San Diego, CA: Academic, 1970.

[10] H. W. Sorenson. Kalman filtering: theory and application[M]. Piscataway, NJ: IEEE, 1985.

[11] Julier S J, Uhlmann J K, Durrant-Whyte H F. A new approach for filtering nonlinear system[C]. Proceedings of the American Control Conference. Seattle, 1995: 1628-1632.

[12] 邓自立, 郭一新. 现代时间序列分析及其应用——建模、滤波、去卷、预报和控制[M]. 北京: 知识出版社, 1989: 24-45.

[13] 邓自立. 最优滤波理论及其应用——现代时间序列分析方法[M]. 哈尔滨: 哈尔滨工业大学出版社, 2000: 34-375.

[14] 邓自立. 最优估计理论及其应用——建模、滤波、信息融合方法[M]. 哈尔滨: 哈尔滨工业大学出版社, 2005: 1-490.

[15] Carlson N A. Federated square root filter for decentralized parallel process[J]. IEEE Trans Aerospace and Electronic Systems, 1990, 26(3): 517-525.

[16] Kim K H. Development of track to track fusion algotithm[C]. Proceeding of the American Control Conference, Maryland, June, 1994: 1037-1041.

[17] Sun Shu-Li, Deng Zi-Li. Multi-sensor optimal information fusion Kalman filter[J]. Automatica, 2004, 40: 1017-1029.

[18] 邓自立. 信息融合滤波理论及其应用[M]. 哈尔滨: 哈尔滨工业大学出版社, 2007: 356-404.

[19] 邓自立. 最优估计理论——建模、滤波、信息融合估计[M]. 哈尔滨: 哈尔滨工业大学出版社, 2005.

[20] 邓自立, 郝钢, 吴孝慧. 两种加权观测融合方法的全局最优性和完全功能等价性[J]. 科学技术与工程, 2005, 5(13): 860-865.

[21] 邓自立. 两种最优观测融合方法的功能等价性[J]. 控制理论与应用, 2006, 23(2): 319-323.

[22] 邓自立. 自校正滤波理论及其应用——现代时间序列分析方法[M]. 哈尔滨: 哈尔滨哈尔滨工业大学出版社, 2003.

[23] 张常云. 自适应滤波方法研究[J]. 航空学报, 1998, 19 (7): 96-99.

[24] 韩崇昭, 朱洪艳, 段战胜. 多源信息融合[M]. 第 2 版. 北京: 清华大学出版社, 2010: 5-17.

[25] 何友. 信息融合理论及应用[M]. 北京: 电子工业出版社, 2010: 7-28.

[26] 潘泉, 于昕, 程咏梅, 等. 信息融合理论的基本方法与进展[J], 自动化学报, 2003, 29(4): 599-615.

[27] 康耀红. 数据融合理论与应用[M]. 西安: 西安电子科技大学出版社出版, 2006: 3-33.

[28] Y. Bar-Shalom, Edison Tse. Tracking in a cluttered environment with probabilistic data association[J]. Automatica. 1975, 11(5): 451-460.

[29] K. C. Chang, Y. Bar-Shalom. Distributed adaptive estimation with probabilistic data association[J]. Automatica., 1989, 25(3): 359-369.

[30] Y. Bar-Shalom. Multitarget-multisensor tracking: Advanced applications, Vol. I [M]. Dedham: Artech House, 1990: 15-22.

[31] Y. Bar-Shalom. Multitarget-multisensor tracking: Advanced applications, Vol. II [M]. Dedham: Artech House, 1992: 77-96.

[32] Y. Bar-Shalom. Multitarget-multisensor tracking: Advanced applications, Vol. III [M]. Dedham: Artech House, 2000: 52-95.

[33] N. A. Carlson. Federated square root filter for decentralized parallel processes[J]. IEEE Trans. Aerospace Electronic Systems, 1990, 26(3): 517-525.

[34] E. Waltz, J. Llinas. Multisensor data fusion[M]. Boston: Artech House, 1990: 66-87.

[35] Y. Bar-Shalom, X. R. Li. Estimation and tracking: Principles, techniques and software[M]. Dedham: Artech House, 1993: 9-45.

[36] Y. Bar-Shalom, X. R. Li. Multisensor tracking: Principles and techniques[M]. Storrs: YBS Publing, 1995: 22-89.

[37] Y. Bar-Shalom, X. R. Li. Kirubarajan T. Tracking and navigation: Theory, algorithms and software[M]. John Wiley & Sons, New York, 2001: 12-35.

[38] X. R. Li, Y. M. Zhu, C. Z. Han. Unifield optimal linear estimation fusion-Part I: Unified model and fusion rules[C]. International Conference on Information Theory, Paris France, 2000.

[39] X. R. Li, J. Wang. Unifield optimal linear estimation fusion-Part II: Discussion and examples[C]. International Conference on Information Theory, Paris France, 2000.

[40] S. Roy, H. R. Hashmipour. Decentralized linear estimation in correlated measurement noise[J]. IEEE Trans. Aerospace and Electronic Systems, 1991, 27(6): 939-941.

[41] K. H. Kim. Development of track to track fusion algorithm[C]. American Control Conference, Maryland, 1994: 1037-1041.

[42] R. K. Saha. An efficient algorithm for multisensor track fusion[J]. IEEE Trans. Aerospace and Electronic Systems, 1998, 34(1): 200-210.

[43] G. Qiang, C. J. Harris. Comparison of two measurement fusion methods for Kalman-filter-based multisensor data fusion[J]. IEEE Trans. Aerospace and Electronic Systems, 2001, 37(1): 273-280.

[44] D. L. Hall, J. Llinas. Handbook of multisensor data fusion[M]. Boca Raton: CRC Press, 2001: 10-22.

[45] H. Chen, T. Kirubarajan, Y. Bar-Shalom. Performance limits of track-to-track fusion versus[J]. centralized estimation: theory and application, IEEE Trans. Aerospace and Electronic Systems, 2003, 39(2): 386-398.

[46] 赵宗贵. 数据融合方法概论[M]. 北京: 电子工业出版社, 1998: 22-58.

[47] 敬忠良, 肖刚, 李振华. 图像融合: 理论与应用[M]. 北京: 高等教育出版社, 2007: 5-16.

[48] 邓自立. 信息融合滤波理论及其应用[M]. 哈尔滨: 哈尔滨工业大学出版社, 2007: 11-89.

[49] 刘同明. 数据融合技术及其应用[M]. 北京: 国防工业出版社, 1998: 24-34.

[50] 周宏仁, 敬忠良, 王培德. 机动目标跟踪[M]. 北京: 国防工业出版社, 1991: 11-20.

[51] 彭冬亮, 文成林, 薛安克. 多传感器多源信息融合融合理论及其应用[M]. 北京: 科学技术出版社, 2010: 1-37.

[52] E. B. Song, Y. M. Zhu, J. Zhou, Sensors' optimal dimensionality compression matrix in estimation fusion[J]. Automatica, 2005, 41(12): 2131-2139.

[53] X. J. Shen, P. K. Varshney, Y. M. Zhu，Robust distributed maximum likelihood estimation with dependent quantized data[J]. Automatica, 2014, 50(1): 169-174.

[54] X. J. Shen, Y. M. Zhu, Z. S. You. An efficient sensor quantization algorithm for decentralized estimation fusion[J]. Automatica, 2011, 47(5): 1053-1059.

[55] X. R. Li, Y. M. Zhu, J. Wang, C. Z. Han. Optimal linear estimation fusion-Part I: Unified fusion rules[J]. IEEE Transaction on Information Theory, 2003, 49(9): 2192-2208.

[56] Z. L. Deng, P. Zhang, W. J. Qi, J. F. Liu, Y. Gao, Sequential covariance intersection fusion Kalman filter[J]. Information Sciences, 2012, 189(7): 293-309.

[57] S L. Sun. Multi-sensor information fusion white noise filter weighted by scalars based on Kalman predictor[J]. Automatica, 2004, 40(8): 1447-1453.

[58] S L. Sun. Distributed optimal component fusion weighted by scalars for fixed-Lag Kalman smoother[J]. Automatica, 2005, 41(12): 2153-2159.

[59] S. L. Sun. Optimal linear filters for discrete-time systems with randomly delayed and lost measurements with/without time stamps[J]. IEEE Transactions on Automatic Control, 2013, 58(6): 1551-1556.

[60] S. L. Sun, J. Ma. Linear estimation for networked control systems with random transmission delays and packet dropouts[J]. Information Sciences, 2014, 269(4): 349-365.

[61] S. L. Sun, H. L. Lin, J. Ma, X. Y. Li. Multi-sensor distributed fusion estimation with applications in networked systems: A review paper[J]. Information Fusion, 2017, 38: 122-134.

[62] G.C.Goodwin, R.L.Payne. Dynamic System Identification: Experiment Design and Data Analysis[M]. New York, Academic Press, , 1977.

[63] A Sage, G W. Husa. Adaptive Filtering with Unknown Prior Statistics[C]. Proceedings of Joint Automatic Control Conference, 1969: 760-769.

[64] Kalman R E. Design of a self-optimizing control system[J]. Transactions of the ASME, 1958, 80(2): 468-478.

[65] Peterka V. Adaptive digital regulation of noisy systems[C]. Proceedings of 2nd IFAC Symposia on Identification and Process Parameter Estimation, Prague, 1970.

[66] Astrom K J, Wittenmark B. On self-tuning regulators[J]. Automatica, 1973, 2(9): 185-199.

[67] Clarke D W, P. J. Gawthrop. Self-tunig controller[J]. Proceedings of the IEEE, 1975, 122(9): 929-934.

[68] Wellstead P E, D. Prager, P. Zanker. Pole assignment self-tuning regulator[J]. Proceedings of the IEEE, 1979, 126(8): 781-787.

[69] Kabir H, Ying Wang, Ming Yu, Qi-Jun Zhang, High-Dimensional nural-etwork tchnique and aplications to mcrowave flter mdeling[J]. IEEE TRANSACTIONS ON MICROWAVE THEORY AND TECHNIQUES, 2010, 58(1): 145-156.

[70] B. Wittenmark. A self-tuning predictor[J]. IEEE Trans. Automatic Control, 1974, 19 (6): 848-851.

[71] H. Hagander, B. Wittenmark. A self-tuning filter for fixed-lag smoothing[J]. IEEE Trans. Information Theory, 1977, 23 (3): 377-384.

[72] 邓自立, 郝钢. 自校正分布式观测融合 Kalman 滤波器[J]. 电子与信息学报, 2007, 29(8): 1850-1854.

[73] 郝钢, 邓自立. 自校正加权观测融合 Kalman 滤波器[C]. Proceedings of 2006 Chinese Conctol and Decision Conference, 2006: 735-738.

[74] 邓自立, 郝钢. 自校正多传感器观测融合 Kalman 估值器及其收敛性分析[J], 控制理论与应用, 2008, 25(5): 845-852.

[75] 李云, 郝钢, 邓自立. 自校正加权观测融合 Kalman 估值器[J]. 科学技术与工程, 2006, 6(2): 116-120.

[76] 郝钢, 邓自立. 自校正观测融合 Kalman 滤波器[C]. Proceedings of 6th World Congress on Control and Atomation, 2006: 1571-1575.

[77] 郝钢. 最优和自校正观测融合状态估值器及其应用[D]. 哈尔滨: 黑龙江大学, 2006.

[78] Roy S, Iltis R A. Decentralized linear estimation in correlated measurement noise[J]. IEEE Transsctions on Aerospace and Electronic Systems, 1991, 27(6): 939-941.

[79] 冉陈键, 惠玉松, 顾磊, 邓自立. 相关观测融合稳态 Kalman 滤波器及其最优性[J]. 自动化学报, 2008, 34(3): 233-239.

[80] 邓自立, 顾磊, 冉陈键. 带相关噪声的观测融合稳态 Kalman 滤波算法及其全局最优性[J]. 电子与信息学报, 2009, 31(3): 556-560.

[81] Boyd J. R. Discourse on Winning and Losing[M]. Alabama: Maxwell Air Force Base lecture, 1987: 5-32.

[82] R. C. Lou, M. G. Kay. Multisensor integration and fusion: issues and approaches[C]. Proceedings of SPIE, 1988: 42-48.

[83] S. C. A. Thomopoulos. Sensor integration and data fusion[J]. Journal of Robotic Systems, 1990, 7(3): 337-372.

[84] A. Shulsky. Silent Warfare: Understanding the World's Intelligence[M]. Washington, DC: Brassey's, 1993: 102-189.

[85] B. V. Dasarathy. Sensor fusion potential exploitation-innovative architectures and illustrative applications[J]. Proceedings of the IEEE, 1997, 85(1): 24-38.

[86] C. J. Harris, A. Bailey, T. J. Dodd. Multi-sensor data fusion in defence and aerospace[J]. The Aeronautical, 1998, 102(1015): 229-224.

[87] M. Bedworth, J. O' Brien. The omnibus model: A new model of data fusion[J]. Aerospace & Electronic Systems Magazine IEEE, 2000, 15(4): 30-36.

[88] E. Shahbazian, D. E. Blodgett, P. Labbé. The extended OODA model for data fusion systems[C]. International Conference on Information Fusion, Canada, 2001: 106-112.

[89] S. A. Gadsden, M. Al-Shabi, I. Arasaratnam, S. R. Habibi. Combined cubature Kalman and smooth variable structure filtering: A robust nonlinear estimation strategy[J]. Signal Processing, 2011, 96(5): 290-299.

[90] I. Arasaratnam, S. Haykin. Cubature Kalman smoothers[J]. Automatica, 2011, 47(10): 2245-2250.

[91] Q. B. Ge, D. X. Xu, C. L. Wen. Cubature information filters with correlated noises and their applications in decentralized fusion[J]. Signal Processing, 2014, 94(1): 434-444.

[92] D. L. Hall, J. Llinas. An introduction to multisensor data fusion[J]. Proceedings of the IEEE, 1997, 85(1): 6-23.

[93] R. E. Kalman. A new approach to linear filtering and prediction problem[J]. Jouranl of Basic Engineering, 1960, 82: 95-108.

[94] T. S. Schei. A finite-difference method for linearization in nonlinear estimation algorithms[J]. Automatica, 1997, 33(11): 2053-2058.

[95] A. H. Jazwinski. Stochastic processes and filtering theory[M]. San Diego, CA: Academic, 1970.

[96] Y. Sunahara. An approximate method of state estimation for nonlinear dynamical systems[J]. International Journal of Control, 1970, 11(6): 957-972.

[97] R. S. Bucy, K. D. Renne. Digital synthesis of nonlinear filter[J]. Automatica, 1971, 7(3): 287-289.

[98] H. W. Sorenson. Kalman filtering: theory and application[M]. Piscataway, NJ: IEEE, 1985.

[99] La Scala, B. F. Bitmead et al. An extended Kalman filter frequency tracker for high-noise environments[J]. IEEE Transactions on Signal Processing, 1996, 44(2): 431-434.

[100] H. Leung, Z. Zhu. Performance evaluation of EKF-based chaotic synchronization [J]. IEEE Transactions on Circuits and Systems-Fundamental Theory and Applications, 2001, 48(9): 1118-1125.

[101] L. Ljung. Asymptotic behavior of the extended Kalman filter as a parameter estimator for linear systems[J]. IEEE Transactions on Automatic Control, 1979, 24(1): 36-50.

[102] K. Reif, S. Gunther, E. Yaz, R. Unbehauen. Stochastic stability of the discrete-time extended Kalman filter[J]. IEEE Transactions on Automatic Control, 1999, 44(4): 714-728.

[103] K. Reif, R. Unbehauen. The extended Kalman filter as an exponential observer for nonlinear systems[J]. IEEE Transactions on Signal Processing, 1999, 47(8): 2324-2328.

[104] S. J. Julier, J. K. Uhlmann. Unscented filtering and nonlinear estimation[J], Proceedings of the IEEE, 2004, 92(3): 401-422.

[105] S. J. Julier, and J. K. Uhlman. A Non-divergent estimation algorithm in the presence of unknown correlations[C]. American Control Conference, Albuquerque, NM, USA, 1997: 2369-2373.

[106] S. J. Julier, J. K. Uhlmann. Using covariance intersection for SLAM[J]. Robotic and Autonomous Systems, 2007, 55(1): 3-20.

[107] S. J. Julier, J. K. Uhlmann. Data fusion in nonlinear systems[J]. Handbook of Multisensor Fusion, 2001: 2175-2190.

[108] S. J. Julier, J. K. Uhlmann. Reduced sigma point filters for the propagation of means and covariances through nonlinear transformations[C]. American Control Conference, Anchorage, 2002: 887-892.

[109] S. J. Julier, J. K. Uhlmann. A new extension of the Kalman filter to nonlinear systems[J]. International Symposium on Aerospace/Defense Sensing Simulation and Controls, 1997, 3068: 182-193.

[110] Julier S J. Estimating and exploiting the degree of independent information in distributed data fusion[C]. 12th International Conference on Information Fusion. Seattle, 2009: 772-779.

[111] 彭志专, 冯金富, 钟咏兵, 等. 基于 IMM-PF 的分布式估计融合算法[J]. 控制与决策, 2007, 23(7): 837-840.

[112] 李丹, 刘建业, 熊智, 等. 应用联邦自适应 UKF 的卫星多传感器数据融合[J]. 应用科学学报, 2009, 27(4): 359-364.

[113] E. A. Wan, R. V. Merwe. The unscented Kalman filter for nonlinear estimation[C]. Proceedings of IEEE Symposium 2000, Lake Louise, Alberta, Canada. 2000: 153-158.

[114] M. C. VanDyke, J. L. Sehwartz, C. D. Hall. Unscented Kalman filtering for spacecraft attitude estate and parameter estimation[C]. AAS/AIAA Space Flight Mechanics Conference, 2004: 537-540.

[115] S. M. Arulampalam, S. Maskell, N. Gordon, T. Clapp. A tutorial on particle filters for online nonlinear/non-Gaussian Bayesian tracking[C]. IEEE Transactions on Signal Processing, 2002: 174-188.

[116] I. Arasaratnam, S. Haykin. Cubature Kalman filters[J]. IEEE Transactions on Automatic Control, 2009, 54(6)：1254-1269.

[117] 葛磊.容积卡尔曼滤波算法研究及其在导航中的应用[D]. 哈尔滨: 哈尔滨工程大学, 2013.

[118] I. Arasaratnam, S. Haykin. Square-root quadrature Kalman filtering[J]. IEEE Transactions on Signal Processing, 2008, 56(6): 2589-2593.

[119] 邓自立，郝钢. 自校正多传感器观测融合 Kalman 估值器及其收敛性分析[J]. 控制理论与应用, 2008, 25(5): 845-852.

[120] C. J. Ran, Z. L. Deng. Self-tuning weighted measurement fusion Kalman filtering algorithm[J]. Computational Statistics and Data Analysis, 2012, 56(6): 2112-2128.

[121] X. R. Li, V. P. Jilkov. A survey of maneuvering target tracking: Approximation techniques for nonlinear filtering[C]. Proceedings of SPIE, 2004: 537-550.

[122] M. Roth, G. Hendeby, F. Gustafsson. Nonlinear Kalman filters explained: A tutorial on moment computations and sigma point methods[J]. Journal of Advances in Information Fusion, 2016, 11(1): 47-70.

[123] Y. Wang, X. R. Li. Distributed estimation fusion with unavailable

cross-correlation[J]. IEEE Transactions on Aerospace and Electronic Systems, 2012, 48(1): 259-278.

[124] D. Franken, A. Hupper. Improved fast covariance intersection for distributed data fusion[C]. The 7th International Conference on Information Fusion, Philadelphia, PA, USA, 2005: 154-160.

[125] W. Niehsen. Information fusion based on fast covariance intersection filtering[C]. The 5th International Conference on Information Fusion, Annapolis, MD, USA, 2002: 901-904.

[126] G. Qiang, C. J. Harris. Comparison of two measurement fusion methods for Kalman-filter- based multisensor data fusion[J]. IEEE Trans. Aerospace and Electronic Systems, 2001, 37(1): 273-280.

[127] X. R. Li, V. P. Jilkov. A survey of maneuvering target tracking: approximation techniques for nonlinear filtering[C]. 2004 SPIE Conference on Signal and Data Processing of Small Targets, San Diego, CA, USA, April 2004: 537-550.

[128] O. Straka, J. Duník, M. Šimandl. Truncation nonlinear filters for state estimation with nonlinear inequality constraints[J]. Automatica, 2012, 48(2): 273-286.

[129] Q. Ge, T. Shao, Q. Yang, X. Shen, C. Wen. Multisensor nonlinear fusion methods based on adaptive ensemble fifth-degree iterated Cubature Information filter for biomechatronics [J]. IEEE Transactions on Systems, Man, and Cybernetics: Systems, 2017, 46(7): 912-925.

[130] K. Pham, E. Blasch, G. Chen. Multiple sensor estimation using a high-degree cubature information filter[J]. Spie Defense, Security, & Sensing, 2013, 8739(5): 87390T1-13.

[131] J. Huang, G. Li, H. Yuan. Multi-sensor information fusion Cubature Kalman Particle filter[C]. International Symposium on Computational Intelligence & Design, Hangzhou, China, 2017: 410-413.

[132] Q. Ge, T. Shao, S. Chen, C. Wen. Carrier tracking estimation analysis by using the extended strong tracking filtering[J]. IEEE Transactions on Industrial Electronics, 2017, 64(2): 1415-1424.

[133] C. L. Wen, Q. B. Ge. A Data Fusion Algorithm of the nonlinear system based on filtering step by step[J]. International Journal of Control, Automation, and Systems, 2006, 4(2): 165-171.

[134] O. Hlinka, O. Slučiak, F. Hlawatsch, P. M. Djuric, M. Rupp. Likelihood consensus and its application to distributed Particle filtering[J]. Signal Processing, 2012, 60(8): 4334-4349.

[135] J. K. Uhlman. Covariance consistency methods for fault-tolerant distributed data fusion[J], Information Fusion, 2003, 4(3): 201-215.

[136] F. Cacace, A. Germanib, P. Palumboc. The observer follower filter: A new approach to nonlinear suboptimal filtering[J]. Automatica, 2013, 49(2): 548-553.

[137] B. Khaleghi, A. Khamis, F. O. Karray, S. N. Razavi. Multisensor data fusion: A review of the state-of-the-art[J]. Information Fusion, 2013, 14(1): 28-44.

[138] V. M. Strutinsky. Shell effects in nuclear masses and deformation energies[J]. Nuclear Physics A, 1967, 95(2): 420-442

[139] 潘泉, 杨峰, 叶亮, 等. 一类非线性滤波器——UKF 综述[J]. 控制与决策, 2005, 20(5): 481-489.

[140] X. Deng，J. Xie. Nonlinear target tracking based on particle filter[C].The 5th World Congress on Intelligent Control and Automation, 2004: 15-19.

[141] J K. Uhlmann. Algorithm for multiple target tracing[J]. American Science, 1992, 80(2): 128-141.

[142] B. Ristic, A. Farina, D. Benvenuti, M. S. Arulampalam. Performance bounds and comparison of nonlinear filters for tracking a ballistic object on re-entry[C]. IEEE proceedings of the Radar Sonar Navigation, 2003: 65-70.

[143] T. J. Tarn, Y. Rasis. Observers for nonlinear stochastic systems[J]. IEEE Transactions on Automatic Control, 1976, 21(4): 441-448.

[144] P. Tichavsky, C. H. Muravchik, A. Nehorai. Posterior Cramér-Rao bounds for discrete-time nonlinear filtering[J]. IEEE Transactions on Signal Processing, 1998, 46(5): 1386-1396.

[145] S. J. Julier, J. K. Uhlmann. Unscented filter and nonlinear estimation[J]. Proceedings of the IEEE, 2004, 92(3): 401-402.

[146] S. J. Julier. The scaled unscented transformation[C]. American Control Conference, Anchorage, 2002: 4555-4559.

[147] S. J. Julier. The spherical simplex unscented transformation[C]. American Control Conference, Denver, 2003: 2430-2434.

[148] G. l. Li, F. M. Sun, N. Cheng. Performance analysis of UKF for nonlinear problems[C]. The 3rd International Symposium on Intelligent Information Technology Application, Nanchang, 2009: 209-212.

[149] S. Arulampalam, S. Maskell, N. Gordon, T. Clapp. A tutorial on particle filters for online nonlinear/non-Gaussian Bayesian tracking[J]. IEEE

Trans. Signal Processing, 2002, 50(2): 174-188.

[150] E. N. Chatzi, A. W. Smyth. The unscented Kalman filter and particle filter methods for nonlinear structural system identification with non-collocated heterogeneous sensing[J]. Structural Control & Health Monitoring, 2010, 16(1): 99-123.

[151] E. S. Azam. Online damage detection in structural systems: Applications of proper orthogonal decomposition, and Kalman and particle filters[M]. SpringerBriefs in Applied Sciences and Technology. Cham: Springer, 2014: 1-45.

[152] S. Boyd, L. Vandenberghe. Convex optimization[M]. Cambridge University Press, 2004: 678-680.

[153] 赵琳, 王小旭, 薛红香, 等. 带噪声统计估计器的 Unscented 卡尔曼滤波器设计[J]. 控制与决策, 2009, 24(10): 1483-1488.

[154] Guanglin Li, Fuming Sun, Na Cheng. Performance analysis of UKF for nonlinear problems[C]. 3rd International Symposium on Intelligent Information Technology Application. Nanchang, 2009: 209-212.

[155] Kailath T A, Sayed H, Hassibi B. Linear estimation[M]. Upper Saddle River, New Jersey: Prentice-Hall, 2000: 41-333

[156] KITAGAWA G. Non-Gaussian state space modeling of time series[C]. Proceedings of the 26th Conference on decision and Control. Los Angeles, 1987: 1700-1705

[157] Gordon N, Salmond D J, and Smith A. F. M. Novel approach to nonlinear and non-gaussian bayesian state estimation[J]. IEEE Proceedings on Radar and Signal Processing, 1993, 140(2): 107-113.

[158] X. Rong Li, Zhanlue Zhao. Relative error measures for evaluation of estimation algorithms [C]. 7th International Conference on Information Fusion. Philadelphia, 2005: 211-218.

[159] G. Kitagawa, Non-Gaussian state space modeling of time series[C]. The 26th Conference on Decision and Control, 1987: 1700-1705.

[160] P. Krzysztof. Gauss-Hermite approximation formula[J]. Computer Physics Communications, 2006, 174(3): 181-186.

[161] V. M. Strutinsky. “Shells” in deformed nuclei[J]. Nuclear Physics A, 1968, 122(1): 1-33.

[162] M. Oussalah, Z. Messaoudi, A. Ouldali. Track-to-track measurement fusion architectures and correlation analysis[J]. Journal of Universal Computer Science, 2010, 16 (1): 37-61.

[163] B. Santhanam, T. S. Santhanam. On discrete Gauss-Hermite functions and eigenvectors of the discrete Fourier transform[J]. Signal Processing, 2008, 88(11): 2738-2746.

[164] Q. B. Ge, T. Shao, S. D. Chen, C. L. Wen. Carrier tracking estimation analysis by using the extended strong tracking filtering[J]. IEEE Transactions on Industrial Electronics 2017, 64(2): 1415-1424.

[165] 张召友, 郝燕玲, 吴旭. 3 种确定性采样非线性滤波算法的复杂度分析[J]. 哈尔滨工业大学学报, 2013, 45(12): 111-115.

[166] L. J. Wang, S. S. Wang. High degree Cubature Federated filter for multisensor information fusion with correlated noises[J]. Mathematical Problems in Engineering, 2016(2): 1-7.

[167] S. Zhang, Y Zhao, F Wu, J Zhao. Robust recursive filtering for uncertain

systems with finite-step correlated noises, stochastic nonlinearities and autocorrelated missing measurements[J]. Aerospace Science & Technology, 2014, 39(39): 272-280.

[168] T. Tian, S. L. Sun, N. Li. Multi-sensor information fusion estimators for stochastic uncertain systems with correlated noises[J]. Information Fusion, 2016, 27: 126-137.

[169] P. Florchinger. Finite-dimensional filter for a class of nonlinear systems with correlated noises[J]. Stochastic Analysis & Applications, 2016, 34(5):882-892.

[170] F. Li, W. F. Zeng. Information fusion for multi-sensor system with finite-time correlated process noises[J]. Lecture Notes in Electrical Engineering, 2014, 241(1): 719-730.

[171] Y. Huang, Y. Zhang, X. Wang, L. Zhao. Gaussian filter for nonlinear systems with correlated noises at the same epoch[J]. Automatica, 2015,60:122-126.

[172] Y. Huang, Y. Zhang, N. Li，Z. Shi. Design of Gaussian approximate filter and smoother for nonlinear systems with correlated noises at one epoch apart[J]. Circuits Systems & Signal Processing, 2016, 35(11):1-28.

[173] D. Du, R. Chen, M. Fei, K. Li. A novel networked online recursive identification method for multivariable systems with incomplete measurement information[J]. IEEE Transactions on Signal and Information Processing over Networks, 2017, 3(4):744-759.

[174] 王小旭, 赵琳, 夏全喜, 等. 噪声相关条件下 Unscented 卡尔曼滤波器设计[J]. 控制理论与应用, 2010, 27(10): 1362-1368.

[175] X. Wang, S. L. Sun, K. H. Ding, J. Y. Xue. Weighted measurement fusion white noise deconvolution filter with correlated noise for multisensor stochastic systems[J]. Mathematical Problems in Engineering, 2012: 857-868.

[176] 王欣, 孙书利. 带相关噪声、随机观测滞后和丢失的随机不确定系统的最优线性估值器[J]. 控制理论与应用, 2017, 34(5): 609-618.

[177] 王小旭, 赵琳, 潘泉, 等. 基于最小均方误差估计的噪声相关 UKF 设计[J]. 控制与决策, 2010, 25(9): 1393-1398.

[178] 钱华明，葛磊，黄蔚，等. 基于贝叶斯估计噪声相关下的 CKF 设计[J]. 系统工程与电子技术, 2012, 34(11): 2214-2218.

[179] X. X. Wang, Y. Liang; Q. Pan, C. H. Zhao, F. Yang. Design and implementation of Gaussian filter for nonlinear system with randomly delayed measurements and correlated noises[J]. Applied Mathematics and Computation, 2014, 232: 1011-1024.

[180] X. X. Wang, Y. Liang, Q. Pan, F. Yang. A Gaussian approximation recursive filter for nonlinear systems with correlated noises[J]. Automatica, 2012, 48(9): 2290-2297.

[181] J. H.Xu, G. M. Dimirovski, Y. W. Jing, C. Shen. UKF design and stability fornonlinear stochastic systems with correlated noises[C]. The 46th IEEE Conference on Decision and Control, New Orleans, LA, USA, 2007: 6226-6231.

[182] A. Fu, Y. Zhu, E. Song. The optimal Kalman type state estimator with multi-step correlated process and measurement noises[C]. The 2008 International Conference on Embedded Software and Systems, Acropolis Convention Center, Nice, France from September 22, 2008: 215-220.

[183] 席裕庚, 李德伟. 预测控制定性综合理论的基本思路和研究现状[J]. 自动化学报, 2008, 34(10):1225-1234.

[184] 席裕庚. 预测控制[M]. 北京: 国防工业出版社, 1993: 47-56.

[185] 舒迪前. 预测控制系统及其应用[M]. 北京: 机械工业出版社, 1996.

[186] 聂雪媛, 王恒. 网络控制系统补偿器设计及稳定性分析[J]. 控制理论与应用, 2008, 25(2): 217-222.

[187] 李德伟，席裕庚. 预估网络控制系统的设计和分析[J]. 控制与决策, 2007, 22(9): 1065-1069.

[188] 唐斌, 章云, 刘国平, 等. 基于状态空间模型的网络化广义预测控制[J]. 控制与决策, 2010, 25(4): 535-541.

[189] 王桂增, 王诗必, 徐博文, 等. 高等过程控制[M]. 北京：清华大学出版社, 2002: 35-69.

[190] Ding B C，Xi Y，Cychowskic M. A synthesis approach for output feedback robust constrained model predictive control[J]. Automatica, 2008, 44: 258-264.

[191] J Richalet, A Rault, J L Testud, J Papon. Model predictive heuristic control: applications to industrial processes[J]. Automatica, 1978, 14 (5): 413-428.

[192] C R Cutler, B L Ramaker. Dynamic matrix contro—A computer control algorithm[C]. Joint Automatic Control Conference. 1980: 113-115.

[193] R Rouhani, R KMehra. Model algorithmic control (MAC); basic theoretical properties[J]. Automatica, 1982, 18(4): 401-414.

[194] D W Clarke, C Mohtadi, P S Tuffs. Generalized predictive control I The

basic algorithm [J]. Automatica, 1987, 23(2): 137-148.

[195] D W Clarke, C Mohtadi, P S Tuffs. Generalized predictive control II Extensions and interpretations[J]. Automatica, 1987, 23(2): 149-160.

[196] Ydstie B.E., Kershenbaum L.S. and Sargent R.W.H., Theory and application of an extended horizon Self-tuning Controller[J]. AICHE J, 1985, 31(11): 1771-1780.

[197] 原著祉. 递推广义预测自校正控制器[J]. 自动化学报, 1989, 15(4): 348-351.

[198] 李奇安，李平. 对角 CARIMA 模型多变量自适应约束广义预测控制[J]. 控制与决策, 2009, 24(3): 330-334.

[199] 王桂增, 王诗宓, 徐博文, 等. 高等过程控制[M]. 北京：清华大学出版社, 2002: 35-69.

[200] 胡丽芳, 关欣, 何友. 基于可信度的证据融合方法[J]. 信号处理, 2010, 26(1): 17-22.

[201] 柴勇, 何友, 曲长文. 基于亚像素区域加权能量特征的多尺度图像融合算法[J]. 光学学报, 2009, 29(10): 2732-2737.

[202] 冉陈键, 惠玉松, 顾磊, 等. 相关观测融合 Kalman 估值器及其全局最优性[J]. 控制理论与应用, 2009, 26(2): 174-178.

[203] 钱积新, 赵均, 徐祖华. 预测控制[M]. 北京: 化学工业出版社, 2007.

[204] Gordon N, Salmond D J, and Smith A. F. M. Novel approach to nonlinear and non-gaussian bayesian state estimation[J]. IEEE Proceedings on Radar and Signal Processing, 1993, 140(2): 107-113.